图 5-12　图像小尺度修复示例之去除覆盖文字

图 5-13　图像大尺度补全示例之去除目标

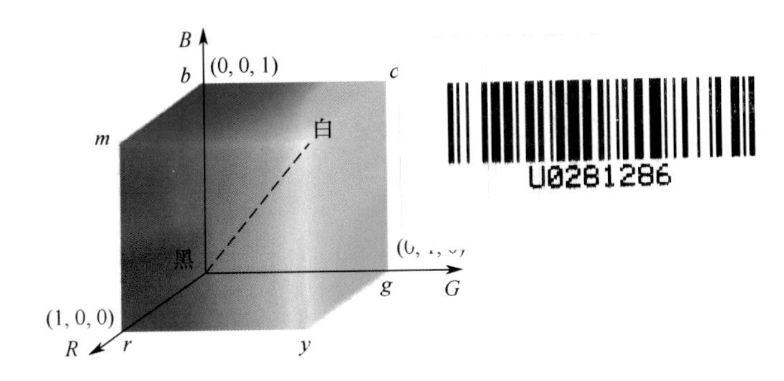

图 6-3　RGB 模型示意

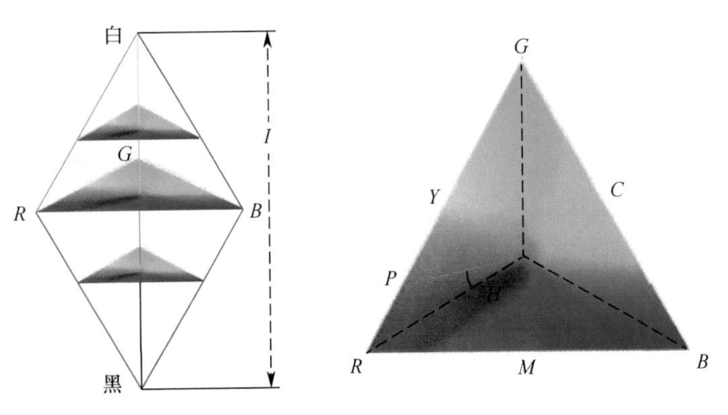

图 6-4　HSI 模型示意

(a)

(b)

(c)

图 6-10　饱和度改变的效果

(a)

(b)

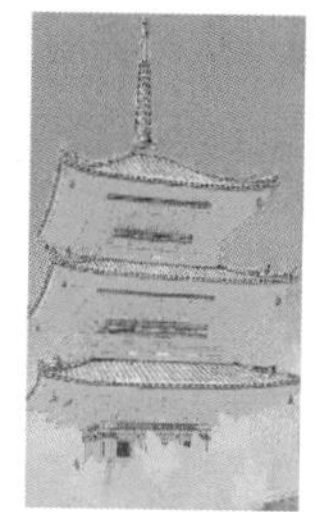

(c)

图 6-11　一组色调变化的图像

Happy

(a)

(b)

图 8-8　用 SUSAN 算子检测角点的示例

(a)

0 0 0 0 0 0 0 0 0 7 7 5
6 6 7 0 0 6 6 6 6 6 6 4
4 4 4 4 4 2 2 2 2 2 2 3
4 4 4 5 6 6 6 6 6 6 4 4
4 4 4 4 2 2 2 2 2 2 0 0
1 2 2 3 1 1

(b)

图 9-2　8-方向链码表达示例

计算机视觉
丛书

2D 计算机视觉

原理、算法及应用

章毓晋　编著

電子工業出版社
Publishing House of Electronics Industry
北京 • BEIJING

内 容 简 介

本书主要内容围绕2D计算机视觉展开，介绍了相关的基础概念、基本原理、典型算法、实用技术和应用成果。本书可在其姊妹篇《3D计算机视觉：原理、算法及应用》前学习。

本书将从客观场景出发到最后提取出目标信息的全过程分为4个部分进行介绍。第1部分是图像采集，介绍了基础的图像采集表达技术；第2部分是图像（预）处理，介绍了一些基本的图像处理技术；第3部分是目标提取，介绍了从图像处理到图像分析的转换技术；第4部分是目标分析，介绍了扩展的图像分析技术。书中除提供大量应用示例外，还针对每章的内容提供了自我检测题（含提示并附有答案），并且给出了相关的参考文献和术语索引（包括英文）。

本书既可作为计算机视觉、信号与信息处理、通信与信息系统、电子与通信工程、模式识别与智能系统等学科的教材，也可供计算机科学与技术、信息与通信工程、电子科学与技术、测控技术与仪器、机器人自动化、生物医学工程、光学、电子医疗设备研制、遥感、测绘和军事侦察等领域的研究人员参考。

图书在版编目（CIP）数据

2D计算机视觉：原理、算法及应用/章毓晋编著. —北京：电子工业出版社，2021.9
（计算机视觉丛书）
ISBN 978-7-121-41868-6

Ⅰ. ①2… Ⅱ. ①章… Ⅲ. ①计算机视觉 Ⅳ.①TP302.7

中国版本图书馆CIP数据核字（2021）第169170号

责任编辑：朱雨萌　　文字编辑：王　群
印　　刷：北京虎彩文化传播有限公司
装　　订：北京虎彩文化传播有限公司
出版发行：电子工业出版社
　　　　　北京市海淀区万寿路173信箱　　邮编：100036
开　　本：720×1000　1/16　印张：25　　字数：490千字　彩插：1
版　　次：2021年9月第1版
印　　次：2024年8月第6次印刷
定　　价：149.00元

凡所购买电子工业出版社图书有缺损问题，请向购买书店调换。若书店售缺，请与本社发行部联系，联系及邮购电话：（010）88254888，88258888。

质量投诉请发邮件至zlts@phei.com.cn，盗版侵权举报请发邮件至dbqq@phei.com.cn。

本书咨询联系方式：wangq@phei.com.cn，910797032（QQ）。

前言 Preface

计算机视觉是一门借助计算机来实现人类视觉功能的信息学科。本书是一本介绍 2D 计算机视觉基本原理、典型方法和实用技术的图书，可为高等工科院校开设计算机视觉课程服务，读者可在其后学习《3D 计算机视觉：原理、算法及应用》。

本书在选材上主要覆盖了计算机视觉的入门级内容，自成体系，主要针对信息类相关专业，同时兼顾了具有不同专业背景的学习者及自学读者的需求。读者既能据此解决实际应用中的具体问题，也能为进一步学习和研究计算机视觉高层技术打下基础。

本书在编写上比较注重实用性，没有过多强调理论体系，尽量减少公式推导，着重介绍常用的方法。书中有较多的示例，能通过直观的解释帮助读者理解抽象的概念。书末附有术语索引（正文中标为黑体），给出了对应的英文，方便读者查阅及搜索相关资料。

本书提供了大量的自我检测题（包括提示和答案）。从目的来说，一方面，这便于自学者判断自己是否掌握了重点内容；另一方面，这便于教师开展网络教学，在授课时加强师生互动。题目类型为选择题，可用计算机方便地判断正误。从内容来看，很多题把基本概念换一种说法进行表达，补充了正文，使学习者能加深理解；有些题列出了一些相似但不相同（甚至含义相反）的描述，通过正反辩证思考，使学习者能深入领会本质。所有自我检测题都附有提示，读者可获得更多的信息以进一步理解题目的含义。同时，在有提示的基础上，如果读者能在看到提示后完成自我检测题，则表明基本掌握了学习内容；如果不看提示就能完成自我检测题，则表明内容掌握得比较好。

本书从结构上看，包括 13 章正文、2 个附录及自我检测题、自我检测题答案、参考文献和术语索引，在这 19 个一级标题下，共有 81 个二级标题（节），再之下有 176 个三级标题（小节）。全书共有文字（包括图片、绘图、表格、公式等）近 50 万字，共有编了号的图 278 个、表格 30 个、公式 497 个。为便于教学和理解，本书给出示例 121 个、自我检测题 233 道（全部附有提示和答案）。另外，书末列出了直接相关的 100 多篇参考文献和用于索引的近 400 个术语（中英文对照）。

本书的先修课程知识涉及三个方面。一是数学，包括线性代数和矩阵理论，以及有关统计学、概率论和随机建模的基础知识；二是计算机科学，包括对计算机软件技术的掌握、对计算机结构体系的理解，以及对计算机编程方法的应用；三是电子学，包括电子设备的特性原理及电路设计等内容。另外，建议读者在学习完有关信号处理的课程后阅读本书。

感谢电子工业出版社编辑的精心组稿、认真审阅和细心修改。

最后，感谢妻子何芸、女儿章荷铭在各方面的理解和支持。

章毓晋

2020 年暑假于书房

通信：清华大学电子工程系（100084）

邮箱：zhang-yj@tsinghua.edu.cn

目录 Contents

第 1 章

计算机视觉基础

计算机视觉是一门借助计算机实现人类视觉功能的学科。本书主要介绍计算机视觉的低层（入门级）内容，读者可在学习本书后阅读《3D 计算机视觉：原理、算法及应用》一书。

人类视觉过程可看作一个复杂的从感觉（感受到的是对 3D 世界进行 2D 投影得到的图像）到知觉（由 2D 图像认知 3D 世界的内容和含义）的过程。**计算机视觉**是指利用计算机实现人的视觉功能，根据感知到的图像对实际的目标和场景做出有意义的解释和判断。

本章对计算机视觉进行概括介绍，为后续各章的学习打下基础。本章各节安排如下。

1.1 节概述人类视觉的基本概念、视感觉和视知觉的关联与区别，以及视觉过程。

1.2 节概括介绍与视觉密切相关的图像基础，包括图像和数字图像、图像和像素表示、图像存储与文件格式、图像显示和打印方法（包括半调输出和抖动技术）。

1.3 节讨论视觉系统与图像技术的联系，包括视觉系统流程与图像技术层次，并介绍图像技术 3 个层次的联系及进一步的技术方向分类。

1.4 节介绍本书结构框架和各章概况，并简述学习本书需要的先修知识和使用本书的建议。

1.1 视觉基础

计算机视觉基于人类**视觉**，并与人类视觉密切相关。

1.1.1 视觉

人类视觉一般简称为**视觉**。视觉是人类用眼睛观测周围世界，并用人脑感知周围世界的一种能力。视觉系统提供了观察世界、认知世界的重要功能手段，是人类从外界获得信息的主要途径。据统计，人类从外界获得的信息约有 75%来自视觉系统，这既说明视觉信息量巨大，也表明人类对视觉信息有较高的利用率。

先简单介绍几个常用的视觉术语。

眼睛（人眼）：人对可见光照起反应的一种视觉器官，主要包括**晶状体**（眼球）、瞳孔、视网膜等，是接收入射光的感光器官。一般在眼睛—相机的比拟中，常将晶状体、瞳孔和视网膜与镜头、光圈和成像表面相对应。

视网膜：晶状体周壁上最后面的一层薄膜，是眼睛后面的光敏表面层，含有光感受器和神经组织网络。视网膜上分布着感光细胞，可将入射光转化为神经脉冲并送至大脑。视网膜中心也称为**中央凹**，此处感光细胞最集中，是眼睛内对光最敏感的区域。

大脑（人脑）：视觉系统中处理信息的功能单元。大脑利用从视网膜传感器中获得的、经过视神经传到脑内的神经信号生成神经功能模式，这些模式最终被感知为图像。

可见光：眼睛能感受到的在一定波长范围内的电磁波。对正常人来说，这个范围最大为 380～780 nm，最小为 400～700 nm，对应的彩色大致在亮蓝白色与暗红色之间。

彩色（**颜色**）：视觉系统对不同频率或不同波长的电磁波有不同的感知结果。彩色既是一种物理现象，也是一种心理现象。

视力：视觉器官（眼睛）的空间分辨能力，也是对物体大小、形状等的精细辨别能力。视力通常以可分辨视角的倒数（1/度）为单位。正常人的最小可辨视角阈值约为 0.5″。

视野（**视场**）：人在头部和眼球固定不动的情况下，在观看正前方物体时所能看见的空间范围。正常人的最大视觉范围约为 200°×135°（宽×高）。

1.1.2 视感觉和视知觉

从语义角度来看，可认为“视觉”包括“视”和“觉”两部分，所以可进一步将视觉分为“视感觉”和“视知觉”。

人类的**视感觉**主要发生于物体在视网膜上成像的过程中，主要涉及物理、化学等相关原理和理论，从分子的角度来理解人们对光（可见辐射）的基本性质（如亮度、颜色）的反应。在视感觉中，主要关心的内容有①光的物理特性，如光量子、光波、光谱等；②光刺激视觉感受器官的程度，涉及光度学、眼睛构造、视觉适应、视觉的强度和灵敏度、视觉的时空特性等；③光在作用于视网膜后，经视觉系统加工而产生的感觉，如明亮程度、色调等。

人类的**视知觉**主要研究人在从客观世界接收视觉刺激后如何将物像转变为神经反应，以及反应所采用的方式和获得的结果（如人在受到强光照射时，会瞳孔缩小或闭眼等)，研究如何通过视觉形成关于外在空间的表象(如物体尺寸的大小、表面的平滑/粗糙等)，所以兼有心理因素。视知觉是在人脑神经中枢内进行的一组活动，它把视野中一些分散的刺激加以组织，构成具有一定形状和结构的整体，并据此认识客观世界(如观察到地面上的马和马上的人，从而判断人在骑马行进)。人利用视觉感知的客观事物具有多种特性，对它们进行光刺激，视觉系统会产生不同形式的反应，所以视知觉又可分为亮（明）度知觉、颜色知觉、形状知觉、空间知觉、运动知觉等。

从认知角度来看，人类不仅需要从外界获得信息，还需要对信息进行加工，之后才能做出判断和决策，因而视觉功能可分为视感觉和视知觉两个层次。视感觉处于较低层次，主要接收外部刺激；视知觉则处于较高层次，将外部刺激转化为有意义的内容。一般来说，视感觉基本不加区别地接收外部刺激，而视知觉则要确定外部刺激的哪些部分应组合成所关心的“目标”，或对外部刺激源的性质进行分析并做出判断，从而了解客观世界。

1.1.3　视觉过程

视觉是一个复杂的过程，涉及光学、几何学、化学、生理学、心理学等多个方面的知识。例如，从光源发出辐射到大脑获得场景信息涉及一系列步骤（见图 1-1）：光源照射到客观世界的物体上并发生反射（可能还有折射、透射），遵循一定的光学规律进入人眼；人眼接收到的辐射能量会经过人眼内的折光系统（包括晶状体、**瞳孔**、角膜、房水、玻璃体等）并最终按照几何规律成像于**视网膜**上；视网膜上的感光细胞受到刺激并产生响应，将光能量根据化学反应的规律转换为相应的神经信号（将光刺激所包含的视觉信息转变成神经信息）；这些神经信号按照生理学的规律在人体的神经通道内传递，将信息送入大脑；在大脑视觉中枢的处理和加工下，结合心理学的规律，人才能获得对场景的认知、解释信息（如外界物体的大小、位置、明暗、颜色、动静、趋向、态势等）。

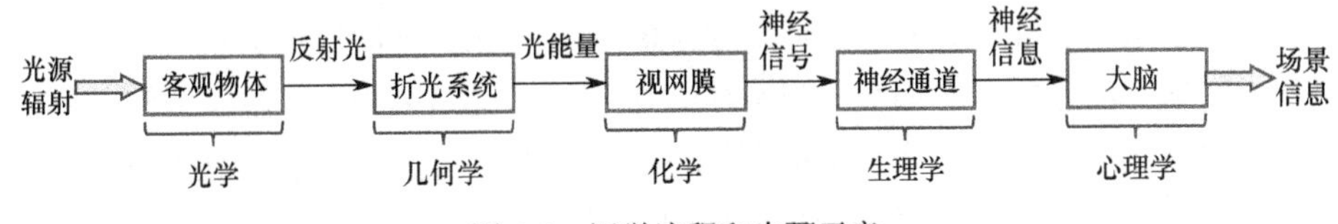

图 1-1　视觉流程和步骤示意

通常可将视觉过程分为三个子过程：光学过程、化学过程和神经处理过程。

1. 光学过程

光学过程的物理基础是人眼。从成像的角度可将眼睛和相机进行简单比拟。

眼睛本身是一个平均直径约为 20 mm 的球体，球体前端有一个晶状体，对应相机的镜头；晶状体前的瞳孔对应相机的光圈，控制进入眼睛的光通量；球体内壁有一层视网膜，它是含有光感受器和神经组织网络的薄膜，对应相机中传感器的感光面（早期相机内的胶片）。外来光线在通过瞳孔后被晶状体聚焦而在视网膜上成像。光学过程基本确定了成像的尺寸，这可借助图 1-2 来说明。晶状体的屈光能力从最小变到最大时，晶状体聚焦中心和视网膜间的距离可以从约 17mm 变到约 14mm。以 17mm 为例，在观察一个 100m 外高度为 15m 的柱状物体时，如果用 x 表示以 mm 为单位的视网膜上的成像尺寸，根据图 1-2 中的几何关系，15/100 = x/17，可算得 x = 2.55（mm）。

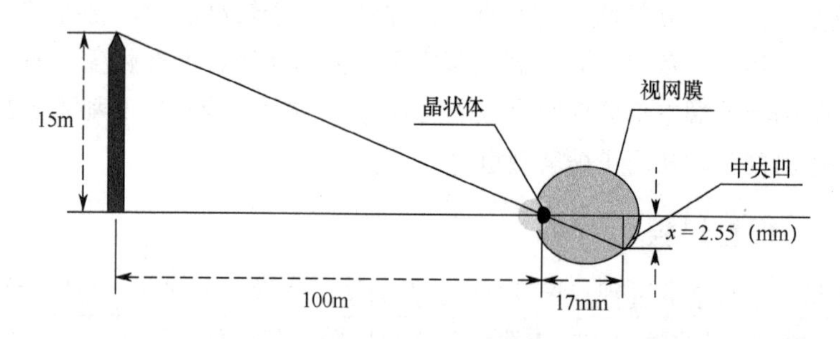

图 1-2　光学过程确定成像尺寸示意

2. 化学过程

视网膜表面分布着许多光接收细胞（感光单元），它们可接收光的能量并形成视觉图案。光接收细胞分为两类：**锥细胞**和**柱细胞**。

每个眼睛内有 600 万～700 万个锥细胞，它们对颜色很敏感。锥细胞又可分为三种，对入射的辐射有不同的频谱响应曲线，三种锥细胞的共同作用是使人感知到彩色。人类能借助锥细胞区分细节的主要原因是每个锥细胞各自连接自己的神经末梢。锥细胞视觉也称为**适亮视觉**，因为锥细胞仅在较亮的环境下工作。

每个眼睛内的柱细胞要比锥细胞多得多，在视网膜表面上有 7500 万～15000 万个柱细胞。柱细胞分布面大，但分辨率比较低，这是因为几个柱细胞连接同一个神经末梢。柱细胞仅在非常暗的环境下工作，对低照度较敏感。柱细胞主要提供视野的整体视像，因为只有一种柱细胞，所以不产生颜色感受。例如，在日光下（由锥细胞感受到的）颜色鲜艳的物体在月光下变得无色，就是由于在月光下只有柱细胞在工作，这种现象称为**适暗视觉**。

锥细胞在中央凹区域内的密度很高。为了便于解释，我们可把中央凹看作一个 1.5 mm×1.5 mm 的方形传感器矩阵。锥细胞在这个区域内的密度约是 15 万个/mm^2，所以近似估计，中央凹里的锥细胞约有 33.7 万个。目前的电子成像传感器已经可以在其接收阵中集中更高密度的光电感受元件。

锥细胞和柱细胞均由色素分子组成，其中含有可吸收光的**视紫红质**，这种物质在吸收光后会产生化学反应而分解。一旦化学反应发生，分子就不再吸收光。反之，如果不再有光通过视网膜，化学反应就反过来进行，分子可重新工作（这个转换过程通常需要几十分钟才能全部完成）。当光通量增加时，受到照射的视网膜细胞数量随之增加，分解视紫红质的化学反应增强，从而使产生的神经元信号变得更强。从这个角度来看，可将视网膜看作一个化学实验室，在其中将光学影像通过化学反应转换成其他形式的信息。视网膜各处产生的信号的强度反映了场景中对应位置的光强度。由此可见，化学过程基本确定了成像的亮度或颜色。

3. 神经处理过程

神经处理过程在大脑中枢神经系统里进行。

（1）借助**突触**，每个视网膜接收单元都与一个神经元细胞相连，每个神经元细胞借助其他突触再与其他细胞连接，从而构成光神经网络。

（2）光神经网络进一步与大脑中的侧区域连接，并连接大脑中的**纹状皮层**。在纹状皮层中，对光刺激产生的感觉响应经过一系列处理最终形成关于场景的表象，从而将对光的感觉转化为对场景的知觉响应。

（3）在大脑皮层中要完成一系列处理工作（从图像存储到做出响应等）。

以上三个过程构成了视觉的全过程，其流图如图 1-3 所示。

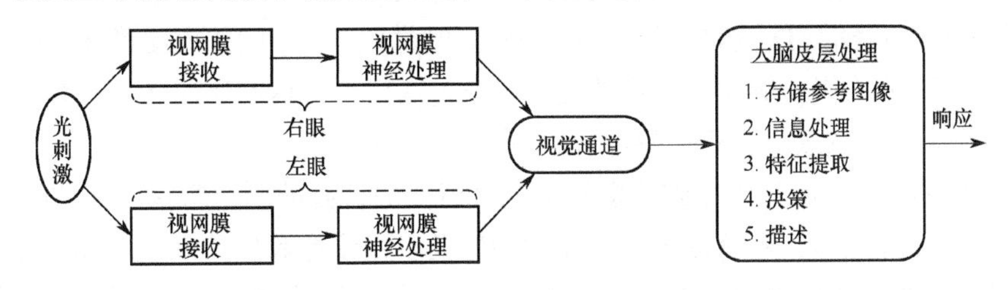

图 1-3　视觉全过程流图

视觉过程从光源刺激眼睛开始。光通过反射进入视觉感受器官（左、右眼）并同时作用在视网膜上引起视感觉；光刺激在视网膜上经神经处理产生神经冲动，沿视神经纤维传出眼睛，通过视觉通道传到大脑皮层，在经过一系列处理后最终引起视知觉，或者说在大脑中对光刺激产生响应，从而形成关于场景的表象和解释。

1.2　视觉和图像

视觉对象是眼睛直接感受到的图像，源自客观世界中物体的影像，一般称为

“连续图像”。“连续”在这里指图像在空间上和亮度上都是密集取值的。连续图像也称为模拟图像，与此对应的是数字图像或离散图像。“离散”在这里指图像在空间上和亮度上都是间断采样的。利用计算机对数字图像进行加工、操作等的技术统称为数字图像技术。因为计算机所能操作的对象都是数字化的，所以数字图像技术也可直接称为图像技术，数字图像也可直接称为图像。

计算机视觉需要借助许多图像技术来实现。客观世界在空间上是 3D 的，但大部分成像装置都将 3D 世界投影到 2D 像平面上，所以得到的图像是 2D 的。2D 计算机视觉基本上基于各种 2D 图像技术。

下面介绍如何定义、表示图像及其基本单元——像素，介绍图像存储与文件格式、图像显示和打印方法，并利用对打印所用的半调输出和抖动技术的介绍，进一步加深读者对图像空间和幅度（像素灰度）的理解。

1.2.1 图像和数字图像

图像可定义为用各种观测系统，以不同形式和手段观测客观世界而获得的、可以直接或间接作用于人眼并进而产生视知觉的实体。例如，人的视觉系统就是一个观测系统，通过它得到的图像就是客观物体在人眼中形成的影像。视觉信息均来源于图像，这里的图像是比较广义的，如照片、绘画、草图、动画、视频等。图像带有大量的信息，“百闻不如一见”“一图值千字”都说明了这个事实。

一幅图像一般可以用一个 2D 函数 $f(x, y)$（在计算机中为一个 2D 数组）来表示，这里 (x, y) 表示 2D 空间 XY 中一个坐标点的位置，而 f 则代表图像在点 (x, y) 处的某种性质 F 的值。例如，常用的图像一般是灰度图，这时 f 表示灰度值，当用可见光成像时，灰度值对应客观物体被观察到的亮度。

图像的概念在近几年得到许多扩展。虽然一般谈到的图像常指 2D 图像，但 3D 图像、**立体图像**、彩色图像、多光谱图像及多视图像等也越来越多见；虽然一般谈到的图像常指静止的单幅图像，但图像序列、运动图像（如视频）等也得到了越来越广泛的应用；虽然图像常用对应辐射量的灰度点阵的形式显示，但图像灰度所代表的也可能是客观世界中的距离或深度值（深度图）、纹理变化（纹理图像）、物质吸收值（计算机断层扫描图像）等。近年来，随着科学的进步和技术的发展，成像已从可见光扩展到其他辐射波段，如在低频端，有红外线、微波、无线电波等；在高频端，有紫外光、X 光、γ 射线、宇宙射线等，此时图像的亮度值或灰度值可以对应各种辐射量度。

从广义来说，图像可表示一种辐射能量的空间分布，这种分布可以是 5 个变量的矢量函数，记为 $\boldsymbol{T}(x, y, z, t, \lambda)$，其中 x、y、z 是空间变量，t 是时间变量，λ 是频谱变量（波长），而对于同一组变量，其函数值 $\boldsymbol{T}$ 可以是矢量（彩色图像包括三个分量，多光谱图像可能包括成百上千个分量）。由于实际图像在时空、频谱和能量上都是有限的，所以 $\boldsymbol{T}(x, y, z, t, \lambda)$是一个 5D 有限函数。

顺便指出，在早期的英文书籍里，一般用“Picture”表示图像，随着数字技术的发展，现在都用“Image”代表各种离散化的数字图像，包括前述的各种广义形式的图像，Image 与中文“图像”一词的含义更接近。

❑ 例 1-1　图像示例

图 1-4 给出的是两幅典型的公开图像（Lena 和 Cameraman，本书许多处理和分析的例子以其为原始图像）。图 1-4(a)中的坐标系常在屏幕显示中采用，它的原点 O 位于图像的左上角，纵轴标记图像的行，横轴标记图像的列。图 1-4(b)中的坐标系常在图像计算中采用，它的原点位于图像的左下角，横轴为 X 轴，纵轴为 Y 轴。在两幅图中，$f(x, y)$既可代表整幅图像，也可表示在坐标(x, y)处图像的属性值 f。

图 1-4　数字图像及其显示示例　❑

1.2.2　图像和像素表示

一幅图像可分解为许多单元，每个基本单元称为图像元素，简称为**像素**。对于 2D 图像，常用英文 pixel（也有用 pel）代表像素。图像分辨率与图像包含的像素个数成正比，包含的像素越多，图像的分辨率越高，能更好地看清图像的细节。

❑ 例 1-2　像素示例

图像是由许多像素紧密排列而成的，或者说，一幅灰度图像就是亮度点的集合（只要将图像逐步放大就可看出）。例如，从图 1-4(b)中选取一小块（32×32）并进行放大，如图 1-5(a)所示，将一个如图 1-5(b)所示的 32×32 的网格覆盖在上面，得到图 1-5(c)。图 1-5(c)中每个小格对应一个像素，格内灰度是一致的，这里每个小格就对应一个像素。

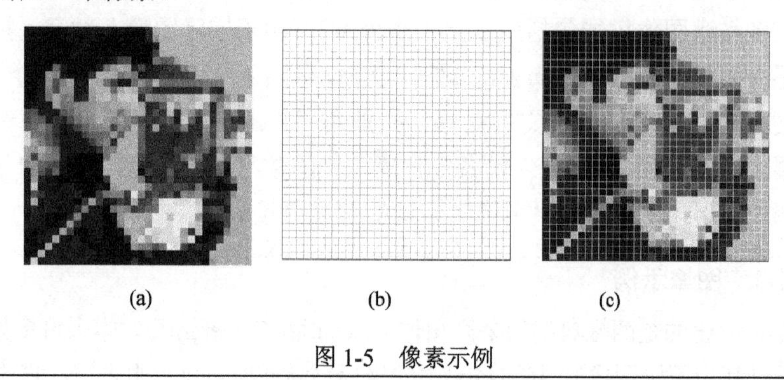

(a) (b) (c)

图 1-5　像素示例

若要表示图像，就要表示其中的每个像素。有多种表示方法，最常用的表示方法是前文提到的将一幅图像用一个 2D 数组 $f(x, y)$表示，其中(x, y)表示像素的位置，f 则代表像素的属性值。在这种称为光栅表示的方法中，图像像素与数组元素是一一对应的。

一幅图像也可表示为一个 2D 的 $M \times N$ 的矩阵 $\boldsymbol{F}$（其中每个元素表示一个像素，M 和 N 分别为图像的行数和列数）：

$$\boldsymbol{F} = \begin{bmatrix} f_{11} & f_{12} & \cdots & f_{1N} \\ f_{21} & f_{22} & \cdots & f_{2N} \\ \vdots & \vdots & & \vdots \\ f_{M1} & f_{M2} & \cdots & f_{MN} \end{bmatrix} \tag{1-1}$$

矩阵表示法可以很容易地转化为更为简单的矢量表示法，对应式（1-1），有

$$\boldsymbol{F} = \begin{bmatrix} \boldsymbol{f}_1 & \boldsymbol{f}_2 & \cdots & \boldsymbol{f}_N \end{bmatrix} \tag{1-2}$$

其中，

$$\boldsymbol{f}_i = \begin{bmatrix} f_{1i} & f_{2i} & \cdots & f_{Mi} \end{bmatrix}^{\mathrm{T}} \quad i = 1,\ 2,\ \cdots,\ N \tag{1-3}$$

矩阵表示法和矢量表示法是等价的，它们可以方便地互相转换。

1.2.3　图像存储与文件格式

图像在计算机中需要用大量的数据来表达，同时需要以特定的格式存储。

1．图像存储器

图像存储需要大量的空间。在图像处理和分析系统中，大容量和高速的图像存储器是必不可少的。在计算机中，最小的图像数据量度单位是比特（bit）。存储器的存储量常用字节（B，1B = 8 bits）、千字节（KB）、兆（10^6）字节（MB）、吉（10^9）字节

（GB）、太（10^{12}）字节（TB）等表示。例如，存储一幅 1024×1024 的 8bit 图像需要容量至少为 1MB 的存储器。用于图像处理和分析的数字存储器可分为如下 3 类。

（1）在处理和分析过程中使用的快速存储器。

（2）可以比较快地重新调用数据的在线或联机存储器。

（3）不经常使用的数据库（档案库）存储器。

❑　例 1-3　存储器示例

计算机内存是一种具有快速存储功能的存储器。目前，微型计算机的内存通常为若干 GB。有一种内存是特制的硬件卡，也称为“帧缓存”或“显存”，其可存储多幅图像并以视频速度（每秒 25 幅或 30 幅图像）读取，还允许对图像进行实时放大/缩小及垂直翻转和水平翻转等操作。目前常用的帧缓存容量可达几十 GB。近年来得到广泛应用的闪存（FLASH）在工作原理和结构等方面与内存有相似之处，但闪存在断电后仍能保留存储的内容。

磁盘是比较通用的在线存储器，常用的 Winchester 磁盘一般可存储 TB 级的数据。近年来，磁光（Magneto Optical，MO）存储器也比较常用，它可在 5¼英寸的光片上存储 GB 级的数据。在线存储器的一个特点是需要经常（随机地）读取数据，所以一般不采用磁带一类的顺序介质。针对更大的存储要求，还可以使用光盘塔，一个光盘塔可容纳几十个到几百个光盘，利用机械装置插入或从光盘驱动器中抽取光盘。

数据库存储器的特点是须具备非常大的容量，但对其上数据的读取不能太频繁，常将磁带和光盘作为数据库存储器。一条长为 13 英尺的磁带可存储 GB 级的数据，但磁带的寿命较短，在良好的环境中也只有 7 年。常用的一次写多次读（WORM）光盘可在 12 英寸的光盘上存储 6GB 的数据，在 14 英寸的光盘上存储 10GB 的数据。另外，WORM 光盘在一般环境下可保存 30 年以上。在主要操作为读取的应用中，可将 WORM 光盘放在光盘塔中。一个存储量达到 TB 级的 WORM 光盘塔可存储上百万幅 1024×1024 的 8bit 图像。　❑

2．图像文件格式

图像数据在联机存储器和数据库存储器中一般以各种图像文件格式存储，除图像数据本身外，一般还需要包含对图像的描述信息，以便于对图像数据进行提取和使用。

图像文件格式有很多种，基本上可分为两种形式，一种是矢量形式，另一种是光栅形式。

（1）在矢量形式中，图像是用一系列线段或线段的组合体来表示的，线段的灰度（色度）可以是均匀的或变化的，在线段的组合体中，各部分也可使用不同的灰度。矢量文件类似于程序文件，里面有一系列命令和数据，执行这些命令就可根据数据画出图案。矢量形式主要用于人工绘制的图形数据文件。

（2）表示自然图像数据的文件主要使用光栅形式，该种形式与人对图像的理解一致（一幅图像是许多图像点的集合），比较适用于色彩、阴影或形状变化复杂的真实图像。它的主要缺点是缺少直接表示像素间相互关系的结构，并且限定了图像的分辨率。后者带来两个问题，一个是将图像放大到一定程度就会出现方块效应，另一个是如果将图像缩小再恢复到原尺寸，图像会变得模糊。

不同的系统平台和软件常使用不同的**图像文件格式**，下面简单介绍 5 种应用比较广泛的格式。

1）BMP 格式

BMP 格式是 Windows 环境中的一种标准图像格式，全称是 Bitmap。BMP 图像文件也称为“位图文件”，包括三部分：位图文件头（也称为表头）、位图信息（常称为调色板）、位图阵列（图像数据）。一个位图文件只能存放一幅图像。

位图文件头的长度固定为 54 字节，给出图像文件的类型、大小、打印格式和位图阵列的起始位置等信息。位图信息给出图像的长、宽、每个像素的位数（可以是 1、4、8、24，分别对应单色、16 色、256 色和真彩色的情况）、压缩方法、目标设备的水平和垂直分辨率等信息。位图阵列给出原始图像每个像素的值（如对于真彩色图像，每 3 字节表示一个像素，分别是蓝、绿、红的值），它的存储格式有压缩（仅用于 16 色和 256 色图像）和非压缩两种。位图阵列数据以图像的左下角为起点进行排列。

2）GIF 格式

GIF 格式是一种公用的图像文件格式标准，它是 8 位文件格式（一个像素占一个字节），所以最多只能存储 256 色图像，不支持 24 位的真彩色图像。GIF 文件中的图像数据均为压缩过的，采用的压缩算法是改进的 LZW 算法，所提供的压缩比通常在 1∶1 到 3∶1 之间，当图像中有随机噪声时，效果不太好。

GIF 文件结构较复杂，一般包括 7 个数据单元：文件头、通用调色板、图像数据区及 4 个补充区（如果用户只利用 GIF 格式存储用户图像信息，则可不设置）。其中，文件头和图像数据区是不可缺少的单元。

一个 GIF 文件中可以存放多幅图像（这个特点对实现网页上的动画很有利），所以文件头中会包含适用于所有图像的全局数据和仅属于其后那幅图像的局部数据，当文件中只有一幅图像时，全局数据和局部数据一致。当存放多幅图像时，每幅图像集中成一个图像数据块，每个数据块的第一个字节是标识符，指示数据块的类型（可以是图像块、扩展块或文件结束符）。

3）JPEG 格式

JPEG 格式是针对静止灰度图像或彩色图像的一种国际压缩标准，尤其适用于拍摄的自然照片，所以在数字相机中得到了广泛使用。JPEG 格式采用的是有损编码（也有采用无损编码的 JPEG 格式，但没有特点，很少使用），一般来说，其可节省的空间是相当大的。JPEG 格式在内容和编码方式方面都比其他图像文件格式要复杂，但在使用时并不需要用到每个数据区的详细信息。

JPEG 标准本身只定义了一个规范的编码数据流，并没有规定图像文件的格式。Cube Microsystems 公司定义了一种 **JPEG 文件交换格式**（JFIF）。JFIF 图像是一种使用灰度或 Y、C_b、C_r 分量（彩色）表示的 JPEG 图像，包含一个与 JPEG 兼容的文件头。一个 JFIF 文件通常包含单幅图像，图像可以是灰度的，其中的数据为单个分量；也可以是彩色的，其中的数据包括三个分量。

4）PNG 格式

PNG 格式是一种无损压缩的位图格式，使用由 LZ77 派生的无损数据压缩算法，一般应用于 JAVA 程序、S60 程序或网页（主要原因是它压缩比高，生成的文件体积小）。PNG 格式有 8 位、24 位、32 位三种形式，其中，8 位 PNG 格式支持两种不同的透明形式（索引透明和 Alpha 透明），24 位 PNG 格式不支持透明（仅包含 3 个颜色分量 R、G、B），32 位 PNG 格式在 24 位 PNG 的基础上增加了 8 位透明通道，即 Alpha 通道，因此可展现 256 级透明程度。此时可以指定每个像素的 Alpha 值，当 Alpha 值为 0 时，像素是完全透明的，而当 Alpha 值为 255 时，像素是完全不透明的。这样可使得彩色图像的边缘与任何背景平滑地融合，从而彻底消除锯齿边缘。这种功能是 GIF 格式和 JPEG 格式不具备的。

相比于 JPEG 格式，如果保存文本、线条或边缘清晰、含有大块相同颜色区域的图像，PNG 格式的压缩效果要比 JPEG 格式好很多，并且不会出现 JPEG 格式在高对比度区域中出现的图像损伤。但是，JPEG 格式采用了一种针对照片图像的特定编码方法，适用于图像对比度低、颜色过渡平滑、噪声较多且结构不规则的情况，所以如果此时用 PNG 格式代替 JPEG 格式，文件尺寸会增大很多，而且图像质量的提高有限。

5）TIFF 格式

TIFF 格式是一种独立于操作系统和文件系统的格式（如其在 Windows 环境中和 Macintosh 机上都可使用），非常便于在软件之间进行图像数据交换。TIFF 图像文件包括文件头（表头）、文件目录（标识信息区）和文件目录项（图像数据区）。文件头只有一个，并且在文件前端，给出数据存放顺序、文件目录的字节偏移信息；文件目录给出文件目录项的个数信息，并有一组标识信息，给出文件目录项的地址；文件目录项是存放信息的基本单位，也称为“域”，域主要分为基本域、信息描述域、传真域、文献存储和检索域及其他建议不再使用的域。

TIFF 格式的描述能力很强，可制订私人用的标识信息。TIFF 格式支持任意大小的图像，文件可分 5 类：二值图像、灰度图像、调色板彩色图像、全彩色 RGB 图像和 YCbCr 图像。一个 TIFF 文件中可以存放多幅图像，也可存放多份调色板数据。

1.2.4 图像显示和打印方法

图像显示指将图像数据以图的形式（在一般情况下是亮度模式的空间排列，即在空间(x, y)处显示对应f的亮度）展示（这也是计算机图形学的重要内容）。对图像处理来说，处理的结果主要用于显示；对图像分析来说，分析结果可以借助计算机图形学技术转换为图像形式，从而直观地展示。图像显示对图像处理和分析系统来说是非常重要的。

❑ **例 1-4 显示设备示例**

可以显示图像的设备有许多种。常见的图像处理和分析系统所用的主要显示设备是电视显示器。输入的图像可以通过硬拷贝转换到幻灯片、照片或透明胶片上。

除了电视显示器，可以随机存取的阴极射线管（CRT）和各种打印设备也可用于图像的输出和显示。在 CRT 中，电子枪束的水平和垂直位置可由计算机控制。在每个偏转位置上，电子枪束的强度是用电压来调制的。每个点的电压都与该点所对应的灰度值成正比，如此一来，灰度图像就转化为光亮度空间变化的模式，这个模式被记录在 CRT 屏幕上以显示出来。

打印设备也可以看作一种图像显示设备，一般用于输出分辨率较低的图像。早期在纸上打印灰度图像的一种简便方法是利用标准行式打印机的重复打印能力输出图像上任一点的灰度值。近年来使用的各种热敏、喷墨和激光打印机等具有更强的能力，可以打印具有较高分辨率的图像。 ❑

1．半调输出

图像的原始灰度通常有几十级、几百级甚至上千级，但有些图像输出设备的灰度只有两级，如激光打印机（打印，输出黑；或者不打印，输出白）。为了在这些设备上输出多级灰度图像并保持图像原有的灰度级数，常采用一种称为**半调输出**的技术。半调输出的原理是利用人眼的集成特性，在每个像素位置打印一个尺寸反比于该像素灰度的黑圆点，即在较亮的图像区域中打印的点较小，而在较暗的图像区域中打印的点较大（与例 1-5 所给方法的原理一致，但实现手段不同）。当点足够小、观察距离足够远时，人眼就不容易区分各小点，从而得到比较连续平滑的灰度图像。一般来说，报纸上图片的分辨率约为 100DPI（每英寸 100 点），而书或杂志上图片的分辨率约为 300DPI。

❑　例 1-5　半调输出方法

一种半调输出技术的具体实现方法：先将图像区域细分，取近邻单元进行结合，组成输出区域，这样每个输出区域包含若干个单元，只要使一些单元输出黑，而使其他单元输出白就可得到不同的灰度效果。一般来说，如果一个单元在某个灰度下的输出为黑，则让它在所有大于这个灰度下的输出仍为黑。例如，将一个区域分成 2×2 个单元，按照图 1-6 的方式，可以输出 5 种不同的灰度；将一个区域分成 3×3 个单元，按照图 1-7 的方式，可以输出 10 种不同的灰度。

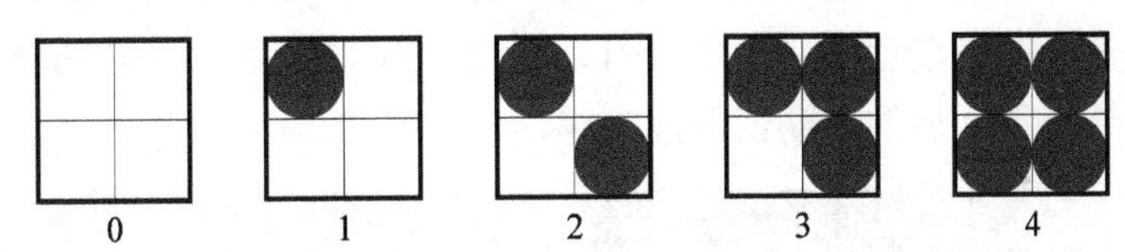

图 1-6　将一个区域分成 2×2 个单元（输出 5 种灰度）

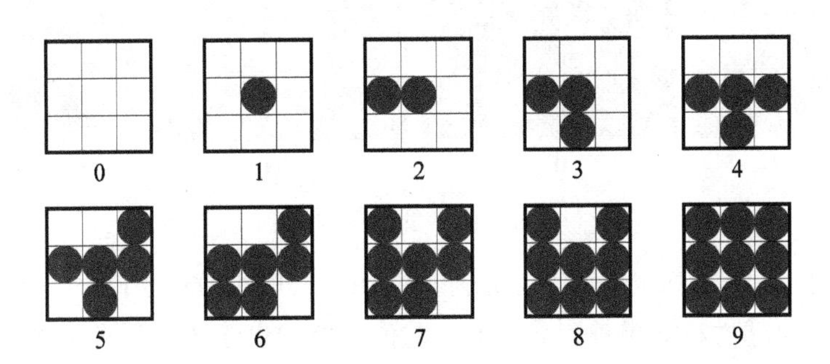

图 1-7　将一个区域分成 3×3 个单元（输出 10 种灰度）

依此类推，要输出 256 种灰度，则需要将一个区域分成 16×16 个单元。需要注意的是，这个方法通过降低图像的空间分辨率来提升图像的幅度分辨率，所以有可能导致图像采样过粗，进而影响图像的显示质量。❑

2．抖动技术

半调输出通过降低图像的空间分辨率来提升图像的幅度分辨率，所以输出的灰度级数有一定限制。用较少的灰度级数显示图像可能产生虚假轮廓而导致图像质量下降。这时可以采用**抖动**技术，通过改变图像的幅度值来改善图像的显示质量。抖动的实现一般是对原始图像$f(x, y)$加一个随机的小噪声$d(x, y)$，即将两者加起来进行显示，由于$d(x, y)$的值与$f(x, y)$没有任何有规律的联系，所以有助于消除因量化不足而产生的图像中出现**虚假轮廓**的问题（还可参见例 2-11）。例如，设b为图像显示的比特数（一般$b < 5$），则先从以下 5 个数中以均匀概率取得$d(x, y)$的值：$-2^{(6-b)}$、$-2^{(5-b)}$、0、$2^{(5-b)}$、$2^{(6-b)}$，然后将这个相当于随机小噪声的$d(x, y)$的b个最高有效比特加到$f(x, y)$上，作为像素的值进行显示。

❑ **例 1-6　抖动示例**

图 1-8 给出一组抖动示例，图 1-8(a)是一幅具有 256 个灰度级的原始图像；图 1-8(b)是借助例 1-5 的半调技术，使用图 1-7 的方式得到的输出图像，由于现在只有 10 个灰度级，所以在脸部和肩部等灰度变换比较缓慢的区域，有比较明显的虚假轮廓现象（原来光滑的表面出现阶梯变化）；图 1-8(c)是利用抖动技术进行改善的结果，叠加的抖动值分别为−2、−1、0、1、2；图 1-8(d)也是利用抖动技术进行改善的结果，但叠加的抖动值分别为−4、−2、0、2、4。

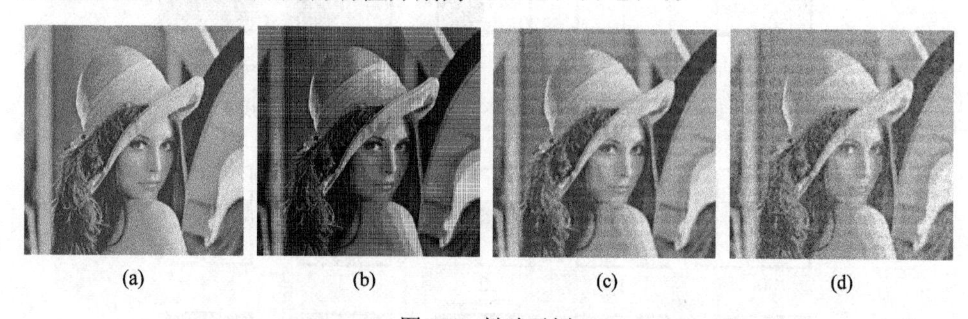

(a)　(b)　(c)　(d)

图 1-8　抖动示例

由此可见，利用抖动技术可以消除一些由于灰度级数过少而导致的虚假轮廓，叠加的抖动值越大，效果越明显。但抖动值的叠加也给图像带来了噪声，抖动值越大，噪声影响也越大。❑

1.3　视觉系统和图像技术

视觉系统是通过观测世界获得图像，进而实现视觉功能的系统。人的视觉系统包括眼睛、神经网络、大脑皮层等。随着科技的进步，由计算机和电子设备构成的人造视觉系统越来越多，它们试图实现并改善人的视觉系统。人造视觉系统主要将数字图像作为系统的输入。

1.3.1　视觉系统流程

从功能来看，2D 视觉系统需要能够采集客观场景的图像，对图像进行加工（预处理），改善图像质量，再将其中对应感兴趣物体的图像目标提取出来，并通过对目标的分析获取客观物体的有用信息。2D 视觉系统流程如图 1-9 所示。

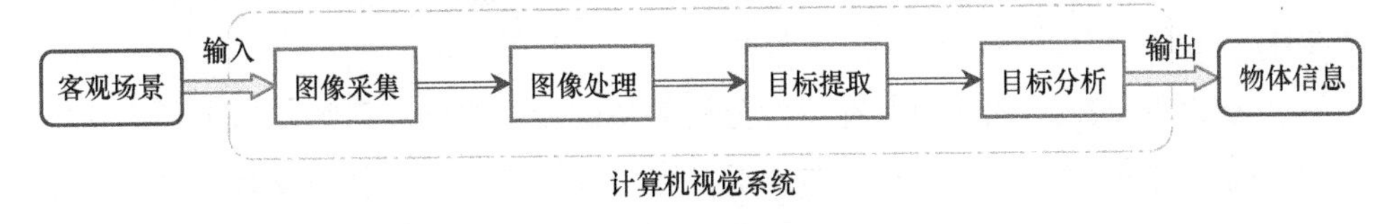

图 1-9　2D 视觉系统流程

1.3.2　图像技术层次

为完成视觉系统的功能，需要利用一系列技术。计算机视觉技术经过多年发展已有很大进展，种类很多。对于这些技术，已有一些分类方法，但目前看来还不太稳定和一致。例如，研究者均将计算机视觉技术分成 3 层，但结果并不统一。有的将其分为低层视觉、中层视觉、3D 视觉，有的将其分为早期视觉（其中又分为两部分：仅一幅图像、多幅图像）、中层视觉、高层视觉（其中又分为两部分：几何方法、概率和推论方法）。

相对来说，图像技术的分类方法在近 20 多年来一直比较一致。该方法将各种图像技术都集合在**图像工程**学科（一门系统研究各种图像理论、技术和应用的交叉学科）之下。图像工程可分为图像处理、图像分析和图像理解三个层次，如图 1-10 所示，每个层次各有特点。

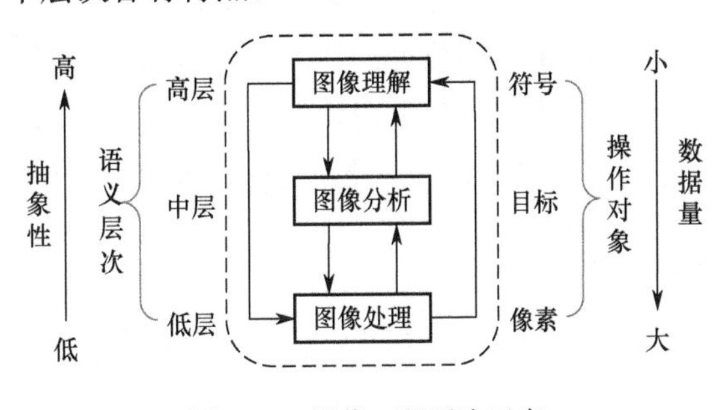

图 1-10　图像工程层次示意

图像处理（IP）着重强调在图像之间进行的变换。虽然人们常用图像处理泛指各种图像技术，但比较狭义的图像处理主要指对图像进行各种加工以改善图像的视觉效果，并为自动识别打基础，或对图像进行压缩编码以减少所需的存储空间或传输时间，从而满足给定传输通路的需求。

图像分析（IA）主要是对图像中感兴趣的目标进行检测和测量，以获得它们的客观信息，从而建立对图像的描述。如果说图像处理是一个从图像到图像的过程，则图像分析是一个从图像到数据的过程。这里数据可以是对目标特征进行测量的结果，也可以是基于测量的符号表示，它们描述了图像中目标的特点和性质。

图像理解（IU）的重点是在图像分析的基础上，进一步研究图像中各目标的性质和它们之间的联系，并得出对图像内容的理解及对原来客观场景的解释。如果说图像分析主要以观察者为中心研究客观世界（主要研究可直接观察到的事物），那么图像理解在一定程度上以客观世界为中心，并借助知识、经验等来把握和解释整个客观世界（包括不能直接观察到的事物）。

综上所述，图像处理、图像分析和图像理解在抽象程度和数据量上各有特点，操作对象和语义层次各不相同，其相互联系可参考图1-10。图像处理是比较低层的操作，它主要在图像的像素层次上进行处理，处理的数据量非常大；图像分析则进入了中层，通过图像分割和特征提取，把原来对图像中像素的描述转换成比较简洁的对图像中目标的描述；图像理解是高层操作，操作对象基本上是从描述中抽象出来的符号，其处理过程和方法与人类的思维推理有许多相似之处。另外，由图 1-10 可知，随着抽象性的提高，数据量是逐渐减少的。具体说来，原始图像数据在经过一系列的处理过程后，逐步转化得更有组织并被更抽象地表达。在这个过程中，语义被不断引入，操作对象发生变化，数据量得到压缩。另外，高层操作对低层操作有指导作用，能提高低层操作的效能。

在图像工程的三个层次中，图像处理和图像分析是图像理解的基础，对二者的研究相较于图像理解更加成熟，目前应用得也比较广泛。本书主要介绍这两个层次的内容，更深入的内容可见《3D 计算机视觉：原理、算法及应用》一书。

1.3.3 图像技术类别

在图像工程的三个层次中，每个层次又包括若干个技术类别（共 16 个类别），如表 1-1 所示。

表 1-1　图像处理、图像分析和图像理解中的图像技术

层　　次	图像技术
图像处理	**图像获取**（各种成像方法，图像采集、表达及存储，以及摄像机标定等）
	图像重建（从投影等重建图像、间接成像等）
	图像增强/图像恢复（变换、滤波、复原、修补、置换、校正、视觉质量评价等）
	图像/视频压缩编码（算法研究、相关国际标准实现及改进等）
	图像信息安全（数字水印、信息隐藏、图像认证取证等）
	图像多分辨率处理（超分辨率重建、图像分解和插值、分辨率转换等）
图像分析	**图像分割**和**基元检测**（边缘、角点、控制点、感兴趣点检测等）
	目标表达、目标描述、特征测量（二值图像形态分析等）
	目标特性提取分析（颜色、纹理、形状、空间、结构、运动、显著性、属性等的提取分析）
	目标检测和**目标识别**（目标 2D 定位、追踪、提取、鉴别和分类等）
	人体生物特征提取和验证（人体、人脸和器官等的检测、定位与识别等）
图像理解	图像匹配和融合（序列、立体图像的配准、镶嵌等）
	场景恢复（3D 物体表达、建模、重构或重建等）
	图像感知和解释（语义描述、场景模型、机器学习、认知推理等）
	基于内容的图像/视频检索（相应的标注、分类等）
	时空技术（高维运动分析、目标 3D 姿态检测、时空跟踪，以及举止判断和行为理解等）

在图像处理技术中，本书主要涉及图像获取、图像增强/图像恢复及图像多分辨率处理等内容；在图像分析技术中，本书主要涉及图像分割和基元检测、目标表达、目标描述、特征测量、目标特性提取分析及目标检测和目标识别等内容，如表 1-1 中粗宋体所示（同时也是术语）。

1.4　本书架构和内容概况

本节介绍本书的结构框架和主要内容、各章概况，以及先修基础。

1.4.1　结构框架和主要内容

根据图 1-9，本书选取了一些相关技术进行介绍。图像处理技术基本对应早期视觉或低层视觉，图像分析技术主要与中层视觉相关。

本书的结构框架和主要内容如图 1-11 所示。从客观场景出发到最后提取出物体信息，共分为 4 个模块（实线框）：图像采集、图像处理（或图像预处理）、目标提取、目标分析，分别包含不同的技术（虚线框），括号中的数字对应本书的章次。附录 A 介绍的二值数学形态学作为一种工具可以应用于不同模块的不同技术（如箭头所示）；附录 B 介绍的视觉恒常性主要与图像处理模块相关（如箭头所示）。

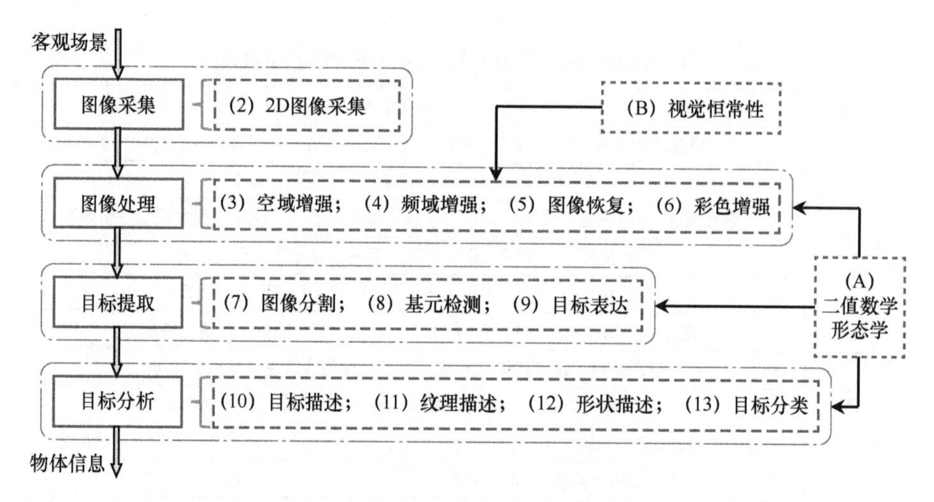

图 1-11　本书的结构框架和主要内容

本书的主要内容可划分在如图 1-11 所示的四个单元中（如点线框所示）。第一个单元包括第 2 章，主要介绍了初步的图像采集表达技术；第二个单元包括第 3～6 章，主要介绍基本的图像处理技术；第三个单元包括第 7～9 章，主要介绍从图像处理到图像分析的转换技术；第四个单元包括第 10～13 章，主要介绍扩展的图像分析技术。

1.4.2　各章概况

本书共有 13 章和 2 个附录。

第 1 章解释了一些基本术语，给出了多种图像示例，概括了图像技术的总体情况，并具体介绍了图像的表示和显示方法及图像存储和文件格式，还提出了本书的使用建议。

第 2 章介绍图像采集方法，包括几何成像模型和亮度成像模型，以及为图像数字化而进行的采样和量化，这些都是获取数字图像的关键。另外，还讨论了图像中像素间的关系。

第 3 章介绍空域图像增强方法，涉及的内容包括对图像进行算术运算和逻辑运算的技术、灰度映射技术，以及基于直方图的图像增强方法和利用像素邻域的空域滤波方法。

第 4 章介绍频域图像增强方法，在概述傅里叶变换的基础上，具体介绍了多种低通、高通、带阻和带通滤波器，并结合亮度成像模型分析了同态滤波器的原理。

第 5 章介绍图像恢复方法，分析了图像退化示例，对基本的无约束恢复和有约束恢复技术进行了讨论，介绍了对几何失真进行校正的方法，并概述了图像修补技术。

第 6 章介绍彩色视觉和彩色图像增强方法，在讨论彩色视觉基础及基于物理的和基于感知的彩色模型的基础上，给出了一些典型的伪彩色增强和真彩色增强方法。

第 7 章介绍基本的图像分割方法，先对相关的定义、方法、分类等进行讨论，然后具体介绍了微分边缘检测、主动轮廓模型、阈值分割、基于过渡区的阈值选取及区域生长技术。

第 8 章介绍图像中的基元检测方法，讨论了几种兴趣点的检测方法，以椭圆为例分析了目标检测的思路，还介绍了可检测多种基元的哈夫变换并推广到广义哈夫变换。

第 9 章介绍目标表达的基本方法，包括对轮廓的链码表达、投影标志和多边形近似，以及目标的层次表达、围绕区域和骨架表达。

第 10 章介绍目标的描述技术，除了一些轮廓基本描述参数和区域基本描述参数，还讨论了轮廓的傅里叶描述和小波描述、基于区域不变矩的描述及对目标关系的描述。

第 11 章介绍目标表面纹理的描述方法，分别对基于统计理论、结构模型和频谱函数的三类纹理研究方法中的一些典型技术进行了讨论。

第 12 章介绍目标形状的描述，具体讨论了四类形状特性描述符，包括形状紧凑性描述符、形状复杂性描述符、基于离散曲率的描述符、拓扑结构描述符。

第 13 章介绍目标模式的分类问题，先以交叉比为例介绍了特征不变量，然后讨论了几种典型的统计模式分类器，最后分析了支持向量机的原理和特点。

附录 A 介绍二值数学形态学，在回顾基本集合定义的基础上，依次介绍了二值数学形态学基本运算、二值数学形态学组合运算和二值数学形态学实用算法。

附录 B 介绍视觉恒常性，这是知觉恒常性的一种。在对视网膜皮层理论进行介绍的基础上，还举例描述了视觉恒常性在图像增强中的两个应用。

各章均附有“各节要点和进一步参考”，一方面归纳各节的中心内容，另一方面介绍可深入学习的参考文献。除附录外，各章均有一定数量的自我检测题（均附有提示和答案）。

1.4.3　先修基础

从学习图像处理和分析技术的角度来说，以下三个方面的基础知识是比较重要的。

（1）数学知识。值得指出的是线性代数，因为图像可表示为点阵，需要借助矩阵来表达和解释各种加工运算过程；另外，统计和概率的知识也很有用。

（2）计算机科学知识。值得指出的是计算机软硬件技术，因为对图像的加工需要使用计算机，一般通过编程利用一定的算法在给定的平台上完成。

（3）电子学知识。值得指出的有两个，一个是信号处理，因为图像可看作 1D 信号的扩展，图像处理是信号处理的扩展；另一个是电路原理，因为最终要实现对图像的快速加工，常常需要使用一定的电子设备和器件（包括特殊的硬件）。

本书是以计算机视觉入门图书的定位来编写的，主要目标是介绍 2D 计算机视觉（对应图像处理和分析）的基本原理、典型方法和应用技术，一方面，可使读者能据此解决实际应用中的具体问题；另一方面，可为读者进一步学习和研究 3D 计算机视觉（更接近图像理解）打下基础。

1.5 各节要点和进一步参考

以下指出各节的一些要点，并介绍一些可以进一步查阅的参考文献。

1. 视觉基础

人类视觉与计算机视觉密切相关，所以 1.1 节先介绍了一些人类视觉的基本概念和基础知识。人对光的感觉可参见文献[1]。人类视知觉与心理因素的联系可参见文献[2]。对人类视觉过程的进一步讨论可参见文献[3]。计算机视觉方面的专门书籍有很多，如可参见文献[4]和文献[5]。

2. 视觉和图像

图像是视觉的对象，也是计算机视觉研究的对象。对图像的表达、显示、存储是计算机视觉技术的基础。有关图像和像素基本概念的内容在所有图像处理书籍中均有介绍，如可参见文献[6]～文献[9]。

许多图像存储格式采用了多种图像压缩方法（如 TIFF 格式就采用了十多种），要了解这些方法，可参见文献[10]。

3. 视觉系统和图像技术

计算机视觉技术与图像技术联系紧密，计算机视觉系统需要借助许多图像技术来实现，本书主要讨论 2D 计算机视觉技术（或者说 2D 图像技术）。对计算机视觉的全面介绍可参见文献[6]及文献[11]、文献[12]等。对图像工程技术的全面介绍可参见文献[13]。对图像工程三个层次及其技术应用中各技术方向最近四分之一个世纪多的发展情况可参见文献[14]～文献[41]，它们构成了一个长达 27 年的文献综述系列。

4．本书架构和内容概况

本书主要介绍涉及的原理和技术，各种算法的具体实现可借助不同的编程语言，如 MATLAB 的使用可参见文献[42]和文献[43]。对于在学习过程中遇到的各类问题，更详细的分析和解答可参见文献[44]。

第 2 章

2D 图像采集

图像采集指获取图像的技术和过程。如第 1 章指出的，人造视觉系统主要将数字图像作为系统的输入。所以，图像采集是各种计算机视觉技术的基础。

图像采集是获取客观世界信息的重要手段。以一幅灰度图像$f(x, y)$为例，$f(x, y)$也代表在像空间(x, y)处的灰度值 f。图像采集就是要确定客观世界物体投影后的 f 和(x, y)。与$f(x, y)$表达的两类内容相对应，图像采集涉及两个方面的内容，需要分别建立模型。

（1）**光度学**（更一般的是**辐射度学**）：解决图像中的目标有多“亮”的问题，以及确定这个亮度与目标的光学性质和成像系统的关系，它确定了(x, y)处的f。

（2）几何学：解决场景中什么地方的目标会投影到图像中的(x, y)处的问题。

考虑到要使用计算机对图像进行处理和分析，所以最终要将从原始的模拟/连续的客观世界中获得的图像转换为数字图像。与$f(x, y)$表达的两类内容对应，在获取可被计算机处理的数字图像时，前者与**采样**有关，后者与**量化**有关。采样和量化确定了在用成像设备采集图像并用数字矩阵表达该图像时会得到的结果。

采集的图像由许多像素组成，像素之间有多种联系，既包括空间上的邻接或接触关系，也包括灰度（属性）上的相近或相同关系。在此基础上，还可考虑像素连通集合的组成、像素间的距离等联系。许多图像处理和分析技术要利用这些联系。

本章各节安排如下。

2.1 节概述典型的图像采集装置及需要关注的性能指标，并给出采集的流程。

2.2 节讨论图像亮度成像模型，这主要与f相关。在介绍相关的光度学基本概念的基础上，分析如何获得均匀照度，并给出一个简单的亮度成像模型。

2.3 节讨论图像空间成像模型，这主要与(x, y)相关。根据投影成像几何，介绍基本成像模型和一般成像模型。

2.4 节介绍模拟图像的采样和量化，包括数字图像的空间和幅度分辨率，并进一步讨论图像质量与其数据量的联系。

2.5 节介绍像素之间的各种关系（邻域、邻接、连接、连通等），讨论像素间距离的计算。

2.1　采集装置和性能指标

采集数字图像需要使用专门的图像采集装置。所有图像采集装置的共同之处是要接收外界的激励并产生（连续的）模拟响应，然后把模拟响应转化为数字信号，从而可被计算机利用。所以图像采集装置需要具备两种器件。一种是对某种电磁波（如 X 射线、紫外线、可见光、红外线等）敏感的物理器件，它可以接收辐射并产生与接收到的辐射能量成正比的（模拟）电信号。近年来使用的对电磁波敏感的物理器件主要是电荷耦合器件（CCD）和互补金属氧化物半导体（CMOS），它们构成的固态平面传感器阵有一个显著特点，即具有非常高的快门速度（可达 10^{-4} s），能将许多运动定格。另一种是数字化器件，它能将输入的（模拟）电信号转化为数字（离散）形式（模数转换），从而输入计算机。

2.1.1　CCD 传感器

电荷耦合器件（CCD）是一种典型的固态阵元件，由称为感光基元（Photosites）的离散硅成像元素构成。这样的感光基元能产生与所接收的输入光强成正比的输出电压。CCD 传感器指以 CCD 为核心构成的传感器，可按几何组织形式分为两种：线扫描传感器和平面扫描传感器。线扫描传感器包括一行感光基元，依靠场景和检测器之间的相对扫描运动获得 2D 图像；平面扫描传感器由排成方阵的感光基元组成，可直接获得 2D 图像。

❑　例 2-1　线扫描传感器

图 2-1 所示为线扫描传感器示意。线扫描传感器通过一行感光基元、两个定时将感光基元中的内容传给传输（移位）寄存器的传输门（选送门），并通过一个定时将传输寄存器中的内容传给放大器的输出门。放大器输出的电压信号强度与感光基元的信号强度成比例。

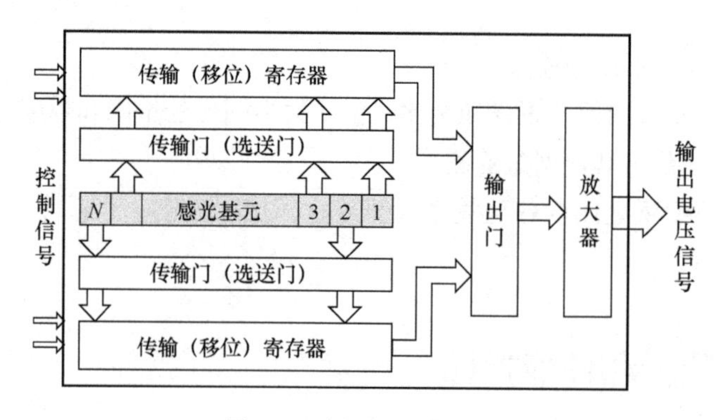

图 2-1　线扫描传感器示意 □

□　例 2-2　平面扫描传感器

平面扫描传感器中有一个电荷耦合平面阵，其工作原理与线阵相似，但感光基元排列成一个阵列形式，如图 2-2 所示，有多列感光基元。每列感光基元由传输门和垂直传输寄存器隔开。在工作时，先将奇数列感光基元的内容顺序送进垂直传输寄存器，然后再送进水平传输（移位）寄存器。在将水平传输寄存器的内容送进放大器后就得到一帧隔行的视频信号。如果对偶数列感光基元重复以上过程，就可得到另一帧隔行的视频信号。将两帧信号合起来就得到隔行扫描电视的一场（frame，f）。NTSC 制的扫描速度是 30 f/s，PAL 制的扫描速度是 25 f/s。

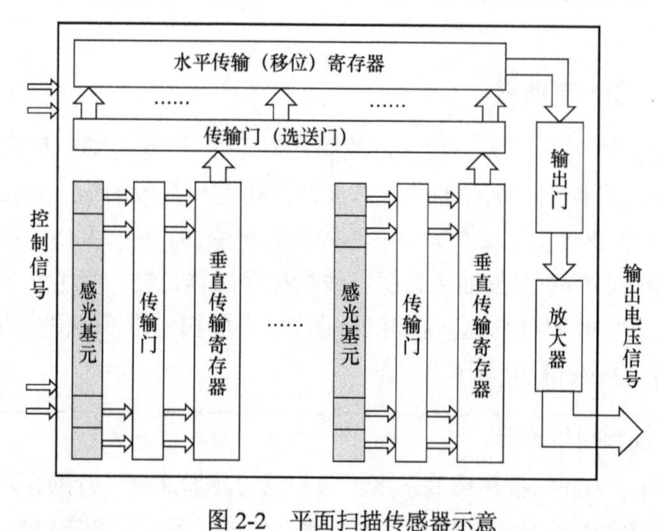

图 2-2　平面扫描传感器示意 □

2.1.2　CMOS 传感器

互补金属氧化物半导体（CMOS）也是一种典型的固态阵元件，借助 CMOS

构成的成像传感器主要包括传感器核心、模数转换器、输出寄存器、控制寄存器、增益放大器等。传感器核心中的感光像元电路分为三种，具体如下。

（1）光敏二极管型无源像素结构。无源像素结构由一个反向偏置的光敏二极管和一个开关管构成。当开关管开启时，光敏二极管与垂直的列线连通，位于列线末端的放大器读出列线电压，当光敏二极管存储的信号被读取时，电压复位，此时放大器将与输入光信号成正比的电荷转换为电压并输出。

（2）光敏二极管型有源像素结构。有源像素结构在像素单元上加入了有源放大器。

（3）光栅型有源像素结构。信号电荷在光栅下积分，在输出前，将扩散点复位，然后改变光栅脉冲，光栅中的信号电荷转移至扩散点，复位电压水平与信号电压水平之差就是输出信号。

与传统的 CCD 摄像器件相比，CMOS 摄像器件把整个系统集成在一块芯片上，降低了功耗，缩小了尺寸，总体成本也更低。

2.1.3 常用性能指标

对各种图像采集装置来说，在使用中经常考虑的性能指标主要有以下几项。

（1）线性响应：输入物理信号的强度与输出响应信号的强度之间是否具有线性关系。

（2）灵敏度：绝对灵敏度可用所能检测到的最少光子个数表示，相对灵敏度可用输出信号强度发生单级变化所需的光子个数表示。

（3）信噪比：采集的图像中有用信号与无用干扰的比值（能量或强度）。

（4）阴影（不均匀度）：指输入的物理信号幅度为常数而输出的数值不为常数的现象。

（5）快门速度：采集一幅图像所需的拍摄/曝光时间。

（6）读取速率：信号数据从光敏单元读取的速率。

就采集的图像本身来说，其**空间分辨率**（数字化的空间抽样点数）和**幅度分辨率**（抽样点值的量化级数，如对于灰度图指灰度级数，对于深度图则指深度级数）也是重要的衡量指标（更详细的讨论可见 2.4 节）。

2.1.4 图像采集流程

常用的图像采集流程图如图 2-3 所示，光源辐射到客观物体上，物体的反射光线进入传感器，传感器进行光电转换，得到与客观物体空间关系和表面性质相关的模拟信号，对模拟信号进行采样和量化以转换为可以被计算机使用的数字信号并输出，最终得到场景图像。

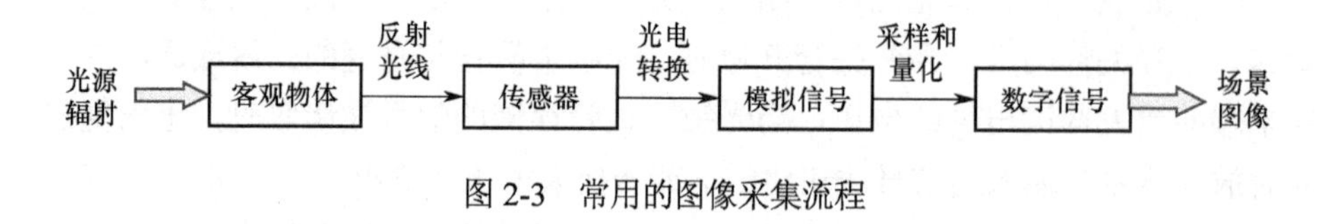

图 2-3　常用的图像采集流程

在实际应用中，除了客观物体的反射光线，客观物体的折射光线和透射光线也可以成像。

2.2　图像亮度成像模型

构建亮度成像模型是为了确定图像的 f，这涉及光度学（包括亮度和照度）知识，以及成像模型。

2.2.1　光度学基础

光度学是研究光（辐射）强弱的学科，更一般的**辐射度学**则是研究（电磁）辐射强弱的学科。场景中物体本身的**亮度**与光辐射的强度相关。

对于发光的物体（光源），物体的亮度与其自身辐射的功率或光辐射量是成比例的。在光度学中，使用**光通量**表示光辐射的功率或光辐射量，其单位是 lm（流明）。一个光源沿某个方向的亮度用其在该方向上的单位投影面积和单位**立体角**（单位是球面度，sr）内发出的光通量来衡量，单位是 cd/m^2（坎[德拉]每平方米），其中，cd 是发光强度的单位，1cd = 1lm/sr。

对于不发光的物体，要考虑其他光源对它的**照度**。物体获得的照度，需要用被光线照射的表面上的照度（照射在单位面积上的光通量）来衡量，单位是 lx（勒[克斯]，也有用 lux 的），1lx = 1lm/m^2。不发光的物体在受到光源照射后，会将入射光反射出来，对成像来说，就相当于是发光的物体了。

❑　例 2-3　常见光源亮度示例

表 2-1 给出一些常见光源和物体的亮度，可以帮助读者建立一些数值概念。危险视觉区指其中的亮度值会对人眼造成伤害；在适亮视觉区对应的亮度下，人眼中的锥细胞会对光辐射产生响应，使人感知到各种颜色；在适暗视觉区对应的亮度下，人眼中只有柱细胞会对光辐射产生响应，人不会产生颜色感受。

表 2-1　一些常见光源和物体的亮度（以 cd/m^2 为单位）

亮　度	分　区	示　例
10^{10}	危险视觉区	通过大气看到的太阳
10^{9}		电弧光
10^{8}		—
10^{7}	过渡区	—
10^{6}	适亮视觉区	钨丝白炽灯的灯丝
10^{5}		影院屏幕
10^{4}		阳光下的白纸
10^{3}		月光/蜡烛的火焰
10^{2}		可阅读的打印纸
10	过渡区	—
1		—
10^{-1}		—
10^{-2}	适暗视觉区	月光下的白纸
10^{-3}		—
10^{-4}		没有月亮的夜空
10^{-5}		—
10^{-6}		绝对感知阈值

❑

❑　例 2-4　若干实际物体照度示例

为了更好地建立数值概念，表 2-2 给出一些实际情况下物体的照度。

表 2-2　一些实际情况下物体的照度（以 lx 为单位）

实际情况	照　度
无月夜晚的天光照在地面上	约 3×10^{-4}
接近天顶的满月照在地面上	约 0.2
办公室工作所需的最低照度	20～100
晴朗夏日采光良好的室内	100～500
夏天太阳未直接照到的露天地面	10^{3}～10^{4}

❑

亮度和照度既有一定的联系，也有明显的区别。**照度**是对具有一定强度的光源照射场景的辐射量的度量，照度值与光源与物体表面间的距离有关；**亮度**是在有照度的基础上，对观察者感受到的光强的度量，亮度值与物体表面与观察者间的距离无关。

2.2.2　均匀照度

要对物体进行成像，需要有一定的照度。物体的照度不仅与光源辐射强度有关，还与光源与物体的相对方位有关。实际的物体都是有一定尺寸的，即使用位置固定的光源照射，物体上不同位置的照度也可能不同。为获得均匀一致的照度，需要对光源数量和位置进行设计。

先考虑使用单个点光源的情况。在图 2-4 中，物体被放在了坐标原点 O 处，相对于物体，光源 S 的高度为 h，水平偏移量为 a，距物体的实际距离是 d，表面法线方向 $\boldsymbol{n}$ 与光源入射线方向 $\boldsymbol{s}$ 之间的夹角是入射角θ。

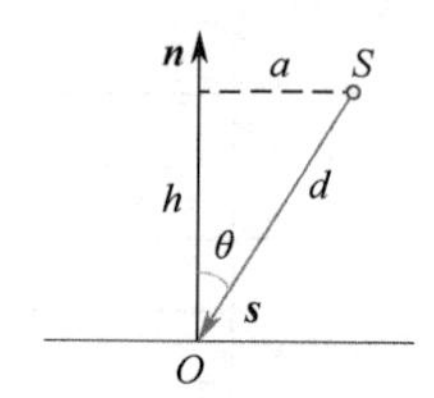

图 2-4　单个点光源照明的几何

考虑到辐射随距离增加而衰减（辐射反比于距离的平方），物体上一点的照度 E 为（k 为常数因子）

$$E = k\frac{\cos\theta}{d^2} = \frac{kh}{d^3} \tag{2-1}$$

很明显，单个点光源的照明会导致物体表面不同位置（对应不同的入射角）产生非均匀的照度。如果对称地布置两个点光源，当一个入射角减小时，另一个入射角增加，就可能在两个点光源的连线上获得比较均匀的照度。

❑ 例 2-5　两个点光源的照度示例

考虑按照如图 2-5(a)所示的方式对称地布置两个点光源；在图 2-5(b)中，实线表示两个光源各自产生的强度曲线，虚线表示联合强度；图 2-5(c)是将两个光源稍微拉远一些而得到的强度曲线。这里，图 2-5(b)对应消除二阶项，只剩下四阶项或更高阶项的情况。图 2-5(c)代表适当加大两个光源间距离，仍在强度波动的允许范围中，但可用（比较均匀）照度范围尽可能大的情况。

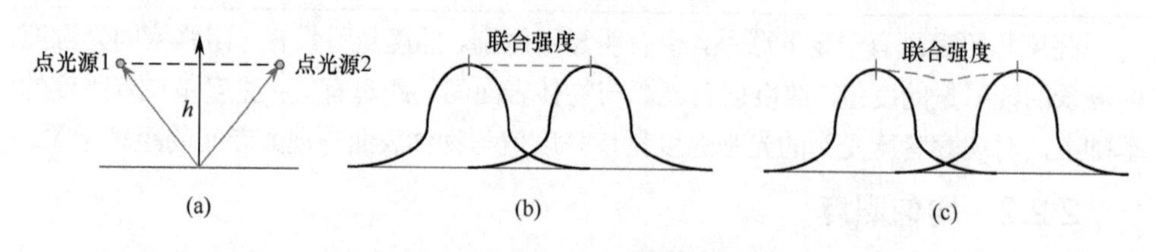

图 2-5　对称布置两个点光源的几何示意　❑

❑　例 2-6　条状光源的照度示例

如果将图 2-5 中的点光源换成条状光源（条与纸面平行），则获得的均匀照度区域为细长矩形，如图 2-6(a)所示。如果实际需要长宽比为 1∶1 的照度区域，而不是细长的照度区域，则可采用如图 2-6(b)所示的 4 个条状光源两两平行且互相正交的布置方式，得到的均匀照度区域为正方形。图 2-6(c)所示为利用圆环形光源得到的圆形均匀照度区域。

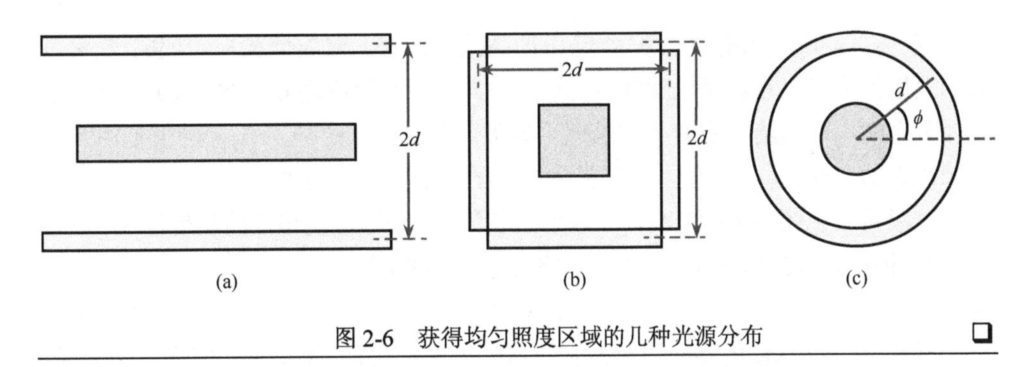

图 2-6　获得均匀照度区域的几种光源分布 ❑

在成像时，需要考虑物体被照射后辐射的亮度。对于不发光的物体，其辐射的亮度不仅取决于照射到物体表面（照度）的光通量（与物体表面法线方向及入射光强度和方向有关），还取决于物体表面入射光在被反射后被观察者接收到的光通量（与观察者相对于物体的方位和距离及物体表面的反射特性有关）。

2.2.3　简单亮度成像模型

图像采集的过程从光度学的角度可看作将客观物体的光辐射强度转化为图像亮度（灰度）的过程。基于这样的**亮度成像模型**，从场景中采集的图像的亮度值取决于两个因素：一个是场景中物体本身的亮度（辐射强度），另一个是在成像时将物体亮度转化为图像亮度的方式。

下面介绍一个简单的亮度成像模型。这里用一个 2D 亮度函数 $f(x, y)$ 来表示图像，$f(x, y)$ 也表示图像在空间特定坐标点 (x, y) 处的亮度。因为亮度实际上是对能量的量度，所以 $f(x, y)$ 一定不为 0 且为有限值，即

$$0 < f(x, y) < \infty \tag{2-2}$$

一般来说，图像亮度是通过对场景中物体的反射光进行量度而得到的。所以 $f(x, y)$ 基本上由两个因素确定：入射到可见场景上的光强、场景中物体表面对入射光反射的比率。它们可分别用照度函数 $i(x, y)$ 和反射函数 $r(x, y)$ 表示，也分别称为

照度分量和**反射分量**。一些典型的 $r(x, y)$ 值：黑天鹅绒为 0.01，不锈钢为 0.65，粉刷的白墙平面为 0.80，镀银的器皿为 0.90，白雪为 0.93。因为 $f(x, y)$ 与 $i(x, y)$ 和 $r(x, y)$ 都成正比，所以可以认为 $f(x, y)$ 是由 $i(x, y)$ 和 $r(x, y)$ 相乘得到的：

$$f(x, y) = i(x, y)r(x, y) \tag{2-3}$$

其中，

$$0 < i(x, y) < \infty \tag{2-4}$$

$$0 < r(x, y) < 1 \tag{2-5}$$

式（2-4）表明入射量总是大于 0 的（只考虑有入射的情况），但也不是无穷大的（因为应可以在物理上实现）；式（2-5）表明反射率在 0（全吸收）和 1（全反射）之间。两式给出的数值都是理论界限。需要注意的是，$i(x, y)$ 的值是由照明光源决定的，而 $r(x, y)$ 的值是由场景中物体的表面特性决定的。

一般将单色图像 $f(\cdot)$ 在坐标 (x, y) 处的亮度值称为图像在该点的**灰度值**（可用 g 表示）。根据式（2-3）～式（2-5），g 在以下范围取值：

$$G_{\min} \leqslant g \leqslant G_{\max} \tag{2-6}$$

理论上，对 $G_{\min}$ 的唯一限制是它应该为正（对应有入射，但一般取为 0），而对 $G_{\max}$ 的唯一限制是它应该有限。在实际应用中，$[G_{\min}, G_{\max}]$ 称为**灰度值范围**。一般把这个区间数字化地移到区间 $[0, G)$ 中（G 为正整数）。当 $g = 0$ 时对应黑色，当 $g = G-1$ 时对应白色，所有中间值依次代表从黑到白的灰度值。

2.3 图像空间成像模型

构建空间成像模型是为确定图像的（x, y），即 3D 客观物体投影到图像上的 2D 位置。

2.3.1 投影成像几何

投影成像涉及在不同坐标系之间的转换，利用齐次坐标可将这些转换线性化。

1. 坐标系

图像采集过程可看作将客观世界的场景进行投影转化的过程，这个投影可用成像变换（也称为“几何透视变换”）描述。成像变换涉及不同坐标系之间的转换，包括以下几类。

（1）**世界坐标系**：也称为真实或现实世界坐标系，它是客观世界的绝对坐标（所以也称为客观坐标系）。一般的 3D 场景都是用世界坐标系 XYZ 来表示的。

（2）**摄像机坐标系**：以摄像机为中心的坐标系 xyz，一般取摄像机的光轴为 z 轴。

（3）**图像坐标系**：也称为像平面坐标系，是摄像机内成像平面上的坐标系 $x'y'$。

在实际应用中，常取像平面与摄像机坐标系的 xy 平面平行，并且 x 轴与 x' 轴、y 轴与 y' 轴分别重合，这样像平面原点就在摄像机的光轴上。

图像采集的过程是将世界坐标系中的客观物体先转换到摄像机坐标系中，再转换到图像坐标系中。根据以上几个坐标系之间的关系，可以得到不同类型的成像模型，这些成像模型也称为“摄像机模型”（描述三个坐标系相互关系的模型）。

2．齐次坐标

在讨论不同坐标系之间的转换时，如果能将坐标系用**齐次坐标**的形式表达，就可将坐标系之间的转换表示成线性矩阵形式。

❑　例 2-7　直线和点的齐次表达

平面上的一条直线可用直线方程 $ax + by + c = 0$ 表示，选用不同的 a、b、c，可表示不同的直线，所以一条直线也可用矢量 $\boldsymbol{l} = [a, b, c]^{\mathrm{T}}$ 表示。因为当 k 不为 0 时，直线 $ax + by + c = 0$ 和直线 $(ka)x + (kb)y + kc= 0$ 是相同的，所以当 k 不为 0 时，矢量 $[a, b, c]^{\mathrm{T}}$ 和矢量 $k[a, b, c]^{\mathrm{T}}$ 表示同一条直线。事实上，仅相差一个尺度的这些矢量可认为是等价的。满足这种等价关系的矢量集合称为**齐次矢量**，任何一个特定的矢量 $[a, b, c]^{\mathrm{T}}$ 都是该矢量集合的代表。

对于一条直线 $\boldsymbol{l} = [a, b, c]^{\mathrm{T}}$，当且仅当 $ax + by + c = 0$ 时，点 $\boldsymbol{x} = [x, y]^{\mathrm{T}}$ 在这条直线上。这可用对应点的矢量 $[x, y, 1]$ 与对应直线的矢量 $[a, b, c]^{\mathrm{T}}$ 的内积来表示，即 $[x, y, 1]\cdot[a, b, c]^{\mathrm{T}} = [x, y, 1]\cdot\boldsymbol{l} = 0$。这里，点矢量 $[x, y]^{\mathrm{T}}$ 用一个以增加的 1 为最后一项的 3D 矢量来表示。注意，对于任意的非零常数 k 和任意的直线 $\boldsymbol{l}$，当且仅当 $[x, y, 1]\cdot\boldsymbol{l} = 0$ 时，有 $[kx, ky, k]\cdot\boldsymbol{l} = 0$。因此，可以认为所有矢量 $[kx, ky, k]^{\mathrm{T}}$（由 k 变化得到）是点 $[x, y]^{\mathrm{T}}$ 的表达。这样，如直线一样，点也可用齐次矢量来表示。❑

在一般情况下，空间中一个点对应的笛卡尔坐标的齐次坐标定义为 (kX, kY, kZ, k)，其中，k 是一个任意的非零常数。很明显，要从齐次坐标变换回笛卡尔坐标，可用第 4 个坐标量除前 3 个坐标量得到。这样，一个笛卡尔世界坐标系中的点可用矢量形式表示为

$$\boldsymbol{W} = [X \quad Y \quad Z]^{\mathrm{T}} \tag{2-7}$$

它对应的齐次坐标可表示为（用 h 指示“齐次”）

$$\boldsymbol{W}_{\mathrm{h}} = [kX \quad kY \quad kZ \quad k]^{\mathrm{T}} \tag{2-8}$$

2.3.2 基本成像模型

先来看基本的**投影成像模型**。图 2-7 给出投影成像（将 3D 客观场景投影到 2D 像平面上）的基本几何模型示意。在图 2-7 里，假设世界坐标系与摄像机坐标系重合，图像坐标系 $x'y'$ 与摄像机坐标系的 xy 平面重合（并且 x 轴与 x' 轴、y 轴与 y' 轴分别重合，所以这里用 xy 表示 $x'y'$），光轴（过镜头中心）沿着 z 轴。这样像平面的中心处于原点（在摄像机的光轴上），镜头中心的坐标是（0, 0, λ），λ 是镜头的焦距（一个镜头可能包含多个透镜，此时 λ 代表总的综合焦距）。

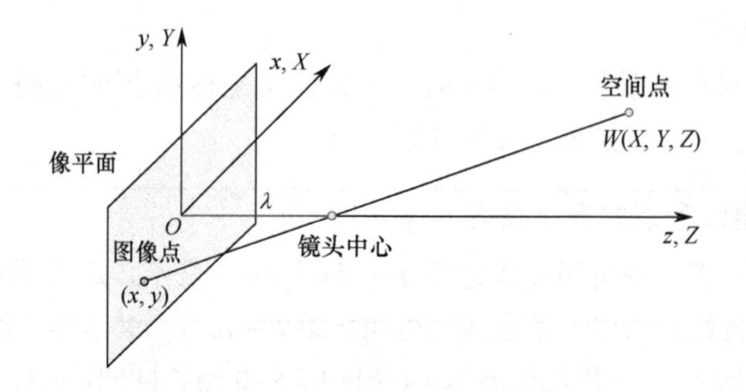

图 2-7 投影成像的基本几何模型示意

1. 投影和投影矩阵

设 (X, Y, Z) 是 3D 空间中任意点 W 的世界坐标。在以下的讨论中，假设所有客观场景中感兴趣的点都在镜头的前面，并且 $Z > \lambda$。借助相似三角形关系，有以下两式成立：

$$\frac{x}{\lambda} = \frac{-X}{Z-\lambda} = \frac{X}{\lambda - Z} \tag{2-9}$$

$$\frac{y}{\lambda} = \frac{-Y}{Z-\lambda} = \frac{Y}{\lambda - Z} \tag{2-10}$$

在式（2-9）和式（2-10）中，X 和 Y 前的负号代表图像点与 W 点反号。由式（2-9）和式（2-10）可以得到一个 3D 空间点投影后的像平面坐标：

$$x = \frac{\lambda X}{\lambda - Z} \tag{2-11}$$

$$y = \frac{\lambda Y}{\lambda - Z} \tag{2-12}$$

注意，式（2-11）和式（2-12）都是非线性的，因为它们分母中含变量 Z。下面借助齐次坐标将它们表示成线性矩阵形式。

例 2-7 提到，一个笛卡尔世界坐标系中的点可用矢量形式表示为

$$\boldsymbol{W}=[X \quad Y \quad Z]^{\mathrm{T}} \tag{2-13}$$

它对应的齐次坐标可表示为（k 为任意的非零常数）

$$\boldsymbol{W}_{\mathrm{h}}=[kX \quad kY \quad kZ \quad k]^{\mathrm{T}} \tag{2-14}$$

如果定义透视投影成像的**投影矩阵**为

$$\boldsymbol{P}=\begin{bmatrix} 1 & 0 & 0 & 0 \\ 0 & 1 & 0 & 0 \\ 0 & 0 & 1 & 0 \\ 0 & 0 & -1/\lambda & 1 \end{bmatrix} \tag{2-15}$$

利用 $\boldsymbol{P}$ 与 $\boldsymbol{W}_{\mathrm{h}}$ 的乘积 $\boldsymbol{PW}_{\mathrm{h}}$，给出矢量 $\boldsymbol{C}_{\mathrm{h}}$：

$$\boldsymbol{C}_{\mathrm{h}}=\boldsymbol{PW}_{\mathrm{h}}=\begin{bmatrix} 1 & 0 & 0 & 0 \\ 0 & 1 & 0 & 0 \\ 0 & 0 & 1 & 0 \\ 0 & 0 & -1/\lambda & 1 \end{bmatrix}\begin{bmatrix} kX \\ kY \\ kZ \\ k \end{bmatrix}=\begin{bmatrix} kX \\ kY \\ kZ \\ -kZ/\lambda+k \end{bmatrix} \tag{2-16}$$

其中，$\boldsymbol{C}_{\mathrm{h}}$ 的元素是齐次形式的摄像机坐标，这些坐标可用 $\boldsymbol{C}_{\mathrm{h}}$ 的第 4 项分别除前 3 项，转换成笛卡尔形式。所以，摄像机坐标系中任意一点的笛卡尔坐标可表示为矢量形式：

$$\boldsymbol{c}=\begin{bmatrix} x & y & z \end{bmatrix}^{\mathrm{T}}=\begin{bmatrix} \dfrac{\lambda X}{\lambda-Z} & \dfrac{\lambda Y}{\lambda-Z} & \dfrac{\lambda Z}{\lambda-Z} \end{bmatrix}^{\mathrm{T}} \tag{2-17}$$

2．逆投影和逆投影矩阵

逆投影是指从 2D 平面到 3D 空间的投影。根据逆投影矩阵，可由 2D 图像坐标确定 3D 客观物体的坐标，或者说用逆投影矩阵可以将一个 2D 图像点反过来映射回 3D 空间。利用矩阵运算规则，由式（2-16）可得

$$\boldsymbol{W}_{\mathrm{h}}=\boldsymbol{P}^{-1}\boldsymbol{c}_{\mathrm{h}} \tag{2-18}$$

其中，**逆投影矩阵** $\boldsymbol{P}^{-1}$ 为

$$\boldsymbol{P}^{-1}=\begin{bmatrix} 1 & 0 & 0 & 0 \\ 0 & 1 & 0 & 0 \\ 0 & 0 & 1 & 0 \\ 0 & 0 & 1/\lambda & 1 \end{bmatrix} \tag{2-19}$$

利用 $\boldsymbol{P}^{-1}$ 能够根据 2D 图像坐标确定对应的 3D 客观物体的坐标吗？设一个图像点的坐标为（$x, y, 0$），其中的 0 仅表示像平面位于 $z=0$ 处。这个点可用齐次矢

量形式表示为

$$\boldsymbol{c}_{\mathrm{h}}=[kx \quad ky \quad 0 \quad k]^{\mathrm{T}} \tag{2-20}$$

代入式（2-18），得到齐次形式的世界坐标矢量：

$$\boldsymbol{W}_{\mathrm{h}}=[kx \quad ky \quad 0 \quad k]^{\mathrm{T}} \tag{2-21}$$

相应的笛卡尔坐标系中的世界坐标矢量是

$$\boldsymbol{W}=[X \quad Y \quad Z]^{\mathrm{T}}=[x \quad y \quad 0]^{\mathrm{T}} \tag{2-22}$$

式（2-22）表明，由图像点（x, y）并不能唯一确定 3D 空间点的 Z 坐标（因为对于任何一个 3D 空间点都给出 $Z=0$），这是因为将 3D 客观场景映射到像平面上是多对一的变换。图像点（x, y）现在对应过点（$x, y, 0$）和点（0, 0, λ）的直线上的所有共线 3D 空间点的集合（参见图 2-7 中图像点和空间点之间的连线）。这条直线的方程在世界坐标系中可由式（2-11）和式（2-12）表示，从中反解出 X 和 Y，得到

$$X=\frac{x}{\lambda}(\lambda-Z) \tag{2-23}$$

$$Y=\frac{y}{\lambda}(\lambda-Z) \tag{2-24}$$

式（2-23）和式（2-24）表明，除非对投影到图像点处的 3D 空间点有一些先验知识（如知道它的 Z 坐标），否则不可能将一个 3D 空间点从图像中完全恢复。事实上，空间场景经过投影会损失一部分信息，仅利用逆投影不可能恢复这些信息。要利用逆投影恢复 3D 空间点，需要知道该点的至少一个世界坐标。

2.3.3 一般成像模型

下面考虑摄像机坐标系与世界坐标系不重合，但摄像机坐标系与图像坐标系重合的情况，如图 2-8 所示。像平面中心（原点）与世界坐标系的位置偏差记为矢量 $\boldsymbol{D}$，其分量分别为 D_x、D_y、D_z。这里假设摄像机分别以 γ 角（γ 角是 x 轴和 X 轴间的夹角）扫视和以 α 角（α 角是 z 轴和 Z 轴间的夹角）倾斜。形象地说，如果取 XY 平面为地球的赤道面，Z 轴指向地球北极，则扫视角对应经度而倾斜角对应纬度。

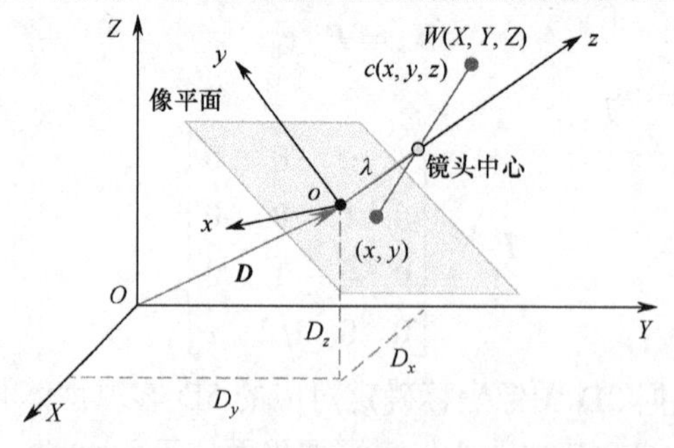

图 2-8 世界坐标系与摄像机坐标系不重合时的投影成像示意

上述模型可通过以下一系列步骤由如图 2-7 所示的世界坐标系与摄像机坐标系重合的摄像机模型转换而来。

（1）将像平面原点按矢量 $\boldsymbol{D}$ 移出世界坐标系的原点。

（2）以 γ 角（绕 z 轴）扫视 x 轴。

（3）以 α 角将 z 轴倾斜（绕 x 轴旋转）。

摄像机相对世界坐标系的运动等价于世界坐标系相对于摄像机的逆运动。具体来说，可对每个世界坐标系中的点分别进行上述几何关系转换。平移世界坐标系的原点到像平面原点可用如下**平移矩阵**完成：

$$\boldsymbol{T}=\begin{bmatrix}1 & 0 & 0 & -D_x\\ 0 & 1 & 0 & -D_y\\ 0 & 0 & 1 & -D_z\\ 0 & 0 & 0 & 1\end{bmatrix} \tag{2-25}$$

换句话说，坐标为（D_x, D_y, D_z）的齐次坐标点 $\boldsymbol{D}_\mathrm{h}$ 在经过变换（$\boldsymbol{TD}_\mathrm{h}$）后，将位于变换后新坐标系的原点处。

进一步考虑坐标轴重合的问题。扫视角 γ 是 x 轴和 X 轴间的夹角，在正常（标称）位置，这两个轴是平行的。为了以需要的 γ 角扫视 x 轴，只需将摄像机逆时针（以从旋转轴正向看原点来定义）绕 z 轴旋转 γ 角，即

$$\boldsymbol{R}_\gamma=\begin{bmatrix}\cos\gamma & \sin\gamma & 0 & 0\\ -\sin\gamma & \cos\gamma & 0 & 0\\ 0 & 0 & 1 & 0\\ 0 & 0 & 0 & 1\end{bmatrix} \tag{2-26}$$

没有旋转（$\gamma=0°$）的情况对应 x 轴和 X 轴平行。

类似地，倾斜角 α 是 z 轴和 Z 轴间的夹角，可以将摄像机逆时针绕 x 轴旋转 α 角以达到倾斜摄像机 α 角的效果，即

$$\boldsymbol{R}_\alpha=\begin{bmatrix}1 & 0 & 0 & 0\\ 0 & \cos\alpha & \sin\alpha & 0\\ 0 & -\sin\alpha & \cos\alpha & 0\\ 0 & 0 & 0 & 1\end{bmatrix} \tag{2-27}$$

没有倾斜（$\alpha=0°$）的情况对应 z 轴和 Z 轴平行。

以上两个旋转变换矩阵可以级联起来成为一个单独的**旋转矩阵**：

$$\boldsymbol{R}=\boldsymbol{R}_\alpha\boldsymbol{R}_\gamma=\begin{bmatrix}\cos\gamma & \sin\gamma & 0 & 0\\ -\sin\gamma\cos\alpha & \cos\alpha\cos\gamma & \sin\alpha & 0\\ \sin\alpha\sin\gamma & -\sin\alpha\cos\gamma & \cos\alpha & 0\\ 0 & 0 & 0 & 1\end{bmatrix} \tag{2-28}$$

其中，$\boldsymbol{R}$ 代表摄像机在空间旋转所带来的影响。

如果对空间点的齐次坐标 $\boldsymbol{W}_\mathrm{h}$ 进行上述一系列变换（$\boldsymbol{RTW}_\mathrm{h}$），就可使世界坐标系与摄像机坐标系重合。利用一个满足如图 2-8 所示几何关系的摄像机观察到的齐次世界坐标点，在摄像机坐标系中具有如下齐次表达（其中 $\boldsymbol{P}$ 为投影矩阵）：

$$\boldsymbol{C}_\mathrm{h} = \boldsymbol{PRTW}_\mathrm{h} \tag{2-29}$$

用 $\boldsymbol{C}_\mathrm{h}$ 的第四项除它的第一项和第二项，可以得到世界坐标点成像后的笛卡尔坐标（x, y）。展开式（2-29）并将它转为笛卡尔坐标可得

$$x = \lambda \frac{(X - D_x)\cos\gamma + (Y - D_y)\sin\gamma}{(X - D_x)\sin\alpha\sin\gamma + (Y - D_y)\sin\alpha\cos\gamma - (Z - D_z)\cos\alpha + \lambda} \tag{2-30}$$

$$y = \lambda \frac{-(X - D_x)\sin\gamma\cos\alpha + (Y - D_y)\cos\alpha\cos\gamma + (Z - D_z)\sin\alpha}{-(X - D_x)\sin\alpha\sin\gamma + (Y - D_y)\sin\alpha\cos\gamma - (Z - D_z)\cos\alpha + \lambda} \tag{2-31}$$

它们给出世界坐标系中点 $W(X, Y, Z)$ 在像平面中的坐标。

❑ 例 2-8 一般成像模型中的像平面坐标计算

假设将一摄像机以如图 2-9 所示的方式安置以观察场景。设摄像机中心位置为（0, 0, 1），摄像机的焦距为 0.05 m，扫视角为 135°，倾斜角为 135°，现需要确定此时空间点 $W(1, 1, 0)$的像平面坐标。

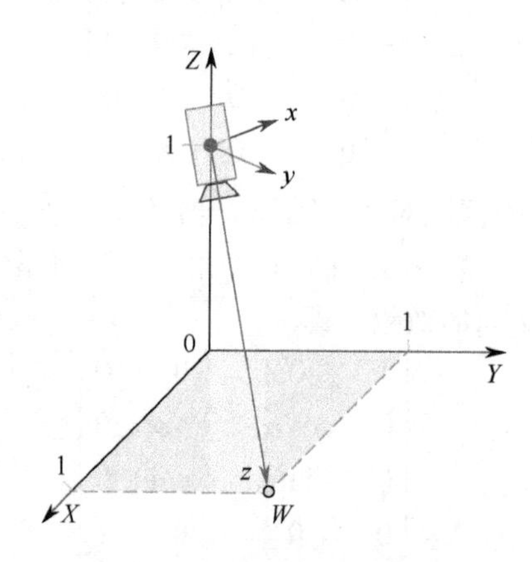

图 2-9 摄像机观察三维场景示意

为此可考虑将摄像机由如图 2-10(a)所示的正常方位移动到如图 2-9 所示的方位所需的步骤。

（1）移出原点，结果如图 2-10(b)所示。注意在此步骤后，世界坐标系只用作角度参考，即所有旋转都是绕新（摄像机）坐标轴进行的。

（2）绕 z 轴旋转扫视，沿摄像机 z 轴扫视的观察面如图 2-10(c)所示，其中 z 轴的指向为从纸中出来。注意，这里摄像机绕 z 轴的旋转是逆时针的，所以 γ 为正。

（3）绕 x 轴旋转倾斜，摄像机绕 x 轴旋转并相对 z 轴倾斜的观察面如图 2-10(d)所示，其中 x 轴的指向为从纸中出来。摄像机绕 x 轴的旋转也是逆时针的，所以 α 为正。

在图 2-10(c)和图 2-10(d)中，世界坐标轴用虚线表示，强调它们只用来帮助建立角 α 和角 γ 的原始参考。

将给出的各参数值代入式（2-30）和式（2-31），可算得 $W(1, 1, 0)$点的像坐标为 $x = 0$（m）和 $y = -0.008837488$（m）。

对空间成像模型更多的介绍可见《3D 计算机视觉：原理、算法及应用》。

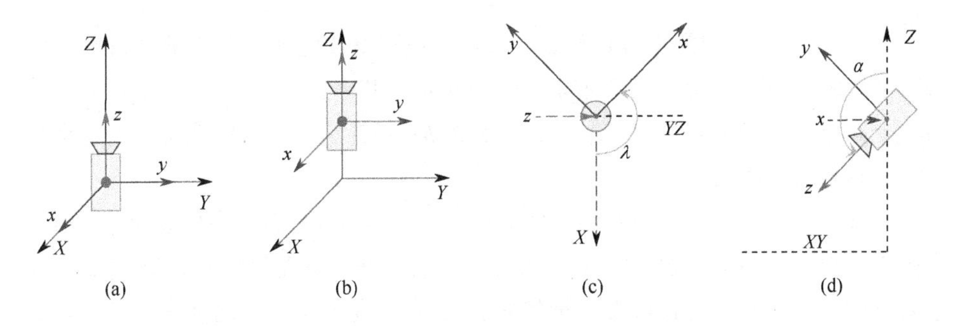

图 2-10　对摄像机进行平移和旋转以确定像平面坐标

2.4　采样和量化

客观世界是模拟的、连续的，所以采集的场景影像必须在空间和灰度上都离散化，才能被计算机处理。空间坐标的离散化称为“空间**采样**”，而灰度值的离散化称为“灰度**量化**”。

2.4.1　空间和幅度分辨率

前面讨论的亮度成像模型确定了图像的幅度范围，而空间成像模型确定了图像对应的空间视场。就采集的图像来说，空间视场中的精度对应其**空间分辨率**，而幅度范围中的精度对应其**幅度分辨率**。采样确定了图像的空间分辨率，而量化确定了图像的幅度分辨率。空间分辨率和幅度分辨率都是重要的图像采集装置的性能指标（参见 2.1 节）。

在采集图像时，空间分辨率主要由摄像机图像采集矩阵中光电感受单元的尺寸和排列决定，而幅度分辨率主要由对电信号强度进行量化所使用的级数决定。如图 2-11 所示，辐射到图像采集矩阵中光电感受单元上的信号在空间上被采样，而在强度上被量化。

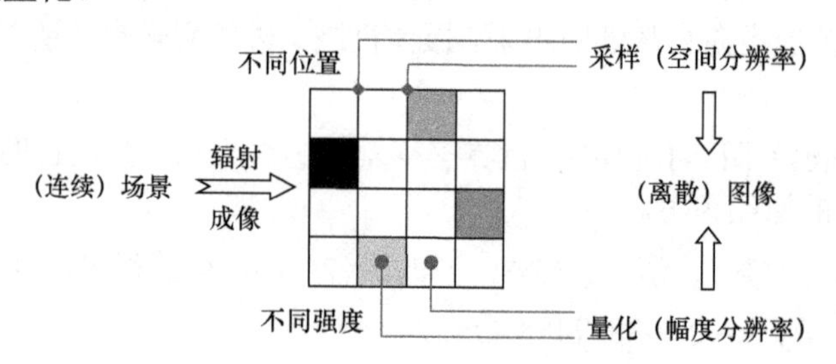

图 2-11　空间分辨率和幅度分辨率

设 G、X 和 Y 均为实整数集合。采样过程可看作将像平面划分成规则网格，每个网格中心点的位置由笛卡尔坐标(x, y)决定，其中，x 属于 X，y 属于 Y。令 $f(\cdot)$ 为(x, y)赋予幅度值的函数（f 属于 G），那么 $f(x, y)$就是一幅数字图像，而这个赋值过程就是量化过程。

如果一幅图像的尺寸（对应空间分辨率）为 $M \times N$，表明在成像时采了 $M \times N$ 个样本，或者说图像包含 $M \times N$ 个像素。如果对每个像素都用 G 个幅度值中的一个来赋值，则表明图像在成像时量化成了 G 个幅度级（对应幅度分辨率，对灰度图像来说就是**灰度分辨率**）。

❑ 例 2-9　一些图像显示格式的空间分辨率

一些常见的图像显示格式的空间分辨率如表 2-3 所示。

表 2-3　一些常见的图像显示格式的空间分辨率

显示格式	空间分辨率
源输入格式（SIF-525，NTSC）	352×240[1]
源输入格式（SIF-625，PAL）	352×288
通用中间格式（CIF）	352×288
1/4 通用中间格式（QCIF）	176×144
NTSC 制标准界面格式（NTSC-SIF）	352×240
PAL 制标准界面格式（PAL-SIF）	352×288

1 本书默认分辨率单位为像素，如“352×240”表示“352像素×240像素”。

（续表）

显示格式	空间分辨率
NTSC 制 CCIR/ITU-R 601	720×480
PAL 制 CCIR/ITU-R 601	720×576
视频图形数组（VGA）	640×480
高清电视（HDTV）	1440×1152、1920×1152

□

2.4.2　图像数据量与质量

对于一幅连续图像，其对应的数字图像 $f(x, y)$ 可以用一个 $M×N$ 的数组或矩阵来近似表示，即

$$f(x,y)=\begin{bmatrix} f(0,0) & f(0,1) & \cdots & f(0,M-1) \\ f(1,0) & f(1,1) & \cdots & f(1,M-1) \\ \vdots & \vdots & & \vdots \\ f(N-1,0) & f(N-1,1) & \cdots & f(N-1,M-1) \end{bmatrix} \tag{2-32}$$

该图像的空间分辨率是 $M \times N$，而幅度分辨率就是各 $f(\cdot)$ 可取的离散幅度级数 G（不同灰度值的个数）。为便于计算机处理，一般将这些量取为 2 的整数次幂，即

$$M = 2^m \tag{2-33}$$

$$N = 2^n \tag{2-34}$$

$$G = 2^k \tag{2-35}$$

这里假设这些离散幅度级是均匀分布的。利用式（2-33）～式（2-35）可得到储存一幅数字图像所需的位数 b（单位是 bit）：

$$b = MNk \tag{2-36}$$

如果 $N = M$（代表正方形图像），则

$$b = N^2 k \tag{2-37}$$

表达或存储一幅数字图像所需的比特数通常很大。例如，储存一幅 512×512、256 级灰度的图像需要 2097152 bits，储存一秒钟的 PAL 制的 512×512 的彩色视频需要 157286400 bits。

因为式（2-32）是对连续图像的一个近似，所以常会产生这样的问题：为实现较好的近似，需要多少个采样和灰度级？理论上，这两个参数越大，离散数组与原始连续图像就越接近。但从实际出发，式（2-37）明确指出，储存和处理的需求将随 N 和 k 的增加而迅速增加，所以采样量和灰度级数也不能太大。

下面来看数字图像的**视觉质量**随空间分辨率和灰度量化级数（对应幅度分辨率）的降低而劣化的大概情况（见例 2-10～例 2-12），这里给出了一些**图像质量**与**数据量**之间的联系。

对于一幅 512×512、256 级灰度的具有较多细节的图像，如果保持灰度级数不变而仅将其空间分辨率（通过像素复制）降低为 256×256，就可能在图像各区域的边界处看到方块状的棋盘模式，并在整幅图像内看到像素粒子变粗的现象，这对图像中纹理区域的影响很大。这种效果一般在 128×128 的图像中尤为明显，而在 64×64 和 32×32 的图像中就更加显著了。

❑ 例 2-10　图像空间分辨率变化的效果

图 2-12 中图像空间分辨率变化时的参数设置如表 2-4 所示，相邻两图之间的数据量比率也在对应的两列之间给出。这里，各图保持灰度级数不变，而空间分辨率在横竖两个方向逐次减半。图 2-12(a)为原始图像；在图 2-12(b)中，帽檐处已出现锯齿状；在图 2-12(c)中，这种现象更为明显，并且头发有变粗及不清晰的感觉；在图 2-12(d)中，头发已不成条；图 2-12(e)已几乎不能分辨出人脸；单独查看图 2-12(f)，则完全不知其中为何物。

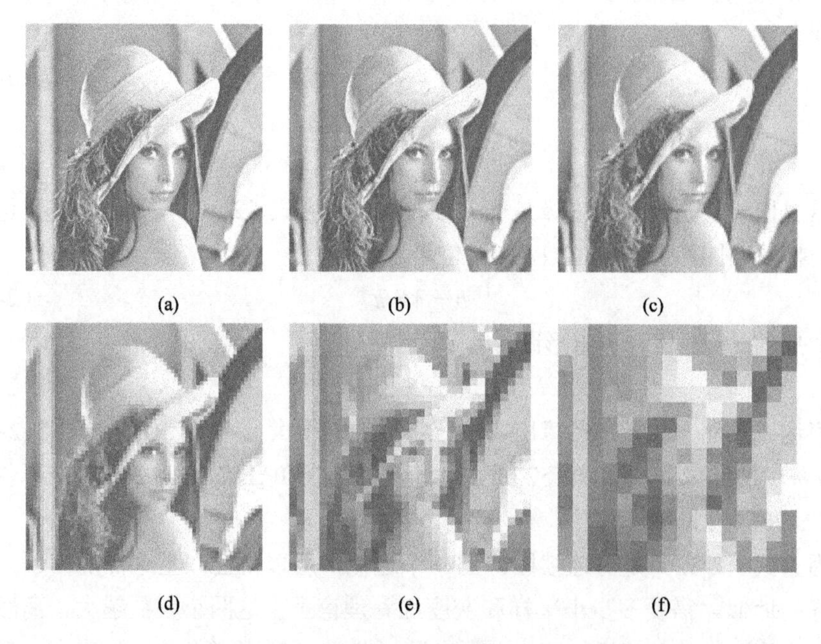

图 2-12　图像空间分辨率变化的效果

表 2-4　图像空间分辨率变化时的参数设置

图 2-12	(a)	(b)	(c)	(d)	(e)	(f)
空间分辨率	512×512	256×256	128×128	64×64	32×32	16×16
灰度级数	256 级	256 级	256 级	256 级	256 级	256 级
数 据 量	67108864bits	16777216bits	4194304bits	1048576bits	262144bits	65536bits
数据量比率	4∶1	4∶1	4∶1	4∶1	4∶1	

现在仍借助上述 512×512、256 级灰度的图像来考虑降低图像幅度分辨率（灰度级数）的效果。如果保持空间分辨率不变而将灰度级数降为 128 或 64，一般并不会有明显的变化。如果将灰度级数进一步降为 32，则在灰度缓变区域中会出现一些几乎看不出来的非常细的山脊状结构，这种效应称为**虚假轮廓**，其产生的原因是在数字图像的灰度平滑区使用的灰度级数不足，一般在 16 级或不到 16 级均匀灰度的图像中比较明显。 ❑

❑　例 2-11　图像灰度级数变化的效果

图 2-13 中图像灰度级数变化时的参数设置如表 2-5 所示，相邻两图之间的数据量比率在对应的两列之间给出。这里，各图保持空间分辨率不变，而依次将先前图像的灰度级数降低（前两次均降为 1/4，后三次均降为 1/2）。从图 2-13 可直观看出，图 2-13(b)还基本与图 2-13(a)相似，而从图 2-13(c)开始出现一些虚假轮廓，图 2-13(d)的这种现象已很明显，图 2-13(e)更加明显，图 2-13(f)已经具有木刻画的效果了。

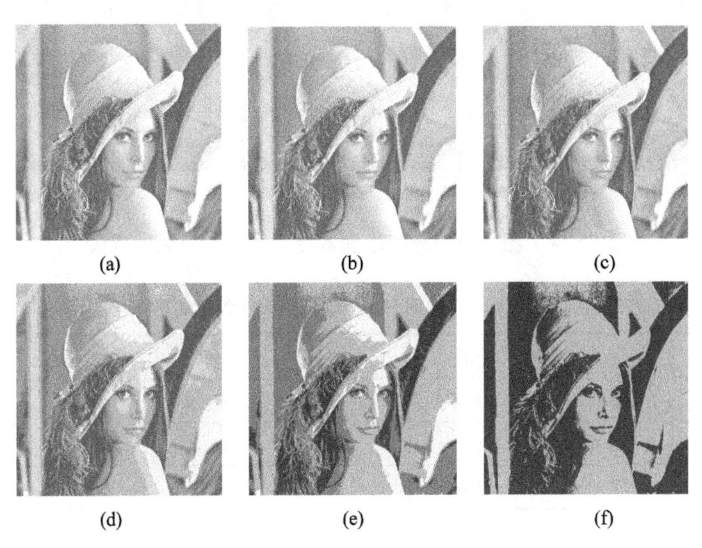

图 2-13　图像灰度级数变化的效果

表 2-5　图像灰度级数变化时的参数设置

图 2-13	(a)	(b)	(c)	(d)	(e)	(f)
空间分辨率	512×512	512×512	512×512	512×512	512×512	512×512
灰度级数	256 级	64 级	16 级	8 级	4 级	2 级
数 据 量	67108864bits	16777216bits	4194304bits	2097152bits	1048576bits	524288bits
数据量比率	4∶1	4∶1	2∶1	2∶1	2∶1	

□

□　例 2-12　图像空间分辨率和灰度级数同时变化的效果

图 2-14 中图像空间分辨率和灰度级数同时变化时的参数设置如表 2-6 所示，相邻两图之间的数据量比率在对应的两列之间给出。

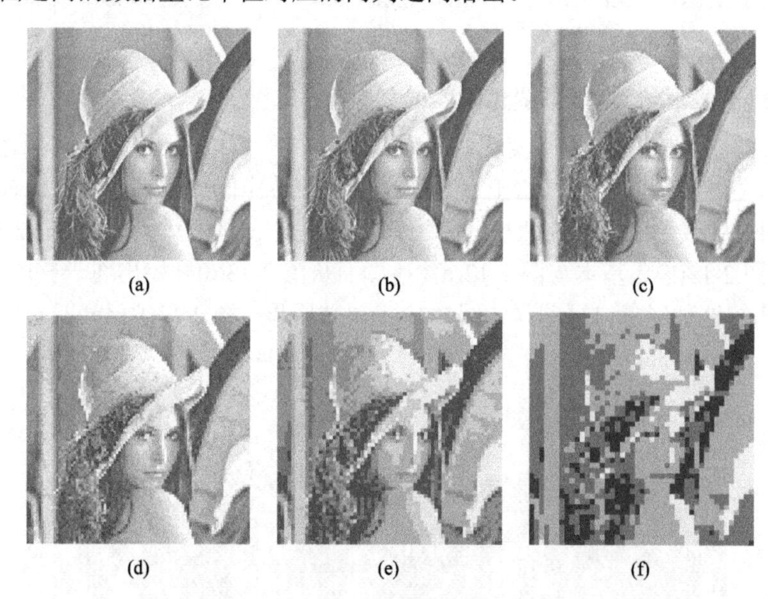

图 2-14　图像空间分辨率和灰度级数同时变化的效果

表 2-6　图像空间分辨率和灰度级数同时变化时的参数设置

图 2-14	(a)	(b)	(c)	(d)	(e)	(f)
空间分辨率	256×256	181×181	128×128	90×90	64×64	45×45
灰度级数	256 级	64 级	32 级	16 级	8 级	4 级
数 据 量	16777216bits	2096704bits	524288bits	129600bits	32768bits	8100bits
数据量比率	8∶1	4∶1	4∶1	4∶1	4∶1	

由于图像的空间分辨率和幅度分辨率同时递减，所以图像质量降低得更快。 ❑

2.5　像素之间的关系

图像像素在空间中是按某种规律排列的，互相之间有一定的联系。在对图像进行处理和分析时，要考虑像素之间的关系。

2.5.1　像素邻域及连通

像素之间的关系与每个像素的（由其近邻像素组成的）**邻域**有关。

对于一个坐标为(x, y)的像素 p，它可以有 4 个水平和垂直的近邻像素，它们的坐标分别是$(x+1, y)$、$(x-1, y)$、$(x, y+1)$、$(x, y-1)$。这些像素（均用 r 表示）组成 p 的 **4-邻域**，记为 $N_4(p)$，如图 2-15(a)所示。需要指出的是，如果像素 p 处于图像的边缘，则它的 $N_4(p)$中的若干像素会落在图像外部。

像素 p 的 4 个对角近邻像素（用 s 表示）的坐标是$(x+1, y+1)$、$(x+1, y-1)$、$(x-1, y+1)$、$(x-1, y-1)$，记为 $N_D(p)$，如图 2-15(b)所示。像素 p 的 4 个 4-邻域像素加上 4 个对角近邻像素一起构成 p 的 **8-邻域**，记为 $N_8(p)$，如图 1.2.1(c)所示。需要指出的是，如果像素 p 处于图像的边缘，则它的 $N_D(p)$和 $N_8(p)$中的若干像素会落在图像外部。

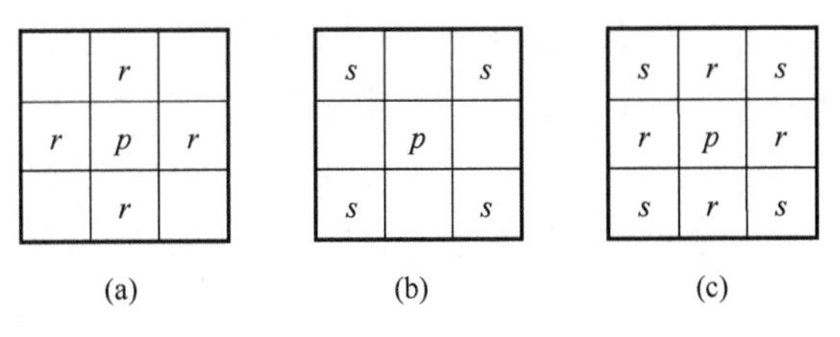

图 2-15　像素的 3 种邻域

对两个像素 p 和 q 来说，如果 q 在 p 的邻域（可以是 4-邻域、8-邻域或对角邻域）中，则称 p 和 q 是**邻接**（分别是 4-邻接、8-邻接或对角邻接）的。如果 p 和 q 是邻接的，并且它们的灰度值满足某个特定的相似准则（如它们的灰度值相等或在同一个灰度值集合中取值），则称 p 和 q 互相**连接**。可见连接比邻接要求更高，不仅要考虑空间（邻接）关系，还要考虑灰度（相似）关系。

如果 p 和 q 不（直接）邻接，但它们均在另一个像素的相同邻域（可以是 4-邻域、8-邻域或对角邻域）中，并且这三个像素的灰度值满足某个特定的相似准则

（如它们的灰度值相等或在同一个灰度值集合中取值），则称 p 和 q **连通**（可以是4-连通或8-连通）。进一步，只要两个像素 p 和 q 之间有一系列依次连接的像素，则它们连通。这一系列依次连接的像素构成 p 和 q 间的一条**通路**。从具有坐标(x, y)的像素 p 到具有坐标(s, t)的像素 q 的一条通路由一系列具有坐标$(x_0, y_0), (x_1, y_1), \cdots, (x_n, y_n)$的独立像素组成。这里$(x_0, y_0) = (x, y)$，$(x_n, y_n) = (s, t)$，并且$(x_i, y_i)$与$(x_{i-1}, y_{i-1})$邻接，其中 $1 \leqslant i \leqslant n$，$n$ 为通路长度。

2.5.2 像素间距离

像素之间关系的一个重要概念是像素之间的**距离**。给定 3 个像素 p、q、r，坐标分别为(x, y)、(s, t)、(u, v)，如果下列条件满足的话，称函数 D 是距离度量函数。

（1）$D(p, q) \geqslant 0$（当且仅当 $p = q$，$D(p, q) = 0$）。

（2）$D(p, q) = D(q, p)$。

（3）$D(p, r) \leqslant D(p, q) + D(q, r)$。

在上述 3 个条件中，第 1 个条件表明两个像素之间的距离总是正的（当两个像素空间位置相同时，它们之间的距离为 0）；第 2 个条件表明两个像素之间的距离与起终点的选择无关；第 3 个条件表明两个像素之间的最短距离是沿直线的。

在数字图像中，有多种距离。

两个像素 p 和 q 之间的**欧氏距离**（也是范数为 2 的距离）定义为

$$D_{\mathrm{E}}(p,q) = [(x-s)^2 + (y-t)^2]^{\frac{1}{2}} \tag{2-38}$$

根据这个距离度量，与(x, y)的欧氏距离小于或等于某个值 d 的像素都包括在以(x, y)为中心、以 d 为半径的圆中。在数字图像中，只能近似地表示圆，例如，与(x, y)的欧氏距离小于或等于 3 的像素组成如图 2-16(a)所示的区域（图中距离值已四舍五入）。

点 p 和点 q 之间的 D_4 距离（也是范数为 1 的距离）称为**城区距离**，定义为

$$D_4(p,q) = |x-s| + |y-t| \tag{2-39}$$

根据这个距离度量，与(x, y)的 D_4 距离小于或等于某个值 d 的像素组成以(x, y)为中心的菱形。例如，与(x, y)的 D_4 距离小于或等于 3 的像素组成如图 2-16(b)所示的区域。$D_4 = 1$ 的像素就是(x, y)的 4-邻域像素。

点 p 和点 q 之间的 D_8 距离（也是范数为 ∞ 的距离）称为**棋盘距离**，定义为

$$D_8(p,q) = \max(|x-s|, |y-t|) \tag{2-40}$$

根据这个距离度量，与(x, y)的 D_8 距离小于或等于某个值 d 的像素组成以(x, y)为中心的正方形。例如，与(x, y)的 D_8 距离小于或等于 3 的像素组成如图 2-16(c)

所示的区域。$D_8 = 1$ 的像素就是(x, y)的 8-邻域像素。

(a)

			3.0			
	2.8	2.2	2.0	2.2	2.8	
	2.2	1.4	1.0	1.4	2.2	
3.0	2.0	1.0	0	1.0	2.0	3.0
	2.2	1.4	1.0	1.4	2.2	
	2.8	2.2	2.0	2.2	2.8	
			3.0			

(b)

			3			
		3	2	3		
	3	2	1	2	3	
3	2	1	0	1	2	3
	3	2	1	2	3	
		3	2	3		
			3			

(c)

3	3	3	3	3	3	3
3	2	2	2	2	2	3
3	2	1	1	1	2	3
3	2	1	0	1	2	3
3	2	1	1	1	2	3
3	2	2	2	2	2	3
3	3	3	3	3	3	3

图 2-16　等距离轮廓示例

欧氏距离给出的结果准确，但由于在计算时需要进行平方和开方运算，计算量大且结果一般不为整数。城区距离和棋盘距离均为非欧氏距离，计算量小，但有一定的误差。注意距离的计算只考虑图像中两个像素的（相对）位置，不考虑这两个像素（自身）的灰度值。

❑　例 2-13　距离计算示例

根据上述三种距离的定义，在计算图像中两个像素间的不同距离时会得到不同的结果。如在图 2-17 中，两个像素 p 和 q 之间的欧氏距离为 5，如图 2-17(a)所示；D_4 距离为 7，如图 2-17(b)所示；D_8 距离为 4，如图 2-17(c)所示。

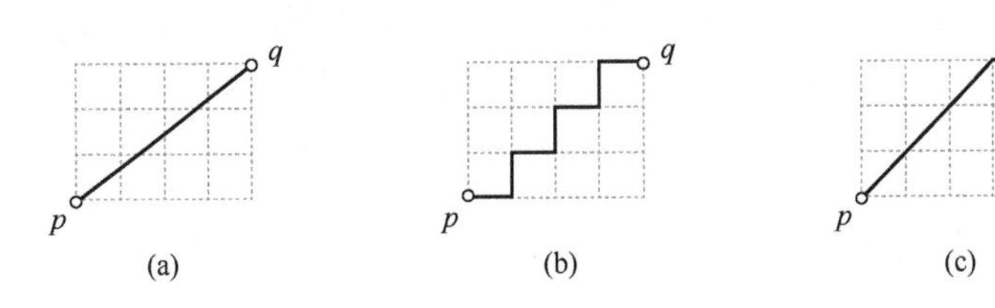

图 2-17　像素间距离的计算　❑

利用像素间的距离可定义像素的邻域，如 $D_4 = 1$ 的像素就是(x, y)的 4-邻域像素。换句话说，像素 p 的 4-邻域也可定义为

$$N_4(p) = \{ r \mid D_4(p, r) = 1 \} \tag{2-41}$$

$D_8 = 1$ 的像素就是(x, y)的 8-邻域像素。类似地，像素 p 的 8-邻域也可定义为

$$N_8(p) = \{ r \mid D_8(p, r) = 1 \} \tag{2-42}$$

2.6 各节要点和进一步参考

以下指出各节的一些要点，并介绍一些可以进一步查阅的参考文献。

1. 采集装置和性能指标

图像采集是计算机视觉的第一步。采集装置要接收外界的激励并将响应数字化。固态采集器件除 CCD 和 CMOS 外，还有电荷注射器件（CID），可参见文献[1]。对采集装置性能指标的讨论可参见文献[2]。

2. 图像亮度成像模型

图像的属性值是由亮度成像模型确定的。2.2 节概述了一些光度学（包括亮度和照度）知识，还介绍了一个基本的亮度成像模型。表 2-1 中关于一些常见光源和物体的亮度数值及它们所处的视觉分区可参见文献[3]。

3. 图像空间成像模型

图像是对场景进行投影而得到的，具有场景的空间分布信息。在成像过程中，涉及多个空间坐标系。这些坐标系可以有不同的空间（位置和方位）联系，由此产生了不同的成像模型。对空间成像模型更全面的讨论可参见文献[4]。

4. 采样和量化

采样和量化是图像数字化的重要手段，也是确定采集图像质量的关键因素。相关的内容在信号处理的书籍中有详细介绍，有关图像质量的主客观评价可参见文献[1]。

5. 像素之间的关系

图像中像素之间有多种关系，有关像素的邻接、连接、通路和连通的联系和转化可参见文献[1]。像素之间的距离在图像增强（3.5 节）等处理和分析技术中都要用到。

第 3 章
空域增强

图像增强技术是一类基本而典型的图像处理技术。图像增强是指通过对图像的各种加工，获得视觉效果更“好”或看起来更“有用”的图像（由于具体应用目的和要求不同，因而这里的“好”和“有用”的含义也不同）。因为图像采集的手段和方法日新月异，图像种类很多，实际应用要求也多种多样，所以对图像进行增强的技术也有许多种。

在图像增强中，对图像的加工可直接地在图像域（空域）内进行，即直接改变像素的位置或灰度以得到增强的效果；也可间接地在变换域内进行，即间接改变图像的某些整体特性以得到增强的效果。变换域图像增强的常用方法将在第 4 章介绍。

本章各节安排如下。

3.1 节介绍通过对整幅图像进行算术运算和逻辑运算实现图像增强的原理与方法。

3.2 节讨论通过将像素灰度从一个值映射为另一个值实现图像增强的基本思路和典型技术。这里的映射可借助一些解析函数来实现，重点是如何根据增强要求设计这些函数。

3.3 节介绍借助对图像直方图（一种统计形式）进行修改和调整，使图像中像素灰度的分布尽可能均匀，从而实现图像增强的直方图均衡化方法。

3.4 节进一步介绍根据需要有选择地增强图像的直方图规定化方法，并对其中的单映射规则和组映射规则进行对比分析。

3.5 节讨论利用像素的邻域性质来进行图像增强的卷积运算，借助对模板的不同设计来实现图像平滑或图像锐化的目的。

3.1 图像间运算

将不同图像结合起来就可能改变图像的视觉效果。有些图像增强技术是依靠对多幅图像进行图像间运算而实现的，基本的图像间运算包括算术运算和逻辑运算。

3.1.1 算术运算

算术运算一般用于灰度图像，对整幅图像的算术运算是逐像素进行的。对于参与运算的 2 幅图像，取它们对应位置的 2 个像素进行运算。2 个像素 p 和 q 之间的算术运算包括：

（1）加法：记为 $p+q$。

（2）减法：记为 $p-q$。

（3）乘法：记为 $p \times q$（也可写为 pq 或 $p * q$）。

（4）除法：记为 $p \div q$。

算术运算每次只涉及 1 个空间像素位置，所以可以“原地”完成，即在图像的(x, y)位置做 1 次算术运算的结果可以存储在图像的相应位置，因为那个位置不会再用了。

1. 图像加法

图像加法的一种应用方式是通过图像平均减少图像采集中的噪声。设采集时混入噪声的图像 $g(x, y)$由原始图像 $f(x, y)$和噪声图像 $e(x, y)$叠加而成，即

$$g(x,y)=f(x,y)+e(x,y) \tag{3-1}$$

这里假设图像各点的噪声是互不相关的，并且具有零均值。在这种情况下，可以通过将一系列图像$\{g_1(x, y), g_2(x, y), \cdots, g_M(x, y)\}$相加来消除噪声。设将 M 幅图像相加求平均得到 1 幅新图像，即

$$\bar{g}(x,y)=\frac{1}{M}\sum_{i=1}^{M}g_i(x,y) \tag{3-2}$$

那么可以证明新图像的期望值为

$$E\{\bar{g}(x,y)\}=f(x,y) \tag{3-3}$$

如果考虑新图像和噪声图像各自均方差之间的关系，则有

$$\sigma_{\bar{g}(x,y)}=\sqrt{\frac{1}{M}}\times\sigma_{e(x,y)} \tag{3-4}$$

可见，随着参与求和的图像数量 M 的增加，噪声在每个像素位置(x, y)的影响逐步减弱。

❑ **例 3-1 用图像平均消除随机噪声**

图 3-1 给出一组用图像相加平均来消除随机噪声的示例。图 3-1(a)为 1 幅迭加

了零均值高斯随机噪声（$\sigma=32$）的 8bit 灰度图像，图 3-1(b)、图 3-1(c)和图 3-1(d)分别为用 4 幅、8 幅和 16 幅同类图像（噪声均值和方差相同的不同样本）进行相加平均的结果。由此可见，随着图像数量的增加，噪声影响逐步减弱。

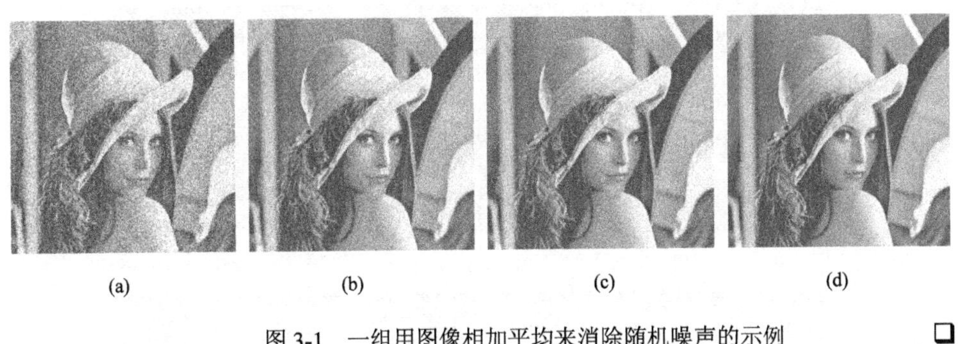

(a)　(b)　(c)　(d)

图 3-1　一组用图像相加平均来消除随机噪声的示例　□

2. 图像减法

图像减法也可用于图像增强。设有图像 $f(x, y)$和 $h(x, y)$，它们的差为

$$g(x,y)=f(x,y)-h(x,y) \tag{3-5}$$

通过图像相减可把两图之间的差异凸显出来。如在医学成像中，可以用图像相减来去除固定的背景信息，更清晰地突出关心的前景信息。另外，图像相减在运动检测中也很有用。在序列图像中，通过逐像素比较可直接求取前后两帧图像之间的差别。假设照明条件在多帧序列图像间基本不变，那么差图像中的不为零处表明其像素发生了移动。换句话说，对时间上相邻的两幅图像求差，可以将图像中运动目标的位置和形状变化凸显出来。

□　例 3-2　用对图像求差的方法检测图像中目标运动信息

在图 3-2 中，图 3-2(a)～图 3-2(c)为一个视频序列中的连续 3 帧，图 3-2(d)给出第 1 帧和第 2 帧的差，图 3-2(e)给出第 2 帧和第 3 帧的差，图 3-2(f)给出第 1 帧和第 3 帧的差。由图 3-2(d)和图 3-2(e)中的亮边缘可获得图中运动人物的位置和形状，并且人物总体有从左方向右方的运动。由图 3-2(f)可见，随着时间差的增加，运动的距离也会增加。所以如果物体运动较慢，可以采用加大帧间差（时间差更大）的方法来检测出足够的运动信息。　□

3. 图像乘法和图像除法

图像相乘的一个典型应用是在模板运算（见 3.5 节）中的应用，此时可将模板看作一幅小的图像，将其与需要处理的图像进行（局部）相乘，从而获得改变像素灰度值的效果。图像相除可用于消除空间可变的量化敏感函数。另外，图像相乘和图像相除还可用于校正由照明或传感器的非均匀性导致的图像灰度阴影。

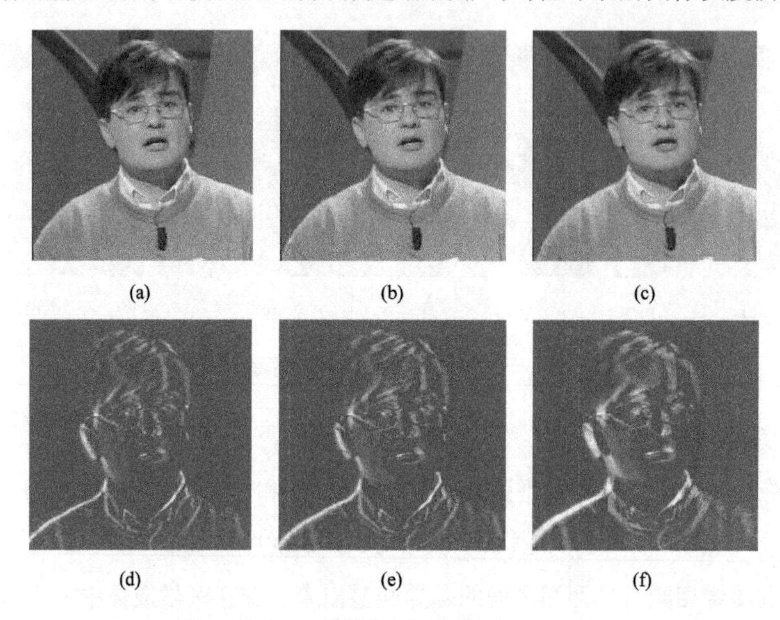

图 3-2　利用图像相减进行运动检测的示例

3.1.2　逻辑运算

图像处理中常用的 3 种基本**逻辑运算**：

（1）补（COMPLEMENT）运算：记为 NOT q（也可写为 $\overline{q}$）。

（2）与（AND）运算：记为 p AND q（也可写为 $p \cdot q$）。

（3）或（OR）运算：记为 p OR q（也可写为 $p + q$）。

以上基本逻辑运算的功能是完备的，即将它们组合起来可以进一步构成其他各种逻辑运算。与算术运算不同，逻辑运算只用于二值图像。对整幅图像的逻辑运算是逐像素进行的。因为逻辑运算每次只涉及 1 个空间像素位置，所以可以与算术运算类似地“原地”完成。

❑　例 3-3　二值图像的逻辑运算

图 3-3 给出二值图像的逻辑运算示例，其中，黑色代表 1，白色代表 0。图 3-3(a)和图 3-3(b)是两幅二值图像，图 3-3(c)、图 3-3(d)和图 3-3(e)分别对应 3 种基本逻辑运算的结果，图 3-3(f)和图 3-3(g)是逻辑运算组合的结果。

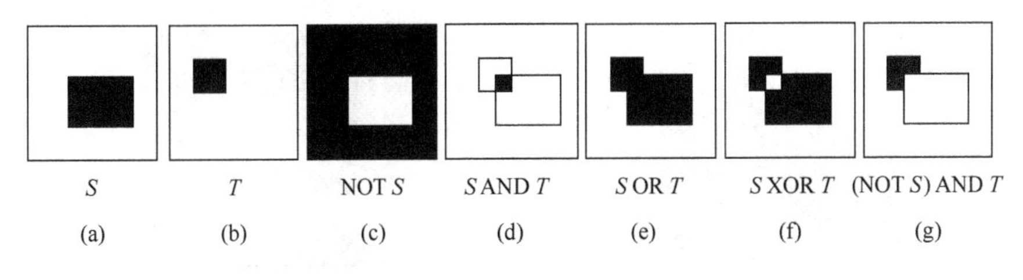

图 3-3　二值图像的逻辑运算示例

因为只有当两个二值变量都是 1 时，它们与运算的结果才是 1，所以只有当两幅输入图像中相应像素都为 1 时，才可能在“与图”的相应位置得到结果 1。对于异或（XOR）运算，当两个像素之一为 1（不同时为 1）时，结果为 1，在其他情况下，结果均为 0。这个运算与或运算不同，在或运算中，当两个像素之一为 1 或同时为 1 时，结果都为 1。 ❑

3.2　图像灰度映射

按某种规律改变灰度图像中各像素的灰度值是图像增强的常用方法。具体来说，设原始图像在(x, y)处的灰度为 f，而改变后图像在(x, y)处的灰度为 g，则对图像的增强可表述为将在(x, y)处的灰度 f 映射为 g 的操作。在很多情况下，f 和 g 的取值范围是一样的，我们假设均为$[0，L-1]$，L 为图像的灰度级数。对于不同的灰度 f，可以根据不同的规则将其映射为 g，这些映射规则有时可写成解析式，有时也用函数曲线（称为“变换曲线”）来表示。下面介绍 3 种常用的映射规则。

3.2.1　图像求反

图像求反是指将原始图像的灰度值进行翻转，简单来说就是“使黑变白，使白变黑”。图像求反的映射规则可表示为

$$g(x,y) = (L-1) - f(x,y) \tag{3-6}$$

对应的变换曲线如图 3-4(b)所示，原本具有接近 $L-1$ 的较大灰度的像素在变换后的灰度接近 0，而原来较暗的像素在变换后成为较亮的像素。普通黑白底片和照片的关系就是这样的。

❑　**例 3-4　图像求反示例**

在图 3-4 中，图 3-4(a)为一幅灰度图像，图 3-4(b)为图像求反的变换曲线，图 3-4(c)为图像求反的结果。对比图 3-4(a)和图 3-4(c)，很容易看出底片和照片的关系。

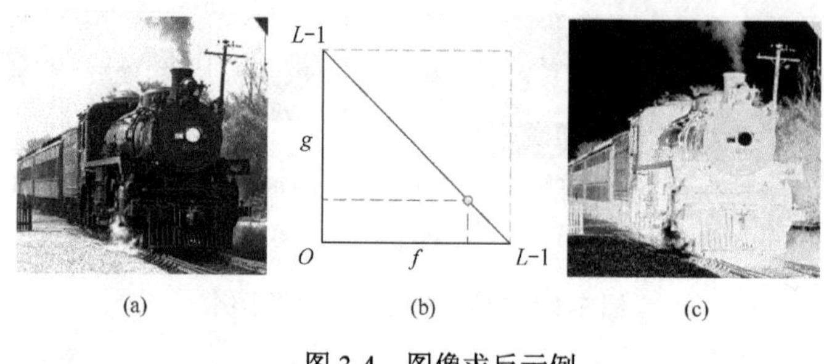

图 3-4　图像求反示例

3.2.2　对比度拉伸

对比度拉伸是指通过加大图像中各部分之间的反差（灰度差别）来进行图像增强。在具体操作中，当 f 和 g 的取值范围一样时，往往通过增加原始图像里某两个灰度值间的动态范围来实现对比度拉伸。典型的对比度拉伸曲线（这里是一条折线）如图 3-5(b)所示，可以表示为

$$
g(x,y)=\begin{cases}\dfrac{g_1}{f_1}, & 0<f(x,y)\leqslant f_1\\ \dfrac{g_2-g_1}{f_2-f_1}, & f_1<f(x,y)\leqslant f_2\\ \dfrac{L-1-g_2}{L-1-f_2}, & f_2<f(x,y)\leqslant L-1\end{cases} \tag{3-7}
$$

通过这样一次变换，原始图像中灰度值在 $0\sim f_1$ 及 $f_2\sim L-1$ 内的动态范围减小了，而在 $f_1\sim f_2$ 内的动态范围增加了，从而使相应范围内的对比度增强了。在实际应用中，f_1、f_2、g_1、g_2 可取不同的值并进行组合，从而得到不同的效果。

例 3-5　对比度拉伸示例

图 3-5(a)为一幅曝光不足的图像，图 3-5(b)为进行对比度拉伸的变换曲线，图 3-5(c)为增强结果。对比图 3-5(a)和图 3-5(c)可见，通过对比度拉伸，长城更加突出了，远处的山峦也更加清晰了。

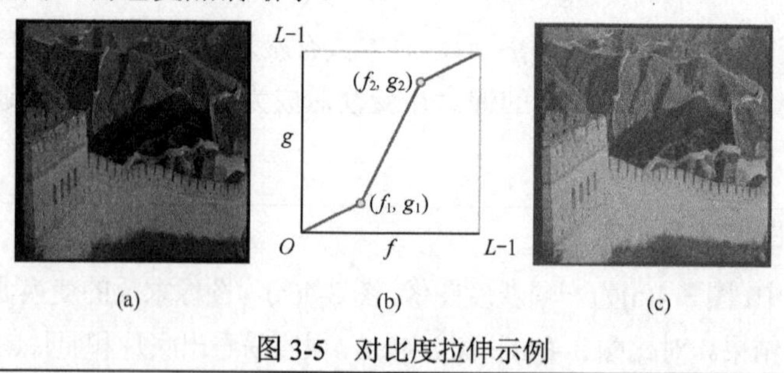

图 3-5　对比度拉伸示例

3.2.3　动态范围压缩

动态范围压缩的目的与对比度拉伸的目的相反。有时原始图像的动态范围太大，超出某些设备允许的显示范围，这时如果直接对原始图像灰度进行显示，则可能丢失一部分细节。解决的办法是对原始图像进行动态范围压缩。一种常用的方法是借助对数形式的变换，相应变换曲线如图 3-6(b)所示，可以表示为

$$g(x,y) = k\log[1+f(x,y)] \tag{3-8}$$

根据对数函数的特性，比较低的灰度值会被分离，而过高的灰度值会被降低。大部分的 f 值会被映射到接近 L–1 的灰度范围内，如果只选取这部分灰度值进行显示，就实现了压缩动态范围的目的。

❑　**例 3-6　动态范围压缩示例**

图 3-6(a)为对一幅 2D 门函数的图像直接进行傅里叶变换后得到的频谱图，这里 2D 门函数的图像如图 4-1(a)所示。由于中心像素值很大（反映在图像上为中央区域很亮），将该图像以 256 级灰度显示时，周围像素就会很暗，甚至看不出来。图 3-6(b)为用来实现动态范围压缩的对数形式的变换曲线。图 3-6(c)为对图 3-6(a)进行动态范围压缩后得到的图像，中心“十字”以外的区域细节亮度增加，更接近中心像素值，看起来就比较清楚了。

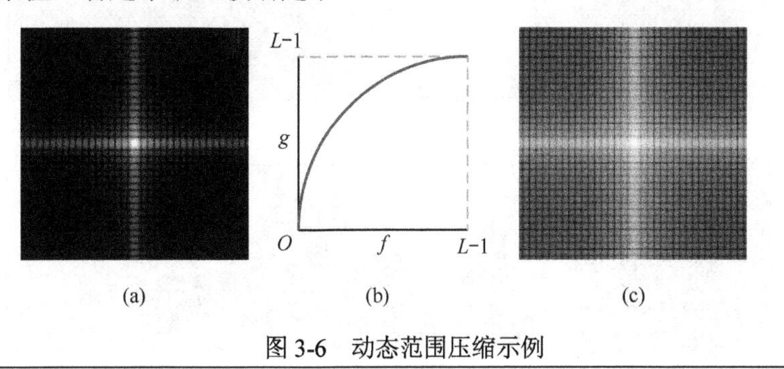

图 3-6　动态范围压缩示例　❑

3.3　直方图均衡化

直方图均衡化是一种借助图像直方图变换实现灰度映射，从而增强图像的方法。

3.3.1　图像直方图

一幅图像的灰度统计**直方图**是一个 1D 的离散函数：

$$p_f(f_k)=\frac{n_k}{n} \quad k=0,1,\cdots,L-1 \tag{3-9}$$

其中，f_k为图像$f(x, y)$的第k级灰度值；n_k是图像$f(x, y)$中具有灰度值f_k的像素的个数；n是图像像素总数。根据上述定义，可以设置一个含L个元素的数组，通过对具有不同灰度值的像素进行个数统计来获得图像的直方图。因为$p_f(f_k)$给出了对各f_k出现概率的估计，所以直方图提供了原始图像的灰度值分布情况，也可以说给出了一幅图像中所有像素灰度值的整体描述。

❑ 例 3-7 不同图像及其对应的直方图

图 3-7 给出在同一场景中获得的几幅不同图像及其直方图示例。

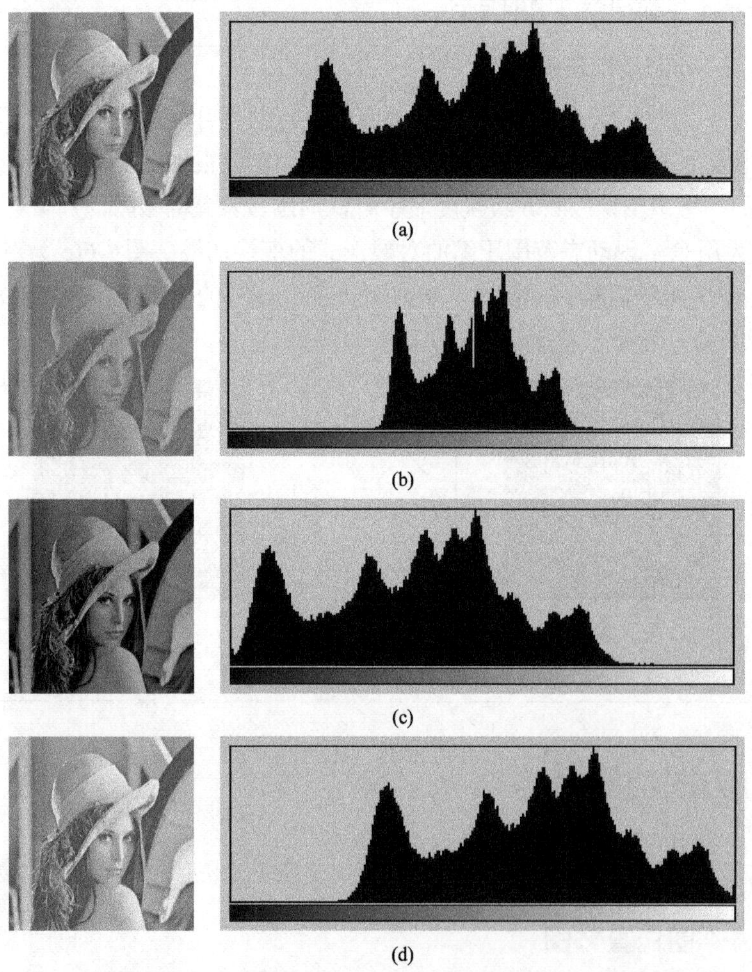

图 3-7 在同一场景中获得的几幅不同图像及其直方图示例

在图 3-7 中，图 3-7(a)对应一幅正常的图像，其直方图基本覆盖整个灰度范围，整幅图像层次分明；图 3-7(b)对应一幅动态范围偏小的图像，其直方图集中在灰度范围的中部，由于整幅图像反差小，看起来比较暗淡；图 3-7(c)对应一幅动态范围比较大，但其直方图与图 3-7(a)中的直方图相比整个向左移动了的图像，由于灰度值相对集中在低灰度一侧，整幅图像偏暗；图 3-7(d)对应一幅动态范围比较大，但其直方图与图 3-7(a)中的直方图相比整个向右移动了的图像，由于灰度值相对集中在高灰度一侧，整幅图像偏亮，与图 3-7(c)正好相反。

由此可以看出，图像的明亮反差等视觉效果与其直方图具有较直接的对应关系。由于直方图能够反映图像的特点，所以可以通过改变直方图的形状来达到改善视觉效果、增强图像的目的。 ❑

3.3.2 原理和步骤

直方图均衡化的基本思想是把原始图像的直方图变换为均匀分布的形式，这样就增加了像素灰度值的动态范围，从而可实现增强图像整体对比度的效果。增强函数需要满足如下 2 个条件。

（1）它在 $0 \leqslant f \leqslant L-1$ 范围内是一个单值单增函数，这是为了保证原始图像各灰度级在变换后仍保持从黑到白（或从白到黑）的排列次序。

（2）对于 $0 \leqslant f \leqslant L-1$，有 $0 \leqslant g \leqslant L-1$，这个条件能够保证变换前后灰度值动态范围的一致性。

可以证明，**累积分布函数**（CDF）满足上述 2 个条件并能将 f 的分布转换为 g 的均匀分布。事实上，图像 $f(x, y)$ 的 CDF 就是其**累积直方图**，可定义为

$$g_k = \sum_{i=0}^{k} \frac{n_i}{n} = \sum_{i=0}^{k} p_f(f_i) \qquad \begin{matrix} 0 \leqslant f_k \leqslant 1 \\ k = 0,1,\cdots,L-1 \end{matrix} \tag{3-10}$$

由式（3-10）可见，根据原始图像的直方图可直接算出直方图均衡化后各像素的灰度值。当然，在实际应用中还要对由此算出的 g_k 值取整以满足数字图像的要求。

❑ 例 3-8　直方图均衡化计算示例

设有一幅 64×64、8bit 的灰度图像，其直方图如图 3-8(a)所示，直方图均衡化所用的变换函数（累积直方图）如图 3-8(b)所示，均衡化后得到的直方图如图 3-8(c)所示。需要注意的是，由于不能（或者说没有理由）将同一个灰度值下的各像素变换到不同灰度级中（一个直方条里的像素总在同一个直方条中），所以数字图像直方图均衡化的结果一般只是得到近似均衡的直方图。这里可比较图 3-8(d)中的粗折线（实际均衡化结果）与水平直线（理想均衡化结果），图中虚线为原直方图包络。

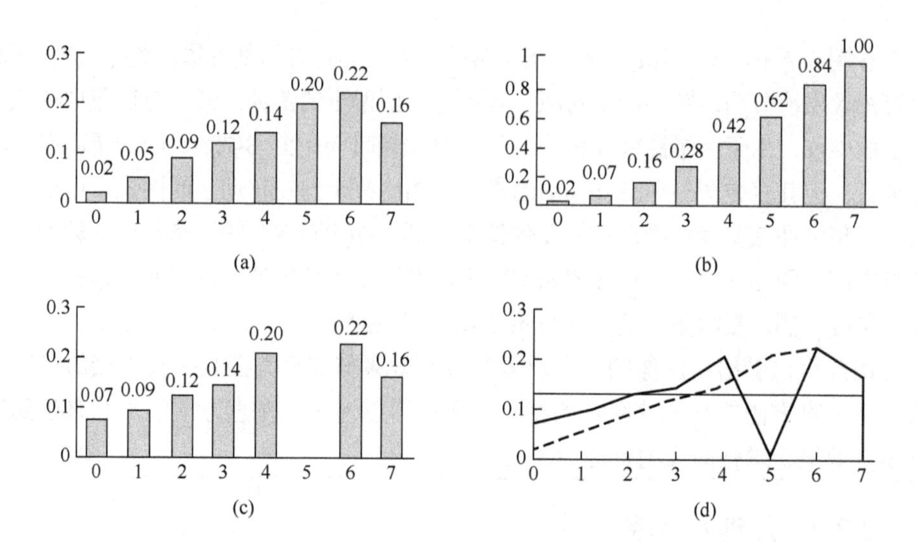

图 3-8　直方图均衡化计算示例

表 3-1 给出以上直方图均衡化的各运算步骤和结果（其中，“取整”表示取方括号中实数的整数部分，符号“→”代表映射）。

表 3-1　直方图均衡化计算列表

序　号	运　算	步骤和结果							
1	列出原始图像灰度级 f_k，$k = 0, 1, \cdots, 7$	0	1	2	3	4	5	6	7
2	列出原始直方图	0.02	0.05	0.09	0.12	0.14	0.20	0.22	0.16
3	用式（3-10）计算原始累积直方图	0.02	0.07	0.16	0.28	0.42	0.62	0.84	1.00
4	取整，$g_k = \text{int}[(L-1)g_k + 0.5]$	0	0	1	2	3	4	6	7
5	确定映射对应关系（$f_k \to g_k$）	0, 1 → 0		2 → 1	3 → 2	4 → 3	5 → 4	6 → 6	7 → 7
6	计算新直方图	0.07	0.09	0.12	0.14	0.20	0	0.22	0.16

由表 3-1 可见，原始直方图中的一些不同灰度值有可能映射为均衡化直方图中的同一个灰度值，所以均衡化直方图的灰度级数有可能比原始直方图的灰度级数少。 ❑

❑　例 3-9　直方图均衡化效果示例

图 3-9 所示为直方图均衡化效果示例。图 3-9(a)和图 3-9(b)为一幅 8 bit 原始灰度图像及其直方图。这里原始图像较暗且动态范围较小，反映在直方图上就是其直方图的灰度值范围比较小且集中在低灰度值一侧。图 3-9(c)和图 3-9(d)为对原始

图像进行直方图均衡化的结果及其直方图，现在直方图覆盖了整个图像灰度值所允许的范围。由于直方图均衡化增加了图像灰度动态范围，所以也增加了图像的对比度，反映在图像上就是图像有较大的反差，细节更加清晰。

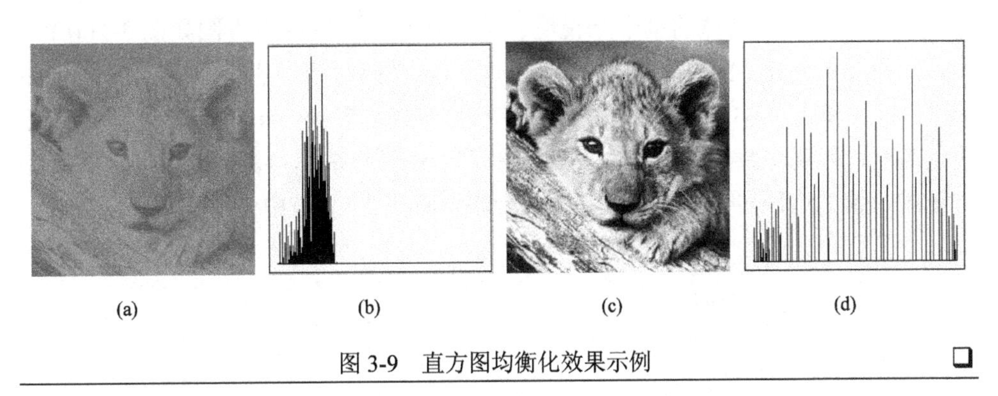

图 3-9　直方图均衡化效果示例　□

3.4　直方图规定化

直方图规定化也是一种借助直方图变换来增强图像的方法，它通过将原始图像的直方图转换为某种期望的直方图来获得预期的增强效果。

3.4.1　原理和步骤

直方图均衡化的优点是能够自动增强整幅图像的对比度，但具体增强效果不易控制，总是得到全局均衡化的直方图。在实际应用中，有时需要变换直方图使之成为某个特定的形状，以有选择地增强某个灰度值范围内的对比度，这时可以采用比较灵活的直方图规定化方法。一般来说，通过正确地选择规定化的直方图（增强函数），可获得比直方图均衡化更符合要求的效果。直方图规定化主要有 3 个步骤（这里设 M 和 N 分别为原始图像和规定图像中的灰度级数，并且只考虑 $N \leqslant M$ 的情况）。

（1）与直方图均衡化类似，对原始图像的直方图进行灰度均衡化：

$$g_k = \sum_{i=0}^{k} p_f(f_i) \qquad k = 0,1,\cdots,M-1 \tag{3-11}$$

（2）规定需要的直方图，并进行能使其均衡化的变换：

$$v_l = \sum_{j=0}^{l} p_u(u_j) \qquad l = 0,1,\cdots,N-1 \tag{3-12}$$

（3）反转步骤（2）中的变换并作用于步骤（1）的结果，即将原始直方图中各灰度的统计值对应映射到规定的直方图中，也就是将所有 $p_f(f_i)$对应映射到 $p_u(u_j)$中。

下面借助一个具体的例子来说明。设一幅原始图像的直方图如图 3-10(a)所示，而需要的规定化直方图如图 3-10(b)所示，它们对应的累积直方图可分别由式（3-11）和式（3-12）算得，并且分别如图 3-10(c)和图 3-10(d)所示。要实现规定化映射，就要将原始累积直方图在步骤（3）中转化成尽可能接近规定化累积直方图的形状。这种转化可以采取不同的策略，将在 3.4.2 节中讨论。

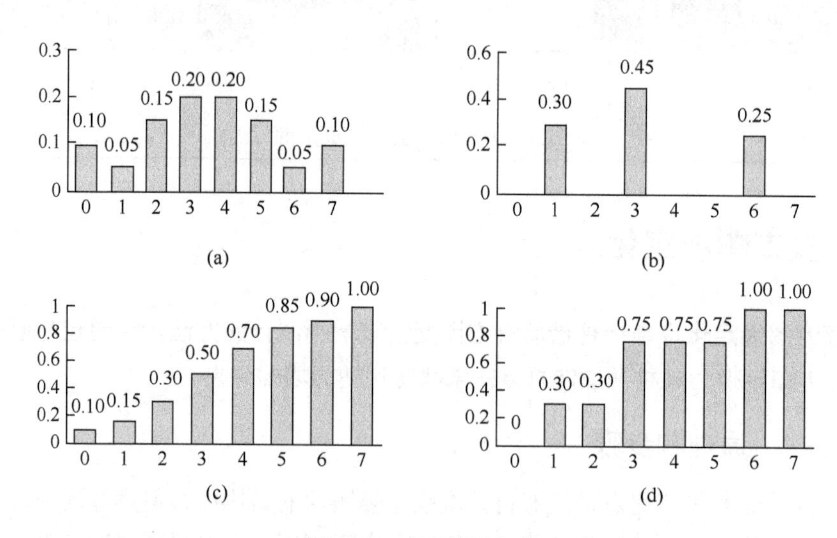

图 3-10　直方图规定化

❑ 例 3-10　直方图规定化效果示例

图 3-11 所示为直方图规定化效果示例。

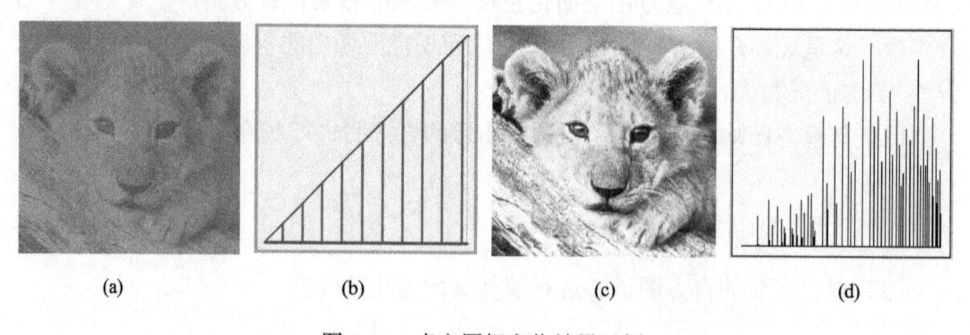

图 3-11　直方图规定化效果示例

图 3-11(a)为原始图像，与图 3-9(a)相同。在例 3-9 中，直方图均衡化的结果为图 3-9(c)，主要改变是整幅图像对比度的增加，但在一些较暗的区域，仍有些细节不太清楚。在本例中，利用如图 3-11(b)所示的规定化函数对原始图像进行直方图规定化，结果如图 3-11(c)所示，对应的直方图如图 3-11(d)所示。由于这里的规定化函数在高灰度区的值较大，所以与图 3-9(c)相比，直方图规定化的结果比直方图均衡化的结果更亮，较暗区域中的一些细节更为清晰。将图 3-11(d)与图 3-9(d)相比，从直方图来看，图 3-11(d)中高灰度值一侧更为密集。 □

3.4.2 单映射规则和组映射规则

在离散空间中，在直方图规定化的步骤（3）中采用什么样的对应规则很重要，因为有取整误差的影响。

一种常用的方法是，先从小到大依次找到能使式（3-13）最小的 k 和 l：

$$\left|\sum_{i=0}^{k} p_f(f_i) - \sum_{j=0}^{l} p_u(u_j)\right| \qquad \begin{aligned} k &= 0,1,\cdots,M-1 \\ l &= 0,1,\cdots,N-1 \end{aligned} \tag{3-13}$$

然后将 $p_f(f_i)$逐个对应到 $p_u(u_j)$中去。由于这里的每个 $p_f(f_i)$是一一对应过去的，可以称为**单映射规则**（SML）。这种方法简单直观，但有时会有较大的取整误差。

另一种常用的方法是使用**组映射规则**（GML）。设有一个整数函数 $I(l)$，$l = 0, 1, \cdots, N-1$，满足 $0 \leqslant I(0) \leqslant \cdots \leqslant I(l) \leqslant \cdots \leqslant I(N-1) \leqslant M-1$，要确定能使式（3-14）最小的 $I(l)$：

$$\left|\sum_{i=0}^{I(l)} p_f(f_i) - \sum_{j=0}^{l} p_u(u_j)\right| \qquad l = 0,1,\cdots,N-1 \tag{3-14}$$

如果 $l = 0$，则将 i 从 0 到 $I(0)$的 $p_f(f_i)$一起对应到 $p_u(u_0)$中去；如果 $l \geqslant 1$，则将 i 从 $I(l-1)+1$ 到 $I(l)$的 $p_f(f_i)$都对应到 $p_u(u_j)$中去。

□ 例 3-11　单映射规则和组映射规则示例

单映射规则和组映射规则可借助图示的方法来解释。将累积直方图画成一个长条，其中每段对应原始直方图中的一项。这里仍利用图 3-10 中的数据。

先考虑单映射规则，如图 3-12 所示。单映射是从原始累积直方图向规定化累积直方图进行的，所以如果要将某些原始累积直方条映射到规定化累积直方条上时，需要按最短距离选择（取尽可能竖直的线）。据此，原始累积直方图中的 0.10、0.15 和 0.30 这 3 项都映射到规定化累积直方图的 0.30 这一项上，注意 0.50 根据式（3-13）也映射到规定的 0.30 上（见实线），而不是映射到 0.75 上（见虚线）；接下来，0.7 映射到 0.75 上，0.85 也映射到 0.75 上（见实线），而不是映射到 1.00 上（见虚线）；最后，0.90 和 1.00 都映射到 1.00 上。

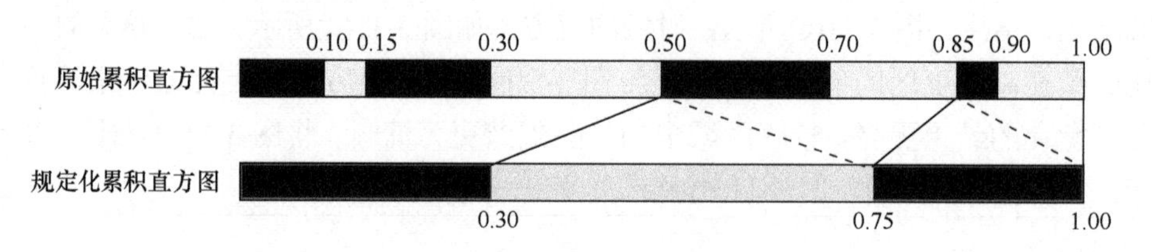

图 3-12　单映射规则示例

直方图规定化使用的组映射是从规定化累积直方图向原始累积直方图映射的，如图 3-13 所示，在对规定化累积直方条与原始累积直方条建立映射关系时，需要按最短距离选择（取尽可能竖直的线）。我们仍利用图 3-10 中的数据。根据式（3-14），规定化累积直方图中的 0.30 包括了原始累积直方图中的 0.10、0.15 和 0.30 这 3 项；0.75 包括了 0.50 和 0.70 这 2 项；1.00 包括了 0.85、0.90 和 1.00 这 3 项。直观来看，用组映射方法得到的映射线比较垂直，这表明规定化累积直方图和原始累积直方图比较一致。

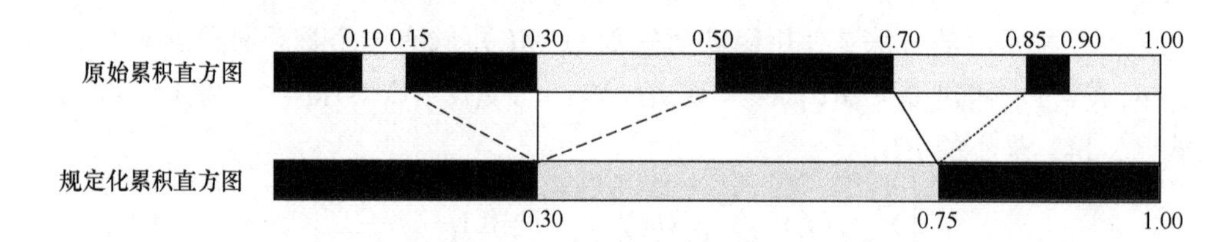

图 3-13　组映射规则示例

上述两种方法的运算步骤和结果总结在表 3-2 中（其中，符号“→”代表映射）。

表 3-2　直方图规定化计算列表

序　号	运　算	步骤和结果							
1	列出原始图像灰度级 $f_k, k = 0, \cdots, 7$	0	1	2	3	4	5	6	7
2	列出原始直方图	0.10	0.05	0.15	0.20	0.20	0.15	0.05	0.10
3	用式（3-10）计算原始累积直方图	0.10	0.15	0.30	0.50	0.70	0.85	0.90	1.00
4	列出规定化直方图	0	0.30	0	0.45	0	0	0.25	0
5	用式（3-10）计算规定化累积直方图	0	0.30	0.30	0.75	0.75	0.75	1.00	1.00

（续表）

序　号	运　算	步骤和结果							
6S	“单映射规则”映射	1	1	1	1	3	3	6	6
7S	确定映射对应关系	0, 1, 2, 3 → 1				4, 5 → 3		6, 7 → 6	
8S	得到变换后的直方图	0	0.50	0	0.35	0	0	0.15	0
6G	“组映射规则”映射	1	1	1	3	3	6	6	6
7G	确定映射对应关系	0, 1, 2 → 1			3, 4 → 3		5, 6, 7 → 6		
8G	得到变换后的直方图	0	0.30	0	0.40	0	0	0.30	0

注：表中步骤 6S～8S 对应单映射规则，步骤 6G～8G 对应组映射规则。❑

❑ 例 3-12　单映射规则和组映射规则对比

将例 3-11 在两种情况下得到的直方图进行比较，如图 3-14 所示。其中，图 3-14(a)为用单映射规则得到的结果，与图 3-10(b)的差距较大；图 3-14(b)为用组映射规则得到的结果，基本与图 3-10(b)一致。

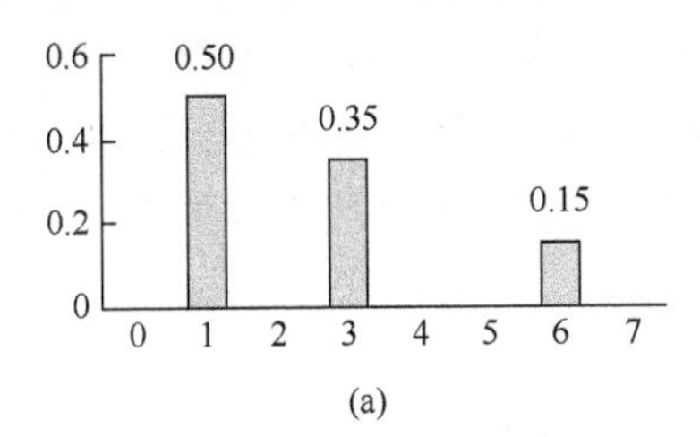

(a)

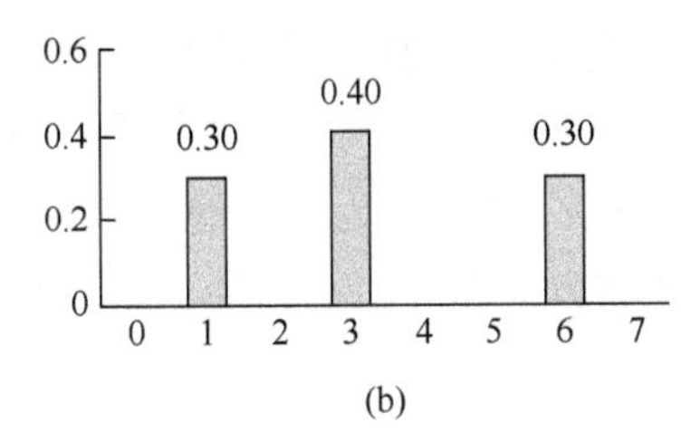

(b)

图 3-14　直方图规定化结果对比

最后讨论一下单映射规则和组映射规则的误差问题。映射产生的误差取决于两个直方图之间的差别，这个差别可用各映射间数值的差值来表示，对各差值取绝对值并求和就可表示误差。一般来说，这个和越小，映射效果越好，在理想情况下，这个和为 0。

两个规则在连续情况下都能给出精确的规定化结果，但在离散情况下的精确程度通常不一样。当把某个 $p_f(f_i)$对应到 $p_u(u_j)$中时，运用单映射规则可能产生的最大误差是 $p_u(u_j)/2$，而运用组映射规则可能产生的最大误差是 $p_f(f_i)/2$。因为 $N \leqslant M$，所以必有 $p_f(f_i)/2 \leqslant p_u(u_j)/2$，也就是说，组映射规则的期望误差不会大于单映射规则的期望误差。另外，由图 3-12 和图 3-13 可以看出，单映射规则是一种统计有偏的映射规则，因为一些对应灰度级会被有偏地映射到接近计算开始时的灰度级；而组映射规则是统计无偏的。实际情况是，使用组映射规则总会得到比单映射规则更接

近规定化直方图的结果，并且在很多情况下，组映射规则产生的误差要远小于单映射规则产生的误差。仍以上述数据为例，对单映射规则来说，这个和为$|0.50-0.30|+|0.35-0.45|+|0.15-0.25|=0.40$；而对组映射来说，这个和为$|0.30-0.30|+|0.40-0.45|+|0.30-0.25|=0.10$。两相比较，两种映射规则的优劣是很明显的。 ❑

3.5 空域卷积增强

在图像空间中，除了对整幅图像进行逐像素处理，也可考虑对图像中某一区域的像素集合进行处理。利用不同的方式，可获得不同的增强效果。

3.5.1 模板卷积

图像中一个区域内的像素常表示成一个中心像素和其近邻像素的集合。邻域中的处理主要以模板（样板、窗和滤波器也常被用来代表模板）运算的形式实现。**模板运算**的思想是在图像处理中将赋予某个像素的值作为其本身灰度值和其近邻像素灰度值的函数值。在对模板进行设计时，可利用空间占有数组来表达图像，通过对数组单元取不同的值来达到不同的运算目的。例如，考虑如图 3-15(a)所示的子图区域，用以 z_5 为中心的 3×3 区域中的像素平均值来替换 z_5 的值，则要进行如式（3.15）的算术运算，并将 z 的值赋予 z_5。

$$z=\frac{1}{9}\left(z_1+z_2+\cdots+z_9\right)=\frac{1}{9}\sum_{i=1}^{9}z_i \tag{3-15}$$

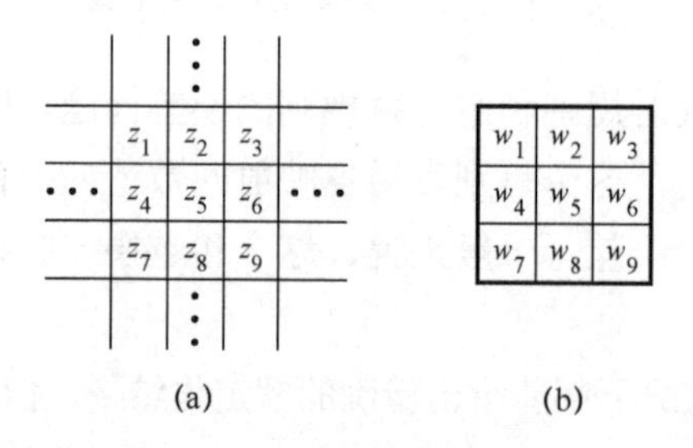

图 3-15　模板运算示例

利用如图 3-15(b)所示的模板，以上运算可用更一般的形式完成，即将模板中心放在 z_5 之上，用模板中对应的系数与模板下的像素值相乘并累加结果：

$$z=w_1z_1+w_2z_2+\cdots+w_9z_9=\sum_{i=1}^{9}w_iz_i \tag{3-16}$$

如果令 $w_i = 1/9$，$i = 1, 2, \cdots, 9$，则可得到与前述平均过程相同的结果。

式（3-16）在图像处理中得到了广泛应用，其中的运算实际上是一个相关运算。恰当地选择模板中的各系数并在图像每个像素位置使用模板进行运算，可以完成一系列有用的图像处理操作，如噪声消除、区域细化和边缘提取等。

3.5.2　空域滤波

当模板在空间上关于中心像素对称时，前述相乘并相加的运算就等价于一个卷积运算。**空域滤波**就是在图像空间中借助模板进行卷积操作完成的，根据特点一般可分为线性空域滤波和非线性空域滤波两类。另外，各种空域滤波器根据功能又主要分成平滑的空域滤波器（消除噪声或模糊图像以在提取较大的目标前去除过小的细节或将目标内的小间断连接起来）和锐化的空域滤波器（增强图像中的边缘细节）。结合这两种分类方法，可将空域滤波增强方法分成 4 类（见表 3-3）。

表 3-3　空域滤波增强方法分类

功　能	线　性	非　线　性
平滑	线性平滑	非线性平滑
锐化	线性锐化	非线性锐化

空域滤波增强功能的实现基于对模板卷积的利用，通过选择不同的模板系数，可实现不同的增强效果。

1. 线性平滑滤波

实现**线性平滑滤波**的模板中的所有系数都是正的。对 3×3 的模板来说，最简单的方法是所有系数都取为 1。为保证输出图像仍在原来的灰度值范围内，在算得结果后要将其除以 9 再进行赋值，如式（3-15）所示。这种方法也常称为**邻域平均**，相当于一个积分运算。

□　例 3-13　线性平滑滤波的模糊消噪效果

图 3-16(a)为原始的 8bit 灰度图像，图 3-16(b)为叠加了均匀分布的随机噪声的图像，图 3-16(c)、图 3-16(d)、图 3-16(e)和图 3-16(f)依次为用 5×5、7×7、9×9 和 11×11 模板对图 3-16(b)进行平滑滤波的结果。可见，当所用模板尺寸增加时，对噪声的消除作用也会增强，但同时，得到的图像变得更为模糊，细节逐步减少。

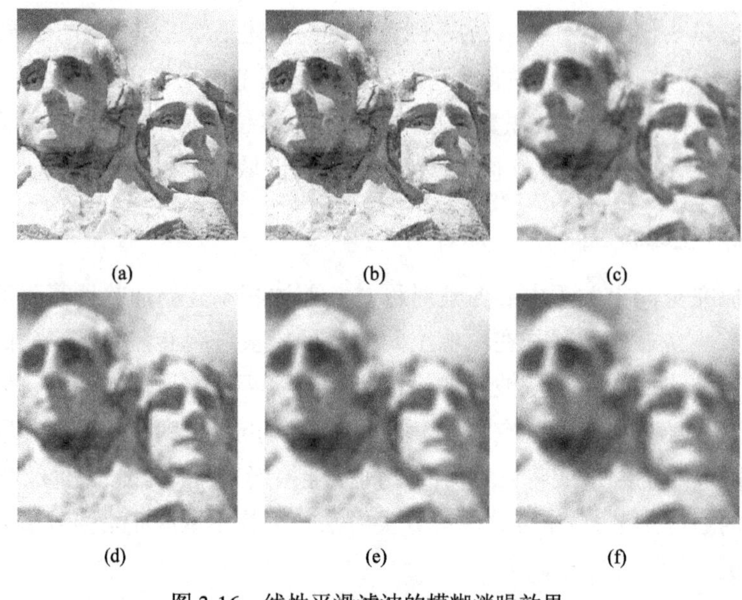

(a) (b) (c)

(d) (e) (f)

图 3-16　线性平滑滤波的模糊消噪效果 ❑

2. 非线性平滑滤波

线性平滑滤波在消除噪声的同时会将图像中的一些细节模糊掉。如果既要消除噪声又要保留图像的细节，则可以使用**中值滤波**，它实现了一种非线性平滑滤波，其主要步骤如下。

（1）使模板在图像中“漫游”，并将模板中心对准图像中的某个像素位置。

（2）读取模板下各对应像素的灰度值。

（3）将这些灰度值从小到大排成一列。

（4）找出位于正中间的一个灰度值。

（5）将这个中间值赋给对应模板中心位置的像素。

由以上步骤可以看出，中值滤波的主要功能就是使与周围像素灰度差别较大的像素改取与周围像素灰度值接近的值，从而消除孤立的噪声点。如果使用尺寸为 $M \times M$ 的模板（M 为奇数），设从图像中读取的像素灰度值从小到大排成$\{f_1, f_2, \cdots, f_M, f_{M+1}, \cdots, f_{M \times M}\}$，则输出值为 $f_{(M \times M+1)/2}$。在一般情况下，图像中尺寸小于模板尺寸一半的过亮或过暗区域将会在滤波后被消除。由于中值滤波不是简单的取平均值，所以产生的模糊比较少。

❑ 例 3-14　邻域平均和中值滤波效果对比

图 3-17 给出对同一幅图像分别用邻域平均和中值滤波处理的结果。仍考虑

如图 3-16(b)所示的叠加了均匀分布的随机噪声的图像，这里，图 3-17(a)和图 3-17(c)分别为用 3×3 和 5×5 模板进行邻域平均处理的结果，而图 3-17(b)和图 3-17(d)分别为用 3×3 和 5×5 模板进行中值滤波处理的结果。两相比较可见，中值滤波处理结果的视觉效果要比邻域平均处理结果的视觉效果好，主要特点是在进行中值滤波后图像中各区域的轮廓仍比较清晰。

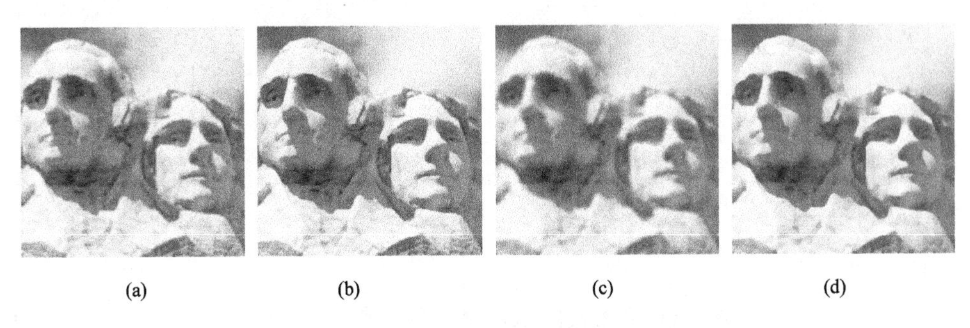

(a) (b) (c) (d)

图 3-17 邻域平均和中值滤波效果对比

另外，在实际应用中，须根据应用要求选取大小合适的模板，兼顾运算时间和消噪效果。 □

3．线性锐化滤波

实现**线性锐化滤波**的模板的中心系数应为正值，而周围的系数应为负值。当使用 3×3 模板时，典型的系数取值是取图 3-15(b)中的 w_5 为 8，而其余系数为–1，这样所有系数之和为 0。当把这样的模板放在图像中灰度值是常数或变化很小的区域上时，其卷积输出为 0 或很小。注意，这个滤波器会将原始图像中的零频率分量去除，也就是将输出图像的平均灰度值变为 0，这样输出图像中就会有一部分像素的灰度值小于 0。在图像处理中一般只考虑正的灰度值，所以还需要将输出图像的灰度值范围通过变换控制在$[0, G_{max}]$中。

锐化滤波的效果可用原始图像 $f(x, y)$减去平滑图像 $L(x, y)$得到。更进一步，如果将原始图像乘以一个放大系数 A 再减去平滑图像就能实现**高频提升滤波**：

$$H_b(x,y) = A \times f(x,y) - L(x,y) = (A-1) \times f(x,y) + H(x,y) \tag{3-17}$$

若 $A = 1$，就是普通的锐化滤波；若 $A > 1$，原始图像的一部分与用 $H(x, y)$滤波得到的锐化图像相加，恢复了部分锐化滤波时丢失的低频分量，使得最终结果与原始图像更接近。因为平滑滤波常会使**图像模糊**，所以从原始图像中减去模糊图像的操作也称（非锐化）掩模。此时对于如图 3-15(b)所示的 3×3 模板，其中心系数的取值应是 $w_5 = 9A - 1$。

❑ **例 3-15 线性锐化滤波与高频提升滤波效果对比**

图 3-18(a)为带有一定模糊的实验图像，图 3-18(b)为对图 3-18(a)进行线性锐化滤波的结果；图 3-18(c)为对图 3-18(a)进行高频提升滤波的结果（其中 $A = 2$），图 3-18(d)为在此基础上又对灰度值范围进行扩展（利用直方图均衡化）的结果，可见模糊消除的效果是很明显的。

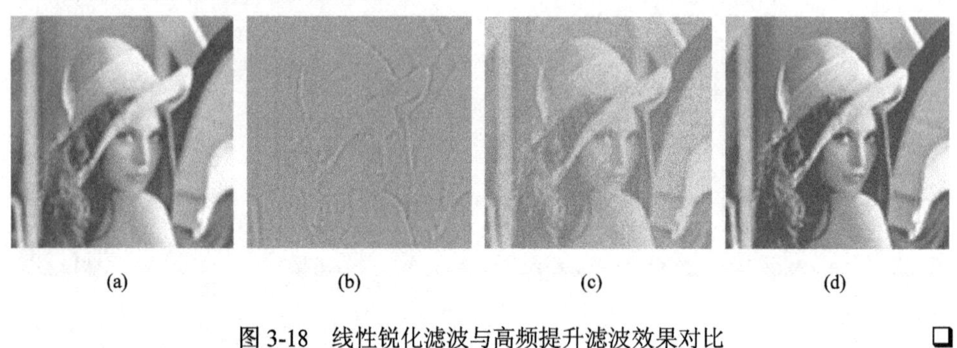

(a) (b) (c) (d)

图 3-18 线性锐化滤波与高频提升滤波效果对比 ❑

4．非线性锐化滤波

线性锐化滤波计算相邻像素间灰度的差值，相当于进行了一个微分运算，可见可以利用微分运算锐化图像。在图像处理中，最常用的微分方法是利用梯度的方法。对于一个连续函数 $f(x, y)$，其梯度是一个矢量，由（用 2 个模板）分别沿 x 和 y 方向计算微分的结果构成：

$$\nabla f(x, y) = \left[\frac{\partial f}{\partial x} \quad \frac{\partial f}{\partial y}\right]^{\mathrm{T}} \tag{3-18}$$

梯度的幅度可以以 2 为范数来计算（对应**欧氏距离**），即

$$\left|\nabla f_{(2)}\right| = \mathrm{mag}(\nabla f) = \left[\left(\frac{\partial f}{\partial x}\right)^2 + \left(\frac{\partial f}{\partial y}\right)^2\right]^{\frac{1}{2}} \tag{3-19}$$

在实际应用中，为了计算简便，也可用其他方法组合 2 个方向的微分结果。一种简单的方法是利用**城区距离**（以 1 为范数），即

$$\left|\nabla f_{(1)}\right| = \left|\frac{\partial f}{\partial x}\right| + \left|\frac{\partial f}{\partial y}\right| \tag{3-20}$$

另一种简单的方法是利用**棋盘距离**（以∞为范数），即

$$\left|\nabla f_{(\infty)}\right| = \max\left\{\left|\frac{\partial f}{\partial x}\right|, \ \left|\frac{\partial f}{\partial y}\right|\right\} \tag{3-21}$$

由于利用各种范数计算梯度幅度的方法都是非线性的，所以它们也都是非线性滤波方法。关于利用不同距离计算梯度幅度的进一步讨论可参见 7.2 节。

3.6　各节要点和进一步参考

以下指出各节的一些要点，并介绍一些可以进一步查阅的参考文献。

1．图像间运算

图像间运算主要包括算术运算和逻辑运算。算术运算将两幅图像的对应位置像素作为操作对象进行四则运算，逻辑运算则将两幅图像的对应像素作为操作对象进行与、或、补及组合运算，更多的组合示例可参见文献[1]。图像间的算术运算有许多应用实例，也是许多图像处理软件所具有的功能，一些相关讨论可参见文献[2]。

2．图像灰度映射

灰度映射是在图像空间进行图像增强的典型方法。通过将图像中不同灰度的像素根据确定的映射规则（函数）逐一进行灰度转换，可使图像具有所需的视觉效果，其中设计映射规则是关键步骤。利用不同的映射规则可得到完全不同的增强效果。3.2 节仅介绍了几个映射规则作为示例，更多的例子可参见各种图像处理和分析的书籍，如文献[1]～文献[5]。

3．直方图均衡化

灰度图像的直方图是对图像内各像素灰度的 1D 统计，反映了不同灰度在图像中的出现概率。直方图的形状与图像的视觉效果有密切联系，可通过改变直方图的形状来增强图像。直方图均衡化将图像的累积直方图作为灰度映射函数，对图像进行变换以获得增强效果，其原理和方法在各种图像处理书籍中均有介绍，如文献[1]、文献[4]、文献[5]。

4．直方图规定化

直方图规定化技术根据期望的直方图形状对像素灰度进行映射，方法比较灵活，可参见文献[5]。直方图均衡化可看作直方图规定化的一种特例，有关两者联系的讨论可参见文献[6]。直方图规定化在进行灰度映射时，可以采用单映射规则从原始直方图向规定化直方图进行，也可采用组映射规则从规定化直方图向原始直方图进行。组映射规则在映射结果直方图与规定直方图的一致性及期望误差方面都比单映射规则好。有关单映射规则和组映射规则的讨论和比较可参见文献[7]。基于图示方法对单映射规则和组映射规则的解释也可推广到对直方图均衡化的计算上，可参见文献[1]。

5．空域卷积增强

空域滤波是直接在图像空间中借助模板卷积来实现图像增强的方法。根据不同的模板设计，空域滤波既可实现对图像的平滑，也可实现对图像的锐化。在进行空域滤波时，既可线性地组合模板运算的结果，也可非线性地利用模板运算的结果，两者还可以结合，可参见文献[8]。对中值滤波不同尺寸模板的讨论可参见文献[1]，关于组合模板以得到不同结果的相关分析示例可参见文献[9]。

第4章 频域增强

第 3 章介绍的图像增强技术是在图像空域内进行的，直接对图像像素进行操作。如果先将图像进行变换，则图像增强也可以在变换域内进行。换句话说，可先对图像进行变换，将图像转换到变换域，然后在变换域进行操作以实现图像增强。

最常用的变换域就是频域（频率域，傅里叶变换的结果）。**频域增强**有直观的物理意义。例如，图像模糊是图像中高频分量不足的结果，在频域里增加高频分量或减少低频分量就能消除一些模糊而使图像变得清晰。又如，图像有时会受到重复出现的有规律周期噪声的影响，这种噪声通常是在采集图像时由于受到干扰而产生的，而且具体影响会随着空间位置的改变而变化。由于周期噪声具有特定的频率，所以可以采取频域滤波的方法滤除相应噪声频率，从而消除周期噪声。

本章各节安排如下。

4.1 节介绍 2D 傅里叶变换及其特性，以及频域增强的主要步骤。

4.2 节讨论频域低通滤波器。先借助理想低通滤波器介绍频域低通滤波的原理和特点，然后介绍在实际应用中可以使用的巴特沃斯低通滤波器。

4.3 节讨论频域高通滤波器。先借助理想高通滤波器介绍频域高通滤波的原理和特点，然后介绍在实际应用中可以使用的巴特沃斯高通滤波器。

4.4 节进一步介绍带通滤波器和带阻滤波器，它们可看作低通或高通滤波器的扩展。另外，还讨论带通滤波器和带阻滤波器之间的联系。考虑到 2D 图像的特点，还介绍更一般的陷波滤波器，并给出陷波滤波器的一个应用——交互消除周期噪声。

4.5 节介绍一种特殊的滤波器——同态滤波器，它利用 2.2 节介绍的简单成像模型，可以同时压缩图像亮度范围和增强图像对比度，还可用于消除图像中的乘性噪声。

4.1　傅里叶变换和频域增强

傅里叶变换（FT）是一种将图像空间和频率空间联系起来的变换。

4.1.1　傅里叶变换

本书主要讨论 2D 图像，这里直接考虑 2D 傅里叶变换。对于一幅 2D 图像 $f(x, y)$，其 2D 傅里叶变换 $F(u, v)$ 为

$$F(u,v)=\frac{1}{N}\sum_{y=0}^{N-1}\sum_{x=0}^{N-1}f(x,y)\exp\frac{-\mathrm{j}2\pi(ux+vy)}{N}\qquad u,v=0,1,\cdots,N-1 \tag{4-1}$$

而 $F(u, v)$ 的傅里叶反变换为 $f(x, y)$：

$$f(x,y)=\frac{1}{N}\sum_{v=0}^{N-1}\sum_{u=0}^{N-1}F(u,v)\exp\frac{\mathrm{j}2\pi(xu+yv)}{N}\qquad x,y=0,1,\cdots,N-1 \tag{4-2}$$

$f(x, y)$ 一般是实函数，但对应的 $F(u, v)$ 常是复函数，可以写成

$$F(u,v)=R(u,v)+\mathrm{j}I(u,v) \tag{4-3}$$

其中，$R(u, v)$ 和 $I(u, v)$ 分别为 $F(u, v)$ 的实部和虚部。进一步可定义 2D 傅里叶变换的频谱、相位角和功率谱：

$$|F(u,v)|=\sqrt{R^2(u,v)+I^2(u,v)} \tag{4-4}$$

$$\phi(u,v)=\arctan\frac{I(u,v)}{R(u,v)} \tag{4-5}$$

$$P(u,v)=|F(u,v)|^2=R^2(u,v)+I^2(u,v) \tag{4-6}$$

❑　**例 4-1　图像函数和傅里叶频谱的显示**

图 4-1(a)所示为一个简单的 2D 图像函数的透视图，这里有 $Z=f(x, y)$，这个函数在以原点为中心的一个正方台内为正值常数，而在其他地方为 0；图 4-1(b)给出图 4-1(a)中函数的灰度图（这里是二值图）显示；图 4-1(c)给出傅里叶频谱幅度的灰度图显示。

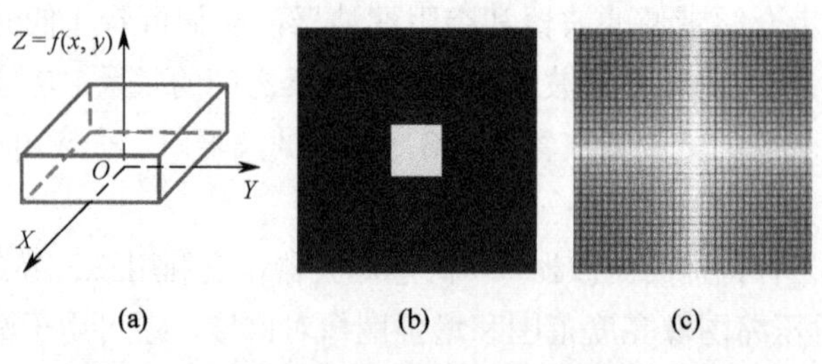

图 4-1　一个简单 2D 图像函数和它的傅里叶频谱显示　❑

❑ 例 4-2　实际图像和傅里叶频谱

两幅实际图像及其对应的傅里叶频谱如图 4-2 所示。图 4-2(a)中的实际图像反差较小、比较柔和，反映在傅里叶频谱上表现为低频分量较多，频谱图中心值较大（中心为频域原点）；图 4-2(b)中的实际图像中有些较规则的线状物，反映在傅里叶频谱上表现为有比较明显的射线状条带。

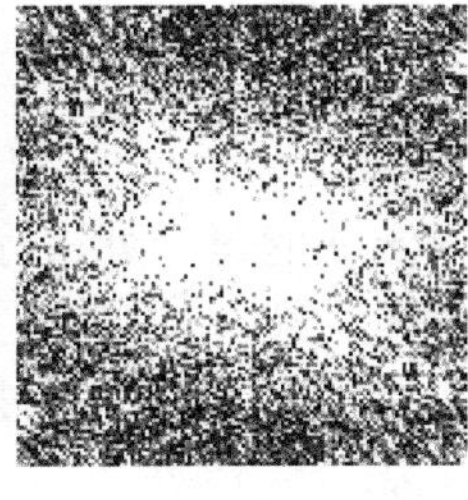

(a)

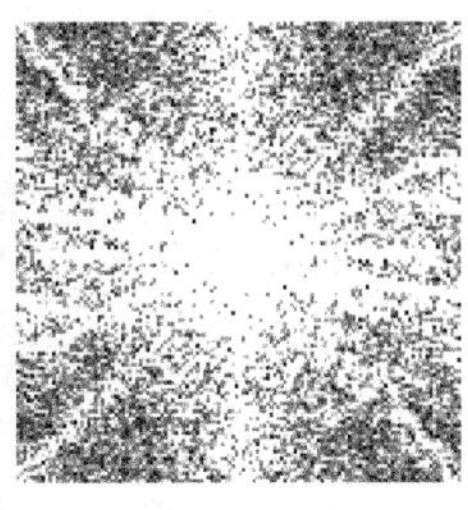

(b)

图 4-2　两幅实际图像及其对应的傅里叶频谱　❑

4.1.2　傅里叶变换特性

参照式（4-1）和式（4-2），$\frac{1}{N}\exp\frac{-\mathrm{j}2\pi(ux+vy)}{N}$ 和 $\frac{1}{N}\exp\frac{\mathrm{j}2\pi(xu+yv)}{N}$ 分别是傅里叶变换和反变换的核，傅里叶变换有许多特性都是由其核决定的。

在进行 2D 傅里叶变换时，可以利用其可分离性和对称性来简化计算。

2D 傅里叶变换的可分离性是指其变换核中的两对变量，即 x 和 u 与 y 和 v 可以分离。这说明一个 2D **傅里叶变换核**可以分解为两个 1D 傅里叶变换核。傅里叶变换核和傅里叶反变换核的分解可表示成

$$\frac{\exp\frac{-\mathrm{j}2\pi(ux+vy)}{N}}{N}=\frac{\exp\frac{-\mathrm{j}2\pi ux}{N}}{\sqrt{N}}+\frac{\exp\frac{-\mathrm{j}2\pi vy}{N}}{\sqrt{N}} \tag{4-7}$$

$$\frac{\exp\frac{\mathrm{j}2\pi(xu+yv)}{N}}{N}=\frac{\exp\frac{\mathrm{j}2\pi xu}{N}}{\sqrt{N}}+\frac{\exp\frac{\mathrm{j}2\pi yv}{N}}{\sqrt{N}} \tag{4-8}$$

2D 傅里叶变换的对称性是指傅里叶变换核和傅里叶反变换核分离后的两部分具有相同的形式，这点从式（4-7）和式（4-8）也很容易看出。因为 2D 傅里叶变换的正反变换核都具有可分离性和对称性，所以傅里叶变换是一种可分离和对称的变换。

具有可分离变换核的 2D 变换可分成两个步骤，每个步骤为一个 1D 变换。这里以 2D 傅里叶变换为例，参见图 4-3。

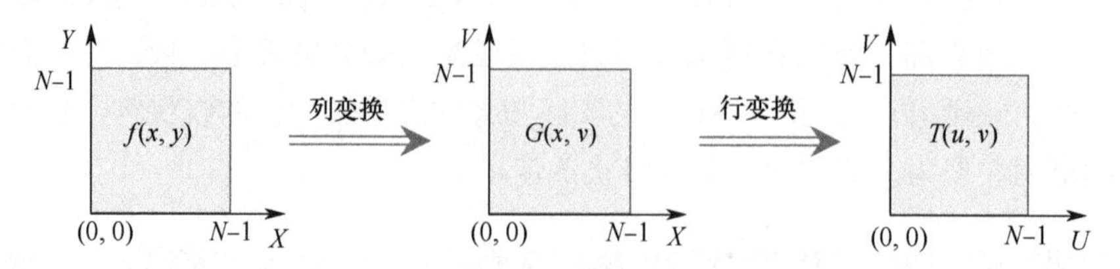

图 4-3　利用两步 1D 变换计算 2D 变换

先将式（4-7）代入式（4-1），首先沿 $f(x, y)$的每一列进行 1D 变换得到

$$G(x,y)=\frac{1}{N}\sum_{y=0}^{N-1}f(x,y)\exp\frac{-\mathrm{j}2\pi vy}{N}\qquad x,v=0,1,\cdots,N-1\tag{4-9}$$

然后沿 $G(x, v)$的每一行进行 1D 变换得到

$$F(u,v)=\frac{1}{N}\sum_{x=0}^{N-1}G(x,v)\exp\frac{-\mathrm{j}2\pi ux}{N}\qquad u,v=0,1,\cdots,N-1\tag{4-10}$$

这样，在计算一个 2D 傅里叶变换时，只需计算两次 1D 傅里叶变换。因为直接进行一个 $N\times N$ 的 2D 傅里叶变换需要 N^4 次复数乘法运算和 $N^2(N^2-1)$次复数加法运算，而进行一个长度为 N 的 1D 傅里叶变换只需进行 N^2 次复数乘法运算和 $N(N-1)$次复数加法运算，所以将一个 2D 傅里叶变换转换为两个 1D 傅里叶变换可以大大减少计算量。

4.1.3　频域增强

傅里叶变换中有一个重要定理——**卷积定理**，它是**频域增强**的基础。设函数 $f(x, y)$与线性位移不变算子 $h(x, y)$的卷积结果是 $g(x, y)$，即 $g(x, y) = h(x, y)\otimes f(x, y)$，那么根据卷积定理，在频域有

$$G(u,v)=H(u,v)F(u,v)\tag{4-11}$$

其中，$G(u, v)$、$H(u, v)$、$F(u, v)$分别是 $g(x, y)$、$h(x, y)$、$f(x, y)$的傅里叶变换。从线性系统理论的角度来说，$H(u, v)$是**转移函数**。可见，选择不同的 $H(u, v)$相当于在空域中选择不同的模板，在频域通过乘法运算也可以实现滤波增强。

在具体的增强应用中，$f(x, y)$是给定的，所以 $F(u, v)$可利用变换得到，需要确定的是 $H(u, v)$，这样具有所需特性的 $g(x, y)$就可通过对由式（4-11）算出的 $G(u, v)$进行傅里叶反变换得到：

$$g(x,y)=\mathcal{F}^{-1}\left[G(u,v)\right]=\mathcal{F}^{-1}\left[H(u,v)F(u,v)\right]\tag{4-12}$$

根据以上讨论，在频域中进行图像增强的效果是相当直观的，其主要步骤如下。

（1）计算需要增强的图像的傅里叶变换。

（2）将其与一个转移函数（根据需要设计）相乘。

（3）将结果进行傅里叶反变换以得到增强的图像。

频域增强的基本原理是让图像在某个频域范围内的分量受到抑制而保证其他分量不受影响，从而改变输出图像的频率分布，达到图像增强的目的。例如，图像中的边缘和噪声都对应傅里叶变换后频谱中的高频分量，所以根据式（4-11），需要选择一个合适的 $H(u, v)$以得到能削弱 $F(u, v)$中高频分量的 $G(u, v)$。又如，图像中的模糊部分对应傅里叶变换后频谱中的低频分量，所以根据式（4-11），需要选择一个合适的 $H(u, v)$以得到能削弱 $F(u, v)$中低频分量的 $G(u, v)$。

4.2　频域低通滤波器

低通滤波器的功能是削弱或消除高频分量而保留低频分量。

4.2.1　理想低通滤波器

一个 2D **理想低通滤波器**的转移函数满足下列条件：

$$H(u,v)=\begin{cases}1, & D(u,v)\leqslant D_0\\ 0, & D(u,v)>D_0\end{cases} \tag{4-13}$$

其中，D_0 是非负整数；$D(u, v)$是点(u, v)到频率平面原点的距离，$D(u, v)=(u^2+v^2)^{1/2}$。

图 4-4(a)给出 $H(u,v)$ 的剖面图（设 D 关于原点对称），图 4-4(b)给出 $H(u,v)$ 的透视图。这里的“理想”是指小于或等于 D_0 的频率可以完全不受影响地通过滤波器，而大于 D_0 的频率则完全通不过，因此 D_0 也被称为**截断频率**。尽管理想低通滤波器在数学上的定义很明确，在计算机模拟中也可实现，但在截断频率处直上直下的理想低通滤波器是无法用实际的电子器件实现的。

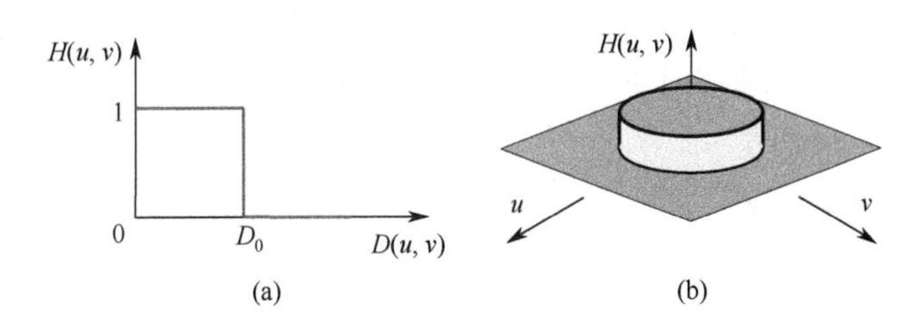

图 4-4　理想低通滤波器转移函数剖面图和透视图

□ 例 4-3 频域低通滤波与图像能量

图 4-5(a)为图 1-5(a)的傅里叶频谱，其上叠加的 4 个圆周的半径分别为 5、11、45 和 68。这些圆周内分别包含了原始图像 90%、95%、99%和 99.5%的能量。若用 R 表示圆周半径，B 表示圆周内（滤波后保留）的图像能量百分比，则有

$$B = 100\% \frac{\sum_{u \in R} \sum_{v \in R} P(u,v)}{\sum_{u=0}^{N-1} \sum_{v=0}^{N-1} P(u,v)} \tag{4-14}$$

其中，$P(u, v)$是$f(x, y)$的傅里叶频谱的功率谱。图 4-5(b)～图 4-5(e)分别为用由以上各圆周半径确定的截断频率对应的理想频域低通滤波器进行处理的结果。

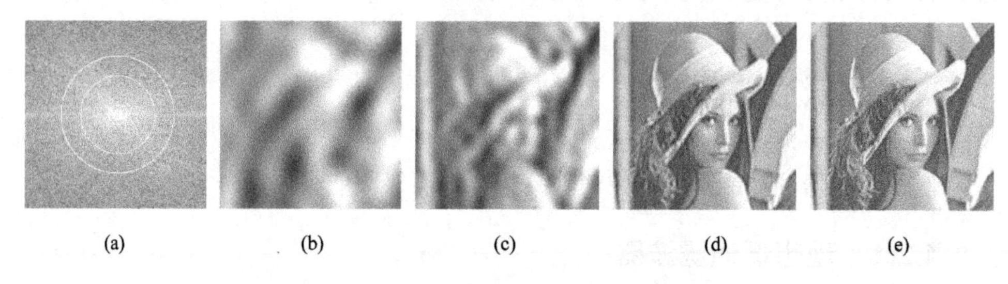

(a) (b) (c) (d) (e)

图 4-5 理想频域低通滤波的处理结果

由图 4-5(b)可见，尽管只有 10% 的（高频）能量被滤除，但图像中绝大多数细节信息都已丢失，事实上这幅图像已无多少实际用途。由图 4-5(c)可见，当仅 5% 的（高频）能量被滤除时，图像中仍有明显的**振铃效应**。由图 4-5(d)可见，如果只滤除 1% 的（高频）能量，图像虽有一定程度的模糊，但视觉效果尚可。最后由图 4-5(e)可见，在滤除 0.5% 的（高频）能量后，得到的滤波结果与原始图像几乎无差别。 □

4.2.2 巴特沃斯低通滤波器

在物理上可以实现的一种低通滤波器是**巴特沃斯低通滤波器**。一个阶为 n、截断频率为 D_0 的巴特沃斯低通滤波器的转移函数为

$$H(u,v) = \frac{1}{1 + \left[\frac{D(u,v)}{D_0} \right]^{2n}} \tag{4-15}$$

阶为 1 的巴特沃斯低通滤波器转移函数剖面图如图 4-15 所示，可见它在高低

频率间的过渡比较平滑，所以不仅可以在物理上实现，而且得到的输出图像也没有明显的振铃效应。

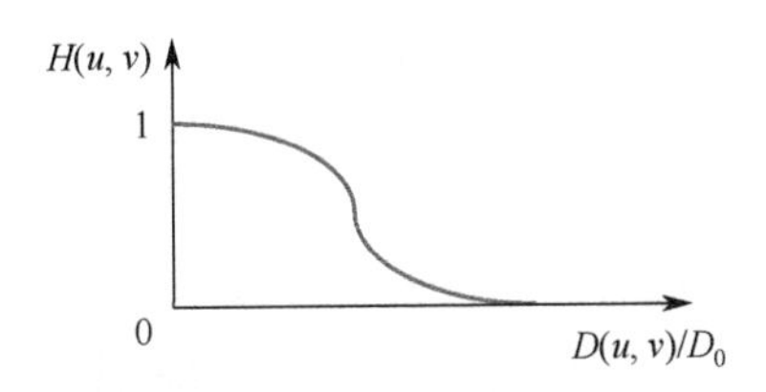

图 4-6　阶为 1 的巴特沃斯低通滤波器转移函数剖面图

在一般情况下，常取使 $H(u, v)$的值降到最大值的某个百分比的频率为截断频率。在式（4-15）中，当 $D(u, v) = D_0$ 时，$H(u, v) = 0.5$（降到最大值的 50%）。另一个常用的截断频率是使 $H(u, v)$的值降到最大值的$1/\sqrt{2}$ 时的频率。

❑　例 4-4　利用频域低通滤波消除虚假轮廓

当图像由于量化不足而产生**虚假轮廓**时，常可用低通滤波进行平滑以改进图像质量。图 4-7 给出利用低通滤波消除虚假轮廓的示例。图 4-7(a)为一幅将 256 级灰度均匀量化为 12 级灰度的图像，帽子和肩膀等处均有不同程度的虚假轮廓。图 4-7(b)和图 4-7(c)分别为用理想低通滤波器和用阶数为 1 的巴特沃斯低通滤波器进行平滑处理的结果，其中两个滤波器的截断频率所对应的半径均为 30。可见，理想低通滤波器的处理结果中存在较明显的振铃效应，而巴特沃斯滤波器的处理效果较好。

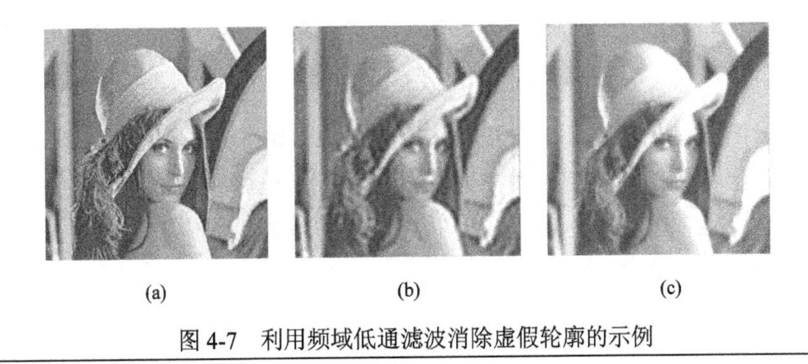

(a)　(b)　(c)

图 4-7　利用频域低通滤波消除虚假轮廓的示例　❑

4.3　频域高通滤波器

高通滤波器的功能是削弱或消除低频分量而保留高频分量。

4.3.1 理想高通滤波器

一个2D **理想高通滤波器**的转移函数满足如下条件，其中各参数含义与式(4-13)中的相同：

$$H(u,v)=\begin{cases}0, & D(u,v)\leqslant D_0\\ 1, & D(u,v)>D_0\end{cases} \tag{4-16}$$

图4-8(a)给出$H(u, v)$的剖面图（设D关于原点对称），图4-8(b)给出$H(u, v)$的透视图，它们在形状上和4.2节介绍的理想低通滤波器正好相反，但与理想低通滤波器一样，这种理想高通滤波器也是不能用实际的电子器件实现的，而且振铃效应也比较明显。

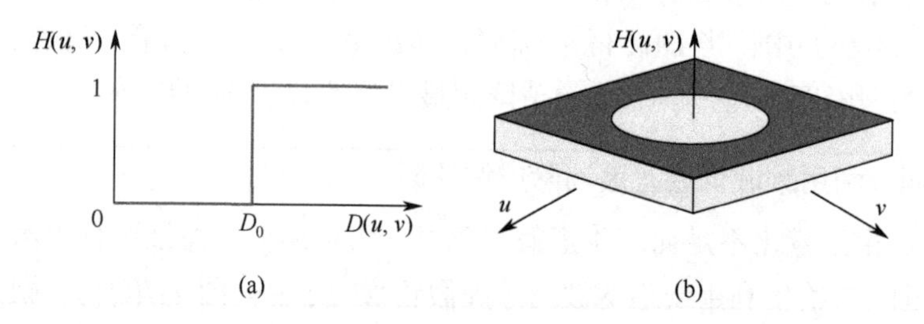

图4-8　理想高通滤波器转移函数剖面图和透视图

4.3.2 巴特沃斯高通滤波器

一个阶为n、截断频率为D_0的巴特沃斯高通滤波器的转移函数为

$$H(u,v)=\frac{1}{1+\left[\dfrac{D_0}{D(u,v)}\right]^{2n}} \tag{4-17}$$

阶为1的巴特沃斯高通滤波器转移函数剖面图如图4-9所示。将其与图4-6对比可见，与巴特沃斯低通滤波器类似，巴特沃斯高通滤波器在通过和滤除的频率之间也没有不连续的分界。由于在高低频率间的过渡比较平滑，所以得到的输出图像的振铃效应不明显。

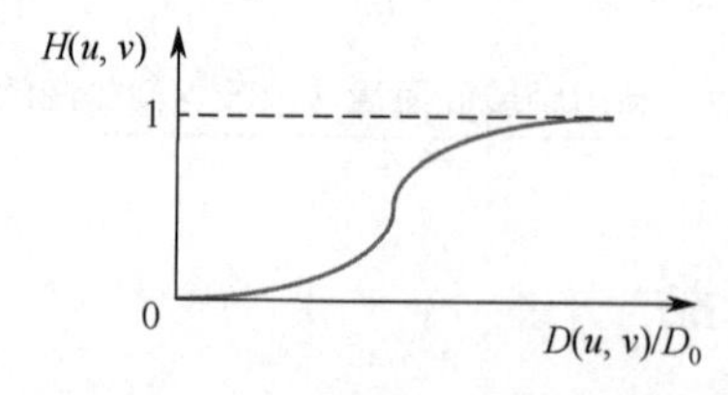

图4-9　阶为1的巴特沃斯高通滤波器转移函数剖面图

在一般情况下，如同巴特沃斯低通滤波器，也常取使 $H(u, v)$最大值降到某个百分比的频率作为巴特沃斯高通滤波器的截断频率。

❑　例 4-5　频域高通滤波增强示例

图 4-10(a)为一幅比较模糊的图像，图 4-10(b)为用阶数为 1 的巴特沃斯高通滤波器进行处理的结果。因为高通处理使大部分低频分量被滤除，所以虽然图像中各区域的边界得到了较明显的增强，但比较平滑的区域受到影响，整幅图像比较暗。为解决这个问题，可在高通滤波器的转移函数中加一个常数以将一些低频分量加回去。这种处理的总体效果就是频域高频增强滤波，如图 4-10(c)所示（所加常数为 0.5），不仅边缘得到了增强，整体图像层次也比较丰富。

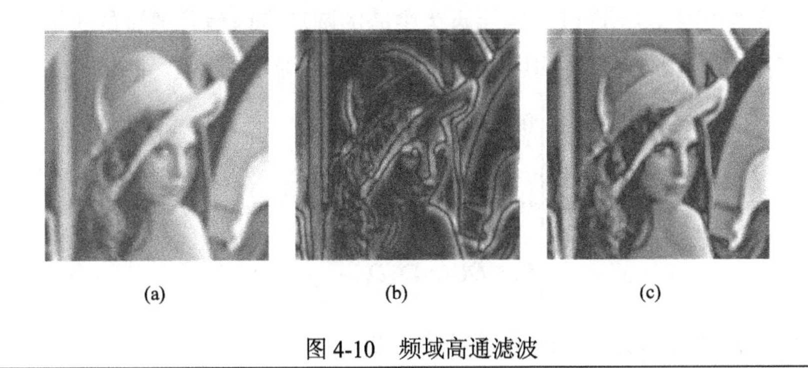

(a)　　(b)　　(c)

图 4-10　频域高通滤波　❑

上述频域**高频增强滤波**的效果可证明如下：设退化图像的傅里叶变换为 $F(u, v)$，转移函数为 $H(u, v)$，则由式（4-11）可知，输出图像的傅里叶变换为 $G(u, v) = H(u, v) F(u,v)$。在转移函数中加一个常数 c，得到高频增强转移函数 $H_e(u, v) = H(u, v) + c$，其中 c 为[0, 1]中的常数。则高频增强输出图像的傅里叶变换为 $G_e(u, v) = G(u, v) + cF(u, v)$，即在高通的基础上又保留了一定的低频信息 $cF(u,v)$。如果将高频增强输出图像再傅里叶反变换回去，由式（4-12）可得

$$g_e(x,y) = g(x,y) + cf(x,y) \tag{4-18}$$

这个结果与式（3-17）的**高频提升滤波**相似，可见与空域的方法有类似的增强效果。

4.4　带通带阻滤波器

带通滤波器和带阻滤波器是两种密切相关、互相补充的滤波器。

4.4.1 带通滤波器

顾名思义，**带通滤波器**是允许一定频率范围内的信号通过而阻止其他频率范围内的信号通过的滤波器。带通滤波器可看作低通滤波器或高通滤波器的扩展。考虑一个低通滤波器，其允许通过的频率范围为$[0, D_0]$，其中 D_0 是截止频率。如果将上述频率范围的下限从 0 提高到小于 D_0 的 D_1，则该滤波器成为允许频率范围$[D_1, D_0]$内信号通过的带通滤波器。类似地，考虑一个高通滤波器，其允许通过的频率范围为$[D_0，\infty]$，其中 D_0 是截止频率。如果将上述频率范围的上限从∞下降到大于 D_0 的 D_2，则该滤波器成为允许频率范围$[D_0, D_2]$内信号通过的带通滤波器。

在实际应用中，允许以频率原点为中心的圆环带内信号通过的带通滤波器是**放射对称**的。一个放射对称的理想带通滤波器的转移函数为

$$H(u,v)=\begin{cases}0, & D(u,v)<D_0-\dfrac{W}{2}\\ 1, & D_0-\dfrac{W}{2}\leqslant D(u,v)\leqslant D_0+\dfrac{W}{2}\\ 0, & D(u,v)>D_0+\dfrac{W}{2}\end{cases} \tag{4-19}$$

其中，W 为圆环带的宽度，D_0 为圆环带中心的频率。

❑ **例 4-6 放射对称的带通滤波器转移函数透视图**

放射对称的带通滤波器转移函数透视图如图 4-11 所示。

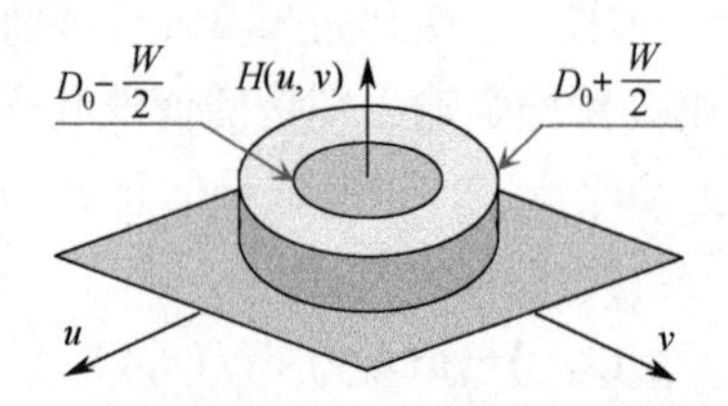

图 4-11 放射对称的带通滤波器转移函数透视图 ❑

一个 n 阶放射对称的巴特沃斯带通滤波器的转移函数为

$$H(u,v)=\frac{\left[D(u,v)W\right]^{2n}}{\left[D^2(u,v)-D_0^2\right]^{2n}+\left[D(u,v)W\right]^{2n}} \tag{4-20}$$

其中，W 和 D_0 同式（4-19）。

4.4.2　带阻滤波器

顾名思义，**带阻滤波器**是阻止一定频率范围内的信号通过而允许其他频率范围内的信号通过的滤波器。带阻滤波器也可看作低通滤波器或高通滤波器的扩展。考虑一个低通滤波器，其允许通过的频率范围为$[0, D_0]$，其中 D_0 是截止频率。如果还允许从 D_1（大于 D_0 的频率）到∞的信号通过，则该滤波器成为阻止频率范围$[D_0, D_1]$内信号通过的带阻滤波器。类似地，考虑一个高通滤波器，其允许通过的频率范围为$[D_0, \infty]$，其中 D_0 是截止频率。如果还允许从 0 到 D_2（小于 D_0 的频率）的信号通过，则该滤波器成为阻止频率范围$[D_2, D_0]$内信号通过的带阻滤波器。

在实际应用中，阻止以频率原点为中心的圆环带内信号通过的带阻滤波器是**放射对称**的。一个放射对称的理想带阻滤波器的转移函数为

$$H(u,v)=\begin{cases}1, & D(u,v)<D_0-\dfrac{W}{2}\\ 0, & D_0-\dfrac{W}{2}\leqslant D(u,v)\leqslant D_0+\dfrac{W}{2}\\ 1, & D(u,v)>D_0+\dfrac{W}{2}\end{cases} \tag{4-21}$$

其中，W 为圆环带的宽度；D_0 为圆环带中心的频率。

❑　**例 4-7　放射对称的带阻滤波器转移函数透视图**

放射对称的带阻滤波器转移函数透视图如图 4-12 所示。

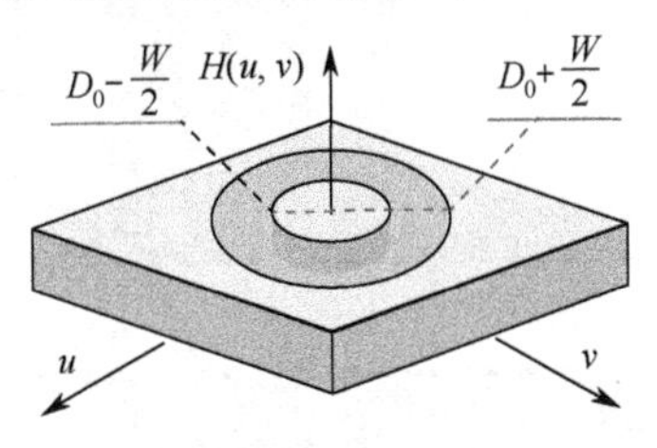

图 4-12　放射对称的带阻滤波器转移函数透视图　❑

一个 n 阶放射对称的巴特沃斯带阻滤波器的转移函数为

$$H(u,v)=\frac{\left[D^2(u,v)-D_0^2\right]^{2n}}{\left[D^2(u,v)-D_0^2\right]^{2n}+\left[D(u,v)W\right]^{2n}} \tag{4-22}$$

其中，W 和 D_0 同式（4-21）。

4.4.3 带通滤波器和带阻滤波器的联系

带通滤波器和带阻滤波器是互补的。如果设 $H_R(u, v)$为带阻滤波器的转移函数，则对应的带通滤波器的转移函数 $H_P(u, v)$只需将 $H_R(u, v)$翻转即可：

$$H_P(u,v) = -[H_R(u,v)-1] = 1 - H_R(u,v) \tag{4-23}$$

进一步的分析可以通过比较式（4-19）、式（4-21）及式（4-20）、式（4-22）来进行。

由式（4-23）可见，如果利用带通滤波器把某个带中频率分量提取出来，然后将其从图像中去除，也可获得消除或削弱图像中某个频率范围内的分量的效果。

❑ 例 4-8 各种滤波器的效果比较

图 4-13 给出各种滤波效果比较示例。图 4-13(a)是原始图像；图 4-13(b)是低通滤波器的示意图，中心低频部分（白色）可通过，周围高频部分（灰色）通不过；图 4-13(c)是低通滤波结果；图 4-13(d)是高通滤波器的示意图，中心低频部分通不过，周围高频部分可通过；图 4-13(e)是高通滤波结果；图 4-13(f)是带通滤波器的示意图，中心低频部分通不过，中部一定范围的中频部分可通过，外侧的高频部分通不过；图 4-13(g)是带通滤波结果；图 4-13(h)是带阻滤波结果，所用带阻滤波器的示意图正好与图 4-13(f)互补。

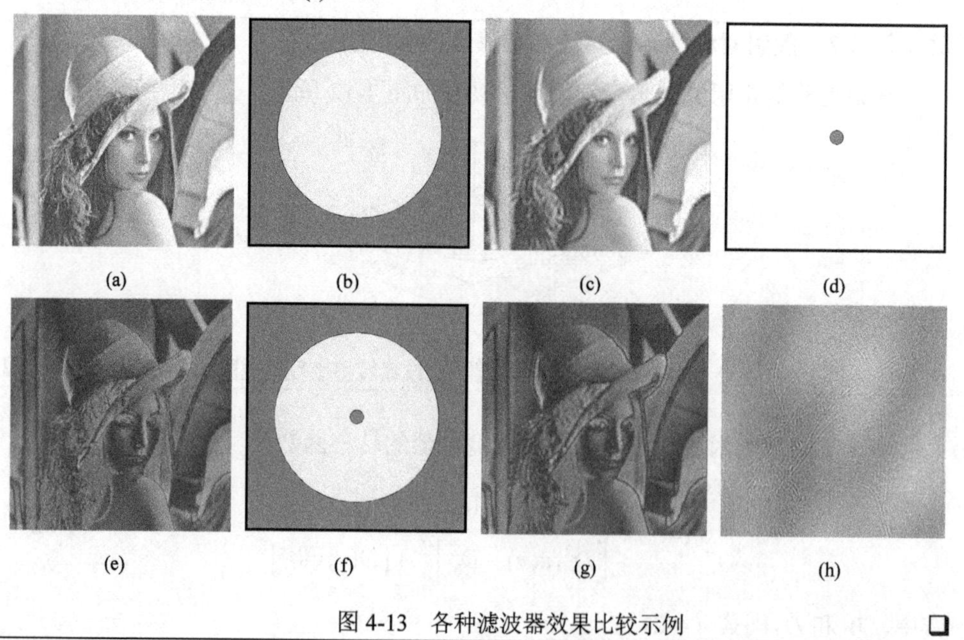

图 4-13 各种滤波器效果比较示例 ❑

4.4.4　陷波滤波器

陷波滤波器可以阻止或允许以某个频率为中心的邻域里的频率通过，所以其在本质上仍然是带阻滤波器或带通滤波器，并且可分别称为带阻陷波滤波器和带通陷波滤波器。

在 2D 图像中，一个用于消除以(u_0, v_0)为中心、以 D_0 为半径的区域内所有频率的**理想带阻陷波滤波器**的转移函数为

$$H(u,v)=\begin{cases}0, & D(u,v)\leqslant D_0\\1, & D(u,v)>D_0\end{cases} \tag{4-24}$$

其中，

$$D(u,v)=\left[(u-u_0)^2+(v-v_0)^2\right]^{\frac{1}{2}} \tag{4-25}$$

傅里叶变换有对称性，为了消除并不以原点为中心的给定区域内的频率，带阻陷波滤波器必须两两对称地工作，即式（4-24）和式（4-25）需要改成

$$H(u,v)=\begin{cases}0, & D_1(u,v)\leqslant D_0\text{或}D_2(u,v)\leqslant D_0\\1, & \text{其他}\end{cases} \tag{4-26}$$

其中，

$$D_1(u,v)=\left[(u-u_0)^2+(v-v_0)^2\right]^{\frac{1}{2}} \tag{4-27}$$

$$D_2(u,v)=\left[(u+u_0)^2+(v+v_0)^2\right]^{\frac{1}{2}} \tag{4-28}$$

❑　**例 4-9　理想带阻陷波滤波器转移函数透视图**

图 4-14 所示是理想带阻陷波滤波器转移函数透视图。

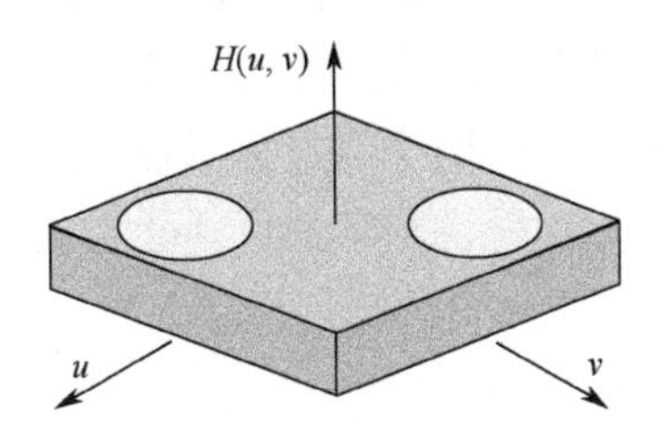

图 4-14　理想带阻陷波滤波器转移函数透视图　❑

类似于带通滤波器和带阻滤波器的互补关系，带通陷波滤波器和带阻陷波滤波器也是互补的。由理想带阻陷波滤波器可得到**理想带通陷波滤波器**。

❑ **例 4-10　理想带通陷波滤波器转移函数透视图**

图 4-15 所示是理想带通陷波滤波器转移函数透视图。

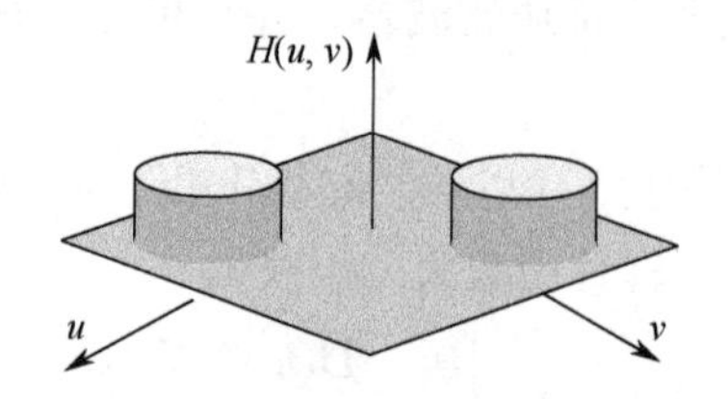

图 4-15　理想带通陷波滤波器转移函数透视图 ❑

一个 n 阶**巴特沃斯带阻陷波滤波器**的转移函数为

$$H(u,v)=\frac{1}{1+\left[\dfrac{D_0^2}{D_1(u,v)D_2(u,v)}\right]^n} \tag{4-29}$$

一个**高斯带阻陷波滤波器**的转移函数为

$$H(u,v)=1-\exp\left[-\frac{1}{2}\frac{D_1(u,v)D_2(u,v)}{D_0^2}\right] \tag{4-30}$$

巴特沃斯带阻陷波滤波器和高斯带阻陷波滤波器在 $u_0 = v_0 = 0$ 时都成为高通滤波器。考虑到带通滤波器和带阻滤波器的互补关系，当 $u_0 = v_0 = 0$ 时，各种带通陷波滤波器都会成为低通滤波器。

4.4.5　交互消除周期噪声

借助陷波滤波器，可以消除**周期噪声**，但这需要噪声频率的先验知识。如果事先知道周期噪声的频率，可以设计相应的滤波器自动进行噪声消除。如果事先不知道周期噪声的频率，可以将退化图像的频谱幅度图 $G(u, v)$显示出来。由于单频率的噪声会在频谱幅度图上产生两个离坐标原点较远的亮点，这样很容易依靠视觉观察在频域中交互地确定出脉冲分量的位置并在该位置利用带阻滤波器消除它们。这种人机交互能提高图像恢复的灵活性和效率。

在实际应用中，周期噪声常有多个频率分量，为此需要提取其中的主要频率。这需要在频域里在对应每个亮点的位置上放一个带通滤波器 $H(u, v)$。如果构造的 $H(u,v)$ 仅允许通过与干扰模式相关的分量，那么这种结构模式的傅里叶变换为

$$P(u,v)=H(u,v)G(u,v) \tag{4-31}$$

为构造这样一个 $H(u, v)$，需要进行许多判断以确定每个亮点是否是干扰亮点。所以这项工作常需要通过观察 $G(u, v)$的频谱显示来交互地完成。在一个滤波器确定后，周期噪声可由式（4-32）得到：

$$p(x,y) = \mathcal{F}^{-1}\left[H(u,v)G(u,v)\right] \tag{4-32}$$

如果能完全确定 $p(x, y)$，那么从 $g(x, y)$中减去 $p(x, y)$就可得到 $f(x, y)$。在实际应用中，只能得到这个模式的某种近似。为减少在对 $p(x, y)$的估计中未顾及的分量的影响，可从 $g(x, y)$中减去加权的 $p(x, y)$以得到 $f(x, y)$的近似 $f_e(x, y)$。即

$$f_e(x,y) = g(x,y) - w(x,y)p(x,y) \tag{4-33}$$

其中，$w(x, y)$为权函数，通过改变它可以获得在某种意义下最优的结果。

❑　例 4-11　交互式恢复示例

用**交互式恢复**消除正弦干扰模式（一种周期噪声），如图 4-16 所示。图 4-16(a)为一幅受到正弦干扰模式覆盖的图像；图 4-16(b)是它的傅里叶频谱幅度图，其上有一对较明显的（脉冲）白点（亮线相交处）。这是因为，如果正弦干扰模式 $s(x, y)$的幅度为 A，频率分量为(u_0, v_0)，即 $s(x, y) = A\sin(u_0x + v_0y)$，则它的傅里叶变换是

$$S(u,v) = \frac{-\mathrm{j}A}{2}\left[\delta\left(u-\frac{u_0}{2\pi},v-\frac{v_0}{2\pi}\right)-\delta\left(u+\frac{u_0}{2\pi},v+\frac{v_0}{2\pi}\right)\right] \tag{4-34}$$

式（4-34）中只有虚分量，代表一对频率平面上坐标分别为$(u_0/2\pi, v_0/2\pi)$和$(-u_0/2\pi, -v_0/2\pi)$而强度分别为$-A/2$ 和 $A/2$ 的脉冲。

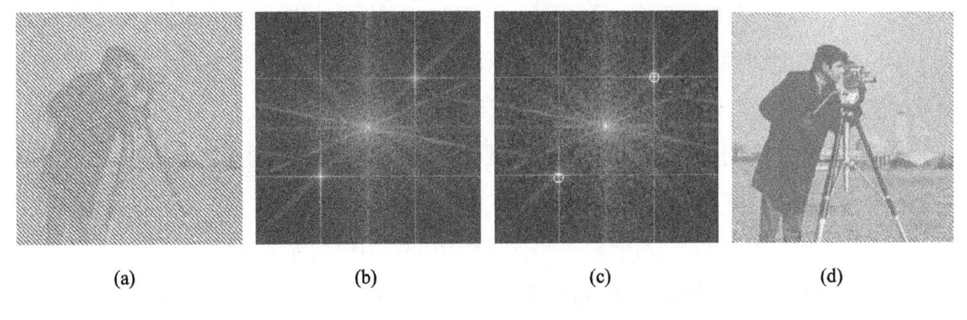

(a)　(b)　(c)　(d)

图 4-16　交互式恢复示例

为滤除这两个脉冲，可以通过交互的方式在图 4-16(b)中两个白点处放置两个带阻滤波器，如图 4-16(c)所示。这两个带阻滤波器的截断频率要尽可能小，以免将过多的原始图像信息滤除。在将噪声消除后，可以再进行傅里叶反变换，最后就可得到如图 4-16(d)所示的恢复结果。❑

4.5 同态滤波器

同态滤波是一种在频域中同时压缩图像亮度范围、增强图像对比度的方法。同态滤波也可用于消除图像中的乘性噪声。

4.5.1 同态滤波流程

同态滤波基于 2.2 节介绍的亮度成像模型。在 2.2 节中提到，可以将一幅图像 $f(x, y)$表示成它的**照度分量** $i(x, y)$与**反射分量** $r(x, y)$的乘积。根据该模型，可用下列方法把这两个分量分离开来并分别进行滤波，整个流程如图 4-17 所示。

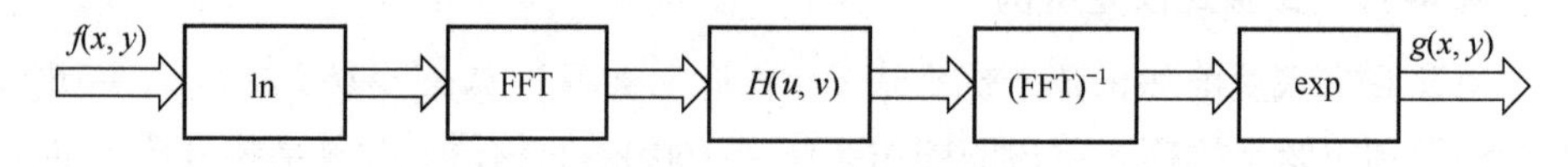

图 4-17 同态滤波流程

（1）先对式（2-3）的两边同时取对数，即

$$\ln f(x,y) = \ln i(x,y) + \ln r(x,y) \tag{4-35}$$

（2）对式（4-35）两边进行傅里叶变换，得

$$F(u,v) = I(u,v) + R(u,v) \tag{4-36}$$

（3）用函数 $H(u, v)$处理 $F(u, v)$，得

$$H(u,v)F(u,v) = H(u,v)I(u,v) + H(u,v)R(u,v) \tag{4-37}$$

（4）将处理结果反变换到空域中，得

$$h_f(x,y) = h_i(x,y) + h_r(x,y) \tag{4-38}$$

可见增强后的图像是由分别对应照度分量与反射分量的两个部分叠加而成的。

（5）再将式（4-38）的两边取指数，得

$$g(x,y) = \exp\left|h_f(x,y)\right| = \exp\left|h_i(x,y)\right|\exp\left|h_r(x,y)\right| \tag{4-39}$$

这里，$H(u, v)$称为**同态滤波函数**，它可以分别作用于照度分量和反射分量。因为一般来说照度分量在空间变化比较缓慢，而反射分量（由物体表面性质决定）在不同物体的交界处会急剧变化，所以图像对数的傅里叶变换结果中的低频部分主要对应照度分量，而高频部分主要对应反射分量。以上特性表明，可以设计一个对傅里叶变换结果中高频分量和低频分量影响不同的 $H(u, v)$。

同态滤波函数剖面图如图 4-18 所示，将它绕纵轴转 360°就得到完整的 2D 的 $H(u, v)$。如果选择 $H_L < 1$，$H_H > 1$，那么 $H(u, v)$就会在削弱图像中的低频分量的同

时加强图像中的高频分量，最终结果是压缩了图像整体的动态范围（低频分量减少了）并增加了图像相邻各部分之间的对比度（高频分量增加了）。

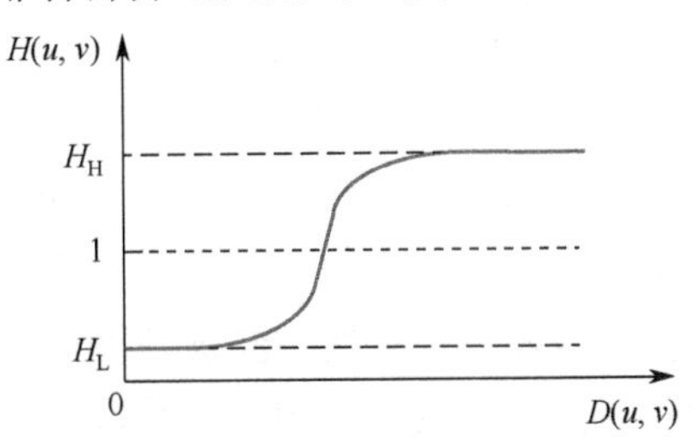

图 4-18　同态滤波函数剖面图

通过观察图 4-18 可以发现，同态滤波函数与 4.3 节的高通滤波器的转移函数有类似的形状。事实上，可以用高通滤波器的转移函数来逼近同态滤波函数，只要将原来在[0, 1]中定义的高通滤波器转移函数映射到$[H_L, H_H]$中，然后再加上 H_L 就可以了。如果高通滤波器的转移函数用 $H_{high}(u, v)$表示，同态滤波函数用 $H_{homo}(u, v)$表示，则由 $H_{high}(u, v)$到 $H_{homo}(u, v)$的映射为

$$H_{homo}(u,v) = \left[H_H - H_L\right] H_{high}(u,v) + H_L \tag{4-40}$$

❑ 例 4-12　同态滤波增强效果示例

图 4-19 所示是同态滤波增强效果示例。

(a)

(b)

图 4-19　同态滤波增强效果示例

图 4-19(a)为一幅人脸图像，单侧光照明使得人脸在图像的右侧产生阴影，发际线很不清晰。图 4-19(b)为用 $H_L = 0.5$、$H_H = 2.0$ 进行同态滤波得到的增强结果。在进行图像增强后，人脸与头发明显分开，另外衣领也看出来了。在本例中，同态滤波使动态范围压缩（如眼睛处）并使对比度增加（如人脸与头发交界处）。❑

4.5.2 同态滤波消噪

4.2～4.4 节介绍的低通、高通、带通和带阻等线性滤波器可以较好地消除线性叠加在图像上的加性噪声，但实际应用中的噪声和图像也常以非线性的方式结合。一个典型的例子就是光源照明成像，其中光的入射和物体的反射以相乘的形式对成像做出贡献，这样一来成像中的噪声与物体也是相乘的关系，这也正是本节介绍的同态滤波使用的亮度成像模式。在**同态滤波消噪**中，先利用非线性的对数变换将乘性噪声转化为加性噪声，然后就可用线性滤波器来进行消除，最后可进行非线性的指数反变换以获得原始的“无噪声”图像。

关于同态滤波消噪，可做如下分析。

考虑获得的带有噪声的图像为

$$g(x,y)=f(x,y)\left[1+n(x,y)\right] \tag{4-41}$$

其中，$f(x, y)$是无噪声图像；$n(x, y)$是噪声且满足$|n(x, y)| << 1$。对两边同取对数得到

$$\ln g(x,y)=\ln f(x,y)+\ln\left[1+n(x,y)\right]\approx\ln f(x,y)+n(x,y) \tag{4-42}$$

如果能将 $n(x, y)$完全从 $\ln[g(x, y)]$中消除，那么就可获得对$f(x, y)$的比较准确的逼近。

同态滤波原理可在任何噪声模型能化为式（4-43）的情况下工作：

$$g(x,y)=H^{-1}\left\{H\left[f(x,y)\right]+N(u,v)\right\} \tag{4-43}$$

其中，$g(x, y)$是采集到的图像；H 代表非线性可逆变换；$N(u, v)$是对应的噪声频谱。

4.6 各节要点和进一步参考

以下指出各节的一些要点，并介绍一些可以进一步查阅的参考文献。

1. 傅里叶变换和频域增强

傅里叶变换是一种复数变换，把图像从图像空间转换到频率空间，其许多有用的性质可参见文献[1]。由傅里叶变换的卷积定理可知，两个函数在空域中的卷积对应它们的傅里叶变换在频域中的相乘，反过来，两个函数在空域中的相乘对应它们的傅里叶变换在频域中的卷积。这是频域滤波的基础，可以通过将图像变换到频域进行处理再将结果反变换回空域以获得需要的增强效果。

2．频域低通滤波器

频域低通滤波器保持低频分量而抑制高频分量，可消除噪声但会使图像产生模糊。在实际应用中不可实现的理想低通滤波器会导致振铃效应，实际使用的是巴特沃斯低通滤波器、梯形低通滤波器及指数低通滤波器等，可参见文献[1]。更多内容还可参见其他图像处理和分析的书籍，如文献[2]～文献[5]。

3．频域高通滤波器

频域高通滤波器与频域低通滤波器相反，可保持高频分量而抑制低频分量，可增强图像中的边缘而使图像中区域的轮廓明显。与理想低通滤波器类似，理想高通滤波器在物理上也不可实现，实际使用的是巴特沃斯高通滤波器、梯形高通滤波器及指数高通滤波器等，可参见文献[1]。如果将高通滤波器的转移函数加一个常数以保持一些低频分量，则可构成高频提升滤波器，可参见文献[1]。

4．带通带阻滤波器

带通滤波器和带阻滤波器的共同特点是允许一定频率范围内的信号通过而阻止其他频率范围内的信号通过，可看作低通滤波器和高通滤波器的扩展，只要调整带通滤波器或带阻滤波器的截止频率，就可取得低通滤波器和高通滤波器的效果，可参见文献[1]。考虑到傅里叶变换的对称性，带通滤波器或带阻滤波器必须两两对称地工作以保留或消除不以原点为中心的给定区域内的频率，这也称为陷波滤波器，更多介绍可参见文献[1]和文献[5]。

5．同态滤波器

同态滤波器是一种特殊的频域增强滤波器，基于 2.2 节介绍的图像亮度成像模型，并综合使用了线性和非线性技术。利用同态滤波还可以消除乘性噪声，具体方法是先利用非线性的对数变换将乘性噪声转化为加性噪声，在用线性滤波器消除噪声后，再进行非线性的指数反变换以获得原始的“无噪声”图像，可参见文献[6]。

第5章 图像恢复

图像恢复也称**图像复原**，是图像处理中的一大类技术。图像恢复与**图像增强**有密切的联系，二者的相同之处在于，它们都要得到在某种意义上改进的输出图像（相比于原始输入图像），或者说都希望改进输入图像的视觉质量；不同之处在于，图像增强一般要借助人的视觉系统的特性以取得看起来较好的视觉结果，而图像恢复则认为图像质量原本是高的，但在某种情况/条件下退化或恶化了（图像品质下降了、失真了），需要根据相应的退化模型和知识重建或恢复原始的高质量图像。换句话说，图像恢复是将图像退化的过程模型化，并据此进行相反的过程以得到原始图像。由此可见，图像恢复要根据一定的图像退化模型来进行。

本章各节安排如下。

5.1 节讨论图像退化模型和一些示例，分析图像退化模型的性质，并给出线性退化模型的空域和频域表达式。

5.2 节介绍无约束恢复模型和其中典型的逆滤波恢复技术。

5.3 节介绍有约束恢复模型和其中典型的维纳滤波恢复技术。

5.4 节介绍针对图像几何失真的校正方法。几何失真校正既要通过空间变换恢复失真图像中各像素位置的空间关系，又要通过灰度插值恢复失真图像中像素的灰度值。

5.5 节讨论对图像缺损信息进行修补的原理和技术。这里把图像修补分为图像修复和图像补全，并分别介绍相应技术的思路和特点。

5.1 图像退化

图像退化是指采集的场景图像没能完全地反映场景的真实内容，产生了失真、污染等问题。采集和获取图像的方式很多，因而有很多因素可以导致图像退化，如透镜色差/像差、失焦等会造成图像模糊。

在实际应用中，常见的退化包括模糊和噪声等。

（1）在图像采集过程中产生的退化常称为**模糊**，它对目标的频谱宽度有限制作用。用频率分析的“语言”来说，模糊是高频分量得到抑制或消除的过程。一般来说，模糊是一个确定的过程，在多数情况下，人们有一个足够准确的数学模型来描述它。

（2）在图像记录过程中产生的退化常称为**噪声**，它来源于测量误差、记数误差等。噪声是一个随机过程，所以噪声对一个特定图像的影响是不确定的。在很多情况下，人们最多可对这个过程的统计特性有一定的知识。例如，常见的高斯噪声的概率密度函数符合高斯分布；均匀噪声的概率密度函数符合均匀分布；椒盐噪声的概率密度函数是两个脉冲，其中负脉冲对应椒噪声，正脉冲对应盐噪声，它们的幅值都可达到图像的极限灰度值。

5.1.1　图像退化模型

图 5-1 给出简单的通用**图像退化模型**。在这个模型中，图像退化过程被模型化为一个作用在输入图像 $f(x, y)$上的系统 $H(u, v)$。它与一个加性随机噪声 $n(x, y)$的联合作用导致退化图像 $g(x, y)$的产生。根据这个模型恢复图像的过程就是在给定 $g(x, y)$和 $H(u, v)$的基础上，得到对 $f(x, y)$的近似的过程。这里假设已知 $n(x, y)$的统计特性。

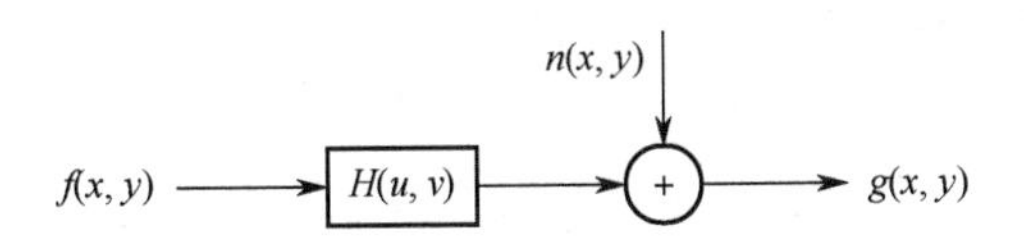

图 5-1　简单的通用图像退化模型

❑ 例 5-1　退化示例

可以针对具体的退化过程建立具体的退化模型。四种常见的具体退化模型如图 5-2 所示，其中上方图表示没有退化的情况，下方图表示有退化的情况。

（1）如图 5-2(a)所示，非线性的退化导致原来亮度光滑或形状规则的图案变得不太规则，摄影胶片的冲洗过程可用这种模型表示。摄影胶片的光敏特性是根据以胶片上留下的银密度为曝光量的对数函数表示的，除中段基本线性外，光敏特性两端都是曲线。这样一来，原本线性变化的亮度变得不线性了。人眼对外界亮度刺激的响应也与这种情况类似。

（2）图 5-2(b)表示的是一种由模糊导致的退化。对许多实用的光学成像系统来说，孔径衍射导致的退化可用这种模型表示。其主要特征是原本比较清晰的图案变大，边缘模糊。

（3）图 5-2(c)表示的是一种由场景中目标（快速）运动导致的模糊退化（如果在拍摄过程中摄像机发生振动，也会导致这种退化）。目标图案沿运动方向拖长，变得有叠影了。在拍摄过程中，如果目标运动距离超过一个像素，就会造成模糊。使用望远镜头的系统（视场较窄）对这类图像退化非常敏感。

（4）图 5-2(d)表示的是由随机噪声叠加导致的退化，这也可看作一种具有随机性的退化。原本具有明显目标的图像叠加了许多随机的亮点和暗点，图像中目标和背景都受到影响。

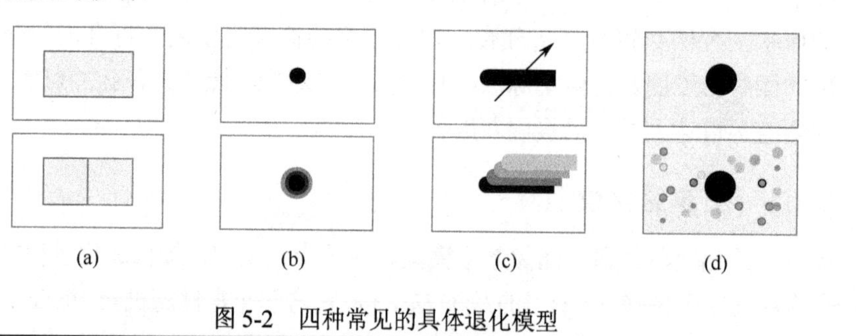

图 5-2　四种常见的具体退化模型

5.1.2　图像退化模型性质

在图 5-1 的模型中，输入和输出具有如下关系：

$$g(x,y)=H[f(x,y)]+n(x,y) \tag{5-1}$$

对于退化系统，可考虑其是否具有如下四个性质，这里先不考虑 $n(x, y)$。

（1）线性：如果令 k_1 和 k_2 为常数，$f_1(x, y)$和 $f_2(x, y)$为两幅输入图像，则线性退化系统 H 满足

$$H[k_1 f_1(x,y)+k_2 f_2(x,y)]=k_1 H\left[f_1(x,y)\right]+k_2 H\left[f_2(x,y)\right] \tag{5-2}$$

（2）相加性：如果 $k_1=k_2=1$，式（5-2）变成

$$H[f_1(x,y)+f_2(x,y)]=H\left[f_1(x,y)\right]+H\left[f_2(x,y)\right] \tag{5-3}$$

式（5-3）指出，线性退化系统对两幅输入图像之和的响应等于它对两幅输入图像响应的和。

（3）一致性：如果 $f_2(x, y)=0$，式（5-2）变成

$$H[k_1 f_1(x,y)]=k_1 H\left[f_1(x,y)\right] \tag{5-4}$$

式（5-4）指出，线性退化系统对常数与任意输入乘积的响应等于常数与线性退化系统对该输入的响应的乘积。

（4）位置（空间）不变性：对于任意$f(x,y)$及a和b，有

$$H\left[f(x-a,y-b)\right]=g(x-a,y-b) \tag{5-5}$$

式（5-5）指出，线性退化系统在图像任意位置的响应只与该位置的输入值有关，而与位置本身无关。

基于以上四个性质，式（5-1）可以写成

$$g(x,y)=h(x,y)\otimes f(x,y)+n(x,y) \tag{5-6}$$

其中，$h(x,y)$为退化系统的脉冲响应。借助矩阵表达，式（5-6）可写成

$$\boldsymbol{g}=\boldsymbol{Hf}+\boldsymbol{n} \tag{5-7}$$

根据卷积定理，在频域中有

$$G(u,v)=H(u,v)F(u,v)+N(u,v)$$

在图 5-2 给出的四种常见的具体退化模型中，如图 5-2(a)、图 5-2(b)、图 5-2(c)所示的模型都是空间不变的，如图 5-2(b)、图 5-2(c)、图 5-2(d)所示的模型都可以是线性的。

5.2 逆滤波

逆滤波是一种简单且直接的**无约束恢复**方法。

5.2.1 无约束恢复

无约束恢复的特点是仅将图像看作一个数字矩阵，从数学角度进行处理而不考虑恢复后图像应受到的物理约束。

由式（5-7）可得

$$\boldsymbol{n}=\boldsymbol{g}-\boldsymbol{Hf} \tag{5-8}$$

在对$\boldsymbol{n}$没有任何先验知识的情况下，图像恢复可描述为寻找一个对原始图像$\boldsymbol{f}$的估计$\boldsymbol{f}_{\mathrm{e}}$，使得$\boldsymbol{Hf}_{\mathrm{e}}$在最小均方误差的约束下最接近退化图像$\boldsymbol{g}$，即要使$\boldsymbol{n}$的 2-**范数**最小：

$$\|\boldsymbol{n}\|^2=\boldsymbol{n}^{\mathrm{T}}\boldsymbol{n}=\|\boldsymbol{g}-\boldsymbol{Hf}_{\mathrm{e}}\|^2=(\boldsymbol{g}-\boldsymbol{Hf}_{\mathrm{e}})^{\mathrm{T}}(\boldsymbol{g}-\boldsymbol{Hf}_{\mathrm{e}}) \tag{5-9}$$

根据式（5-9），可把恢复问题看作对$\boldsymbol{f}_{\mathrm{e}}$求式（5-10）的最小值：

$$L(\boldsymbol{f}_{\mathrm{e}})=\|\boldsymbol{g}-\boldsymbol{Hf}_{\mathrm{e}}\|^2 \tag{5-10}$$

这里只需将L对$\boldsymbol{f}_{\mathrm{e}}$求微分并将结果设为 0，再设$\boldsymbol{H}^{-1}$存在，就可得到无约束恢复公式：

$$\boldsymbol{f}_{\mathrm{e}}=(\boldsymbol{H}^{\mathrm{T}}\boldsymbol{H})^{-1}\boldsymbol{H}^{\mathrm{T}}\boldsymbol{g}=\boldsymbol{H}^{-1}(\boldsymbol{H}^{\mathrm{T}})^{-1}\boldsymbol{H}^{\mathrm{T}}\boldsymbol{g}=\boldsymbol{H}^{-1}\boldsymbol{g} \tag{5-11}$$

式（5-11）表明，用退化系统矩阵的逆左乘退化图像就可以得到原始图像 $\boldsymbol{f}$ 的估计 $\boldsymbol{f}_e$。

5.2.2 逆滤波模型

考虑把问题转到频域中讨论。先不考虑噪声，根据式（5-8），如果用退化函数除退化图像的傅里叶变换，那可以得到一个对原始图像的傅里叶变换的估计：

$$F_e(u,v)=\frac{G(u,v)}{H(u,v)} \tag{5-12}$$

式（5-12）常称为**逆滤波**。如果把 $H(u, v)$看作一个滤波函数，则它与 $F(u, v)$的乘积是退化图像 $g(x, y)$的傅里叶变换。这样用 $H(u, v)$除 $G(u, v)$就是一个逆滤波过程。对式（5-12）的结果求进行反变换就能得到恢复后的图像：

$$f_e(x,y)=\mathcal{F}^{-1}\left[F_e(u,v)\right]=\mathcal{F}^{-1}\left[\frac{G(u,v)}{H(u,v)}\right] \tag{5-13}$$

实际上，噪声是不可避免的。考虑噪声的逆滤波形式：

$$F_e(u,v)=F(u,v)+\frac{N(u,v)}{H(u,v)} \tag{5-14}$$

由式（5-14）可看出两个问题。首先，因为 $N(u,v)$是随机的，所以即使知道了退化函数，也不能精确地恢复原始图像；其次，如果 $H(u,v)$在 UV 平面上取 0 或很小的值，$N(u, v) / H(u, v)$就会使恢复结果与预期结果有很大差距。在实际应用中，一般 $H(u, v)$随 u、v 与原点距离的增加而迅速减小，而噪声 $N(u, v)$却变化得比较缓慢。在这种情况下，对图像的恢复只能在距原点（频域中心）较近的区域内进行。换句话说，在一般情况下，逆滤波器并不正好是 $1 / H(u, v)$，而是 u 和 v 的某个函数，可记为 $M(u, v)$。$M(u, v)$常称为**恢复转移函数**，如此一来，图像退化和恢复模型可用图 5-3 表示。

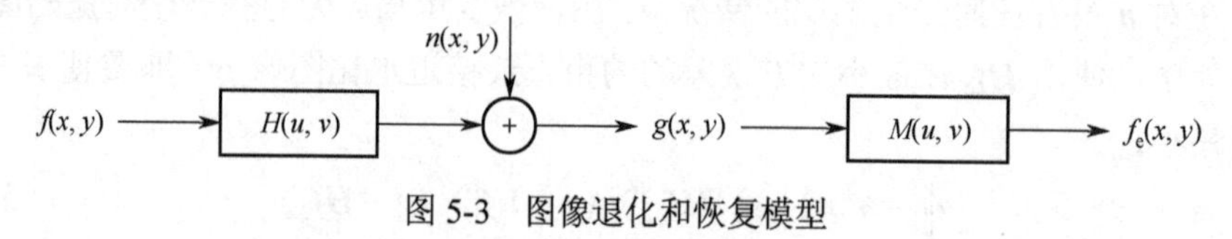

图 5-3　图像退化和恢复模型

一种常见的方法是取 $M(u, v)$为如下函数：

$$M(u,v)=\begin{cases}\dfrac{1}{H(u,v)}, & u^2+v^2 \leqslant w_0^2 \\ 1, & u^2+v^2 > w_0^2\end{cases} \tag{5-15}$$

其中，w_0 的选取原则是将 $H(u, v)$为 0 的点去除。这种方法的缺点是恢复结果的振

铃效应比较明显。一种改进的方法是取 $M(u, v)$为

$$M(u,v)=\begin{cases} k, & H(u,v)\leqslant d \\ \dfrac{1}{H(u,v)}, & \text{其他} \end{cases} \tag{5-16}$$

其中，k 和 d 均为小于 1 的常数，而且 d 最好选取较小的值。

□　例 5-2　模糊点源以获得转移函数来进行图像恢复

退化系统的转移函数 $H(u, v)$可以用退化图像的傅里叶变换近似。一幅图像可看作多个点源图像的集合，如果将点源图像看作单位脉冲函数（$F[\delta(x, y)] = 1$）的近似，则有 $G(u, v) = H(u, v)F(u, v) \approx H(u, v)$。

图 5-4 给出逆滤波图像恢复示例。图 5-4(a)为一幅用低通滤波器对理想图像进行模糊得到的模拟退化图像，所用低通滤波器的傅里叶变换如图 5-4(b)所示。根据式（5-15）和式（5-16）进行逆滤波得到的恢复结果分别如图 5-4(c)和图 5-4(d)所示。两者比较，图 5-4(c)的振铃效应更加明显。

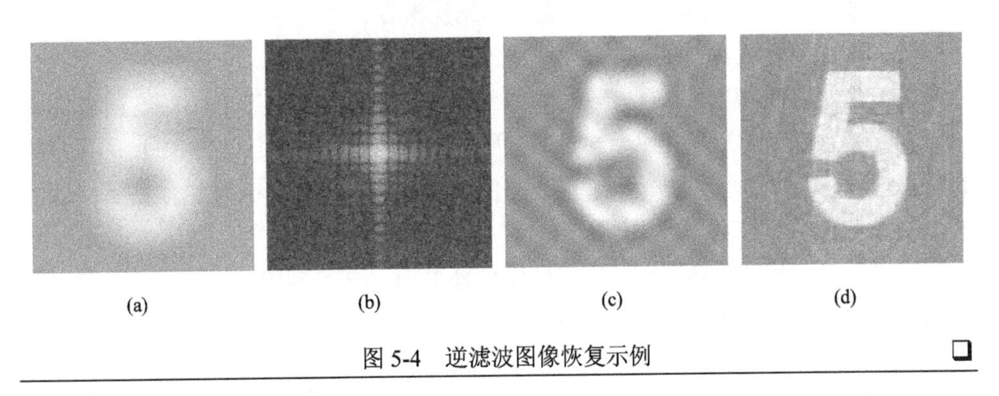

(a)　(b)　(c)　(d)

图 5-4　逆滤波图像恢复示例　□

5.3　维纳滤波

维纳滤波是一种基本的**有约束恢复**方法。

5.3.1　有约束恢复

有约束恢复与无约束恢复不同，它不仅从数学角度考虑，还考虑恢复后的图像应该受到一定的物理约束，如在空间上比较平滑、灰度值为正等。

同样从式（5-7）出发，有约束恢复考虑选取 $\boldsymbol{f}_\mathrm{e}$ 的一个线性操作符 $\boldsymbol{Q}$（变换矩阵），使$\|\boldsymbol{Q}\boldsymbol{f}_\mathrm{e}\|^2$ 最小。这个问题可用拉格朗日乘数法解决。设 l 为拉格朗日乘数，

要找能最小化下列准则函数的$\boldsymbol{f}_\mathrm{e}$：

$$L(\boldsymbol{f}_\mathrm{e})=\|\boldsymbol{Q}\boldsymbol{f}_\mathrm{e}\|^2+l\left(\|\boldsymbol{g}-\boldsymbol{H}\boldsymbol{f}_\mathrm{e}\|^2-\|\boldsymbol{n}\|^2\right) \tag{5-17}$$

与解式（5-10）类似，可得到有约束恢复公式（令 $s=1/l$）：

$$\boldsymbol{f}_\mathrm{e}=\left[\boldsymbol{H}^\mathrm{T}\boldsymbol{H}+s\boldsymbol{Q}^\mathrm{T}\boldsymbol{Q}\right]^{-1}\boldsymbol{H}^\mathrm{T}\boldsymbol{g} \tag{5-18}$$

5.3.2 维纳滤波器

维纳滤波器是一种最小均方误差滤波器，可以由式（5-18）推出。

在频域中，有约束恢复的一般公式可写成如下形式：

$$F_\mathrm{e}(u,v)=\left\{\frac{1}{H(u,v)}\times\frac{|H(u,v)|^2}{|H(u,v)|^2+s\left[S_n(u,v)/S_f(u,v)\right]}\right\}G(u,v) \tag{5-19}$$

其中，$S_f(u, v)$和$S_n(u, v)$分别为原始图像和噪声的相关矩阵元素的傅里叶变换。

下面讨论式（5-19）的几种情况：

（1）如果 $s=1$，方括号中的项就是维纳滤波器。

（2）如果 s 是变量，就称其为参数维纳滤波器。

（3）当没有噪声时，$S_n(u, v)=0$，维纳滤波器退化成 5.2 节介绍的逆滤波器。

因为必须调节 s 以满足式（5-18），所以当 $s=1$ 时，利用式（5-19）并不能得到满足式（5-17）的最优解，不过它在 $E\{[f(x, y)-f_\mathrm{e}(x, y)]^2\}$最小化的意义下是最优的。这里把$f(\cdot)$和$f_\mathrm{e}(\cdot)$都当作随机变量而得到一个统计准则。

当 $S_n(u, v)$和 $S_f(u, v)$未知（实际中常如此）时，式（5-19）可用式（5-20）来近似（其中 K 是一个预先设定的常数）：

$$F_\mathrm{e}(u,v)\approx\left[\frac{1}{H(u,v)}\times\frac{|H(u,v)|^2}{|H(u,v)|^2+K}\right]G(u,v) \tag{5-20}$$

❑ 例 5-3 逆滤波恢复和维纳滤波恢复的比较

如图 5-5(a)所示的一列图（从上到下）为先将一幅正常图像与平滑函数 $h(x,y)=\exp[\sqrt{(x^2+y^2)}/240]$ 卷积以产生模糊，再叠加零均值且方差分别为 8、16 和 32 的高斯随机噪声而得到的一组待恢复图像；如图 5-5(b)所示的一列图为用逆滤波方法分别进行恢复的结果；如图 5-5(c)所示的一列图为用维纳滤波方法分别进行恢复的结果。由图 5-5(b)和图 5-5(c)可见，维纳滤波在图像受噪声影响时的恢复效果比逆滤波的恢复效果好，而且噪声越强这种优势越明显。

(a)　(b)　(c)

图 5-5　逆滤波与维纳滤波的比较

5.4　几何失真校正

在许多实际的图像采集过程中，原始场景中各部分之间的空间关系与图像中各对应像素间的空间关系有可能发生变化，即产生失真。为恢复它们的对应关系，需要进行**几何失真校正**（也是一种**图像恢复**工作），即通过几何变换来校正失真图像中各像素的位置以重新获得像素间原来应具有的空间关系。对于灰度图像，除考虑空间关系外，还要考虑灰度关系，即在进行几何失真校正的同时，需要进行灰度校正以还原像素原本的灰度值。图像的几何失真校正主要包括两个步骤：空间变换和灰度插值。

5.4.1　空间变换

空间变换是指对像平面上的像素位置进行调整以恢复像素间原本的空间关系。设原始图像为 $f(x, y)$，其在受到几何形变的影响后变成失真图像 $g(x', y')$。这里

(x', y')表示坐标为(x, y)的像素在失真图像中的对应坐标，一般可写成

$$x' = S(x, y) \tag{5-21}$$

$$y' = T(x, y) \tag{5-22}$$

其中，$S(x, y)$和$T(x, y)$代表产生几何失真图像的两个空间变换函数。

最简单的情况是线性失真，此时有

$$S(x, y) = k_1 x + k_2 y + k_3 \tag{5-23}$$

$$T(x, y) = k_4 x + k_5 y + k_6 \tag{5-24}$$

对于一般的（非线性）二次失真，则有

$$S(x, y) = k_1 + k_2 x + k_3 y + k_4 x^2 + k_5 xy + k_6 y^2 \tag{5-25}$$

$$T(x, y) = k_7 + k_8 x + k_9 y + k_{10} x^2 + k_{11} xy + k_{12} y^2 \tag{5-26}$$

如果知道了$S(x, y)$和$T(x, y)$的解析表达，就可以通过反变换来恢复图像。但在实际应用中，通常不知道失真情况的解析表达，为此需要在输入图像（失真图像）和输出图像（校正图像）上找一些已知确切位置的点（称为约束对应点），然后利用这些点，根据失真模型的方程计算出失真函数中的各系数，从而建立两幅图像间其他像素在空间位置上的对应关系。

现在来看图 5-6，它给出失真图像中的一个四边形区域（左侧）和校正图像中与其对应的四边形区域（右侧）。这两个四边形区域的顶点可作为约束对应点。

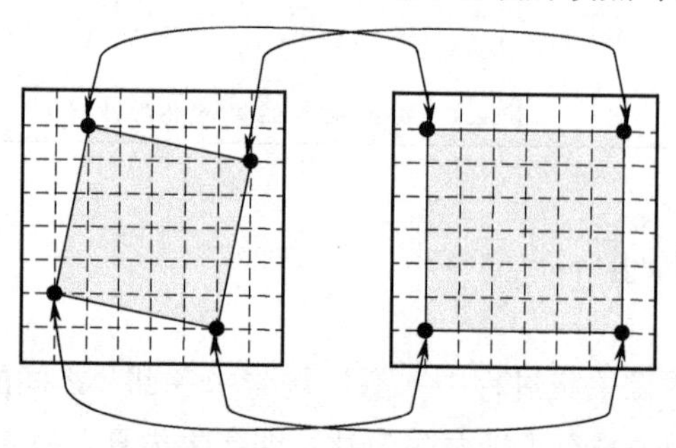

图 5-6　约束对应点示意

设四边形区域内的几何失真过程可用一对双线性等式表示（一般非线性二次失真的一种特例），即

$$S(x, y) = k_1 x + k_2 y + k_3 xy + k_4 \tag{5-27}$$

$$T(x, y) = k_5 x + k_6 y + k_7 xy + k_8 \tag{5-28}$$

将式（5-27）和式（5-28）代入式（5-21）和式（5-22），就可得到失真前后两幅图像坐标之间的关系：

$$x' = k_1 x + k_2 y + k_3 xy + k_4 \tag{5-29}$$

$$y' = k_5 x + k_6 y + k_7 xy + k_8 \tag{5-30}$$

由图 5-6 可知，两个四边形区域共有 4 组（8 个）已知对应点，所以式（5-29）和式（5-30）中的 8 个系数 k_i（$i = 1, 2, \cdots, 8$）可以全部解出。基于这些系数，可建立对四边形区域内所有点进行空间映射的公式。在一般情况下，可将一幅图像分成一系列覆盖全图的四边形区域，对每个区域都找足够的对应点以计算映射所需的系数。如果能做到这点，就很容易进行空间变换了。

5.4.2　灰度插值

灰度插值是指对空间变换后的像素赋予相应的灰度值以恢复原位置应有的灰度值。尽管实际数字图像中的(x, y)总是整数，但由式（5-21）和式（5-22）算得的(x', y')值一般不是整数。失真图像 $g(x', y')$是数字图像，像素值仅在坐标为整数处有定义，而非整数处的像素值就要借助其周围一些整数处的像素值来进行计算，这称为灰度插值，可借助图 5-7 来解释。在图 5-7 中，左侧是原始图像（无失真，几何校正期望的结果），右侧是实际采集的失真图像。几何校正就是要把失真图像恢复成原始图像。由于失真的存在，原整数坐标点(x, y)会映射到失真图像中的非整数坐标点(x', y')上，而 $g(\cdot)$ 在该点是没有定义的。前面讨论的空间变换可将应在(x, y)处的(x', y')点变换回原始图像的(x, y)处。现在要做的是估计出(x', y')点的灰度值以赋给原始图像(x, y)处的像素。

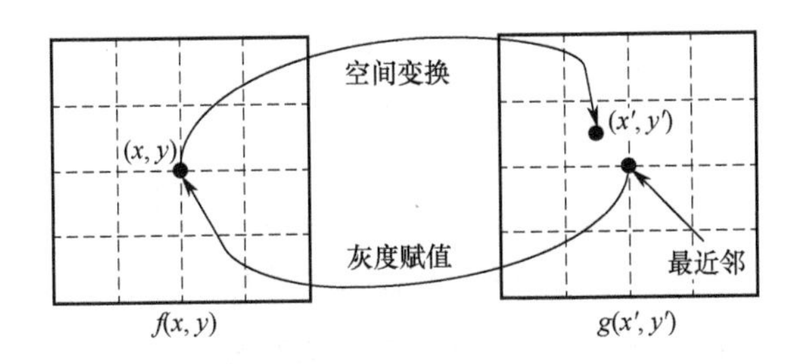

图 5-7　灰度插值示意

灰度插值在实现时常采用以下方案，将灰度从原始图像映射到实际采集的失真图像上。如图 5-8 所示，左侧是实际采集的失真图像，右侧是理想的原始图像。如果原始图像中的像素位置对应失真图像中 4 个像素之间（非整数点）的位置，则先利用插值算法计算出该位置的灰度，再将其映射给原始图像的对应像素。

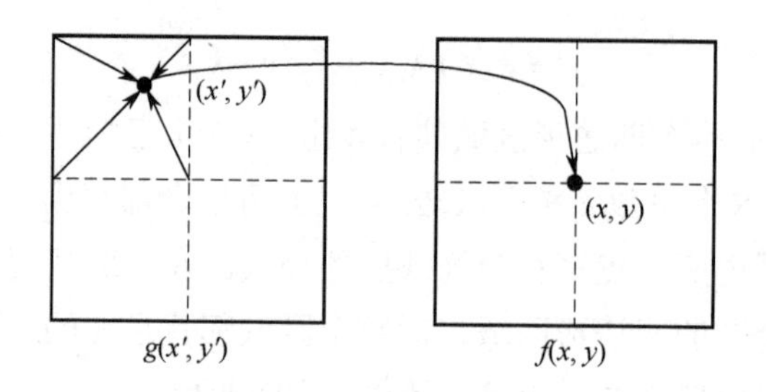

图 5-8　灰度映射示意

灰度插值的计算方法有许多种，最简单的是**最近邻插值**，也称零阶插值。最近邻插值就是将离(x', y')点最近的像素的灰度值作为(x', y')点的灰度值赋给原始图像(x, y)处的像素。这种方法计算量小，但有时不够精确。

为了提高精度，可采用**双线性插值**。它利用(x', y')点的 4 个最近邻像素的灰度值计算(x', y')点的灰度值。参见图 5-9，设(x', y')点的 4 个最近邻像素为 A、B、C、D，它们的坐标分别为(i, j)、$(i+1, j)$、$(i, j+1)$、$(i+1, j+1)$，灰度值分别为 $g(A)$、$g(B)$、$g(C)$、$g(D)$。

首先，利用比例关系（线性插值）计算 E 和 F 的灰度值 $g(E)$和 $g(F)$:

$$g(E) = (x' - i)\left[g(B) - g(A)\right] + g(A) \tag{5-31}$$

$$g(F) = (x' - i)\left[g(D) - g(C)\right] + g(C) \tag{5-32}$$

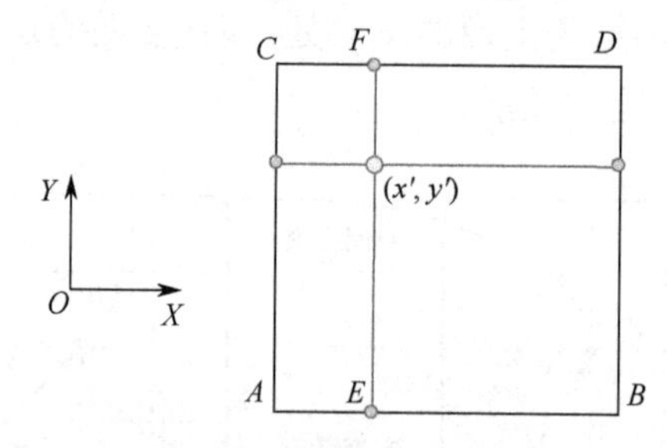

图 5-9　双线性插值示意

然后，基于 $g(E)$和 $g(F)$，计算(x', y')点的灰度值:

$$g(x', y') = (y' - j)\left[g(F) - g(E)\right] + g(E) \tag{5-33}$$

上述双线性插值利用(x', y')点的 4 个最近邻像素的灰度值计算(x', y')点的灰度值。将双线性插值的思路推广，只利用(x', y')点的任意 3 个不共线的最近邻像素的灰度值也可计算出(x', y')点的灰度值。一种具体计算方法可参照图 5-10，先根据 $g(A)$和 $g(B)$计算 E 的灰度值 $g(E)$:

$$g(E) = \frac{x_E - x_B}{x_A - x_B} g(A) + \frac{x_A - x_E}{x_A - x_B} g(B) \tag{5-34}$$

再根据 $g(C)$和 $g(E)$计算(x', y')点的灰度值：

$$g(x', y') = \frac{x' - x_C}{x_E - x_C} g(E) + \frac{x_E - x'}{x_E - x_C} g(C) \tag{5-35}$$

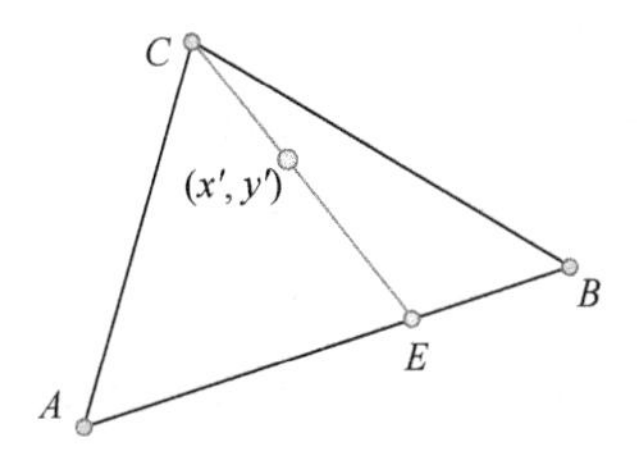

图 5-10　用 3 个最近邻像素进行双线性插值示意

5.5　图像修补

在图像采集、传输和加工的过程中，有时会出现图像的部分区域缺损或缺失、相邻像素灰度急剧改变等情况，如在采集有遮挡的场景图像或扫描破损（撕裂或划痕）的老旧图片时产生的部分内容缺失、在图像加工中去除特定区域（无关物体）后留下的空白、由图像上覆盖的文字等导致的变化、在对图像进行有损压缩时造成的部分信息丢失、在（网络上）传输数据时由网络故障导致的像素丢失。

要解决这些问题，就需要对图像进行修补。**图像修补**基于不完整的原始图像和对原始图像的先验知识，采用相应的方法纠正或校正前述区域缺损问题，从而实现恢复图像原貌的目的。参见 5.4 节对图像几何失真校正的讨论，在图像修补中，位置信息和灰度信息都要考虑到。

图像修补还可进一步分为**图像修复**和**图像补全**，后者也常称为**区域填充**。一般常称修补尺度较小的区域为修复，而称修补尺度较大的区域为补全。两者均是对图像中信息缺失部分的处理，在尺度上并没有严格的界限。不过量变引起质变，从技术角度来看，两者采用的技术各有特点，修复多利用图像的局部结构信息而不特别利用区域的纹理信息，补全则常需要考虑整幅图像并借助区域的纹理信息。从功能上看，修复多用于图像复原而补全多用于目标移除。

5.5.1　图像修补原理

图像修补是对缺损图像的恢复，**图像缺损**可以看作图像退化的一种特殊情况，但又有自身的特点。一般来说，图像在缺损后，其中的某些区域可能完全丢失，而其他区域可能完全没有改变。在实际应用中，对图像进行修补也需要建立一定的模型。

对于一幅原始图像 $f(x, y)$，用 F 表示其分布的空间区域；缺损部分或待修补部分为 $d(x, y)$，其分布的空间区域用 D 表示；则对于待修补图像 $g(x, y)$，其分布的空间区域也是 F，只是其中有的部分保持原状而有的部分完全缺失。修补就是用保持原状的空间区域（$F-D$）的信息来估计和恢复 D 中的信息。

参考图 5-11，图 5-11(a)为原始图像 $f(x, y)$，图 5-11(b)为待修补图像 $g(x, y)$，其中区域 D 表示待修补的部分（其中的原始信息完全丢失了），区域 $F-D$ 代表原始图像中可用来修补区域 D 的部分，也称**源区域**，而区域 D 也称**靶区域**。

图 5-11　图像修补中各区域示意

参照式（5-1），图像修补模型可表示为

$$[g(x,y)]_{F-D} = \{H[f(x,y)] + n(x,y)\}_{F-D} \tag{5-36}$$

式（5-36）的左边是退化图像中没有发生退化的部分。图像修补的目标是借助式（5-36）来估计和复原 $\{f(x, y)\}_D$。从修补的效果来看，一方面，修补后区域 D 中的灰度、颜色和纹理等应与 D 周围的灰度、颜色和纹理等相对应或协调；另一方面，D 周围的结构信息应可延伸至 D 的内部（如断裂的边缘和轮廓线应被连接起来）。

5.5.2　图像修补示例

图像缺损部分的尺度可能较小也可能较大，采用的修补技术各有特点。当尺度较小时，采用的技术主要利用图像的局部结构信息；当尺度较大时，则需要全面考虑整幅图像并借助区域的纹理信息。

1. 图像小尺度修复

从应用角度来说，图像小尺度修复技术常用于去除图片上的划痕或尺寸较小的靶区域（包括某一维度的尺寸较小，如笔画、绳索、文字等线状或曲线状区域）。在实现时多基于偏微分方程或变分模型，两者可以借助变分原理相互等价推出。该技术通过对靶区域进行逐像素扩散（将缺失区域周围的信息向缺失区域扩散）来达到修复图像的目的。一种典型的方法是采用沿着等光强线（等灰度值的线）由源区域向靶区域延伸扩散，这种做法有利于保持图像自身的结构特性。在延伸扩散时，可借助**全变分模型**（TV）来恢复图像中的缺失信息。

全变分模型是一种基本且典型的图像修补模型。全变分算法是一种非各向同性的扩散算法，可在去噪的同时保持边缘的连续性和尖锐性。

定义扩散的代价函数为

$$R[f]=\iint_F |\nabla f(x,y)|\,\mathrm{d}x\mathrm{d}y \tag{5-37}$$

其中，∇f为f的梯度。考虑高斯噪声的情况，为去除噪声，式（5-37）还受到如下约束：

$$\frac{1}{\|F-D\|}\iint_{F-D}|f-g|^2\,\mathrm{d}x\mathrm{d}y=\sigma^2 \tag{5-38}$$

其中，$\|F-D\|$为区域$F-D$的面积；σ是噪声均方差。式（5-37）的目标是使待修复区域及其边界部分尽可能平滑，而式（5-38）的作用是使修复过程对噪声鲁棒。

借助拉格朗日因子λ，可将由式（5-37）和式（5-38）构成的有约束问题转化成无约束问题：

$$E[f]=\iint_F |\nabla f(x,y)|\,\mathrm{d}x\mathrm{d}y+\frac{\lambda}{2}\iint_{F-D}|f-g|^2\,\mathrm{d}x\mathrm{d}y \tag{5-39}$$

如果引入扩展的拉格朗日因子λ_D，则有

$$\lambda_D(r)=\begin{cases}0, & r\in D\\ \lambda, & r\in F-D\end{cases} \tag{5-40}$$

泛函式（5-39）成为

$$J[f]=\iint_F |\nabla f(x,y)|\,\mathrm{d}x\mathrm{d}y+\frac{\lambda_D}{2}\iint_F|f-g|^2\,\mathrm{d}x\mathrm{d}y \tag{5-41}$$

根据变分原理，得到对应的能量梯度下降方程：

$$\frac{\partial f}{\partial t}=\nabla\cdot\frac{\nabla f}{|\nabla f|}+\lambda_D(f-g) \tag{5-42}$$

其中，$\nabla\cdot$代表散度。

式（5-42）是一个非线性反应扩散方程，扩散系数为 $1/|\nabla f|$。当待修复区域 D 的内部 λ_D 为 0 时，式（5-42）退化为纯粹的扩散方程；而在待修复区域 D 的周围，式（5-42）的第 2 项使方程的解趋于原始图像。求解偏微分方程式（5-42）就可获得原始图像。

❑ 例 5-4 图像小尺度修复示例

在有些情况下，图像表面会覆盖一些文字，相对来说，文字笔画较细，笔画两边的结构信息仍保持了一定的连续性。图 5-12(a)是原始图像，图 5-12(b)是待修补图像（上面叠加了文字），图 5-12(c)是修补结果，图 5-12(d)是原始图像和修补结果的差图像（进行了直方图均衡化以清晰显示），用来展示修复效果。

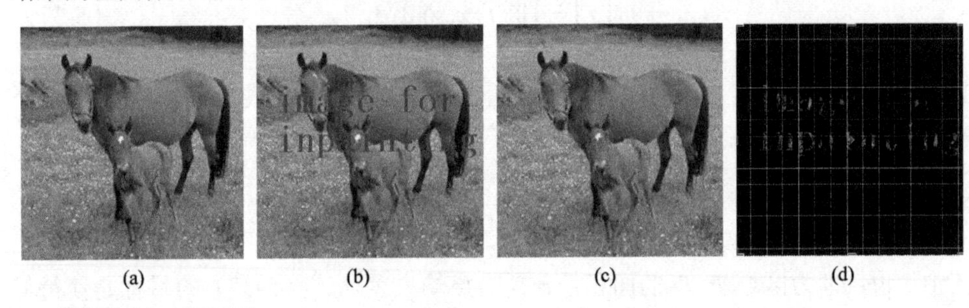

(a) (b) (c) (d)

注：彩插部分有相应彩色图片。

图 5-12 图像小尺度修复示例之去除覆盖文字 ❑

2. 图像大尺度补全

图像小尺度修复的方法在面对尺度较大的区域时会出现问题。一方面，小尺度修复是将缺失区域周围的信息向缺失区域内部扩散，但对于尺度比较大的缺失区域，扩散会造成一定的模糊，而且模糊程度随缺失区域尺度的增大而增加；另一方面，小尺度修复没有考虑缺失区域内部的纹理特性，直接将缺失区域周围的纹理特性移入缺失区域，对于尺度比较大的缺失区域，其内外纹理可能有较大的差别，直接移入可能会导致修补结果不理想。

解决上述问题的基本思路有以下两种。

（1）将图像分解为结构部分和纹理部分，对于结构性强的部分，仍可用小尺度修复中的扩散方法进行复制补全，而对于纹理明显的部分，则借助纹理合成技术进行填补。由于自然图像多是由纹理和结构组成的，这种综合了扩散和纹理合成的混合方法同时利用了图像的结构信息和纹理信息，但如果完全用纹理合成来填补大面积的靶区域，还是存在一定风险和难度的。

（2）在图像未退化部分选择一些样本块，用这些样本块替代拟填充区域边界处的图像块（这些图像块的未退化部分与所选的样本块有相近的特性），并逐步向拟填充区域内部递进填充。这类方法直接用源区域中的信息填补靶区域，称为基于样本的图像填充方法。这种思路受到纹理填充的启示，对于靶区域中的图像块，通过在源区域中找到一个与之最相似的图像块，可通过直接替换实现填充。当靶区域的尺度比较大时，基于样本的方法在填补纹理内容方面常可得到比纹理合成更好的结果。

❑　例 5-5　图像大尺度补全示例

在图 5-13 中，图 5-13(a)～图 5-13(c)依次为原始图像、标记了需要去除的目标的图像（待补全图像）和补全结果。这里目标区域尺度比较大（相较于文字笔画，有较大的纵深），但补全的视觉效果还是比较令人满意的。

(a)

(b)

(c)

注：彩插部分有相应彩色图片。

图 5-13　图像大尺度补全示例之去除目标　❑

顺便指出，如果将图像中的噪声看作靶区域，则可把图像消噪问题当作图像修补问题来处理，即利用没有受噪声影响的像素来恢复受噪声影响的像素的灰度。如果将对受到文字覆盖或划痕影响的图像的修复看作对曲线状靶区域的修复，将对去除目标的补全看作对面状靶区域的补全，则可将对受噪声影响的图像的修补看作对点状靶区域的修补。上述讨论主要针对脉冲噪声，因为脉冲噪声强度很大，将其叠加到图像上会使受影响像素的灰度值成为极限值，原始像素信息完全被噪声覆盖。而如果使用高斯噪声，叠加了噪声的像素一般仍含有原始的灰度信息，而图像修补中靶区域里的像素一般不含原始图像信息（信息被去除了）。

5.6　各节要点和进一步参考

以下指出各节的一些要点，并介绍一些可以进一步查阅的参考文献。

1．图像退化模型

5.1 节介绍了一种简单通用的图像退化模型及其性质，相关内容在许多图像处理书籍中均有介绍，如可参见文献[1]、文献[2]。图像退化类型很多，噪声、模糊、几何失真等都会导致图像质量下降，更多的示例可参见文献[3]。有关噪声和模糊的对比讨论还可参见文献[4]。

2．逆滤波

逆滤波是一种基本的无约束图像恢复方法。利用逆滤波技术可以恢复在图像采集时由于摄像机匀速运动而产生模糊的图像，可参见文献[1]、文献[2]。对逆滤波的快速计算可参见文献[2]。

3．维纳滤波

维纳滤波是一种典型的有约束图像恢复方法。维纳滤波器是一种基于统计的最小均方误差滤波器，它采用的最优准则基于图像和噪声各自的相关矩阵，所以由此得到的结果只在平均意义上最优，可参见文献[1]。对其他有约束图像恢复方法的讨论和推导可参见文献[2]。

4．几何失真校正

图像几何失真校正是一种典型的图像恢复工作。在几何失真校正中，利用空间变换校正像素的位置，利用灰度插值校正像素的性质。空间变换可借助图像坐标变换进行，可参见文献[2]。5.4 节在灰度插值中仅介绍了后向映射的方法，它与前向映射的比较可参见文献[2]。另外，比双线性插值精度更高（但计算量也更大）的三次线性插值方法可参见文献[2]。

5．图像修补

图像修补是图像修复和图像补全的总称。对图像修复的全面概括介绍可参见文献[5]。一种典型的方法是采用沿着等光强线（等灰度值的线）由源区域向靶区域延伸扩散，具体可参见文献[6]。对全变分模型及混合模型等的进一步介绍可参见文献[2]。对图像修复的详细讨论还可参见文献[7]。图像补全侧重目标移除、图像损坏/破损/缺失等的区域填充。利用基于样本的方法和结合稀疏表达的方法进行图像补全的内容可参见文献[2]。另外，借助补全技术，在对图像前景进行分割（参见第 7 章）的基础上，可以实现对背景的更换。

第6章 彩色增强

随着技术和工艺的进步，**彩色图像**得到越来越广泛的使用，彩色图像处理和分析技术也受到越来越多的关注，这推动了对人类视觉系统的进一步研究。许多图像处理技术的目的是改善图像的视觉质量，这常需要利用人类视觉系统的特性。

彩色图像比灰度图像包含更多的信息。为了有效地表达和处理彩色信息，需要建立相应的彩色表达模型，也需要研究对应的彩色图像处理技术，其中彩色图像增强技术可分成两大类。一方面，相比于灰度，人对彩色的分辨能力更强、敏感程度更高，所以可通过将灰度图像转化为彩色图像来增强图像，这类技术常称为伪彩色增强技术；另一方面，现代图像采集设备直接获取的就是彩色图像，所以需要直接对这些图像进行增强以获得需要的效果，与此相关的技术属于真彩色增强技术。

本章各节安排如下。

6.1 节介绍彩色视觉的一些基本概念和特性，并讨论三基色和颜色的表示。

6.2 节讨论（基本的）彩色模型，包括面向硬设备的 RGB 模型和面向彩色处理的 HSI 模型，同时介绍两种模型的相互转换。

6.3 节介绍伪彩色增强技术，既包括典型的空域方法，也包括基本的频域方法。

6.4 节介绍真彩色增强技术，一方面讨论对各彩色分量分别增强的方法，另一方面讨论将各分量结合起来进行整体增强的方法。

6.1 彩色视觉

人类色觉的产生是一个复杂的过程，除了光源对眼睛的刺激，还需要人脑对刺激的解释。人感受到的物体颜色主要取决于反射光的特性，如果物体比较均衡地反射各种光谱，则在人看来，物体是白的；如果物体对某些光谱反射得较多，则在人看来，物体会呈现相应的颜色。

6.1.1 三基色和颜色表示

根据人眼结构，所有颜色都可看作 3 种基本颜色——**红**色（R）、**绿**色（G）和**蓝**色（B）的不同组合，这 3 种基本颜色也称为**三基色**或三原色。为了建立统一的标准，国际照度委员会（CIE）早在 1931 年就规定 3 种基本颜色的波长分别为 700nm（R）、546.1nm（G）、435.8nm（B）。

严格来说，**彩色**和**颜色**并不等同。颜色可分为无彩色和有彩色两大类。无彩色指白色、黑色和各种深浅程度不同的灰色。能够无差别地吸收所有波长光的表面看起来就是灰色的，如果反射的光比较多则显示浅灰色，反射的光比较少则显示深灰色；如果反射的光少于入射光的 10%，则一般看起来是黑色的。当以白色为一端，从浅到深排列各种灰色并到达另一端的黑色时，这些灰色可以组成一个黑白系列。严格意义上的彩色指除这个黑白系列外的各种颜色。不过人们通常不太区分颜色和彩色，常将这两个词混用。

当把 3 种色光混合时，通过改变各自的强度比例可得到白色及各种彩色：

$$C \equiv rR + gG + bB \tag{6-1}$$

其中，C 代表某一特定色；$\equiv$ 表示匹配；R、G、B 为三基色分量；r、g、b 代表比例系数（色系数），且有

$$r + g + b = 1 \tag{6-2}$$

事实上，如果分别用 X、Y、Z 表示组成某种彩色 C 所需的 3 个刺激量，则 3 个刺激值与 CIE 的 R、G、B 有如下关系：

$$X = 0.4902R + 0.3099G + 0.1999B \tag{6-3}$$

$$Y = 0.1770R + 0.8123G + 0.0107B \tag{6-4}$$

$$Z = 0.0000R + 0.0101G + 0.9899B \tag{6-5}$$

反之，根据 X、Y、Z 这 3 个刺激值，也可得到三基色：

$$R = 2.3635X - 0.8958Y - 0.4677Z \tag{6-6}$$

$$G = -0.5151X + 1.4264Y + 0.0887Z \tag{6-7}$$

$$B = 0.0052X - 0.0145Y + 0.0887Z \tag{6-8}$$

对于白光，有 $X=1$，$Y=1$，$Z=1$。如果 3 个刺激量的比例系数分别为 x、y、z，则有 $C = xX + yY + zZ$。比例系数 x、y、z 也称为色系数，且有

$$x = \frac{X}{X + Y + Z} \tag{6-9}$$

$$y=\frac{Y}{X+Y+Z} \tag{6-10}$$

$$z=\frac{Z}{X+Y+Z} \tag{6-11}$$

由式（6-9）～式（6-11）可得色系数之间的联系：

$$x+y+z=1 \tag{6-12}$$

6.1.2 色度图

人们在分析或区分颜色时常使用 3 种基本特性量：**亮度**、**色调**和**饱和度**。亮度与物体的反射率成正比，如果没有颜色，就只有亮度一个自由度的变化。对彩色光来说，其中掺入的白色越多亮度就越高，掺入的黑色越多亮度就越低。色调与混合光谱中的主要光波长有关。饱和度与一定色调的纯度有关，纯光谱色是完全饱和的，随着白光的加入，饱和度逐渐降低。

色调和饱和度合称为**色度**，颜色可用亮度和色度共同表示。1931 年，CIE 制定了一个舌形**色度图**，如图 6-1（图中围绕舌形的数值代表光的波长，单位是 nm）所示，它用组成某种颜色的三基色的比例来规定这种颜色。图中横轴对应红色的色系数 x，纵轴对应绿色的色系数 y，蓝色的色系数 b 可由式（6-2）求得，它在与纸面垂直的方向上。图中各点给出光谱中各颜色的色度坐标，连接 400 nm 和 700 nm 的直线是光谱上没有的由紫到红的系列。

通过对图 6-1 的观察分析可知：

（1）在色度图中，每个点都对应一种可见的颜色，任何可见的颜色都在色度图中占据确定的位置。在以（0, 0）、（0, 1）、（1, 0）为顶点的三角形内且在色度图舌形外的点对应不可见的颜色。

（2）色度图舌形边界上的点代表纯颜色，移向中心表示混合的白光增加而纯度减少。在中心点 C 处，各种光谱能量相等，显示为白色，此处纯度为 0。某种颜色的纯度一般称为该颜色的饱和度，纯颜色的饱和度为 1。

（3）在色度图中，连接任意 2 个端点的直线上的各点表示将这 2 个端点所代表的颜色相加而组成的一种颜色。据此，如果要确定由 3 种给定颜色可组合成的颜色范围，只需将这 3 种颜色对应的 3 个点连成三角形（图 6-1 中给出的三角形是以 CIE 规定的 3 种基本颜色对应的点为顶点的），该三角形中的任意颜色都可由这 3 种给定颜色组合而成（而该三角形外的颜色都不能由这 3 种给定颜色组合而成）。需要注意的是，由于利用给定的 3 种固定颜色得到的三角形并不能包含色度图中所有的颜色，所以只用（单波长的）3 种基本颜色并不能组合得到色度图中所有颜色。

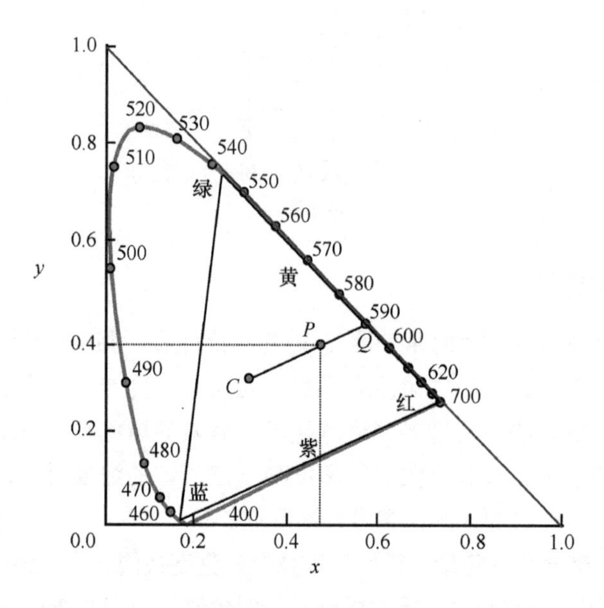

图 6-1　色度图示意

❑　例 6-1　色度图中一些点的三特征量值

在图 6-1 中，中心的 C 点对应白色，由三基色各占 1/3 组合产生。对于 P 点，$r = 0.48$，$g = 0.4$。由 C 通过 P 画一条直线至边界上的 Q 点（约对应 590nm 处），P 点对应颜色的主波长即为 590nm，此处光谱的颜色即为 Q 点的色调（橙色）；P 点位于从 C 到纯橙色点的 66%的地方，所以它的色纯度（饱和度）是 66%。 ❑

❑　例 6-2　PAL 和 NTSC 两种制式的色度三角形

对于各种彩色显示复原系统，需要选择合适的基本色，如 PAL 和 NTSC 两种电视制式使用的色度三角形如图 6-2 所示。这里考虑的因素主要有如下 3 项。

（1）在技术上产生高饱和度颜色较困难，所以基本色均为非完全饱和色。

（2）三角形应较大（具有较大的面积），以包含尽可能多的不同的彩色。

（3）饱和的蓝绿色不常用到，所以三角形的红色顶点最靠近光谱饱和轨迹，而蓝绿色顶点离完全饱和有较大距离（NTSC 制式比 PAL 制式的蓝绿色要多些）。

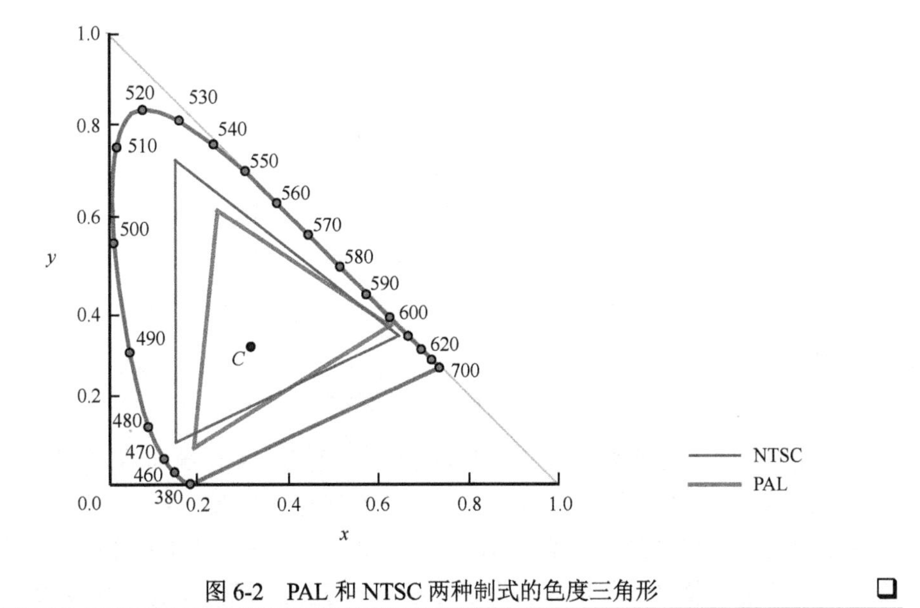

图 6-2　PAL 和 NTSC 两种制式的色度三角形

6.2　彩色模型

为了正确地表达和使用颜色，需要建立恰当的彩色模型。6.1 节提到，一种颜色可用 3 个基本量来描述，所以建立彩色模型就是建立一个 3D 坐标系，其中每个空间点都代表某种颜色。

目前常用的彩色模型可分为两类，一类面向彩色显示器或打印机之类的硬设备，另一类面向以彩色处理为目的的应用。面向硬设备的最常用的彩色模型是 RGB 模型，而面向彩色处理应用的最常用的彩色模型是 HSI 模型。这两种彩色模型也是图像技术中最为常见的模型，下面分别讨论。

6.2.1　RGB 模型

RGB 模型是一种具有矩形直角空间结构的模型，可用 3 个轴分别代表 *R*、*G*、*B* 的笛卡尔直角坐标系表示，如图 6-3 所示。这里我们感兴趣的部分是个立方体，其中原点对应黑色，离原点最远的顶点对应白色。在这个模型里，从黑到白的所有灰度值分布在原点与离原点最远顶点的连线上，而立方体内其余各点都对应不同的彩色。为求方便，可将该立方体归一化为一个单位立方体，这样所有的 *R*、*G*、*B* 的值都在区间[0, 1]中。

根据如图 6-3 所示的模型，每幅彩色图像包括 3 个独立的基色平面，或者说可分解到 3 个平面上。

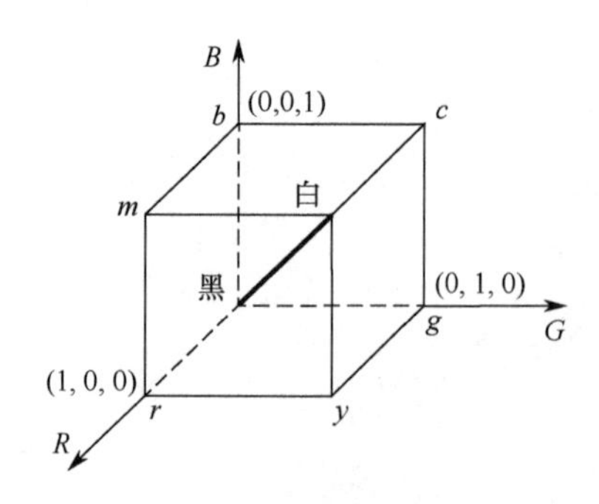

注：彩插部分有相应彩色图片。

图 6-3　RGB 模型示意

利用三基色的两两叠加可产生光的**三补色**：**蓝绿**（C，绿加蓝）、**品红**（M，红加蓝）、**黄**（Y，红加绿）。如果按一定的比例混合三基色或将一个补色与对应的基色混合就可以产生白色。需要指出的是，除光的三基色外还有颜料的三基色。颜料的基色是指吸收一种光基色并让其他两种光基色反射的颜色，所以颜料的三基色正好是光的三补色，它们组成 CMY 模型：

$$\begin{bmatrix} C \\ M \\ Y \end{bmatrix} = \begin{bmatrix} 1 \\ 1 \\ 1 \end{bmatrix} - \begin{bmatrix} R \\ G \\ B \end{bmatrix} \tag{6-13}$$

其中，C、M、Y 为三补色分量。

CMY 模型主要用于彩色打印。理论上，C、M、Y 是 R、G、B 的补色，它们的叠加应可输出黑色。但在实际应用中，它们的叠加只输出浑浊的深色。所以，出版界会单独加一个黑色（用 K 表示），使用所谓的 **CMYK 模型**进行**四色打印**。

6.2.2　HSI 模型

在 **HSI 模型**中，H 表示**色调**，S 表示**饱和度**，I 表示**密度**（对应成像亮度和图像灰度）。该模型有两个特点，或者说其基于两个重要的事实：其一，密度分量（I）与图像的彩色信息无关；其二，色调分量（H）和饱和度（S）分量与人感受颜色的方式密切相关。这些特点使得 HSI 模型非常适用于借助人的视觉系统来感知彩色特性的图像处理算法。

HSI 模型中的各分量可定义在如图 6-4(a)所示的双棱锥中，其中每个横截面如图 6-4(b)所示。对于其中的任意色点 P，其 H 对应指向该点的矢量与 R 轴的夹角；其 S 与指向该点的矢量长成正比，越长越饱和。在这个模型中，I 的值是沿一根通过三角形中心并垂直于三角形平面的直线来测量的。从纸面出来越多越白，进入纸面越多越黑。

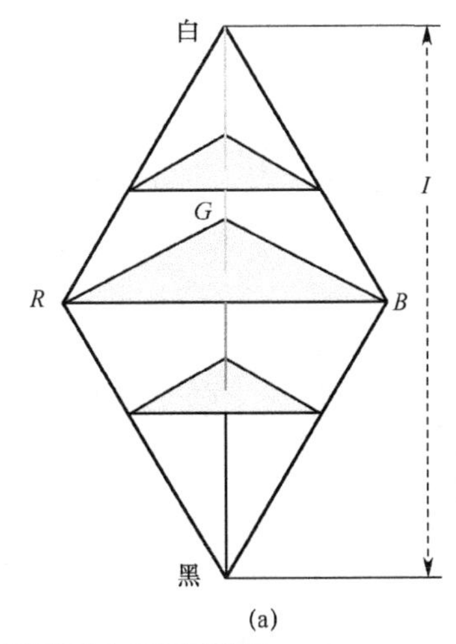

(a)

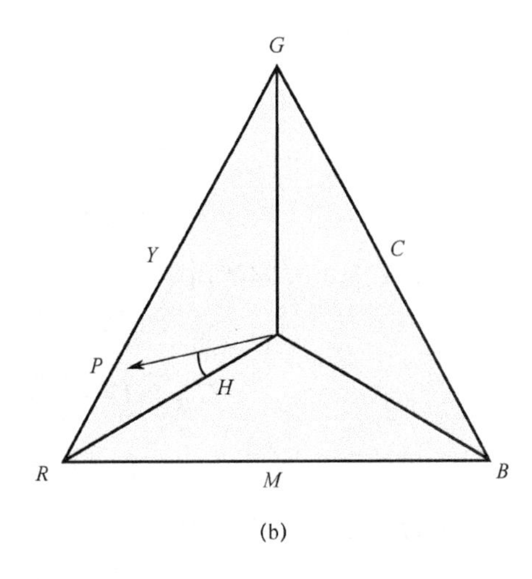

(b)

注：彩插部分有相应彩色图片。

图 6-4　HSI 模型示意

6.2.3　从 RGB 转换到 HSI

对任意 3 个[0, 1]内的 R、G、B 值，其对应的 HSI 模型中的 I、S、H 分量可分别由式（6-14）～式（6-16）计算得来：

$$I = \frac{1}{3}(R+G+B) \tag{6-14}$$

$$S = 1 - \frac{3}{R+G+B}\left[\min(R,G,B)\right] \tag{6-15}$$

$$H = \arccos\left\{\frac{[(R-G)+(R-B)]/2}{\left[(R-G)^2+(R-B)(G-B)\right]^{1/2}}\right\} \tag{6-16}$$

由式（6-16）直接算出的 H 值在[0°, 180°]中，对应 $G \geqslant B$ 的情况。在 $G < B$ 时，H 值会大于 180°，此时可令 H 取值（$360° - H$），把 H 变回到[0°, 180°]中。所以若同时考虑两种情况，则可使由式（6-16）算得的 H 落在[0°, 360°]中。为把在[0°, 360°]中的 H 变换到[0, 1]中，可再令 $H' = H/360°$进行转换。注意当 $S = 0$ 时，对应的是无色的中心点，这时 H 没有意义，此时可令 H 为 0。另外，当 $I = 0$ 时对应黑色，$I = 1$ 时对应白色，在这两种情况下，S 都为 0 而 H 也都没有意义。

6.2.4　从 HSI 转换到 RGB

若设 S、I 的值在[0, 1]中，R、G、B 的值也在[0, 1]中，则从 HSI 到 RGB 的转

换公式（分成 3 段以利用对称性）如下。

（1）若 H 在[0°, 120°]中：

$$B = I(1-S) \tag{6-17}$$

$$R = I\left[1+\frac{S\cos H}{\cos(60°-H)}\right] \tag{6-18}$$

$$G = 3I-(B+R) \tag{6-19}$$

（2）若 H 在[120°, 240°]中：

$$R = I(1-S) \tag{6-20}$$

$$G = I\left[1+\frac{S\cos(H-120°)}{\cos(180°-H)}\right] \tag{6-21}$$

$$B = 3I-(R+G) \tag{6-22}$$

（3）若 H 在[240°, 360°]中：

$$G = I(1-S) \tag{6-23}$$

$$B = I\left[1+\frac{S\cos(H-240°)}{\cos(300°-H)}\right] \tag{6-24}$$

$$R = 3I-(G+B) \tag{6-25}$$

❑ 例 6-3　彩色图像的 *R*、*G*、*B* 和 *H*、*S*、*I* 各分量图示

彩色图像的各分量也可以用灰度图的形式表示（见图 6-5），如浅色表示分量值较大，而深色表示分量值较小。不过这种表示方法仅表示了各分量的幅度值，频率或波长是体现不出来的。

图 6-5　一幅彩色图像的 *R*、*G*、*B* 和 *H*、*S*、*I* 各分量图示

在图 6-5 中，图 6-5(a)、图 6-5(b)、图 6-5(c)分别为一幅彩色图像的 R、G、B 分量（每个分量用 8bits 表示），图 6-5(d)、图 6-5(e)、图 6-5(f)分别为这幅彩色图像的 H、S、I 分量（每个分量也各用 8bits 表示）。将前 3 个分量和后 3 个分量分别组合起来可得到相同的彩色图像。注意 H 分量和 S 分量看起来与 I 分量很不相似，表示 H、S、I 这 3 个分量之间的区别比 R、G、B 这 3 个分量之间的区别要大，这表明 H、S、I 之间的相关性要小于 R、G、B 之间的相关性。 □

6.3　伪彩色增强

虽然人眼只能分辨几十个不同深浅的灰度级，但却能分辨几千种不同的颜色。因此在图像处理中常可借助彩色增强处理来得到对人眼来说增强了的视觉效果。一般采用的彩色增强方法可分为伪彩色增强方法和真彩色增强方法。虽然只有一字之差，但它们的原理有很大不同。本节介绍伪彩色增强方法，6.4 节介绍真彩色增强方法。

伪彩色增强方法通过对原始灰度图像中具有不同灰度值的区域赋予不同的颜色来更明显地区分它们。因为原始图像本身没有颜色，所以人工赋予的颜色称为**伪彩色**。这个赋色过程实际上是一种着色过程。以下讨论三种根据图像灰度特点来赋予伪彩色的简单方法。

6.3.1　亮度切割

一幅灰度图像可看作一个 2D 的亮度函数（有两个自变量的函数）。可用一个平行于图像坐标平面的平面切割图像亮度函数，从而把亮度函数分成 2 个灰度值区间，这称为**亮度切割**。图 6-6 给出亮度切割的剖面示意（横轴为坐标轴，纵轴为灰度值轴）。

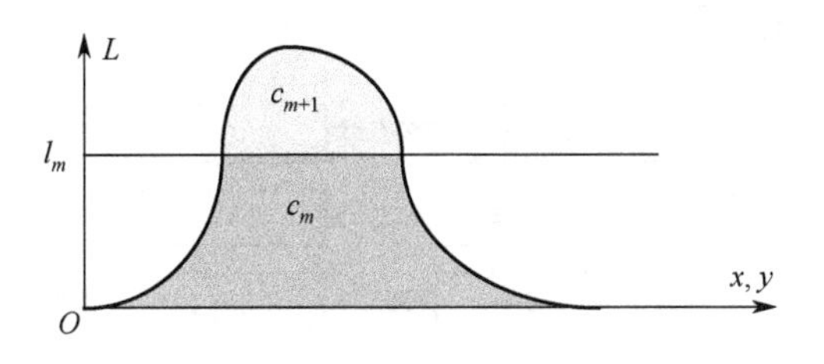

图 6-6　亮度切割的剖面示意

根据图 6-6，对于每个输入灰度值，如果它在切割灰度值 l_m（切割平面的剖面）之上，就赋予其某种颜色，如果它在 l_m 之下，就赋予其另一种颜色。通过这种变换，原来多灰度值的图像就转变成了一幅只有 2 种颜色的图像，上下平移切割平面可得到不同的显示结果。

这种方法可推广总结如下：设在灰度级 $l_1, l_2, \cdots, l_M$ 处定义了 M 个平面，让 l_0 代表黑（$f(x, y) = 0$），l_L 代表白（$f(x, y) = L$），在 $0 < M < L$ 的条件下，M 个平面把图像灰度值分成 $M + 1$ 个区间，可对每个灰度值区间内的像素赋予一种颜色：

$$f(x,y) = c_m \qquad \begin{matrix} f(x,y) \in R_m \\ m = 0,1,\cdots,M \end{matrix} \tag{6-26}$$

其中，R_m 为切割平面限定的灰度值区间；c_m 是所赋的颜色。

6.3.2 从灰度到彩色的变换

在**灰度到彩色变换**的方法中，对于原始图像中各像素的灰度值，可用 3 个独立的变换来处理，一个示例如图 6-7 所示。这里用 3 个独立的连续变换来处理原始图像中各像素的灰度值，从而将各灰度都映射为不同的颜色。根据图 6-7 的变换函数，灰度值偏小的像素将主要呈现蓝色，灰度值偏大的像素将主要呈现红色，而中间灰度值的像素将呈现偏绿色且饱和度较低。

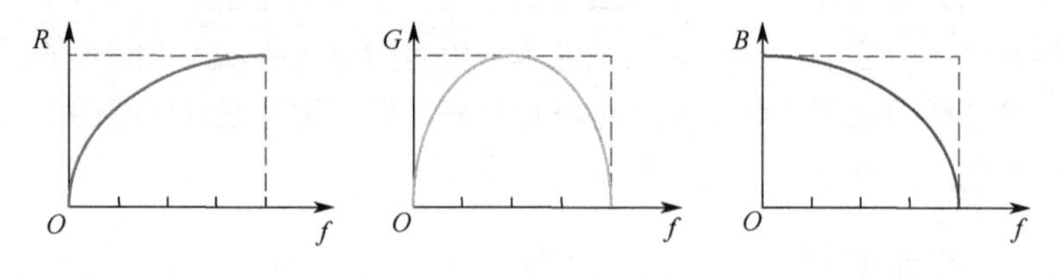

图 6-7　伪彩色变换函数示例

如果再将 3 个变换的结果分别输入到彩色显示器的 3 个电子枪中，就可得到颜色内容由 3 个变换函数调制的混合图像，如图 6-8 所示。这里受调制的是图像的灰度值而不是像素的位置。

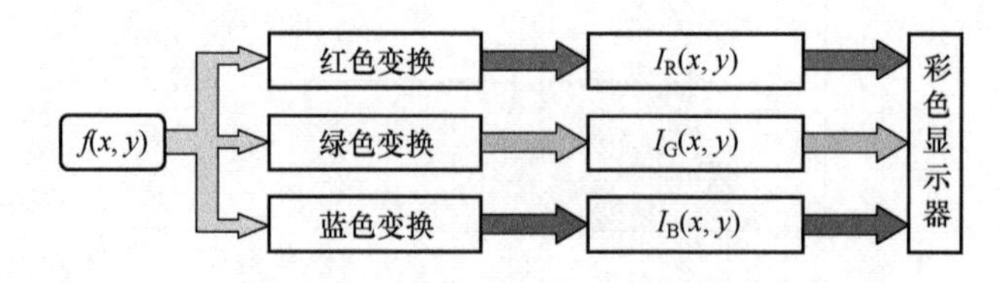

图 6-8　伪彩色变换过程示意

第 6.3.1 节讨论的亮度切割方法可看作用一个分段线性函数实现从灰度到彩色的变换，可算作本方法的一个特例。但本方法还可以使用光滑的、非线性的变换函数，因此更加灵活。在实际应用中，变换函数常用取绝对值的正弦函数，其特点是在峰值处比较平缓而在低谷处比较尖锐，通过变换每个正弦波的相位和频率，可以改变相应灰度值所对应的颜色。例如，当 3 个变换具有相同的相位和频率时，输出的图像仍是灰度图像。当 3 个变换间的相位发生一点小变化时，灰度值对应正弦函数峰值处的像素受到的影响很小（特别当频率比较低、峰比较宽时）；灰度值对应正弦函数低谷处的像素受到的影响较大，特别在 3 个正弦函数都为低谷处，幅度变化更为剧烈。换句话说，在 3 个正弦函数数值变化比较剧烈的位置，像素灰度值受颜色变化的影响比较明显。这样不同灰度值范围内的像素就得到了不同的伪彩色增强效果。

6.3.3　频域滤波

伪彩色增强也可在频域中借助各种滤波器实现，其框图如图 6-9 所示。输入图像的傅里叶变换被 3 个不同的滤波器（常用带通或带阻滤波器）分成不同的频率分量；对每个范围内的频率分量分别进行傅里叶反变换，可对其结果进行进一步处理（如直方图均衡化或规定化）；将各通路的图像分别输入彩色显示器的红、绿、蓝输入口就能得到增强后的图像。

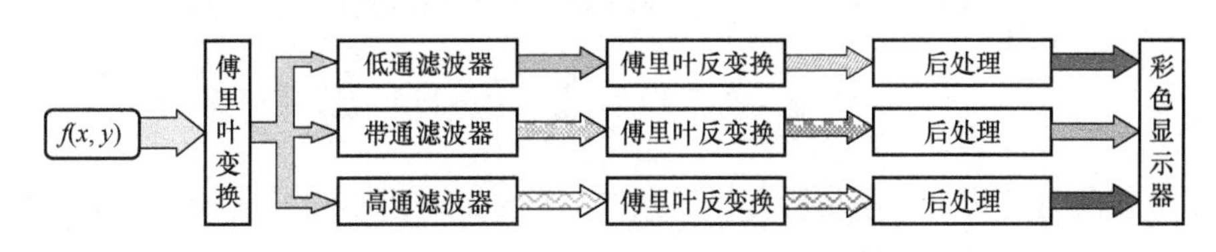

图 6-9　用于伪彩色增强的频域滤波框图

这里的基本思想是利用图像中各区域频率的不同为区域赋予不同的颜色。为得到不同的频率分量，可分别使用低通、带通（或带阻）和高通滤波器进行处理。

6.4　真彩色增强

在**真彩色增强**中，被增强的图像原本就是彩色的，增强后的图像也是彩色的。真彩色 RGB 图可用 24bits 表示，R、G、B 分量各占 8bits，即每个像素在 R、G、B 分量图中各取 256 个值。也可将 R、G、B 都归一化到[0, 1]内，这样相邻值间的差是 1/255。一幅真彩色 RGB 图也可用 H、S、I 三个分量（各占 8bits）图表示。这里不同的是，色调图中的像素值是以角度为单位的，当用 8bits 表示时，256 个值分布在[0°, 360°]内，所以相邻值的差是（360/255）°，或者说 256 个值分别为 n

(360/255)°，其中 $n=0,1,\cdots,255$，H 分量的值有可能不是整数。

真彩色图像的处理策略可分为两种。一种是将一幅彩色图像看作三幅分量图像的组合体，在处理过程中先对每幅分量图像（参照灰度图像的处理方法）进行单独处理，再将处理结果合成为彩色图像；另一种是考虑一幅彩色图像的每个像素都具有三个属性值，即属性为一个矢量，需要利用矢量的表达方法进行处理。如果用 $\boldsymbol{C}(x,y)$表示一幅彩色图像或一个彩色像素，则有 $\boldsymbol{C}(x,y)=[R(x,y)\quad G(x,y)\quad B(x,y)]^{\mathrm{T}}$。这里要将灰度图像处理的方法推广到对彩色图像的处理上，或者说要将对一个标量属性的处理推广为对一个矢量属性的处理，对处理的方法和处理的对象都有一定的要求。

首先，采用的处理方法应该既能用于标量又能用于矢量；其次，对一个矢量中每个分量的处理要独立于其他分量。对图像进行简单的邻域平均是满足这两个条件的一种方法。对于一幅灰度图像，邻域平均的具体操作就是用模板覆盖的像素值之和除以模板覆盖的像素个数。对于一幅彩色图像，邻域平均既可基于各属性矢量进行（矢量运算），也可基于各属性矢量的每个分量分别进行（如同对灰度图像采用标量运算），之后再合并。这可表示为

$$
\begin{aligned}
\sum_{(x,y)\in N}\boldsymbol{C}(x,y) &= \sum_{(x,y)\in N}\left[R(x,y)+G(x,y)+B(x,y)\right] \\
&= \sum_{(x,y)\in N}R(x,y)+\sum_{(x,y)\in N}G(x,y)+\sum_{(x,y)\in N}B(x,y)
\end{aligned}
\tag{6-27}
$$

需要注意的是，并不是所有处理操作都符合上述规则，只有在进行线性处理操作时，两种结果才会等价。

6.4.1 单分量真彩色增强

在真彩色增强中，尽管直接使用灰度图像的增强方法处理 R、G、B 分量可以增加图像的可视细节亮度，但得到的增强图像的色调有可能完全没有意义或不符合实际情况。这是因为在增强图像中，对应同一个像素的 R、G、B 分量都发生了变化，它们的相对数值与原来不同，从而导致原始图像的颜色发生较大改变，并且这种改变很难控制。

如果将 RGB 图转化为 HSI 图，亮度分量就和色度分量分离开了，可以对它们分别使用灰度图像的增强方法以获得预期的效果。一种简单且常用的真彩色增强方法的基本步骤如下。

（1）将原始彩色图像的 R、G、B 分量图转化为 H、S、I 分量图。

（2）利用灰度图像的增强方法增强其中某个分量图。

（3）将结果转换为 R、G、B 分量图以用彩色显示器显示。

HSI 图包含 3 个分量图，所以步骤（2）的增强可分为 3 种情况。

一是增强的是 I 分量图。这并不会改变原始图像的彩色内容，但增强后的图像看起来可能仍会有色感上的差异。这是因为尽管色调和饱和度没有变化，但亮度发生了改变，所以对整幅图像的色感会有一定影响。

二是增强的是 S 分量图。在这种情况中，饱和度的改变与增强方式有关。如果将图像每个像素的 S 分量乘以一个大于 1 的常数，则可使图像中的彩色更鲜明；如果乘以一个小于 1 的常数，则会使图像的彩色感降低。

❑ 例 6-4　饱和度增强示例

在图 6-10 中，图 6-10(a)是一幅原始彩色图像；图 6-10(b)是仅提升饱和度的结果，图像颜色更为饱和，并且有反差增加、边缘更加清晰的感觉；图 6-10(c)是仅降低饱和度的结果，原本饱和度较低的部分已成为灰色，整幅图像比较平淡。

(a)

(b)

(c)

注：彩插部分有相应彩色图片。

图 6-10　饱和度改变的效果 ❑

三是增强的是 H 分量图。在这种情况中，人对图像的感觉有些特殊性。根据 HSI 模型的表示方法，色调对应一个角度且是循环的。如果将每个像素的色调值加一个常数（角度值），会使相应目标的颜色在色谱上移动。当这个常数比较小时，一般会使彩色图像的色调变“暖”或变“冷”；当这个常数比较大时，则有可能使人对彩色图像的感受发生比较剧烈的变化。

❑ 例 6-5　色调增强示例

在图 6-11 中，图 6-11(a)是一幅原始彩色图像；图 6-11(b)是将色调分量减去一个较小值的结果，红色有些变紫而蓝色有些变绿；图 6-11(c)是将色调分量增加一个较大值的结果，此时图像基本反色，与图像求反的效果类似。

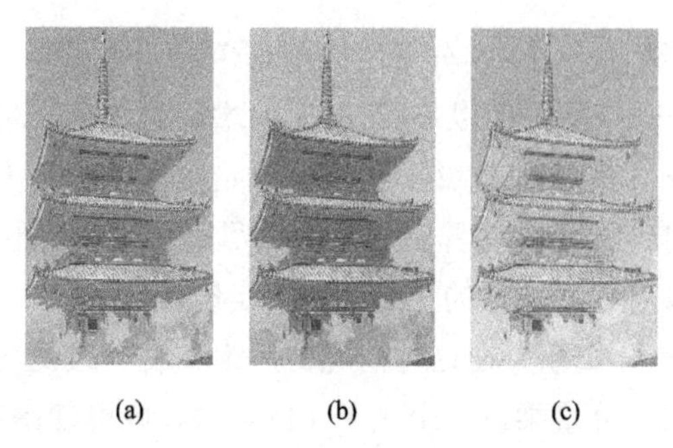

(a)　(b)　(c)

注：彩插部分有相应彩色图片。

图 6-11　一组色调变化的图像

6.4.2　全彩色增强

单分量真彩色增强的优点是由于对亮度、饱和度和色调进行了分离，所以增强操作比较容易进行，但缺点是总会产生整体颜色感知（尤其是视觉感知色调）的变化，并且变化的效果不易控制。所以，在有些增强场景中，需要考虑颜色的所有分量。下面介绍两种方法。

1. 彩色切割增强

在彩色空间中，任意一种颜色都占据空间中的一个位置。自然图像中对应同一个物体或物体部位的像素，其颜色在彩色空间中应该是聚集在一起的。彩色空间是一个 3D 空间，对于 RGB 空间，3 个坐标轴分别为 R、G、B；对于 HSI 空间，3 个坐标轴分别为 H、S、I。考虑图像中对应一个物体的区域 W，如果能在彩色空间中将其对应的聚类确定出来，让与这个聚类对应的像素保持原来的颜色（或赋予其增强的颜色），而让其他像素取某个单一的颜色（如取白色或黑色），就能将该物体与其他物体区别开来（或突出显示），从而达到增强的目的。这种方法与 6.3 节介绍的亮度切割方法有类似之处，可称为**彩色切割增强**。

下面以 RGB 空间为例来具体介绍，如采用其他彩色空间，方法也是类似的。与区域 W 对应的 3 个颜色分量分别为 $R_W(x,y)$、$G_W(x,y)$、$B_W(x,y)$。首先计算它们各自的平均值（彩色空间的聚类中心坐标）：

$$m_{\mathrm{R}} = \frac{1}{\#W} \sum_{(x,y)\in W} R_W(x,y) \tag{6-28}$$

$$m_{\mathrm{G}} = \frac{1}{\#W} \sum_{(x,y)\in W} G_W(x,y) \tag{6-29}$$

$$m_{\mathrm{B}} = \frac{1}{\#W} \sum_{(x,y)\in W} B_W(x,y) \qquad (6\text{-}30)$$

其中，$\#W$ 代表区域 W 中的像素个数。

然后确定各彩色分量的分布宽度 d_{R}、d_{G}、d_{B}。根据平均值和分布宽度可确定对应区域 W 的彩色空间中的颜色包围矩形$\{(m_{\mathrm{R}} - d_{\mathrm{R}}/2) : (m_{\mathrm{R}} + d_{\mathrm{R}}/2) ; (m_{\mathrm{G}} - d_{\mathrm{G}}/2) : (m_{\mathrm{G}} + d_{\mathrm{G}}/2) ; (m_{\mathrm{B}} - d_{\mathrm{B}}/2) : (m_{\mathrm{B}} + d_{\mathrm{B}}/2)\}$。在实际应用中，平均值和分布宽度常需要借助人机交互来获得。

2．彩色滤波增强

彩色切割增强操作是基于点操作的，也可以采用模板操作进行彩色图像的增强，称为**彩色滤波增强**。为保证不偏色，需要同时处理各分量。

以邻域平均为例，设彩色像素 $\boldsymbol{C}(x, y)$的邻域为 W，用模板对彩色图像进行卷积的结果为

$$\boldsymbol{C}_{\mathrm{avc}}(x,y) = \frac{1}{\#W} \sum_{(x,y)\in W} \boldsymbol{C}(x,y) = \frac{1}{\#W} \begin{bmatrix} \sum_{(x,y)\in W} R(x,y) \\ \sum_{(x,y)\in W} G(x,y) \\ \sum_{(x,y)\in W} B(x,y) \end{bmatrix} \qquad (6\text{-}31)$$

可见，对矢量处理的平均结果可由对其各分量用相同方法进行平均后再组合来得到。换句话说，可以将一幅彩色图像分解为 3 幅灰度图像，用同样的模板对 3 幅灰度图像分别进行邻域平均，之后再将结果组合起来。上述方法对加权平均也适用。事实上，各种线性滤波方式都可以如此进行，但对于各种非线性滤波方式，情况就会变得很复杂。

6.5　各节要点和进一步参考

以下指出各节的一些要点，并介绍一些可以进一步查阅的参考文献。

1．彩色视觉

根据人眼结构，三基色（红、绿、蓝）可通过不同组合构成各种颜色。这是一个基本理论，其他理论可参见文献[1]。色度图用来定量描述颜色的各种组合，对色度图的补充讨论可参见文献[2]和文献[3]。另外，三基色理论也是电视广播的

基础，可参阅有关电视原理的书籍，如文献[4]。对彩色和彩色图像技术的全面讨论可参见文献[5]。

2. 彩色模型

RGB 模型和 HSI 模型分别是面向彩色显示器、打印机等硬设备及彩色处理应用的两类模型的典型代表。这两类模型中的其他模型可分别基于 RGB 模型和 HSI 模型推导得到。另外，还有一些其他类型的彩色模型，可参见文献[1]和文献[5]等。从 RGB 到 HSI 的转换公式的证明可参见文献[2]。

3. 伪彩色增强

伪彩色增强可看作对灰度图像着色的过程，即对原来灰度图像中具有不同灰度值的区域赋予不同的颜色以更明显地区分它们。伪彩色增强的输入是灰度图像，而输出是彩色图像。对伪彩色图像增强技术的进一步讨论可参见文献[5]。与伪彩色字面意思很相近但实际意义很不同的是假彩色或伪造彩色。假彩色增强其实是一种真彩色增强，有关假彩色增强的具体内容可参见文献[6]和文献[3]。

4. 真彩色增强

真彩色增强通过对彩色图像的不同分量分别进行映射来改变原来彩色图像的视觉效果。真彩色增强的输入和输出均是彩色图像（矢量图像）。在真彩色增强中，常将 RGB 图转化为 HSI 图以分离亮度分量和色度分量，然后分别对其进行增强。在进行真彩色图像增强时，也可同时考虑其 3 个分量并使用点操作技术。对真彩色图像增强技术的更多讨论可参见文献[6]和文献[7]。

第7章 图像分割

图像分割是指把图像分成具有不同特性的区域并提取出感兴趣目标。图像分割是从图像处理“进到”图像分析的关键步骤，也是一种基本的计算机视觉技术。图像的分割、目标的分离、特征的提取和参数的测量等将原始图像转化为更抽象、更紧凑的形式，使得更高层次的分析和理解成为可能。

图像分割技术多年来一直受到人们的高度重视，其发展与许多其他学科和领域密切相关。由于至今为止图像分割尚无通用的自身理论，所以每当有新的数学工具或方法提出时，人们就试着将其用于图像分割，因而提出了不少特殊的（或者说有特色的）分割算法。有些方法通过对各像素的逐步分析、判断提取目标，也有些方法直接在图像中检测需要的目标，后一类方法将在第8章介绍。

本章各节安排如下。

7.1 节介绍分割的定义，并讨论各种分割算法的分类。

7.2 节讨论利用微分计算进行目标边缘检测的图像分割方法。在介绍微分边缘检测原理的基础上，对常用的基于模板进行一阶微分计算和二阶微分计算的典型算子进行介绍。

7.3 节介绍一种在初步确定目标边界的封闭曲线的基础上，通过建立并优化能量函数来调整封闭曲线以确定目标精确轮廓的分割方法。

7.4 节介绍一类通过选取阈值并比较像素值与阈值来分离目标像素和背景像素的方法。除了介绍其原理和步骤，还讨论一些典型的确定阈值的方法。

7.5 节讨论一种图像中的特殊区域——过渡区，在根据特点对其进行确定的基础上，分析基于过渡区进行阈值选取的典型方法。

7.6 节介绍区域生长技术，先确定目标和背景区域中的个别像素，再根据一定的结合准则逐步判断邻域像素的归属，直到完成所有像素的分类。

7.1 定义和算法分类

在对图像的研究和应用中，人们往往仅对图像中的某些部分感兴趣，这些部分常称为**目标**或**前景**（其他部分称为**背景**），一般对应图像中特定的、具有独特性质的区域。为了辨识和分析目标，需要将这些区域分离并提取出来，如进行特征提取。

图像分割要根据各区域的特性来进行，这里的特性可以是灰度、颜色、纹理等。目标可以对应单个区域，也可以对应多个区域。对于图像分割，目前已有上千种各种类型的分割算法，而且近年来每年都有上百篇相关的研究报告发表。

❑ 例 7-1 图像分割的关注度

第 1 章提到了一个图像工程的文献综述系列。该综述系列从 1996 年开始发表，已对 15 个期刊的图像工程文献进行了连续 26 年（1995—2020 年）的统计。在表 1-1 中，图像分析分成了 5 类，表 7-1 给出这 5 类图像分析技术的文献分类统计结果。其中，文献总数指综述系列中该类文献的总数，年平均文献数为有统计年份的平均数，总排名指该类文献年平均文献数量在所有图像工程类别（共 23 个类别）中的排名。

表 7-1 图像分析技术的文献分类统计结果

类　别	文献总数	年平均文献数	总 排 名
图像分割和基元检测	1862 篇	71.6 篇	1
目标表达、目标描述、特征测量	301 篇	11.6 篇	20
目标特性提取分析	530 篇	20.4 篇	13
目标检测和目标识别	1532 篇	58.6 篇	2
人体生物特征提取和验证	1164 篇	55.4 篇	4

由表 7-1 可见，图像分割技术是这 26 年来非常值得注意的热点和焦点，在图像工程众多的研究内容中占据了重要地位。❑

7.1.1 图像分割定义

图像分割可借助集合概念用如下（比较正式的）方式定义。

令集合 R 代表整个图像区域，对 R 的分割可看作将 R 分成若干个满足以下 5 个条件的非空子集（子区域）$R_1, R_2, \cdots, R_n$，其中，$P(R_i)$代表所有在集合 R_i 中的元素的某种性质；$\varnothing$是空集。

（1）$\bigcup_{i=1}^{n} R_i = R$。

（2）对于所有的 i 和 j（$i \neq j$），有 $R_i \cap R_j = \varnothing$。

（3）对于 $i = 1, 2, \cdots, n$，有 $P(R_i) = \text{TRUE}$。

（4）对于 $i \neq j$，有 $P(R_i \cup R_j) = \text{FALSE}$。

（5）对于 $i = 1, 2, \cdots, n$，R_i 是连通的区域。

条件（1）指出，分割得到的全部子区域的总和（并集）应包括图像的所有像素，或者说分割应将图像中的每个像素都分到某个子区域中；条件（2）指出，各子区域是互不重叠的，或者说 1 个像素不能同时属于 2 个区域；条件（3）指出，在分割后属于同一个区域的像素应该具有某些相同的特性；条件（4）指出，在分割后属于不同区域的像素应该具有一些不同的特性；条件（5）要求同一个子区域内的像素是连通的。

图像分割总是根据一些分割准则进行的。条件（1）与条件（2）说明分割准则应适用于所有区域和所有像素，而条件（3）与条件（4）说明分割准则应能用来确定各区域中像素（有代表性）的特性。

7.1.2　图像分割算法分类

根据以上定义和讨论，可考虑根据如下两个准则对图像分割算法进行分类。

（1）对灰度图像的分割常可基于像素灰度值的两个性质：不连续性和相似性。区域内部的像素一般具有灰度相似性，而区域边界上的像素一般具有灰度不连续性。所以图像分割算法可据此分为利用灰度不连续性的基于边界的算法和利用灰度相似性的基于区域的算法。

（2）根据分割过程中处理策略的不同，分割算法又可分为并行算法和串行算法。在并行算法中，所有判断和决定都可独立地同时做出，而在串行算法中，早期处理的结果可被其后的处理过程利用。一般串行算法所需的计算时间比并行算法长，但抗噪声等鲁棒能力也较强。

上述两个准则互不重合又互为补充，所以图像分割算法可根据这两个准则分成 4 类（见表 7-2）：并行边界类、串行边界类、并行区域类、串行区域类。这种分类法既能满足 7.1.1 节介绍的 5 个条件，又能涵盖目前所有针对图像分割提出的算法。

表 7-2　分割算法分类表

分　类	边界（灰度不连续性）	区域（灰度相似性）
并行处理	并行边界类	并行区域类
串行处理	串行边界类	串行区域类

7.2～7.6 节分别对这 4 类技术的一些基本方法和典型方法进行介绍，并行边界类见 7.2 节，串行边界类见 7.3 节，并行区域类见 7.4 节和 7.5 节，串行区域类见 7.6 节。

7.2　微分边缘检测

边缘检测是所有基于边界的分割方法（包括并行边界类和串行边界类）的关键步骤。边缘一般存在于两个具有不同灰度值的相邻区域之间，并且在边缘处灰度值剧烈变化。

7.2.1　微分边缘检测原理

边缘是灰度值不连续的结果，这种不连续常可利用微分或求导方便地检测到，一般常用一阶导数和二阶导数来检测边缘。在图 7-1 中，第 1 行是一些具有边缘的图像，第 2 行是沿图像水平方向的剖面，第 3 行和第 4 行分别为对应剖面的一阶导数和二阶导数。由于采样的缘故，数字图像中的边缘总有一些模糊，所以这里垂直上下的边缘剖面都被表示成有一定坡度的形式。

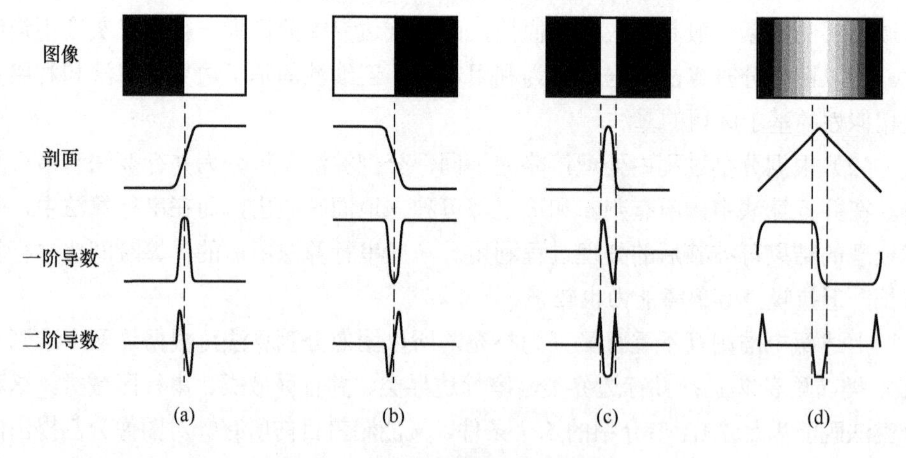

图 7-1　各种边缘剖面和对应导数

常见的边缘剖面主要有 3 种：

（1）**阶跃边缘**，如图 7-1(a)和图 7-1(b)所示。

（2）**脉冲边缘**，如图 7-1(c)所示。

（3）**屋脊边缘**，如图 7-1(d)所示。

阶跃边缘处于图像中两个具有不同灰度值的相邻区域之间；脉冲边缘主要对应细条状的灰度值突变区域，可看作图 7-1(a)和图 7-1(b)的两个阶梯状相向靠得很近的情况；屋脊边缘的上升沿和下降沿都比较平缓，可看作图 7-1(c)的脉冲状坡度变缓的情况。

在图 7-1(a)中，一阶导数在图像由暗变明的位置处有一个向上的阶跃，而在其他位置都为 0，这表明可用一阶导数的幅度值来检测边缘的存在，幅度峰值一般对应边缘位置；二阶导数在一阶导数的阶跃上升区有一个向上的脉冲，而在一阶导数的阶跃下降区有一个向下的脉冲，两者之间有一个过零点，它的位置对应原始图像中边缘的位置，所以可用二阶导数的过零点来检测边缘位置，而用二阶导数在过零点附近的符号确定边缘像素在图像边缘的暗区还是明区中。

分析图 7-1(b)可得到类似的结论，此处图像由明变暗，所以与图 7-1(a)相比，剖面左右对换，一阶导数上下对换，二阶导数左右对换。

在图 7-1(c)中，脉冲边缘的剖面与图 7-1(a)中的一阶导数形状相同，所以图 7-1(c)中的一阶导数与图 7-1(a)中的二阶导数形状相同，而它的 2 个二阶导数过零点正好分别对应脉冲的上升沿和下降沿。通过检测脉冲剖面的 2 个二阶导数过零点，可确定脉冲的范围。

在图 7-1(d)中，屋脊边缘的剖面可看作脉冲边缘底部的展开，所以它的一阶导数可通过将图 7-1(c)中的一阶导数的上升沿和下降沿拉开而得到，而它的二阶导数可通过将图 7-1(c)中的二阶导数的上升沿和下降沿拉开而得到。通过检测屋脊边缘剖面的一阶导数过零点，可以确定屋脊位置。

7.2.2　空域微分算子

对图像中边缘的检测可借助空域微分算子通过卷积完成。实际上，数字图像中的求导是利用差分近似微分来进行的。下面介绍几种简单的空域微分算子。

1．梯度算子

梯度对应一阶导数，**梯度算子**是一阶导数算子。对于一个连续函数 $f(x,y)$，它在位置(x,y)处的梯度可表示为一个矢量：

$$\nabla f = \begin{bmatrix} G_x & G_y \end{bmatrix}^{\mathrm{T}} = \begin{bmatrix} \dfrac{\partial f}{\partial x} & \dfrac{\partial f}{\partial y} \end{bmatrix}^{\mathrm{T}} \tag{7-1}$$

这个矢量的幅度（也常简称为梯度）和方向角分别为

$$\mathrm{mag}(\nabla f) = \left(G_x^2 + G_y^2\right)^{\frac{1}{2}} \tag{7-2}$$

$$\phi(x, y) = \arctan\left(\frac{G_y}{G_x}\right) \tag{7-3}$$

在实际应用中，常用小区域模板卷积来近似计算上述偏导数。对 G_x 和 G_y 各使用一个模板，所以需要将两个模板组合起来以构成一个梯度算子。根据模板的大小、其中元素值（系数）的不同，人们提出了许多不同的算子。最简单的梯度算子是**罗伯特**（Roberts）**交叉算子**，它的两个 2×2 模板如图 7-2(a)所示。比较常用的还有**蒲瑞维特**（Prewitt）**算子**和**索贝尔**（Sobel）**算子**，它们都用两个 3×3 模板，分别如图 7-2(b)和图 7-2(c)所示，其中索贝尔算子的效果比较好。

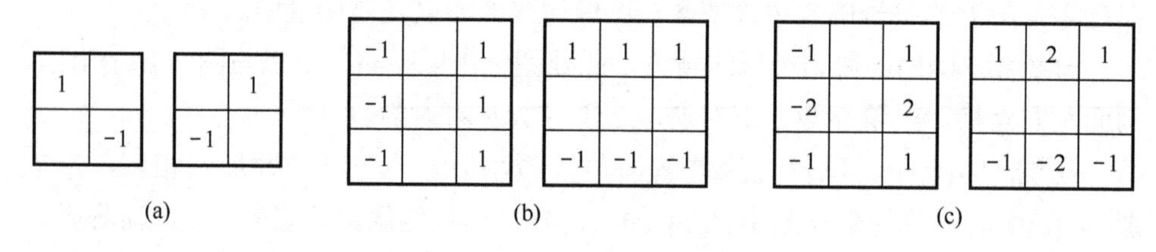

图 7-2　三种常用梯度算子的模板

❑ 例 7-2　方向梯度图比较

用图 7-2 中的三种梯度算子的模板分别对图 1-4(a)进行处理，得到的三组方向梯度图（上面一行为水平方向梯度图，下面一行为垂直方向梯度图）如图 7-3 所示。可见，用 2×2 模板得到的结果边缘比较细弱，用 3×3 模板得到的结果边缘比较粗强。在用 3×3 模板时，索贝尔算子比蒲瑞维特算子对微弱边缘检测的能力要更强一些。如果比较用同一个算子的两个模板分别得到的梯度图，可以从检测出的边缘点的空间位置和连通程度明显看出各模板的方向性。换句话说，每个模板都某一方向的梯度最敏感。水平模板对垂直边缘有最强的响应，垂直模板对水平边缘有最强的响应，两个方向的模板对倾斜的边缘都有一定的响应。

在梯度算子运算中，先采取类似卷积的方式，将各模板在图像上移动并在每个位置计算对应中心像素的梯度值，再将两个模板的梯度值用不同的范数结合起来得到综合的梯度（幅度）值。这里所用的范数可见式（7-2）或式（3-19）～式（3-21）。对一幅灰度图像求梯度会得到一幅梯度图。因为每个像素的梯度计算都是独立的，所以梯度图的计算可以并行进行。在边缘灰度值过渡比较剧烈且图像中的噪声比较弱时，梯度算子的处理效果较好。

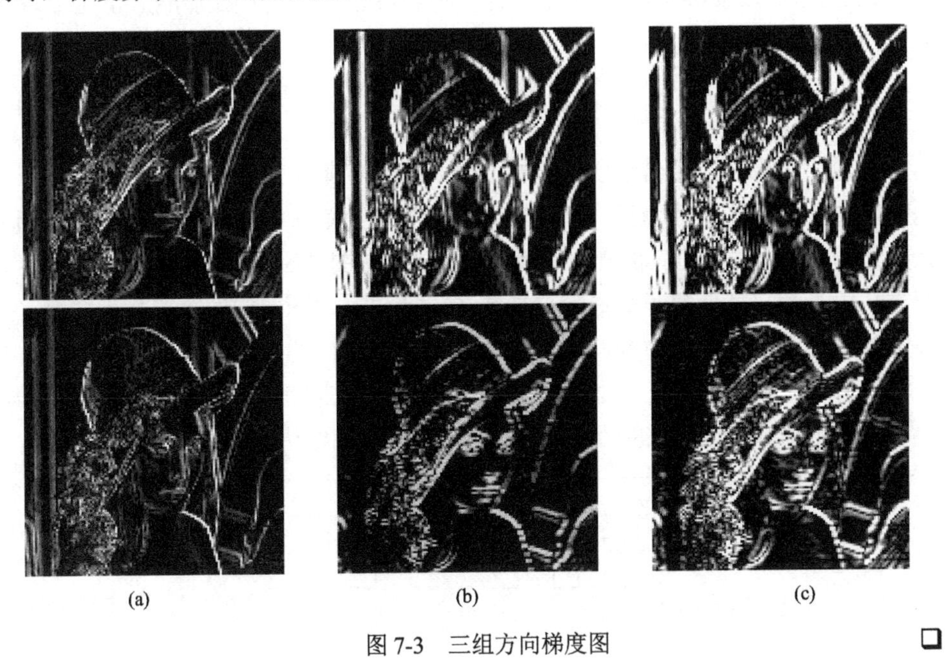

(a)　(b)　(c)

图 7-3　三组方向梯度图　❑

❑　例 7-3　不同范数梯度图比较

图 1-4(b)为一幅包含各种朝向的边缘的图像，在用索贝尔算子的两个模板对该图进行处理并获得两个正交方向的梯度值后，依次用式（3-19）～式（3-21）计算梯度图，结果如图 7-4 所示。由于对梯度进行了二值化，白色表示（超过阈值的）较大梯度值，黑色表示较小的梯度值。比较可见，虽然它们从总体上看很相似，但以 2 为范数的梯度比以 1 和∞为范数的梯度更为灵敏，如在图 7-4(b)中，塔形建筑物的左轮廓未检测出来，在图 7-4(c)中，塔形建筑物旁的穹顶也未显示。

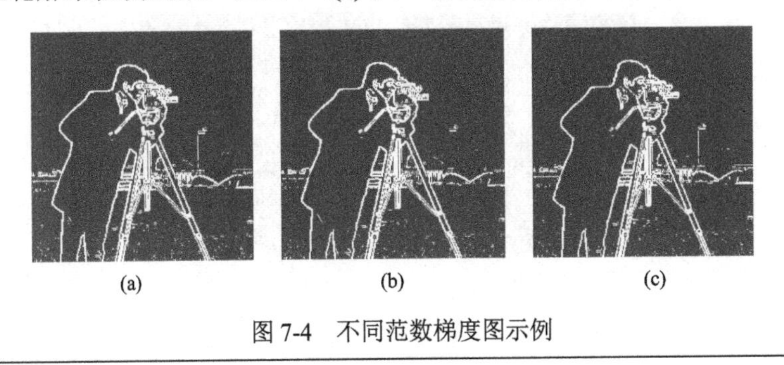

(a)　(b)　(c)

图 7-4　不同范数梯度图示例　❑

2．拉普拉斯算子

拉普拉斯（Laplacian）**算子**是一种二阶导数算子，对于图像$f(x, y)$，它在(x, y)处的拉普拉斯值定义如下：

$$\nabla^2 f = \frac{\partial^2 f}{\partial x^2} + \frac{\partial^2 f}{\partial y^2} \tag{7-4}$$

在数字图像中，可借助各种模板来计算拉普拉斯值。这里对模板的基本要求是对应中心像素的系数为正，而对应中心像素的近邻像素的系数为负，并且所有系数之和为 0。常用的三种典型模板如图 7-5(a)～图 7-5(c)所示，它们均满足上述要求。由于拉普拉斯算子是二阶导数算子，所以其对图像中的噪声相当敏感。另外它常产生双像素宽的边缘，并且不能提供边缘方向的信息。基于以上原因，拉普拉斯算子主要用于在已知边缘像素的情况下，确定该像素在暗区还是明区中，但有时也可根据其过零点的性质（参见图 7-1）来确定边缘的位置。

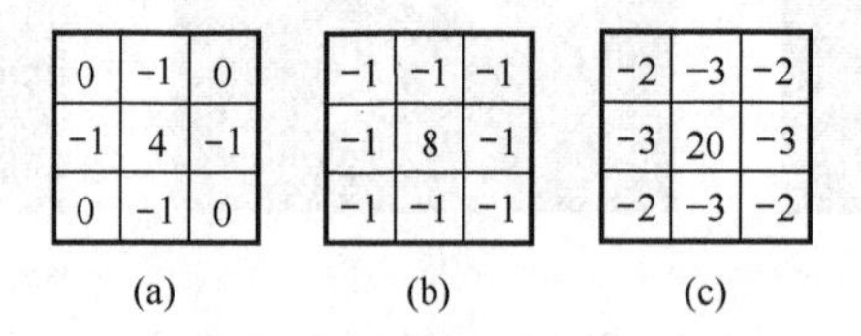

(a)

0	−1	0
−1	4	−1
0	−1	0

(b)

−1	−1	−1
−1	8	−1
−1	−1	−1

(c)

−2	−3	−2
−3	20	−3
−2	−3	−2

图 7-5　拉普拉斯算子模板

❑ **例 7-4　拉普拉斯算子边缘检测示例**

用如图 7-5(a)和图 7-5(b)所示的两个模板分别对图 1-4(a)进行边缘检测，得到的两幅图像（其中过零点为白色，其余点为黑色）如图 7-6(a)和图 7-6(b)所示。两图比较，用如图 7-5(b)所示的模板检测出的边缘点比较多，强度也比较大。与图 7-3 中用各种梯度算子得到的梯度图相比，此处边缘受噪声影响比较大，不太连续。

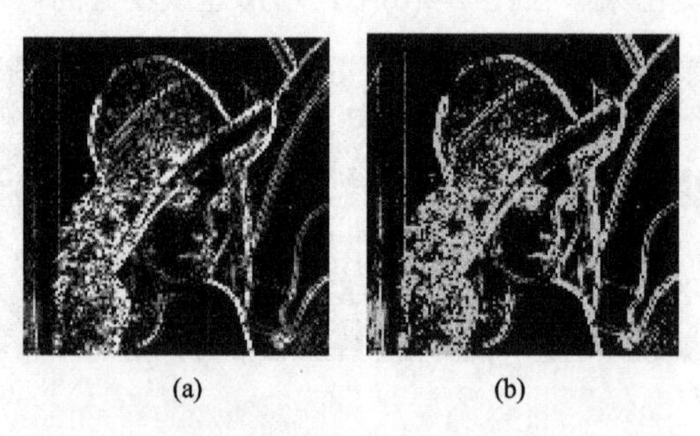

(a)　　(b)

图 7-6　用拉普拉斯算子模板检测出的边缘点 ❑

在实际应用中，可将图像与如式（7-5）所示的 2D 高斯函数的拉普拉斯变换相卷积以消除噪声：

$$h(x,y)=\exp\left(-\frac{x^2+y^2}{2\sigma^2}\right) \tag{7-5}$$

其中，σ 是高斯分布的均方差。如果令 $r^2=x^2+y^2$，通过对 r 求二阶导数来计算拉普拉斯值，则得到

$$\nabla^2 h=\left(\frac{r^2-\sigma^2}{\sigma^4}\right)\exp\left(-\frac{r^2}{2\sigma^2}\right) \tag{7-6}$$

这是一个轴对称函数，其剖面如图 7-7 所示。可见这个函数在 $r=\pm\sigma$ 处有过零点，在 $|r<\sigma|$ 时为正，在 $|r>\sigma|$ 时为负。

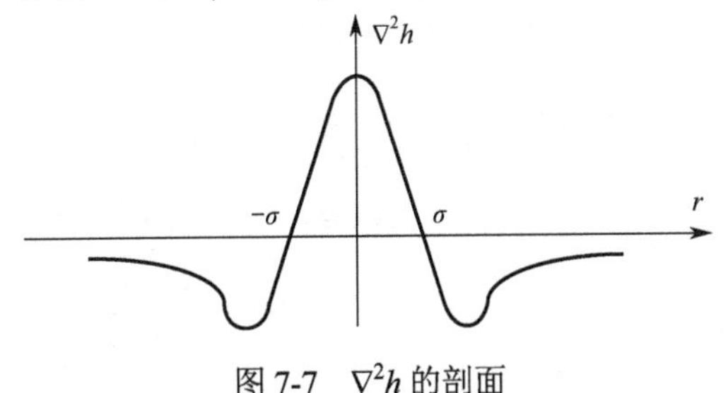

图 7-7　$\nabla^2 h$ 的剖面

借助式（7-6），可以进一步构建**马尔算子**以进行边缘检测。可以证明，马尔算子的平均值也是 0，如果将它与图像进行卷积不会改变图像的整体灰度范围。另外，由于函数 $\nabla^2 h$ 相当光滑（参见图 7-7），如果将它与图像进行卷积会模糊图像，并且其模糊程度是正比于 σ 的。因为借助 $\nabla^2 h$ 的平滑性质可以减弱噪声的影响，所以当边缘模糊或噪声较强时，利用 $\nabla^2 h$ 检测过零点能得到较可靠的边缘位置。这是马尔算子的优点，不过马尔算子的计算复杂度比较高。

7.3　主动轮廓模型

主动轮廓模型通过逐步改变封闭曲线的形状来逼近图像中目标的轮廓。在这个过程中，目标轮廓的各部分常用直线段表示。主动轮廓模型也称为**蛇模型**，因为在逼近目标轮廓的过程中，封闭曲线像蛇爬行一样不断改变形状。在实际应用中，常在给定图像中目标轮廓的近似初始轮廓的情况下，用主动轮廓模型获取精确的轮廓。

7.3.1　主动轮廓

主动轮廓是图像上一组排序的点的集合，可表示为

$$V = \{v_1, v_2, \cdots, v_L\} \tag{7-7}$$

其中，

$$v_i = (x_i, y_i) \qquad i = 1, 2, \cdots, L \tag{7-8}$$

轮廓上的点可通过求解一个最小能量问题来迭代地逼近目标的边界，对每个处于 v_i 邻域中的点 v_i'，计算能量项：

$$E_i(v_i') = \alpha E_{\text{int}}(v_i') + \beta E_{\text{ext}}(v_i') \tag{7-9}$$

其中，$E_{\text{int}}(\cdot)$是依赖轮廓形状的**能量函数**，$E_{\text{ext}}(\cdot)$是依赖图像性质的能量函数，α和β是加权常数。

现借助图 7-8 来解释主动轮廓模型的工作原理和步骤。在图 7-8 中，左下角为实际目标的一部分，其轮廓用实线表示。点线表示可变形的主动轮廓，这里设其处于初始状态（简单地用椭圆弧的一部分来表示）。

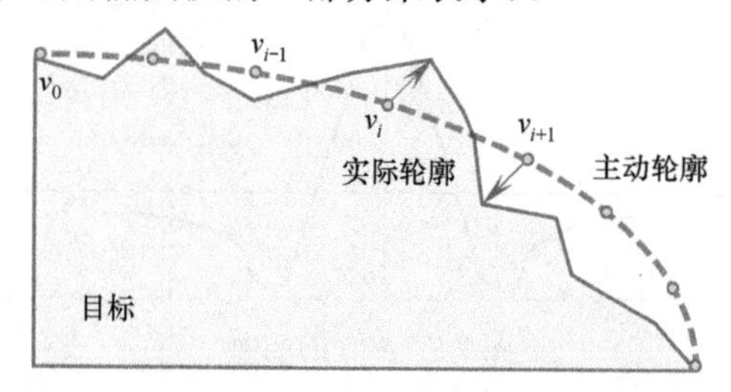

图 7-8 主动轮廓上点的移动示意

用主动轮廓上的点逼近目标实际轮廓的过程是一个串行的过程。先使主动轮廓上的 v_0 点与实际轮廓重合，然后依次根据能量函数（见 7.3.2 节）将各点（v_i, $v_{i+1}, \cdots$）移向实际轮廓（如箭头所示）。这是一个迭代逼近过程，如果能量函数选择得当，通过不断地逼近和调整，主动轮廓最终将停在（对应最小能量的）目标实际轮廓上。

7.3.2 能量函数

主动轮廓的求解是通过求解一个最小能量问题来迭代地实现的，如何定义和确定能量项很关键。以主动轮廓为参考，能量函数可以分为内部能量函数和外部能量函数。

1. 内部能量函数

内部能量函数主要用来推动主动轮廓形状的改变并保持轮廓上点之间的距离不会太远或太近。

下面借助一个示例来描述这个过程。定义能量函数：

$$\alpha E_{\text{int}}(v_i) = cE_{\text{con}}(v_i) + bE_{\text{bal}}(v_i) \tag{7-10}$$

其中，$E_{\text{con}}(\cdot)$为**连续能量**，用来推动主动轮廓（各处）形状的改变；$E_{\text{bal}}(\cdot)$为**膨胀力**，用来使主动轮廓（沿径向）膨胀或收缩；c 和 b 都是加权系数。

（1）连续能量：当没有其他因素时，连续能量的作用是迫使不封闭的曲线变成直线，而迫使封闭的曲线变成圆环。定义 $E_{\text{con}}(v_i')$如下（注意能量正比于距离的平方）：

$$E_{\text{con}}(v_i') = \frac{1}{I(V)}\left\|v_i' - \gamma(v_{i-1} + v_{i+1})\right\|^2 \tag{7-11}$$

其中，γ是加权系数；归一化因子 $I(V)$是 V 中各点之间的平均距离：

$$I(V) = \frac{1}{L}\sum_{i=1}^{L}\left\|v_{i+1} - v_i\right\|^2 \tag{7-12}$$

利用这个归一化因子可以使 $E_{\text{con}}(v_i)$与 V 中点的尺寸、位置及各点的朝向无关。

对于开放的曲线，取$\gamma = 0.5$，此时，最小能量点是 v_{i-1} 和 v_{i+1} 间曲线的中点。对于封闭的曲线，V 的值以 L 为模，这样，有 $v_{L+i} = v_i$。此时定义

$$\gamma = \frac{1}{2\cos\dfrac{2\pi}{L}} \tag{7-13}$$

这里，$E_{\text{con}}(v_i')$中能量最小的点放射性地向外运动，促使 V 成为一个圆环。这个过程如图 7-9 所示。点 v_i'处于能量最小的位置，因为它在连接 v_{i-1} 和 v_{i+1} 的圆弧上。

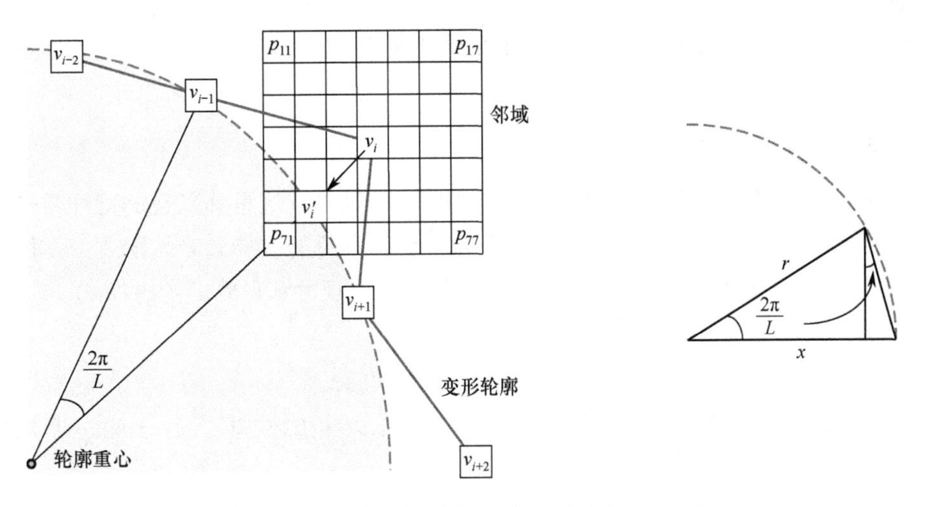

图 7-9　主动轮廓上的点在连续能量的作用下移动

（2）膨胀力：膨胀力可作用于闭合的变形轮廓，在没有外来影响的情况下强

制轮廓扩展或收缩。一个在均匀图像目标内部初始化的轮廓会在膨胀力的作用下膨胀，直到它逼近目标边缘（边缘点的外界力将影响它的运动），如图 7-10 所示，由于目标具有均匀灰度，所以需要借助膨胀力来推动主动轮廓向目标边缘扩展。

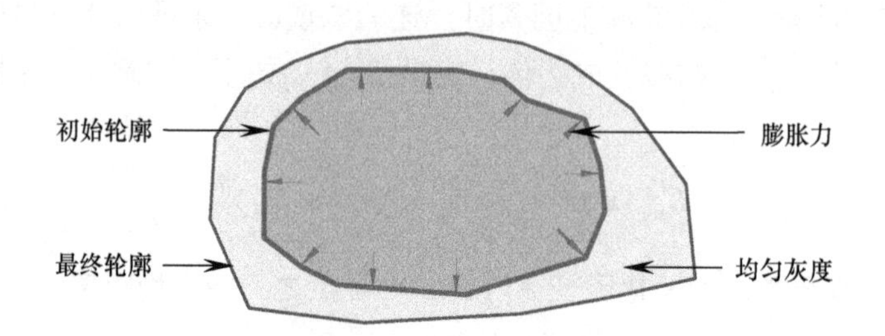

图 7-10　主动轮廓上的点在膨胀力的作用下移动

可以构造与图像梯度成反比的自适应膨胀力。自适应膨胀力在均匀区域内比较强，而在目标边缘和边界处比较弱。$E_{\text{bal}}(v_i')$可以表示成内积（这里将两个点的位置差看作它们坐标差的矢量）的形式：

$$E_{\text{bal}}(v_i') = \boldsymbol{n}_i \bullet (\boldsymbol{v}_i - \boldsymbol{v}_i') \tag{7-14}$$

其中，$\boldsymbol{n}_i$ 是点 v_i 处沿 V 向外的单位法线向量。膨胀力在 $\boldsymbol{n}_i$ 方向上距 v_i 最远的点处最小。可通过将切线向量 $\boldsymbol{t}_i$ 旋转 90°来获得 $\boldsymbol{n}_i$，而 $\boldsymbol{t}_i$ 可方便地获得：

$$\boldsymbol{t}_i = \frac{v_i - v_{i-1}}{\|v_i - v_{i-1}\|} + \frac{v_{i+1} - v_i}{\|v_{i+1} - v_i\|} \tag{7-15}$$

自适应膨胀力可借助点 v_i 处的图像梯度进行缩放（可参见下文对外部能量函数的讨论）。

2. 外部能量函数

外部能量函数将变形轮廓向感兴趣的特征处吸引，这里感兴趣的特征常是图像中目标的边缘。可以采用任何一种可以达到这种目的的能量表达形式。常用图像梯度和灰度来构建能量函数，有时也使用目标的尺寸和形状。考虑如式（7-16）所示的外部能量函数：

$$\beta E_{\text{ext}}(v_i) = mE_{\text{mag}}(v_i) + gE_{\text{grad}}(v_i) \tag{7-16}$$

其中，$E_{\text{mag}}(v_i)$将轮廓吸向高/低灰度区域；$E_{\text{grad}}(v_i)$将轮廓推向边缘；m 和 g 是加权系数。

（1）图像灰度能量：**图像灰度能量函数** $E_{\text{mag}}(v_i')$可取对应点的灰度值：

$$E_{\text{mag}}(v_i') = I(v_i') \tag{7-17}$$

如果 m 是正的，轮廓将向低灰度区域移动；如果 m 是负的，轮廓将向高灰度区域移动。

（2）图像梯度能量：**图像梯度能量函数**将变形轮廓推向边缘。与梯度幅度成正比的能量表达是$|\nabla I(v_i')|$。在使用主动轮廓检测目标轮廓时，常需要区分相邻目标间边界的能量函数。这里的关键是要使用目标边缘处梯度的方向，进一步，目标边缘处梯度的方向还要与轮廓的单位法线方向接近。参见图 7-9，设在感兴趣目标边缘处的梯度方向与轮廓单位法线的方向比较接近，那么主动轮廓算法将会把轮廓上的点 $v_i = p_{44}$ 移动至 $v_i' = p_{62}$（下标分别对应行和列）。$E_{grad}(v_i')$可表示为对应点处单位法线和图像梯度的内积：

$$E_{\text{grad}}(v_i') = -\boldsymbol{n}_i \cdot \nabla I(v_i') \tag{7-18}$$

3．归一化

需要对能量函数进行尺度变换以使邻域矩阵中包含可比拟的系数值，这个过程称为**归一化**（规则化）。一般来说，能量函数的值要归一化到[0, 1]内。

在实际应用中，常需要调整膨胀能量以与图像梯度相适应，要将归一化参数加到灰度和梯度的能量项中以稳定主动轮廓算法。

（1）连续能量：变形轮廓上每个点对应的连续能量可缩放到[0, 1]内。

$$E'_{\text{con}}(v_i) = \frac{E_{\text{con}}(v_i) - E_{\min}(v_i)}{E_{\max}(v_i) - E_{\min}(v_i)} \tag{7-19}$$

其中，$E_{min}(v_i)$和 $E_{max}(v_i)$ 分别是 $E_{con}(v_i)$中具有最小值和最大值的元素。

（2）膨胀能量：膨胀能量先缩放到[0, 1]内，再根据图像梯度进行调整。

$$E'_{\text{bal}}(v_i) = \frac{E_{\text{bal}}(v_i) - E_{\min}(v_i)}{E_{\max}(v_i) - E_{\min}(v_i)}\left[1 - \frac{|\nabla I(v_i)|}{|\nabla I|_{\max}}\right] \tag{7-20}$$

其中，$E_{min}(v_i)$和 $E_{max}(v_i)$分别是 $E_{bal}(v_i)$中具有最小值和最大值的元素；$|\nabla I|_{max}$ 是整幅图像中的最大梯度值。

（3）灰度能量：为了归一化，给灰度能量项增加系数 k，则有

$$E'_{\text{mag}}(v_i) = \frac{E_{\text{mag}}(v_i) - E_{\min}(v_i)}{\max\left[E_{\max}(v_i) - E_{\min}(v_i), kI_{\max}\right]} \tag{7-21}$$

其中，$E_{min}(v_i)$和 $E_{max}(v_i)$分别是 $E_{mag}(v_i)$中具有最小值和最大值的元素；I_{max} 是整幅图像中的最大灰度值；k 的取值范围是$[0, \infty)$，它决定了主动轮廓随图像灰度局部变化的敏感性。

（4）梯度能量：对梯度能量的归一化可采用与灰度能量归一化相同的方法（增加系数 l）。

$$E'_{\text{grad}}(v_i)=\frac{E_{\text{grad}}(v_i)-E_{\min}(v_i)}{\max\left[E_{\max}(v_i)-E_{\min}(v_i),l\left|\nabla I\right|_{\max}\right]} \tag{7-22}$$

其中，$E_{\min}(v_i)$和$E_{\max}(v_i)$分别是$E_{\text{grad}}(v_i)$中具有最小值和最大值的元素；$\left|\nabla I\right|_{\max}$是整幅图像中的最大梯度值；$l$的取值范围也是$[0, \infty)$，较大的$l$会导致主动轮廓对弱边缘比较敏感。

7.4 阈值化分割

阈值化分割是最常见的并行式直接检测区域的分割方法，其他同类方法（如像素特征空间分类）可看作该方法的扩展。

7.4.1 原理步骤

假设图像由具有单峰灰度分布的目标和背景组成，在目标或背景内部，相邻像素间的灰度值是高度相关的（相似性），但在目标和背景交界处，两边的像素的灰度值有很大差别（不连续性）。如果一幅图像满足这些条件，它的灰度直方图基本上可看作是由分别对应目标和背景的两个单峰直方图混合而成的。此时如果这两个分布大小（数量）接近且均值相差足够大，而且均方差足够小，则直方图应是双峰的。对于这类图像，常可使用阈值化方法来较好地分割。

以灰度图像为例，最简单的阈值化分割方法的步骤如下。首先，针对一幅灰度取值在 0 到 $L-1$ 之间的图像确定一个灰度**阈值** T（$0 < T < L-1$），然后，将图像中每个像素的灰度值与 T 进行比较，并将对应的像素根据比较结果划分（分割）为两类：像素灰度值大于阈值的为一类，像素灰度值小于阈值的为另一类（灰度值等于阈值的像素可归到任意一类中）。这两类像素一般对应图像中的两类区域。在以上步骤中，确定阈值是关键，如果能确定一个合适的阈值，就可方便地进行图像分割。

不管用何种方法选取阈值，以单个阈值分割的图像可定义为

$$g(x,y)=\begin{cases}1, & f(x,y)>T\\0, & f(x,y)\leqslant T\end{cases} \tag{7-23}$$

需要注意的是，在阈值化分割中，并没有利用图像像素的空间分布信息（只利用了像素灰度信息）。一个直接的结果就是，如果有多个互不连通的目标，则分割的结果将是不连通的多个区域。换句话说，阈值化分割不能保证得到一个连通的区域。

❑ 例 7-5 单阈值分割示例

图 7-11 给出单阈值分割示例。图 7-11(a)为一幅含有不同灰度值区域的图像；图 7-11(b)为其直方图，其中 z 代表图像灰度值，T 为用于分割的阈值；图 7-11(c)为分割的结果，灰度值大于阈值的像素以白色显示，小于阈值的像素以黑色显示。

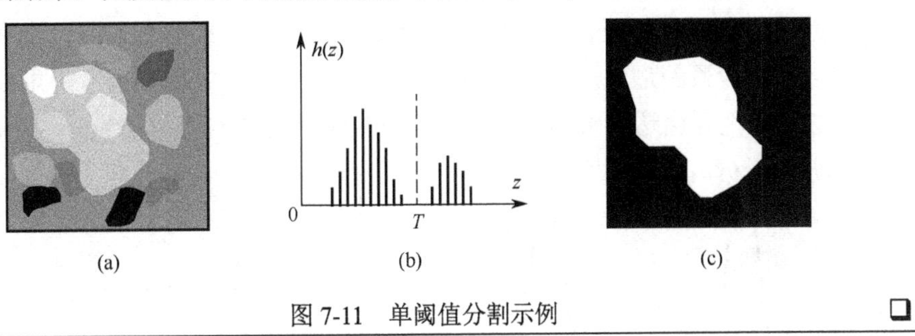

图 7-11 单阈值分割示例 ❑

7.4.2 阈值选取

最简单的借助直方图选取阈值的方法是极小值法。如果将直方图的包络看作一条曲线，则确定直方图的谷可借助求曲线极小值来进行。设 $h(z)$代表直方图，那么极小值点应满足

$$\frac{\partial h(z)}{\partial z}=0 \text{ 且 } \frac{\partial^2 h(z)}{\partial z^2}>0 \tag{7-24}$$

可将与这些极小值点对应的灰度值作为分割阈值。

在实际应用中，图像常会受到噪声等的影响，从而使直方图中原本分离的峰之间的谷被填充，对谷的直接检测变得很困难。为解决这类问题，可以利用一些像素邻域的局部性质，下面介绍两种利用像素梯度值的方法。

1. 直方图变换

直方图变换的基本思想是，利用像素邻域的局部性质来变换原来的直方图以得到一个新的直方图。新直方图根据特点可分为两类：第一类是具有低梯度值像素的直方图，其峰之间的谷比原直方图深；第二类是具有高梯度值像素的直方图，其中的峰是由原直方图的谷转化而来的。

先看第一类。根据前文描述的图像模型，目标和背景内部的像素具有较低的梯度值，而它们边界上的像素具有较高的梯度值。如果仅构建具有低梯度值的像素的直方图，那么这个新直方图中对应内部像素的峰相比原直方图应基本不变，但因为减少了一些边界像素，所以谷应比原直方图深。

更一般地，可计算一个加权的直方图，其中赋给具有低梯度值的像素的权重大一

些。例如，设一个像素的梯度值为 g，则在统计直方图时，可给它加权 $1/(1+g)^2$。这样一来，如果像素的梯度值为 0，则它得到最大的权重；如果像素具有很大的梯度值，则它得到的权重就变得微乎其微。在这种加权的直方图中，峰基本不变而谷变深，所以峰谷差距加大（见图 7-12(a)，虚线为原直方图），更易于检测到谷以确定分割阈值。

第二类与第一类相反，可构建仅具有高梯度值的像素的直方图。这个直方图在对应目标和背景的边界像素灰度级处有一个峰，如图 7-12(b)所示，虚线为原直方图。这个峰主要由边界像素构成，可将对应这个峰的灰度值作为分割用的阈值。

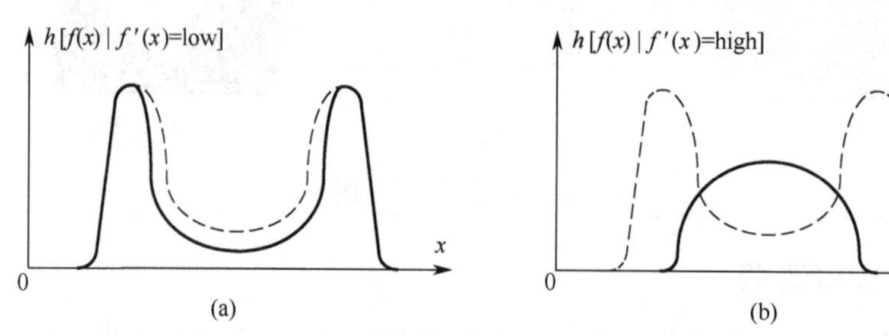

图 7-12　直方图变换示意

另外，也可计算一个加权的直方图，其中赋给具有高梯度值的像素的权重大一些。如可将每个像素的梯度值 g 作为赋给该像素的权值，这样在统计直方图时，梯度值为 0 的像素就不必考虑了，而具有较大梯度值的像素将得到较大的权重。

❑　例 7-6　直方图变换示例

在图 7-13 中，图 7-13(a)为原始图像，图 7-13(b)为其直方图，图 7-13(c)和图 7-13(d)分别为具有低梯度值和高梯度值的像素的直方图。比较图 7-13(b)和图 7-13(c)可见，在具有低梯度值的像素的直方图中，谷更深了；对比图 7-13(b)和图 7-13(d)可见，在具有高梯度值的像素的直方图中，峰基本对应原来的谷。

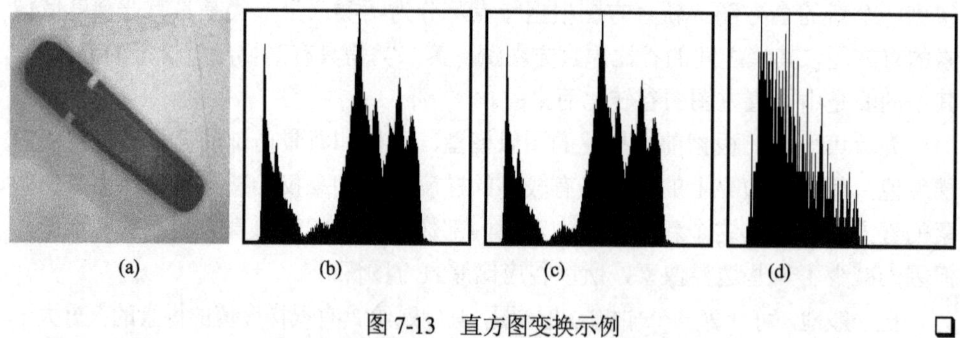

图 7-13　直方图变换示例　❑

2．灰度-梯度值散射图

上述直方图变换法都可以通过建立一个 2D 的灰度值对梯度值的散射图并计算对灰度值轴的不同权重的投影来实现。这个**灰度-梯度值散射图**也称为 2D 直方图，其中一个轴是灰度值轴，另一个轴是梯度值轴，而其统计值是同时具有某个灰度值和某个梯度值的像素个数。例如，当构建仅具有低梯度值的像素的直方图时，实际上是用了一个阶梯状的权函数对散射图进行投影，其中，给具有低梯度值的像素的权重为 1，而给具有高梯度值的像素的权重为 0。

❑　例 7-7　灰度-梯度值散射图示例

图 7-14(a)给出一幅基本满足双峰直方图模型的图像。针对该图像做出的灰度-梯度值散射图如图 7-14(b)所示，其中，色越深表示满足条件的点越多。

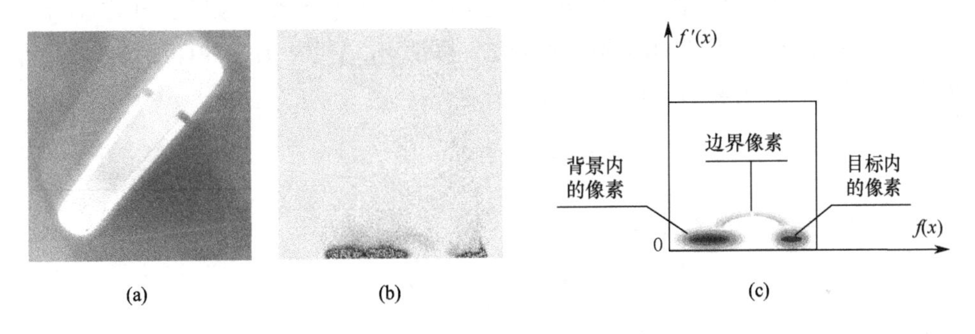

图 7-14　灰度-梯度值散射图示例

图 7-14(c)为典型的灰度-梯度值散射图。灰度-梯度值散射图中一般会有两个接近灰度值轴（低梯度值）且沿灰度值轴分开的大聚类，它们分别对应目标和背景内部的像素。这两个聚类的形状与像素相关的程度有关。如果相关性很强或梯度算子对噪声不太敏感，这些聚类会很集中且很接近灰度值轴；反之，如果相关性较弱或梯度算子对噪声很敏感，则这些聚类会相对分散且远离灰度值轴。图中还会有较少的对应目标和背景边界像素的点，这些点沿灰度值轴处于上述两个聚类中间，但由于有较大的梯度值而（沿梯度轴）与灰度值轴间有一定的距离。这些点的分布与轮廓的形状及梯度算子的种类有关。如果边缘是斜坡状的，并且使用了一阶微分算子，那么边界像素的聚类将与目标和背景的聚类相连且与边缘坡度成正比地远离灰度值轴。根据不同区域像素在灰度-梯度值散射图中的分布情况，可以同时使用灰度阈值和梯度阈值以把这些聚类分开。❑

7.5 基于过渡区选取阈值

一般在讨论基于区域和基于边界的算法时，我们认为区域的并集覆盖了整幅图像而边界本身是没有宽度的。但实际上，数字图像中的目标边界是有宽度的，它本身也是图像中的一个区域，但具有一些特殊性：一方面，它将不同的区域分隔开来，具有边界的特点；另一方面，它的面积不为 0，具有区域的特点。可将这类特殊区域称为**过渡区**。下面介绍一种先计算图像中目标和背景间的过渡区，再进一步选取阈值进行分割的方法。

7.5.1 过渡区和有效平均梯度

过渡区可借助对图像**有效平均梯度**（EAG）的计算和对图像灰度的剪切操作来确定。设 $f(i, j)$ 代表 2D 空间的数字图像函数，其中 (i, j) 表示像素空间坐标，f 表示像素的灰度值，它们都属于整数集合 $\mathbf{Z}$。再设 $g(i, j)$ 代表 $f(i, j)$ 的梯度图，可将梯度算子作用于 $f(i, j)$ 得到，则 EAG 可定义为

$$\mathrm{EAG} = \frac{\mathrm{TG}}{\mathrm{TP}} \tag{7-25}$$

其中，TG 为梯度图的总梯度值：

$$\mathrm{TG} = \sum_{i, j \in \mathbf{Z}} g(i, j) \tag{7-26}$$

TP 为非零梯度像素的总数：

$$\mathrm{TP} = \sum_{i, j \in \mathbf{Z}} p(i, j) \tag{7-27}$$

$$p(i, j) = \begin{cases} 1, & g(i, j) > 0 \\ 0, & g(i, j) = 0 \end{cases} \tag{7-28}$$

由此定义可知，在计算 EAG 时，只用到非零梯度像素，从而消除了零梯度像素的影响，因此可称其为“有效梯度”。EAG 是图像中非零梯度像素的平均梯度，是一个有选择的统计量。

进一步，为了减弱各种干扰的影响，定义以下特殊的剪切变换。与一般的剪切操作不同，该变换把被剪切的部分设成剪切值，从而消除一般剪切的不良影响（在剪切边缘造成大的反差）。根据剪切部分的灰度值与全图灰度值的关系，这类剪切可分为高端剪切与低端剪切。设 L 为剪切值，则剪切后的图像可分别表示为

$$f_{\text{high}}(i,j)=\begin{cases} L, & f(i,j)\geqslant L \\ f(i,j), & f(i,j)<L \end{cases} \tag{7-29}$$

$$f_{\text{low}}(i,j)=\begin{cases} f(i,j), & f(i,j)>L \\ L, & f(i,j)\leqslant L \end{cases} \tag{7-30}$$

如果对剪切后的图像求梯度，则其梯度函数必然与剪切值 L 有关，由此得到的 EAG 变成剪切值 L 的函数 EAG(L)。注意 EAG(L)与剪切的方式也有关，对应高端剪切和低端剪切的 EAG(L)可分别写成 $\text{EAG}_{\text{high}}(L)$和 $\text{EAG}_{\text{low}}(L)$。

7.5.2　有效平均梯度的极值点和过渡区边界

典型的 $\text{EAG}_{\text{high}}(L)$曲线和 $\text{EAG}_{\text{low}}(L)$曲线都是单峰曲线，即它们都各有一个极值，这可以借助对 TG 和 TP 的分析得到。如图 7-15 所示，$\text{EAG}_{\text{low}}(L)$是 $\text{TG}_{\text{low}}(L)$与 $\text{TP}_{\text{low}}(L)$之比。

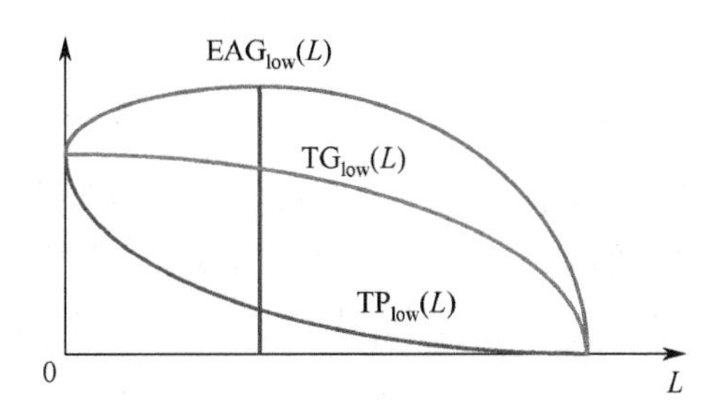

图 7-15　$\text{EAG}_{\text{low}}(L)$曲线图示

$\text{TG}_{\text{low}}(L)$和 $\text{TP}_{\text{low}}(L)$的值都随 L 的增加而减小。$\text{TP}_{\text{low}}(L)$值减小的原因是大的 L 会剪切掉更多的像素，而 $\text{TG}_{\text{low}}(L)$值的减小有两个原因，一是像素个数的减少，二是留下的像素间的对比度的减小。当 L 从 0 开始增加时，$\text{TG}_{\text{low}}(L)$曲线和 $\text{TP}_{\text{low}}(L)$曲线都从各自的最大值开始下降。在开始时，$\text{TG}_{\text{low}}(L)$曲线下降得比较慢，因为剪切掉的像素都属于背景（梯度较小）；而 $\text{TP}_{\text{low}}(L)$曲线下降得相对较快，因为剪切掉的像素个数较多。这两个因素的共同作用会使 $\text{EAG}_{\text{low}}(L)$值逐步增大并达到一个极大值。然后，$\text{TG}_{\text{low}}(L)$曲线会比 $\text{TP}_{\text{low}}(L)$曲线下降得快，因为更多的具有大梯度的像素被剪切掉，从而使 $\text{EAG}_{\text{low}}(L)$值减小。

设 $\text{EAG}_{\text{high}}(L)$曲线和 $\text{EAG}_{\text{low}}(L)$曲线的极值点分别为 L_{high} 和 L_{low}，则

$$L_{\text{high}}=\arg\left\{\max_{L}\left[\text{EAG}_{\text{high}}(L)\right]\right\} \tag{7-31}$$

$$L_{\text{low}} = \arg\left\{\max_{L}\left[\text{EAG}_{\text{low}}(L)\right]\right\} \tag{7-32}$$

两个极值点对应图像灰度值集合中的两个特殊值，由它们可确定过渡区。事实上，过渡区是一个由两个边界圈定的 2D 区域，其中像素的灰度值是由两个 1D 灰度空间的边界灰度值限定的（见图 7-16）。这两个边界的灰度值分别是 L_{high} 和 L_{low}，也可以说它们在灰度值上限定了过渡区的范围。

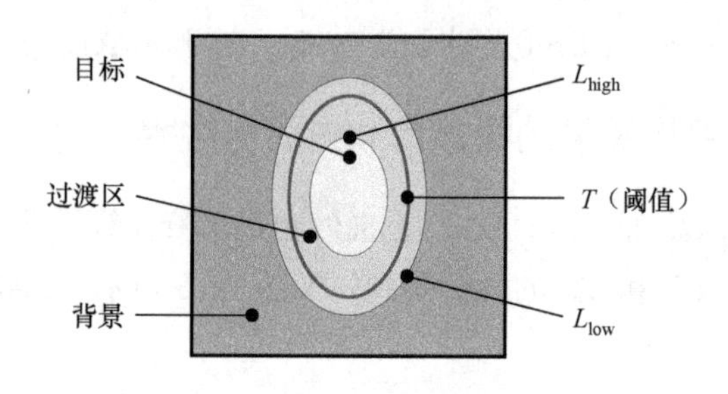

图 7-16　过渡区示例

这两个极值点有三个重要的性质：

（1）对于每个过渡区，L_{high} 和 L_{low} 总存在，并且各只存在一个。

（2）L_{high} 和 L_{low} 对应的灰度值都具有明显的像素特性区别能力。

（3）对于同一个过渡区，L_{high} 不会比 L_{low} 小，而在实际图像中，L_{high} 总大于 L_{low}。

7.5.3　阈值选取

由于过渡区处于目标和背景之间，而目标和背景之间的边界又在过渡区之中，所以可借助过渡区来进行分割，最直接的方式就是利用过渡区选取阈值。首先，因为过渡区包含的像素的灰度值一般在目标和背景内部像素的灰度值之间，所以可据此确定一个阈值以进行分割，如可取过渡区内像素的平均灰度值或过渡区内像素直方图的极值作为阈值。其次，由于 L_{high} 和 L_{low} 限定了边界线灰度值的上下界，也可直接借助它们来计算阈值。另外，还可以利用过渡区的空间特性，由于过渡区是一个包含目标边界的带状区域（见图 7-16），所以可把这个区域加以细化（如使用**中轴变换**或提取骨架，参见 9.6 节）以得到其中的目标边界。

两个极值点的三个重要性质在图像中有不止有一个过渡区时也成立。现在来看图 7-17，其中，图 7-17(a)中的剖面有两个阶跃（对应两个过渡区），反映在梯度曲线上为两个峰；图 7-17(b)给出由此得到的有两组极值点的 $EAG_{high}(L)$曲线和 $EAG_{low}(L)$曲线。可以看出，对于同一个过渡区，极值点的三个重要性质仍成立。所以，基于过渡区的方法不仅可用于确定单个阈值以对图像进行二值分割，也可用于确定多个阈值以对图像进行多阈值分割。

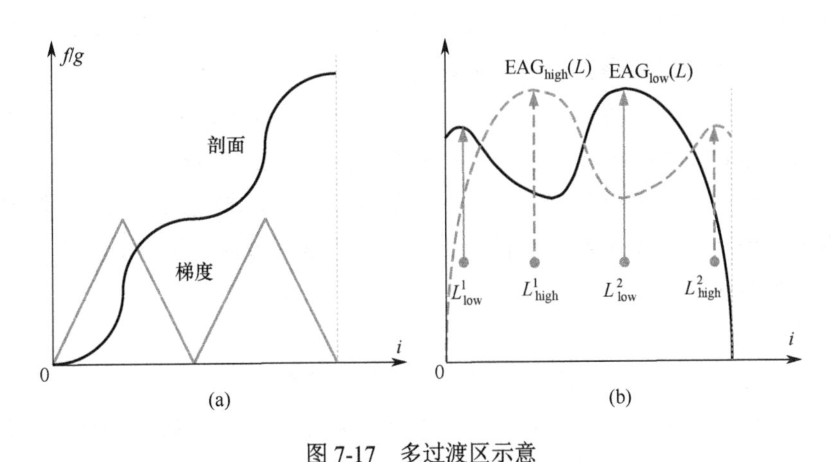

图 7-17　多过渡区示意

7.6　区域生长

区域生长是一种基本的串行区域分割技术，采用串行处理的策略，通过对目标区域进行直接检测来实现图像分割。串行分割的特点是将整个处理过程分解为多个步骤，其中后续步骤的进行要基于对前面已完成步骤的结果的判断。这里的判断是要根据一定的准则进行的。一般来说，如果准则是基于图像灰度特性的，则该方法可用于灰度图像的分割；如果准则是基于图像的其他特性（如纹理）的，则该方法可用于具备相应特性的图像的分割。

7.6.1　基本方法

区域生长的基本思想是将具有相似性质的像素结合起来以构成区域。具体来说，先针对每个需要分割的区域，确定一个种子像素并将其作为生长的起点，然后将种子像素邻域中与种子像素有相同或相似性质的像素（根据某种事先确定准则来判定）合并到种子像素所在的区域中，之后将这些新像素作为新的种子像素，继续进行上述过程直到没有满足条件的像素，一个区域就“长成”了。由此可知，在实际应用区域生长技术时，需要解决三个问题：

（1）选择或确定一组能正确代表所需区域的种子像素。

（2）确定在生长过程中能将相邻像素包括进来的生长（或相似）准则。

（3）确定让生长过程停止的条件或规则。

种子像素的选取一般可根据具体问题的特点进行。如在军用红外图像中检测目标时，由于目标辐射通常较大，所以可将图像中最亮的像素作为种子像素。如果针对具体问题没有先验知识，则可借助生长准则对每个像素进行相应计算，如果计算结果是聚类的情况，则可取接近聚类质心的像素作为种子像素。

区域生长的一个关键是选择合适的生长准则，生长准则的选取不仅依赖具体问题本身，也和所用图像数据的种类有关。生长准则可根据不同原则确定，不同的生长准则对区域生长的过程有不同的影响。基于区域灰度差准则的方法主要有如下步骤：

（1）对图像进行逐行扫描，找出没有归属的像素。

（2）以该像素为中心检查它的邻域像素，即将邻域中的像素逐个与它比较，如果灰度差小于预先确定的阈值，将它们合并，得到新像素。

（3）以新像素为中心，返回步骤（2），检查新像素的邻域像素，直到区域不能进一步扩张。

（4）返回步骤（1），继续扫描，直至找不出没有归属的像素，结束整个生长过程。

❑ 例 7-8 区域生长示例

图 7-18 给出区域生长示例。图 7-18(a)给出需要分割的图像，设有两个种子像素（灰色方块），现要进行区域生长。这里种子像素的选取可借助图像直方图来进行，由直方图可知，具有灰度值 1 和灰度值 5 的像素最多且处在聚类的中心，所以可各选一个作为种子像素。设这里采用的生长准则：如果被检查的像素与种子像素的灰度值差的绝对值小于某个阈值 T，则将该像素合并到种子像素所在区域中。

图 7-18(b)给出 $T = 3$ 时的区域生长结果，整幅图像被较好地分成 2 个区域；图 7-18(c)给出 $T = 2$ 时的区域生长结果，有些像素无法判定（无法检测到右上角的像素）；图 7-18(d)给出 $T = 7$ 时的区域生长结果，整幅图像都在一个区域中。由此可见，阈值的选取是很重要的。

1	0	4	7	5
1	0	4	7	7
0	**1**	5	**5**	5
2	0	5	6	5
2	2	5	6	4

(a)

1	1	5	5	5
1	1	5	5	5
1	1	5	5	5
1	1	5	5	5
1	1	5	5	5

(b)

1	1	5	7	5
1	1	5	7	7
1	1	5	5	5
2	1	5	5	5
2	2	5	5	5

(c)

1	1	1	1	1
1	1	1	1	1
1	1	1	1	1
1	1	1	1	1
1	1	1	1	1

(d)

图 7-18　区域生长示例

7.6.2　问题和改进

采用基本方法得到的结果对种子像素（区域生长起点）的选择有较大依赖性，为解决这个问题，可采用如下改进方法。

（1）设灰度差的阈值为 0，用基本方法进行区域扩张，合并灰度相同的像素。

（2）求出所有相邻区域之间的平均灰度差，合并具有最小灰度差的相邻区域。

（3）设定终止准则，反复进行步骤（2）中的操作，将区域依次合并直到满足终止准则。

当图像中存在缓慢变化的区域时，上述改进方法可能会将不同区域逐步合并而产生错误。为解决这个问题，可以不使用新像素的灰度值而使用新像素所在区域的平均灰度值（区域均值）与邻域像素的灰度值进行比较。

对于一个包含 N 个像素的图像区域 R，其均值为

$$m = \frac{1}{N}\sum_{R} f(x,y) \tag{7-33}$$

对像素的比较可表示为

$$\max_{R} = \left| f(x,y) - m \right| < T \tag{7-34}$$

其中，T 为给定的阈值。

现考虑两种情况。

（1）区域为均匀的，各像素灰度值为均值 m 与一个零均值高斯噪声的叠加。当用式（7-34）测试某个像素时，条件不成立的概率为

$$P(T) = \frac{2}{\sqrt{2\pi}\sigma}\int_{T}^{\infty} \exp\left(-\frac{z^2}{2\sigma^2}\right)\mathrm{d}z \tag{7-35}$$

这就是误差函数 erf(T)，当 T 取 3 倍方差时，误判概率为 $1-(99.7\%)^N$。这表明，当考虑灰度均值时，区域内的灰度变化应尽量小。

（2）区域为非均匀的，并且由两部分像素构成。这两部分像素在 R 中所占的

比例分别为 q_1 和 q_2，灰度值分别为 m_1 和 m_2，则区域均值为 $q_1m_1 + q_2m_2$。对于灰度值为 m_1 的像素，其灰度值与区域均值的差为

$$S_m = m_1 - (q_1m_1 + q_2m_2) \tag{7-36}$$

根据式（7-35），正确判断的概率为

$$P(T) = \frac{1}{2}\left[P\left(\left|T - S_m\right|\right) + P\left(\left|T + S_m\right|\right)\right] \tag{7-37}$$

式（7-37）表明，当考虑灰度均值时，不同区域像素间的灰度差应尽量大。

另外，在区域生长时还需要考虑像素间的连通性和邻近性，否则可能出现无意义的分割结果。

7.7 各节要点和进一步参考

以下指出各节的一些要点，并介绍一些可以进一步查阅的参考文献。

1．定义和算法分类

图像分割是指把图像分成各具特性的区域并提取出感兴趣的目标区域。对图像分割的研究已有很长的历史，罗伯特交叉算子的提出至今已有约 60 年。图像分割是从图像处理到图像分析的关键步骤，在所有图像处理和图像分析书籍中均有介绍，可参见文献[1]～文献[5]。有关图像分割的全面讨论可参见文献[6]。近年来图像分割方面的一些新进展可参见文献[7]，有关图像分割的综述可参见文献[8]。表 7-1 涉及的数据可参见文献[9]。

2．微分边缘检测

边缘检测是并行边界类图像分割算法的基础。边缘是灰度值不连续的结果，所以可利用微分或求导来检测。梯度算子是最早被提出的边缘检测算子，它利用一阶导数，可同时检测出边缘的强度和方向；拉普拉斯算子利用二阶导数，可检测出边缘的位置和边缘两侧灰度的相对大小；马尔算子先对图像进行高斯滤波，之后再利用拉普拉斯算子，抗噪声能力比较强。对亚像素级边缘的检测和 3D 图像中边缘的检测可参见文献[5]和文献[6]。借助解析的方法，除可对 2D 边缘检测算子进行分析和比较外，还可对 3D 边缘检测算子进行分析和比较，可参见文献[10]。

3．主动轮廓模型

基于主动轮廓的图像分割是一种串行边界类分割方法，相关内容可参见文献

[11]，它在确定初始边缘点后，串行地调整位置以获得精确的目标轮廓。轮廓的调整由能量函数（包括内部和外部能量函数）控制，能量函数的设计是一项主要工作。主动轮廓模型综合考虑了图像中边界的全局信息，所以对噪声比较不敏感。类似的串行边界技术还包括基于图搜索的方法（在对图像的图结构表达中搜索对应最小代价的通道）和基于动态规划的方法（利用具体分割应用的启发性知识来减少搜索计算量），可参见文献[12]。另外，还有基于图割的技术，可参见文献[5]。

4. 阈值化分割

阈值化分割是最常见的并行区域类分割方法，也是应用最广的图像分割技术。在阈值分割方法中，选取阈值是关键的步骤。最简单的阈值选取方法是利用极值点检测来确定直方图中双峰间的谷，取谷对应的灰度值为阈值。为提高阈值选取的稳健性，可对图像的原始直方图进行变换，以加深峰之间的谷或将谷转化为峰。如果同时考虑像素的灰度值和梯度值，可得到一个 2D 直方图（散射图），目标、背景和边界像素在其中有不同的分布，则可在 2D 直方图中选取两个阈值。同时考虑像素灰度值和平均灰度值的 2D 直方图方法可参见文献[6]。阈值化算法的各种分类及对阈值化算法的扩展可参见文献[6]。在阈值化分割后，需要对连通区域进行标记，可参见文献[5]。

5. 基于过渡区选取阈值

过渡区是数字图像特有的相邻区域间的区域，从几何上讲，两个相邻区域的边界就在过渡区中，可参见文献[13]。在确定过渡区自身边界时，可借助 $\text{EAG}_{\text{high}}(L)$ 曲线和 $\text{EAG}_{\text{low}}(L)$曲线，可以证明这两条曲线都是单峰曲线，相关内容可参见文献[6]。对两个极值点的三个重要的性质的证明可参见文献[13]或文献[6]。当图像中存在多个过渡区时，仍可证明极值点的三个性质成立，可参见文献[14]。利用极值点的灰度值可直接计算分割阈值。

6. 区域生长

区域生长是一种常用的串行区域类分割方法，还有一种常用的串行区域类分割方法是分裂合并法，可参见文献[6]。区域生长的基本思想是将具有相似性质的像素结合起来以构成区域。与轮廓跟踪法对应，区域生长有三个具体步骤。生长准则对算法的性能有很大影响，对一些准则的讨论可参见文献[6]。

第 8 章

基元检测

在第 7 章中介绍的图像分割方法主要考虑一幅图像由许多像素组成，通过对所有像素进行逐一判断来将其划分为目标或背景，从而实现对整幅图像的分割。此时，每次操作的基本单元是像素。在很多情况下，如果对要分割的目标已有较多的刻画知识，也可直接对目标进行整体检测（相当于每次操作的基本单元是目标区域）；或者，如果已知目标的结构，并且对其组成部分有较好的描述，可考虑先对目标的组件进行检测（相当于每次操作的基本单元是目标组件），再将结果按目标结构组合起来，从而得到对目标的最终分割。这些就是本章要介绍的内容，本质上还是图像分割技术。较大的基本操作单元结合了更多的先验知识，往往能提高分割的效率并增强分割的鲁棒性。

本章各节安排如下。

8.1 节介绍几种典型的兴趣点检测方法。

8.2 节讨论椭圆目标检测的原理和方法，这些方法可推广到其他形状的目标检测上。

8.3 节介绍哈夫变换，这是一种通用的通过检测各种目标轮廓进行图像分割的方法，利用了图像的全局特性，受干扰的影响较小，还可确定轮廓至亚像素精度。

8.4 节介绍广义哈夫变换，其不仅能检测用解析表达描述的目标轮廓，还可以检测更一般的任意目标轮廓。

8.1 兴趣点检测

兴趣点或感兴趣点泛指图像中或目标上具有特定几何性质或属性的点，如角点、拐点、梯度极值点等。兴趣点的检测方法很多，下面先介绍利用二阶导数检测角点的原理，再介绍两种比较有特色的检测算子，可用来检测多种类型的兴趣点。

8.1.1　利用二阶导数检测角点

如果一个像素在其小邻域中具有两个明显不同的边缘方向，则可将其看作角点（或者说角点的邻域中有两个边缘段，其朝向更偏于互相垂直），也有人将局部曲率（对离散曲率的计算方法可参见 12.3 节）较大的边缘点看作**角点**。典型的角点检测器多基于像素灰度的导数实现。

利用二阶导数检测角点与利用一阶导数检测边缘有些类似。在 2D 图像中，由各二阶导数组成的对称矩阵可写成（下标指示偏导数的方向）：

$$\boldsymbol{I}_{(2)} = \begin{bmatrix} I_{xx} & I_{xy} \\ I_{yx} & I_{yy} \end{bmatrix}, \qquad I_{xy} = I_{yx} \tag{8-1}$$

式（8-1）给出被检测点（可设为坐标原点）的局部曲率信息。该矩阵有两个特征值，可考虑它们的 3 种组合情况：①两个特征值都很小，表示被检测点的局部邻域比较平坦，被检测点不是边缘点或角点；②一个特征值很小，而另一个特征值很大，表示被检测点的局部邻域呈脊线状，沿一个方向平坦而沿另一个方向变化剧烈，被检测点为边缘点；③两个特征值都很大，表示被检测点为角点。这种检测方法对平移和旋转变换不敏感，对光照和视角变化有一定的鲁棒性。

如果旋转坐标系，可将 $\boldsymbol{I}_{(2)}$变换成对角形式：

$$\tilde{\boldsymbol{I}}_{(2)} = \begin{bmatrix} I_{\tilde{x}\tilde{x}} & 0 \\ 0 & I_{\tilde{y}\tilde{y}} \end{bmatrix} = \begin{bmatrix} K_1 & 0 \\ 0 & K_2 \end{bmatrix} \tag{8-2}$$

此时的二阶导数矩阵给出了原点的主曲率，即 K_1 和 K_2。

在式（8-1）的矩阵中，其秩和行列式都是旋转不变的。进一步可分别得到拉普拉斯值和海森值：

$$\text{Laplacian} = I_{xx} + I_{yy} = K_1 + K_2 \tag{8-3}$$

$$\text{Hessian} = \det\left[\boldsymbol{I}_{(2)}\right] = I_{xx}I_{yy} - I_{xy}^2 = K_1K_2 \tag{8-4}$$

基于一个由函数的二阶偏导数构成的方阵，**拉普拉斯（Laplacian）算子**和**海森（Hessian）算子**分别计算拉普拉斯值和海森值。前者对边缘和直线都能给出较强的响应，所以不太适合用来检测角点；后者描述了函数的局部曲率，虽然对边缘和直线没有响应，但是在角点的邻域中会有较强的响应，所以比较适合用来检测角点。不过海森算子在角点处响应为 0，而且在角点两边的符号是不一样的，所以需要通过较复杂的分析来确定角点的存在并准确地对角点进行定位。为避免这个复杂的分析过程，可先计算曲率 K 与局部灰度梯度 g 的乘积：

$$C = Kg = K\sqrt{I_x^2 + I_y^2} = \frac{I_{xx}I_y^2 - 2I_{xy}I_xI_y + I_{yy}I_x^2}{I_x^2 + I_y^2} \tag{8-5}$$

之后，沿边缘法线方向，利用非最大消除确定角点的位置。

8.1.2 哈里斯兴趣点算子

哈里斯（Harris）兴趣点算子也称为哈里斯兴趣点检测器，其表达矩阵可借助图像中局部模板两个方向的梯度 I_x 和 I_y 来定义。一种常用的哈里斯矩阵可写为

$$\boldsymbol{H} = \begin{bmatrix} \sum I_x^2 & \sum I_xI_y \\ \sum I_xI_y & \sum I_y^2 \end{bmatrix} \tag{8-6}$$

1．角点检测

哈里斯角点算子通过计算像素邻域中灰度值平方差的和来检测角点。在检测角点时，可用式（8-7）计算**角点强度**，注意行列式 det($\boldsymbol{H}$)和秩 trace($\boldsymbol{H}$)都不受坐标轴旋转的影响：

$$C = \frac{\det(\boldsymbol{H})}{\mathrm{trace}(\boldsymbol{H})} \tag{8-7}$$

在理想情况下，考虑局部的**圆形模板**。对于模板中只有直线的情况，$\det(\boldsymbol{H}) = 0$，所以 $C = 0$。角点与模板的各种位置关系如图 8-1 所示，如果模板中有一个对应锐角（两条边之间的夹角 Θ 小于 90°）的角点，如图 8-1(a)所示，则哈里斯矩阵可写为

$$\boldsymbol{H} = \begin{bmatrix} l_2g^2\sin^2\theta & l_2g^2\sin\theta\cos\theta \\ l_2g^2\sin\theta\cos\theta & l_2g^2\cos^2\theta + l_1g^2 \end{bmatrix} \tag{8-8}$$

其中，l_1 和 l_2 分别为两条边的长度；g 表示边两侧的对比度，在整个模板中为常数。

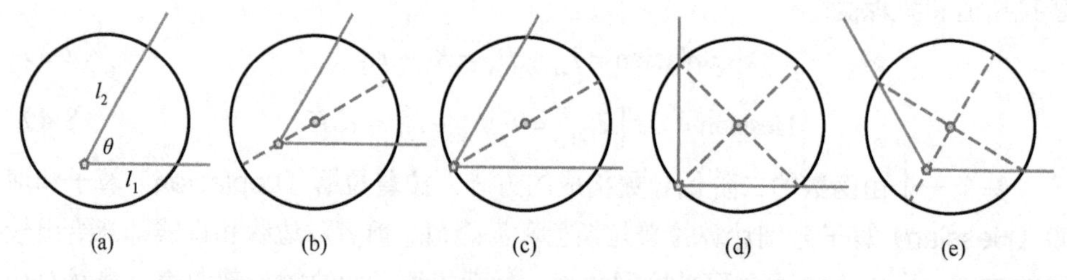

图 8-1 角点与模板的各种位置关系

根据式（8-8）可算得：

$$\det(\boldsymbol{H}) = l_1l_2g^4\sin^2\theta \tag{8-9}$$

$$\mathrm{trace}(\boldsymbol{H}) = (l_1 + l_2)g^2 \tag{8-10}$$

代入式（8-7）得到角点强度：

$$C = \frac{l_1 l_2}{l_1 + l_2} g^2 \sin^2 \theta \tag{8-11}$$

其中包括 3 项：依赖模板中边长度的强度因子$\lambda = l_1 l_2/(l_1+l_2)$、对比度因子 g^2、依赖锐角度数的形状因子 $\sin^2\theta$。下面分别讨论。

（1）强度因子与两条边在模板中的部分的长度有关。如果设 l_1 与 l_2 之和为一个常数 L，则强度因子$\lambda = (Ll_2 - l_2^2)/L$，并且在 $l_1 = l_2 = L/2$ 时取得极大值。这表明，为获得大的角点强度，需要把两条边对称地放到模板区域中，如图 8-1(b)所示，即角点落在角的中分线（也是直径）上。而为了获得最大的角点强度，要让两条边在模板区域中都最长，这种情况如图 8-1(c)所示，即将角点沿中分直径线移动，直到角点落在**圆形模板**的边界上。

（2）对比度因子在整个模板中为常数。

（3）形状因子依赖夹角θ。在$\theta = \pi/2$ 时，形状因子取得最大值 1；而在$\theta = 0$ 和$\theta = \pi$时，形状因子都取得最小值 0。由式（8-11）可知，对于直线，角点强度为 0。

根据上述分析可知，对于直角的角点，强度最大的角点位置也在圆形模板的边界上，如图 8-1(d)所示。此时，两条边与圆形模板边界的两个交点间的连线（也是直径）是与角平分线垂直的。进一步，对钝角角点也可进行类似的分析，结论是，两条边与圆形模板边界的两个交点间的连线也是与角平分线垂直的，如图 8-1(e)所示。

2．交叉点检测

哈里斯兴趣点算子除了可用于检测各种角点，还可用于检测其他兴趣点，如交叉点和 T 型交点。这里交叉点可以是两条互相垂直的直线的交点，如图 8-2(a)所示，也可以是两条互不垂直的直线的交点，如图 8-2(b)所示。类似地，构成 T 型交点的两条直线可以互相垂直，如图 8-2(c)所示，也可以不互相垂直，如图 8-2(d)所示。在图 8-2 中，相同的数字表示所指示的区域具有相同的灰度，而不同的数字表示所指示的区域具有不同的灰度。

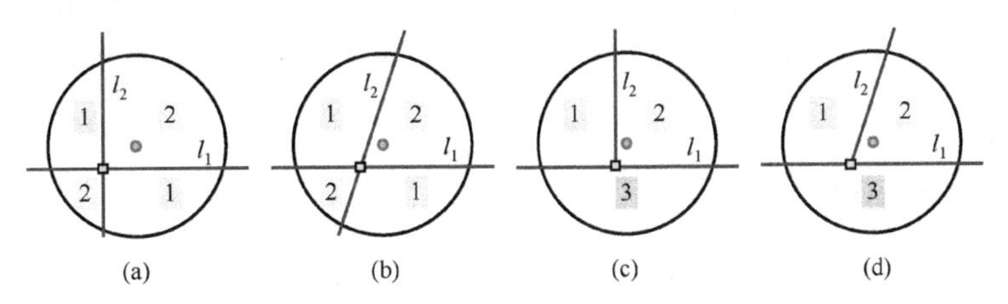

图 8-2　交叉点和 T 型交点示意

在计算交叉点的强度时，仍可使用式（8-11），只是这里 l_1 和 l_2 的值分别是两个方向上线段的总长度（交叉点两边线段之和）。另外要注意，在交叉点处，两个方向的对比度符号都会反转，但这对交叉点强度的计算没有影响，因为在式（8-11）中，将 g 的平方作为对比度因子。所以，如果将交叉点与模板中心点重合，l_1 和 l_2 的值分别是对应角点时的两倍，这也是交叉点强度最大的位置。顺便指出，这个位置是二阶导数的过零点。

T 型交点可以看作比角点和交叉点更一般的兴趣点，因为它涉及 3 个具有不同灰度的区域。考虑 T 型交点处有两种对比度的情况，将式（8-11）推广为

$$C=\frac{l_1 l_2 g_1^2 g_2^2}{l_1 g_1^2 + l_2 g_2^2}\sin^2\theta \tag{8-12}$$

T 型交点可以有许多不同的构型，这里仅考虑一种一个弱边缘（对应斜边缘）接触到一个强边缘（对应水平边缘），但没有穿过该强边缘的情况，如图 8-3 所示。

图 8-3　T 型交点示例

在图 8-3 中，T 型交点是不对称的。由式（8-12）可知，其最大值在 $l_1|g_1| = l_2|g_2|$ 时取得。这表明强度最大的点在弱边缘上，而不在强边缘上，如图 8-3 中的圆点所示。换句话说，强度最大的点因为受到灰度的影响而产生了偏移，所以并不处在 T 型交点的几何位置上。

8.1.3　积分角点检测

SUSAN 算子是一种很有特色的检测算子，它不利用微分而利用积分进行检测。SUSAN 算子不仅可以检测图像中目标的边界点，而且可以较鲁棒地检测目标的角点。

1. USAN 原理

先借助图 8-4 来说明检测的原理。设有一幅图像的长方形部分，上部为亮区域，下部为暗区域，分别代表目标和背景。有一个圆形的模板，其中心称为“核”，

其大小由模板边界限定。图 8-4 给出该模板放在图像中 6 个不同位置上的示意，从左边开始，第 1 个模板全部在亮区域中，第 2 个模板大部分在亮区域中，第 3 个模板一半在亮区域中，第 4 个模板大部分在暗区域中，第 5 个模板全部在暗区域中，第 6 个模板的 1/4 在暗区域中。这些基本涵盖了模板各种典型的位置和响应情况。

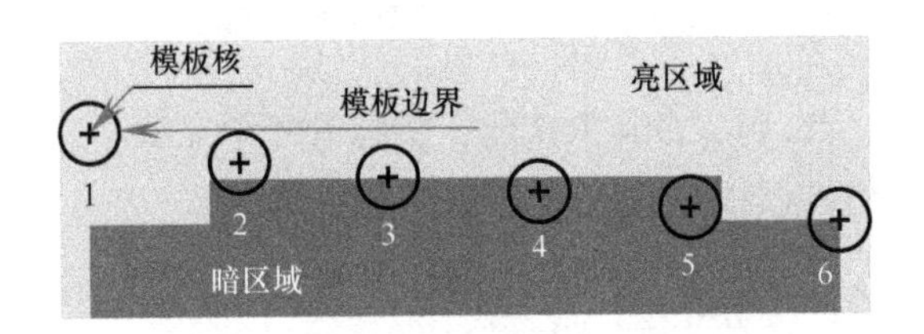

图 8-4　圆形模板在图像中的不同位置

如果将模板中各像素的灰度与模板中心的核像素的灰度进行比较，那么就会发现，总有一部分模板像素的灰度与核像素的灰度相同或相似，这部分像素所在的区域可称为 USAN（一般称为**核同值区**）。USAN 的尺寸反映出很多与图像结构有关的信息。由图 8-4 可知，当核像素处在图像灰度一致区域中时，USAN 的面积会达到最大（最大值即为模板面积），第 1 个模板和第 5 个模板就属于这种情况；当模板横跨两个区域但核在其中一个区域内时，这个面积大于最大值的 1/2，第 2 个模板和第 4 个模板就属于这种情况；当核像素处于直边缘处时，这个面积约为最大值的 1/2，第 3 个模板就属于这种情况；当核像素处于角点处时，这个面积更小，约为最大值的 1/4，第 6 个模板就属于这种情况。

利用 USAN 面积的上述变化可检测边缘或角点。具体说来，当 USAN 面积较大（超过模板面积的 1/2）时，表明核像素处在图像灰度一致区域中，在模板核接近边缘时该面积减小，在模板核接近角点时减小得更多，在角点处面积取得最小值。如果将 USAN 面积的倒数作为检测的输出，可以通过计算极大值的方式方便地确定角点的位置。

2. SUSAN 算子

在 USAN 的基础上可讨论 **SUSAN 算子**（也称为**最小核同值算子**）。

SUSAN 算子利用**圆形模板**得到**各向同性**的响应。在数字图像中，圆可用一个包含 37 个像素的模板来近似。这 37 个像素排成 7 行，每行分别有 3 个、5 个、7 个、7 个、7 个、5 个、3 个像素，相当于一个半径约为 3.4 个像素的圆，如图 8-5 所示。若考虑计算量，也可用普通的 3×3 模板来粗略近似。

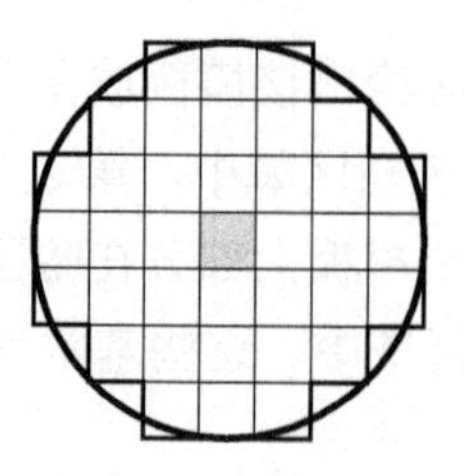

图 8-5　包含 37 个像素的圆形模板

设模板函数为 $N(x, y)$，将其依次放在图像的每个点上，并在每个位置上将模板内各像素的灰度值与模板核的灰度值进行比较：

$$C(x_0, y_0; x, y) = \begin{cases} 1, & |f(x_0, y_0) - f(x, y)| \leqslant T \\ 0, & |f(x_0, y_0) - f(x, y)| > T \end{cases} \tag{8-13}$$

其中，(x_0, y_0)是核在图像中的位置坐标；(x, y)是模板 $N(x, y)$中的其他位置坐标；$f(x_0, y_0)$和 $f(x, y)$分别是(x_0, y_0)和(x, y)处像素的灰度；T 是灰度差阈值；函数 $C(\cdot\,;\cdot)$代表输出的比较结果，其示例如图 8-6 所示，这里阈值 $T = 27$。

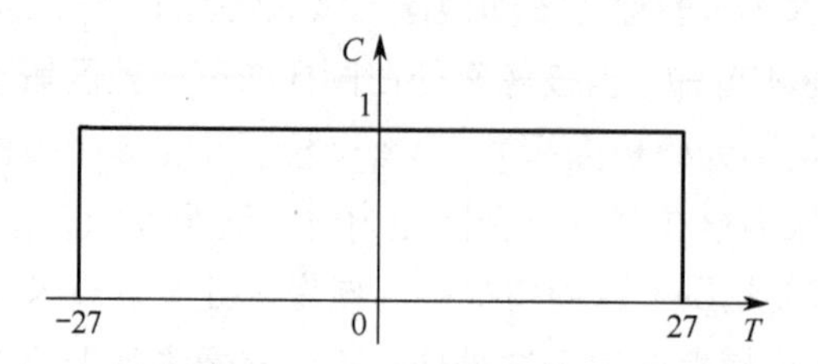

图 8-6　函数 $C(\cdot\,;\cdot)$示例

对模板中的所有像素进行上述比较，可得到一个输出的**游程和**：

$$S(x_0, y_0) = \sum_{(x,y)\in N(x,y)} C(x_0, y_0; x, y) \tag{8-14}$$

这个和其实就是 USAN 中的像素个数，或者说它给出了 USAN 的面积，根据上述讨论，这个面积在角点处最小。结合式（8-13）和式（8-14）可知，阈值 T 既可用于检测 USAN 面积的最小值，也可以用于确定能消除的最大噪声值。

在实际应用 SUSAN 算子时，需要将游程和与一个固定的**几何阈值** G 进行比较以做出判断。该阈值设为 $3S_{max}/4$，其中 S_{max} 是游程和取得的最大值（对于由 37 个像素组成的模板，最大值为 36）。初始的边缘响应 $R(x_0, y_0)$为

$$R(x_0, y_0) = \begin{cases} G - S(x_0, y_0), & S(x_0, y_0) < G \\ 0, & \text{其他} \end{cases} \tag{8-15}$$

式（8-15）是根据 USAN 原理得到的，即 USAN 的面积越小，边缘的响应就越大。

当图像中没有噪声时，可以不使用几何阈值；当图像中有噪声时，须设 $G = 3S_{max}/4$ 以给出最优的噪声消除性能。考虑一个阶跃边缘，游程和总会在某一侧小于 $S_{max}/2$。如果边缘是弯曲的，小于 $S_{max}/2$ 的游程和会出现在凹的一侧。如果边缘为非理想的阶跃边缘（有坡度），游程和会更小，这样检测不到边缘的可能性就更小。

上面介绍的方法通常可以给出相当好的结果，但还有一种更稳定的计算 $C(\cdot\,;\,\cdot)$的方法：

$$C(x_0, y_0; x, y) = \exp\left\{-\left[\frac{f(x_0, y_0) - f(x, y)}{T}\right]^2\right\} \tag{8-16}$$

式（8-16）对应的曲线为图 8-7 中的曲线 b；曲线 a 对应式（8-13），为门函数。可见，式（8-16）给出式（8-13）的一个平滑的版本，它允许像素灰度有一定的变化，而不会对 $C(\cdot\,;\,\cdot)$造成太大的影响。

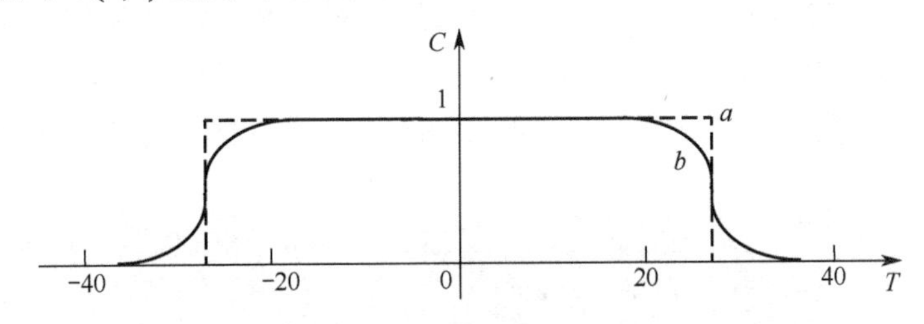

图 8-7 不同的函数 $C(\cdot\,;\,\cdot)$示例

□ 例 8-1 角点检测示例

图 8-8 给出两个用 SUSAN 算子检测角点的示例。

(a) (b)

注：彩插部分有相应彩色图片。

图 8-8 用 SUSAN 算子检测角点的示例 □

3. SUSAN 算子的特点

SUSAN 算子不仅可以用来检测角点，还可以用来检测边缘。与多数边缘检测算子相比，SUSAN 算子有一些独特的地方。

在用 SUSAN 算子对边缘和角点进行检测增强时，不需要计算微分，这可解释为什么在有噪声时 SUSAN 算子的性能会更好。这个特点和 SUSAN 算子的非线性响应特点都有利于减弱噪声的影响。为理解这一点，可考虑一个混有独立分布的高斯噪声的输入信号。只要噪声相对于 USAN 面积较小，就不会影响基于 USAN 面积所做的判断，换句话说，噪声被忽略了。在面积计算中，对各像素值求和的操作能够进一步减弱噪声的影响。

❑ 例 8-2 SUSAN 算子和索贝尔算子的对比

在图 8-9 中，图 8-9(a)为原始图像，图 8-9(b)和图 8-9(c)分别为用 SUSAN 算子和索贝尔算子进行边缘检测的结果。用 SUSAN 算子提取的边缘比较宽，而用索贝尔算子提取的边缘比较窄。图 8-9(d)和图 8-9(e)分别为给原始图像加高斯噪声后再用 SUSAN 算子和索贝尔算子进行边缘检测的结果。噪声的影响在图 8-9(e)中比在图 8-9(d)中大，这表明 SUSAN 算子能够减弱噪声的影响。

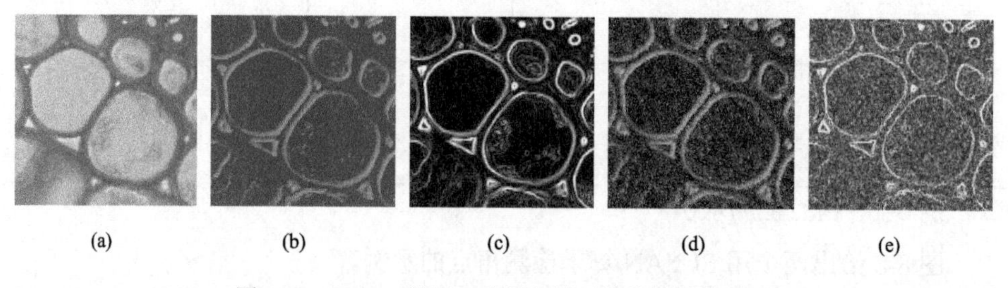

(a) (b) (c) (d) (e)

图 8-9 SUSAN 算子和索贝尔算子边缘检测效果对比 ❑

SUSAN 算子的另一个特点可以从图 8-4 中 USAN 面积的变化看出。在边缘变得模糊时，边缘附近灰度值数量增加（灰度值的级数增多），边缘中心的 USAN 面积将减小。所以，其对边缘的响应会随着边缘的平滑或模糊而增强。这个有趣的现象在一般的边缘检测算子中不常见。

另外，利用大多数边缘检测算子检测出的边缘位置会随所用模板尺寸的变化而改变，但 SUSAN 算子能提供不依赖模板尺寸的边缘精度。换句话说，最小 USAN 面积的计算是一个相对的概念，与模板尺寸无关，所以 SUSAN 算子的性能不受模板尺寸影响，这在实际应用中是很有用的。

最后，SUSAN 算子还有一个特点是控制参数的选取很简单，并且任意性较小，比较容易实现自动化选取。

8.2 椭圆目标检测

对目标的直接检测常常要用到目标的各种特性和先验知识，其中目标的几何特性是用得比较普遍的。这里主要考虑针对椭圆目标的几种检测方法，其思路可推广至其他形状的目标。

8.2.1 直径二分法

直径二分法是一种很简单的（在概念上很容易理解）用于确定各种尺寸的椭圆的中心的方法。首先，针对图像中的所有边缘点，根据其边缘方向建立一个列表；然后，排列这些点以获得反方向平行的点对，它们有可能处于椭圆直径的两边；最后，针对这些椭圆直径的中点位置，在参数空间里进行投票，峰值位置对应的图像空间点就是椭圆中心的候选位置。参见图 8-10，两个边缘方向反向平行的边缘点（点 S 和点 T）的中点（点 C）应是椭圆中心的候选点。不过，当图像中有若干个相同朝向的椭圆时，直径二分法有可能还在椭圆之间的中点发现中心点（虚假中心点）。要消除这些虚假中心点，需要只允许在边缘点向内的位置上进行投票。

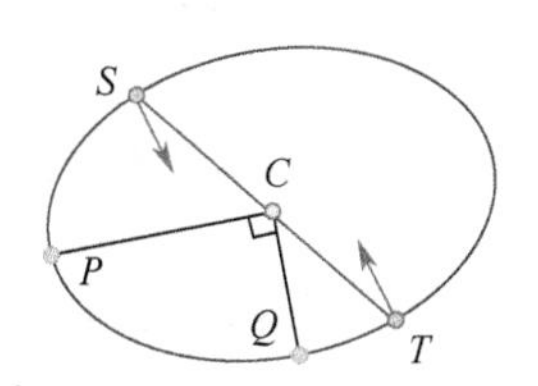

图 8-10 直径二分法的基本思路

上述基本方法对定位很多对称的形状（如圆、正方形、矩形等）都有用，所以可用于检测多种目标。另外，当一幅图像中有多种形状的目标时，如果只需检测其中的一种，则会产生许多虚警，也会增加很多计算量。如果仅为了检测椭圆，可以考虑椭圆的另一个特性，即椭圆的两个垂直的半长轴 CP 和 CQ（见图 8-10）满足

$$\frac{1}{CP^2}+\frac{1}{CQ^2}=\frac{1}{R^2}=\text{常数} \qquad (8\text{-}17)$$

所以，可利用对参数空间中同一个峰有贡献的边缘点的集合构建一个有 R 个直方条的直方图。如果能在直方图中找到一个明显的峰，则在图像特定位置处很有可能存在一个椭圆；如果发现两个或多个峰，那可能有对应数量的椭圆重叠；如果没有发现峰，则说明图像中只有其他对称形状的目标。

用直径二分法搜索具有正确朝向的边缘点列表需要大量的计算。为加快处理过程，可使用如下方法：将边缘点加到一个列表中，然后用朝向来访问；通过将恰当的朝向加入列表来寻找正确的边缘点。如果有 N 个边缘点，则该加速方法可使计算时间从原来的 $O(N^2)$减少为 $O(N)$。

8.2.2 弦-切线法

弦-切线法也是一种可用来确定各种尺寸的椭圆的中心的方法。参见图 8-11，在图像中检测成对的边缘点 P_1 和 P_2，过这两个点的切线相交于点 T，而这两个点连线的中点是点 B，椭圆中心点 C 和点 T 在点 B 的两边。通过计算直线 TB 的方程，类似于哈夫变换（参见 8.3 节），将线段 BD 上的点在参数空间中累加，最后利用峰值检测就可确定点 C 的坐标(x_c, y_c)。

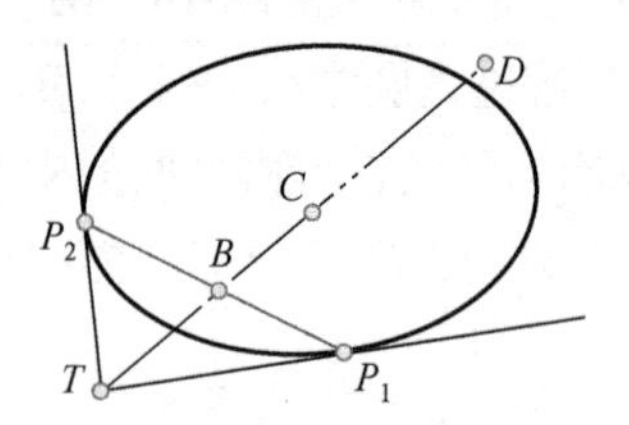

图 8-11 弦-切线法示意

因为在参数空间里有很多点需要累加，所以计算量可能很大。减少计算量可从 3 个方面考虑：一是估计椭圆的尺寸和朝向，从而限制线段 BD 的长度；二是如果两个边缘点过于接近或过于疏远，就不把它们组成对；三是一旦确认一个边缘点属于一个特定的椭圆，就不再让它参与之后的计算。

8.2.3 椭圆的其他参数

考虑以下椭圆方程（A、B、C、F、G、H 均为方程系数）：

$$Ax^2 + 2Hxy + By^2 + 2Gx + 2Fy + C = 0 \tag{8-18}$$

要区分椭圆与双曲线，需要满足 $AB > H^2$。这表明 A 永远不会是 0，为不失一般性，可取 $A = 1$。这样就只剩下五个参数，分别对应椭圆位置、朝向、尺寸和形状（可用偏心率表示）。

前面已确定了椭圆中心(x_c, y_c)，可将其移至坐标系原点位置，这样式（8-18）变成

$$x'^2 + 2Hx'y' + By'^2 + C' = 0 \tag{8-19}$$

其中，

$$x' = x - x_c \quad y' = y - y_c \tag{8-20}$$

在确定椭圆中心后，可借助边缘点拟合式（8-19），可利用类似哈夫变换（参见 8.3 节）的方式来进行。先对式（8-19）进行微分：

$$x' + \frac{By'}{\mathrm{d}x'} + H\left(y' + \frac{x'\mathrm{d}y'}{\mathrm{d}x'}\right) = 0 \tag{8-21}$$

其中，$\mathrm{d}y'/\mathrm{d}x'$可根据$(x', y')$处的局部边缘朝向来确定。同时，在新的参数空间 BH 中进行累加。如果找到了一个峰，就可进一步利用边缘点来得到 C'的直方图，并从中确定出最终的椭圆参数。

要确定椭圆朝向θ及两个半轴 a 和 b，需要利用 B、H 和 C'：

$$\theta = \frac{1}{2}\arctan\left(\frac{2H}{1-B}\right) \tag{8-22}$$

$$a^2 = \frac{-2C'}{(B+1) - [(B-1)^2 + 4H^2]^{\frac{1}{2}}} \tag{8-23}$$

$$b^2 = \frac{-2C'}{(B+1) + [(B-1)^2 + 4H^2]^{\frac{1}{2}}} \tag{8-24}$$

其中，θ是对角化式（8-19）中二次项的旋转角。而在经过旋转后，椭圆就变成标准形式，两个半轴 a 和 b 就可确定了。

总结一下前面的过程，椭圆的五个参数是分三步确定的：首先是（两个）位置坐标，接着是朝向，最后是尺寸和偏心率。

❑ 例 8-3　在两类目标图像中定位一种目标

假设图像中分布着两类目标，小目标为较暗的矩形，大目标为较亮的椭圆形。一种定位小目标的设计策略如下。

（1）使用一个边缘检测器，使所有边缘点在背景为 1 的图像中取值为 0。

（2）对背景区域进行距离变换。

（3）确定距离变换结果的局部极大值。

（4）分析局部极大值位置的图像值。

（5）执行进一步的处理以确定小目标中近似平行的边线。

在这个问题中，根据距离变换结果定位小目标的关键是忽略所有大于小目标一半宽度的局部极大值（任何明显小于小目标一半宽度的值也可忽略）。这意味着图像中大部分的局部极大值会被去除，只有某些在大目标之内和大目标之间的孤立点及沿小目标中心线的局部极大值有可能被保留。进一步使用孤立点消除算法，可以仅保留沿小目标中心线的局部极大值，然后对其扩展以恢复小目标的边界。检测到的边缘有可能被分割成多个片段，不过边缘中的间断一般不会导致局部极大值轨迹的断裂，因为距离变换会将它们比较连续地填充起来。虽然给出的距离变换值会稍微小一些，但这并不会影响算法的其他部分。所以，该方法对于影响边缘检测的因素有一定的鲁棒性。 ❑

8.3 哈夫变换

哈夫变换是一种特殊的在图像空间和参数空间之间进行的变换，常用于将特定的目标从图像中提取出来。本节先介绍基本的哈夫变换，8.4 节将介绍广义哈夫变换。

考虑在图像空间中有一个目标，其轮廓可用代数方程表示，则代数方程中既有属于图像空间的变量，也有属于参数空间的参数。哈夫变换建立了空间变量和参数之间的联系。

基于哈夫变换，可利用图像全局特性将目标边缘像素连接起来以组成目标区域的封闭边界，或直接对图像中已知形状的目标进行检测，并且有可能确定边界到亚像素级精度。哈夫变换的主要优点是其利用了图像的全局特性，受噪声和边界间断的影响较小，比较鲁棒。

8.3.1 点-线对偶性

基本的哈夫变换的原理可借助点-线**对偶性**解释。在图像空间 XY 中，所有过点(x, y)的直线都满足方程

$$y = px + q \tag{8-25}$$

其中，p 为斜率；q 为截距。如果针对 p 和 q 建立一个参数空间 PQ，则(p, q)表示参数空间 PQ 中的一个点。这个点和式（8-25）表示的直线是一一对应的，即 XY 空间中的一条直线对应 PQ 空间中的一个点。另外，式（8-25）也可写成

$$q = -px + y \tag{8-26}$$

式（8-26）代表参数空间 PQ 中的一条直线，此时它对应 XY 空间中的一个

点(x, y)。

现在考虑如图 8-12 所示的情况，图 8-12(a)为图像空间，图 8-12(b)为参数空间。在图像空间 XY 中，过点 (x_i, y_i)的通用直线方程按照式（8-25）可写为 $y_i = px_i + q$，也可按式（8-26）写成 $q = -px_i + y_i$，后者表示参数空间 PQ 中的一条直线；同理，过点 (x_j, y_j)有 $y_j = px_j + q$，也可写成 $q = -px_j + y_j$，后者表示参数空间 PQ 中的另一条直线。设这两条直线在参数空间 PQ 中的点(p', q')处相交，这里点(p', q')对应图像空间 XY 中一条过(x_i, y_i)和(x_j, y_j)的直线，因为它们满足 $y_i = p'x_i + q'$和 $y_j = p'x_j + q'$。由此可见，图像空间 XY 中过点(x_i, y_i)和(x_j, y_j)的直线上的每个点都对应参数空间 PQ 中的一条直线，这些直线相交于点(p', q')。

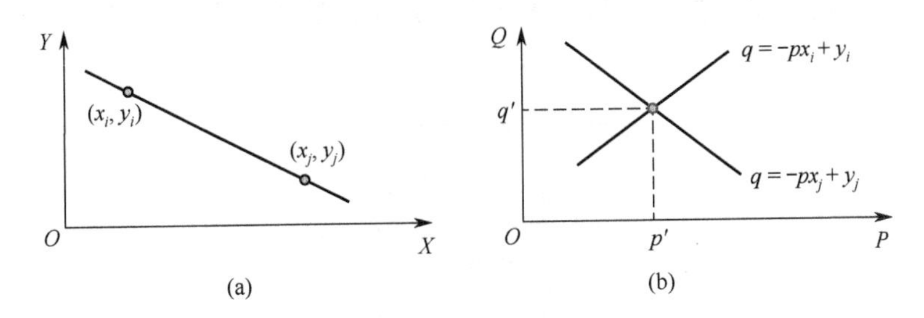

图 8-12　图像空间和参数空间中点和线的对偶性

因此，在图像空间中共线的点对应在参数空间里相交的线。反过来，在参数空间中相交于同一个点的所有直线在图像空间里都有共线的点与之对应。这就是点-线对偶性。哈夫变换根据这些对偶关系，将图像空间中的检测问题转换到参数空间里，通过在参数空间里进行简单的累加统计完成检测任务。

8.3.2　计算步骤

式（8-25）和式（8-26）所给的图像空间和参数空间中点和线的对应关系是点-线对偶性的体现。根据点-线对偶性可将在 XY 空间中对直线的检测转化为在 PQ 空间中对点的检测。例如，设已知 XY 空间中的一些点，则利用哈夫变换检测它们是否共线的步骤如下。

（1）对参数空间中参数 p 和 q 的可能取值范围进行量化，根据量化结果，构造一个累加数组 $A(p_{\min}：p_{\max}, q_{\min}：q_{\max})$并初始化为 0。

（2）对于 XY 空间中的各给定点，让 p 取遍所有可能值，利用式（8-26）计算出 q，根据 p 和 q 的值累加 A：$A(p, q) = A(p, q) + 1$。

（3）根据累加后 A 中最大值对应的 p 和 q，由式（8-25）定出 XY 中的一条直线，A 中的最大值代表此直线上给定点的数目，满足直线方程的点就是共线的。

由此可见，哈夫变换的基本策略是，根据点-线对偶性，由图像空间中的点计算参数空间里的线，再根据参数空间中线的交点计算图像空间里的线。

在具体计算时，需要在参数空间 PQ 里建立一个 2D 累加数组。设这个累加数组为 $A(p, q)$，如图 8-13 所示，其中$[p_{\min}, p_{\max}]$和$[q_{\min}, q_{\max}]$分别为预期的斜率和截距的取值范围。在开始时，置数组 A 为 0，然后针对图像空间中的各给定点，让 p 遍取 P 轴上所有可能值，并根据式（8-26）算出对应的 q。再根据 p 和 q 的值（设都已经取整）对 A 进行累加：$A(p, q) = A(p, q) + 1$。在累加结束后，根据 A 的值就可知道有多少点是共线的，即 $A(p, q)$的值就是在(p, q)处共线点的个数。同时(p, q)也给出了直线方程的参数，并进一步给出了点所在的线（可得到线的方程）。

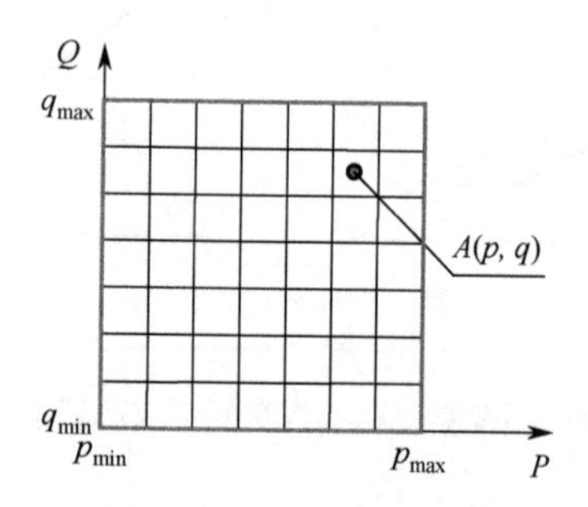

图 8-13　参数空间里的累加数组示意

注意，这里空间点共线统计的准确程度是由累加数组的尺寸决定的。累加数组越大，统计结果就越准确。假设把 P 轴分成 K 份，那么对于任意点(x_k, y_k)，由式（8-26）可得 q 的 K 个值（对应 p 取 K 个值）。如果图中有 n 个点，那么就需要进行 nK 次运算，可见运算量是 n 的线性函数。如果 K 比 n 小（在实际应用中均满足这一条件），则总的计算量必然小于 n^2。这个问题如果用直接方法解决，可看作已检测出一条直线上的若干个点，需要求出它们所在的直线。此时需要先确定所有由任意两点决定的直线，即需要约 n^2 次运算以确定 $n(n-1)/2$ 条直线；再找出接近具体直线的点的集合，即需要约 n^3 次运算以比较 n 个点中的每个点与 $n(n-1)/2$ 条直线中的每条直线。两相比较，哈夫变换有明显的计算优越性。

哈夫变换不仅可以用来检测直线并连接处在同一条直线上的点，也可以用来检测满足解析式 $f(\boldsymbol{x}, \boldsymbol{c}) = 0$ 形式的各类曲线并把曲线上的点连起来。这里 $\boldsymbol{x}$ 是一个坐标矢量，在 2D 图像中是一个 2D 矢量；$\boldsymbol{c}$ 是一个系数矢量。$\boldsymbol{x}$ 和 $\boldsymbol{c}$ 都可以根据曲线的类型有不同的维数，如 2D、3D、4D 等。换句话说，只要能写出曲线方程，就可利用哈夫变换进行检测。

这里简单介绍一下如何检测圆。圆的一般方程为

$$(x-a)^2+(y-b)^2=r^2 \tag{8-27}$$

因为式（8-27）中有 3 个参数 a、b、r，所以需要在参数空间里建立一个 3D 累加数组 A，其元素可写为 $A(a, b, r)$。这样可以让 a 和 b 依次变化并根据式（8-27）算出 r，进而对 A 进行累加：$A(a, b, r) = A(a, b, r)+1$。原理与检测直线上点的原理相同，只是复杂性增加了，系数矢量 $\boldsymbol{c}$ 现在是一个 3D 矢量。理论上，计算量和累加器尺寸随参数个数的增加呈指数增加，所以在实际应用中，哈夫变换非常适合用来检测比较简单的曲线（其解析表达中参数较少）上的点。

❑　例 8-4　用哈夫变换检测圆的示例

图 8-14(a)是一幅 256 级灰度的 256×256 合成图像，其中有一个灰度值为 160、半径为 80 的圆形目标，它处在灰度值为 96 的背景的正中位置，对整幅图像叠加了在[−48, 48]中均匀分布的随机噪声。

现在考虑利用哈夫变换检测这个圆的圆心（半径已知）。首先，计算原始图像的梯度图（可用索贝尔算子）；然后，对梯度图进行阈值化，得到目标的一些边缘点。由于存在噪声干扰，如果阈值取得较低，则由边缘点组成的轮廓线将较宽；如果阈值取得较高，则由边缘点组成的轮廓线将有间断，并且仍有不少噪声点，如图 8-14(b)所示。在有噪声存在时，完整边界的检测是一个很困难的问题。此时可对阈值化后的梯度图求哈夫变换，得到的累加器图像如图 8-14(c)所示，其中针对每个边缘点都画出一个给定半径的圆，根据累加器图像中的最大值（对应最亮点）可确定圆心坐标。因为已知半径，所以可得到圆形目标的圆周轮廓（边界），见图 8-14(d)中的白色圆周。图 8-14(d)是将圆周叠加在原始图像上的结果，能更好地显示效果。

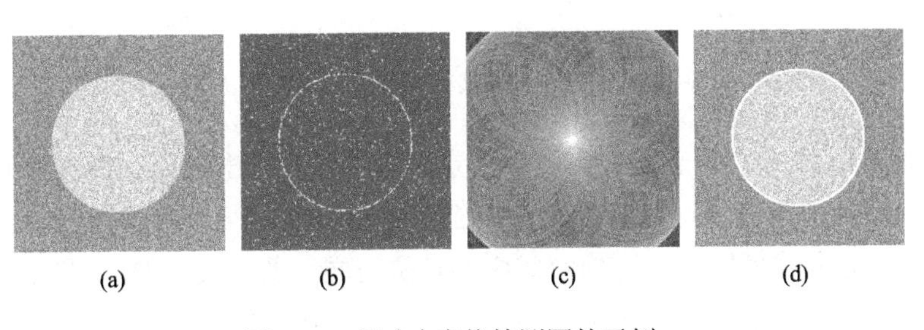

图 8-14　用哈夫变换检测圆的示例　❑

8.3.3 极坐标方程

回到用哈夫变换进行直线检测的问题上。在运用式（8-25）的直线方程时，如果直线方向接近竖直，则 p 和 q 的值都可能接近无穷大，计算量会大增（因为累加器尺寸会很大）。此时可使用直线的极坐标方程：

$$\lambda = x\cos\theta + y\sin\theta \tag{8-28}$$

根据如式（8-28）所示的方程，原始图像空间中的点对应新参数空间$\Lambda\Theta$中的一条正弦曲线，即原来的点-直线对偶性变成了现在的点-正弦曲线**对偶性**。为检测在图像空间中共点的直线，需要在参数空间里检测正弦曲线的交点。具体来说，就是让θ遍取Θ轴上所有可能的值，并根据式（8-28）算出对应的λ；再根据θ和λ的值（设都已经取整）对累加数组$A(\theta, \lambda)$进行累加，由$A(\theta, \lambda)$的值得到共线点的个数。在参数空间中建立累加数组的方法与 8.3.2 节类似，只是无论直线如何变化，θ和λ的取值范围都是有限区间。

图 8-15(a)给出图像空间 XY 中的 5 个点（可看作一幅图像的 4 个顶点及 1 个中心点），图 8-15(b)给出它们在参数空间$\Lambda\Theta$里对应的 5 条曲线（直线为曲线的特例）。这里θ的取值范围为[−90°, +90°]，而λ的取值范围为$[-\sqrt{2}N, \sqrt{2}N]$（N为图像边长）。

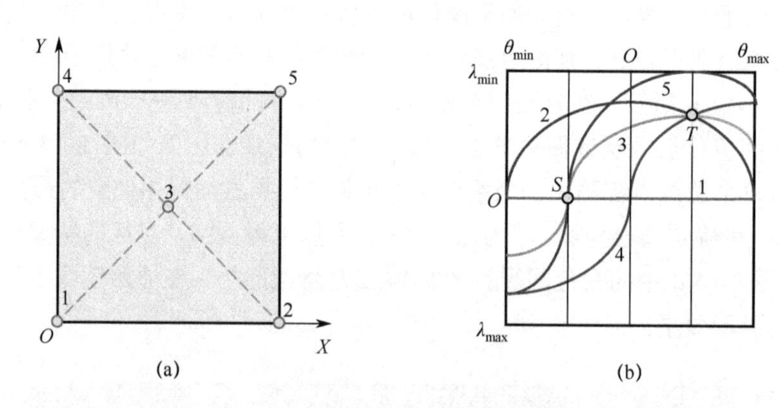

图 8-15 图像空间中的点和其在参数空间里对应的正弦曲线

由图 8-15 可见，对于图像中的各顶点，可得到并做出它们在参数空间里的对应曲线，图像中其他任意点的哈夫变换应在这些曲线之间。前面指出，参数空间里相交的正弦曲线所对应的图像空间中的点是在同一条直线上的。在图 8-15(b)中，曲线 1、3、5 都过 S 点，这表明在图 8-15(a)中，图像空间中的点 1、3、5 在同一条直线上。同理，图 8-15(a)中的点 2、3、4 处于同一条直线上，而在图 8-15(b)中，曲线 2、3、4 都过 T 点。由式（8-28）可知，λ 在 θ 为±90°时变换符号，所以参数空间中的左右两条边线具有反射相连的关系，如曲线 4 和曲线 5 在 $\theta = \theta_{\min}$ 和 $\theta = \theta_{\max}$ 处各有一个交点，这些交点关于 λ=0 的直线是对称的。

❑　例 8-5　基于法线足的哈夫变换

对于基本的哈夫变换，有许多改进方法，一种利用**法线足**（Foot of Normal）的改进方法可以加快运算速度。在利用基于极坐标的哈夫变换检测直线时，以(ρ, θ)指示参数空间。设(ρ, θ)表示的直线与待检测直线的交点坐标为(x_f, y_f)，该交点可称为法线足，如图 8-16 所示。(ρ, θ)与(x_f, y_f)是一一对应的，所以也可使用(x_f, y_f)来表示参数空间。这样就可得到基于法线足的哈夫变换。

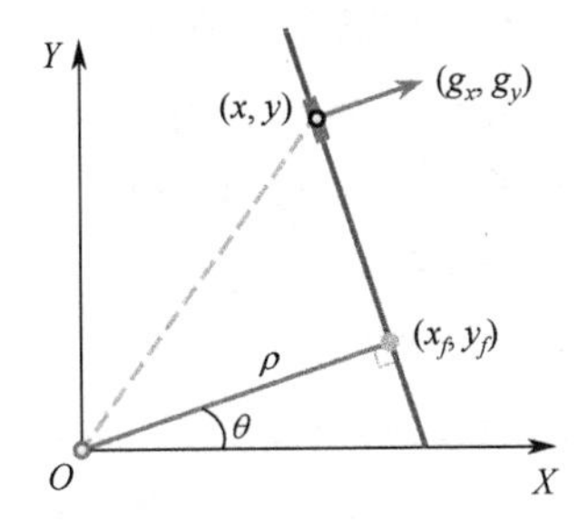

图 8-16　基于法线足的哈夫变换示意

考虑待检测直线上的一点(x, y)，该处的灰度梯度为(g_x, g_y)。根据图 8-16 可得

$$\frac{g_y}{g_x} = \frac{y_f}{x_f}$$

$$(x - x_f)x_f + (y - y_f)y_f = 0$$

联立可得

$$x_f = g_x \frac{(xg_x + yg_y)}{(g_x^2 + g_y^2)}$$

$$y_f = g_y \frac{(xg_x + yg_y)}{(g_x^2 + g_y^2)}$$

在同一条直线上的所有点都会在参数空间里给(x_f, y_f)投票。这种基于法线足的哈夫变换与基本的哈夫变换具有相同的鲁棒性，但它在实际应用中的计算速度更快，因为它既不需要计算反正切函数来获得θ，也不需要计算平方根来获得ρ。❑

8.4 广义哈夫变换

将哈夫变换推广为广义哈夫变换，可以用其检测更多形状的目标。

8.4.1 推广原理

由对圆的检测可知，相对于圆上的点(x, y)，圆的中心点(p, q)是一个参考点，所有的(x, y)都是以半径为参数与(p, q)联系起来的。如果能确定（检测出）参考点(p, q)，圆就确定了。根据这个原理，在待检测曲线或目标轮廓无法（或不易）用解析式表达时，可以利用表格建立曲线上或目标轮廓上各点与参考点间的关系，从而继续利用哈夫变换进行检测。这就是**广义哈夫变换**的基本原理。

先考虑已知曲线上或目标轮廓上各点的相对坐标，只需确定其绝对坐标的情况，即已知曲线或目标轮廓的形状、朝向和尺度，只需检测位置信息的情况。在实际应用中，可利用轮廓点的梯度信息来建立表格，下面介绍具体的方法。

先对曲线或目标轮廓进行“编码”，即建立参考点与轮廓点的联系，从而不用解析式而用表格来离散地表达曲线或目标轮廓。参见图 8-17，在所给轮廓内部取一个参考点(p, q)，对于任意一个轮廓点(x, y)，令从(x, y)到(p, q)的矢量为$\boldsymbol{r}$，$\boldsymbol{r}$与X轴正向的夹角为ϕ。画出过轮廓点(x, y)的切线和法线，令法线与X轴正向的夹角（梯度角）为θ。这里$\boldsymbol{r}$和ϕ都是θ的函数。注意，这样每个轮廓点都对应一个梯度角θ，而一个θ可能对应多个轮廓点，具体对应轮廓点的数量与轮廓形状及θ的量化间隔$\Delta\theta$都有关系。

在进行如上定义后，参考点的坐标可基于轮廓点的坐标计算出来：

$$p = x + r(\theta)\cos[\phi(\theta)] \tag{8-29}$$

$$q = y + r(\theta)\sin[\phi(\theta)] \tag{8-30}$$

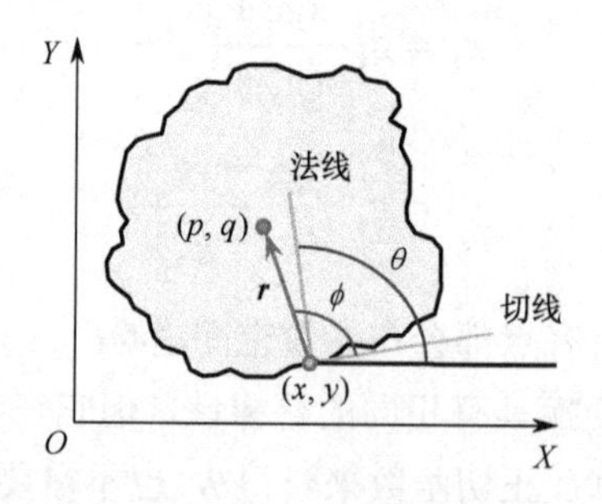

图 8-17　建立参考点和轮廓点的对应关系

由上可见，以θ为自变量，根据 $\boldsymbol{r}$、ϕ与θ的函数关系可做出一个参考表——***R*-表**，其中 $\boldsymbol{r}$ 在大小和方向上都会根据轮廓点的不同而变化。*R*-表本身与轮廓的绝对坐标无关，但由式（8-29）和式（8-30）求出的参考点是具有绝对坐标的（因为 x 和 y 具有绝对坐标）。若设轮廓上共有 N 个点，梯度角共有 M 个，则应有 $N \geqslant M$，*R*-表如表 8-1 所示，表中 $N = N_1 + N_2 + \cdots + N_M$。

表 8-1　*R*-表

梯 度 角	矢　径	矢　角
θ_1	$r_1^1, r_1^2, \cdots, r_1^{N_1}$	$\phi_1^1, \phi_1^2, \cdots, \phi_1^{N_1}$
θ_2	$r_2^1, r_2^2, \cdots, r_2^{N_2}$	$\phi_2^1, \phi_2^2, \cdots, \phi_2^{N_2}$
…	…	…
θ_M	$r_M^1, r_M^2, \cdots, r_M^{N_M}$	$\phi_M^1, \phi_M^2, \cdots, \phi_M^{N_M}$

由表 8-1 可知，给定一个θ，就可以确定一个可能的参考点位置（相当于建立了一个方程），在用此方式对轮廓进行编码表示后，就可以利用广义哈夫变换来进行检测了。接下来的步骤与基本的哈夫变换中的步骤对应。

（1）在参数空间中建立累加数组 $A(p_{\min} : p_{\max}, q_{\min} : q_{\max})$。

（2）对于轮廓上的各点(x, y)，先算出其梯度角θ，再由式（8-29）和式（8-30）算出 p 和 q，据此对 A 进行累加：$A(p, q) = A(p, q) + 1$。

（3）利用 A 中的最大值得到所求轮廓的参考点，整个轮廓的位置就可以确定了。

❑　例 8-6　广义哈夫变换计算示例

考虑图 8-18，设待检测的是一个具有单位边长的正方形，记其顶点分别为 a、b、c、d，可认为它们分别属于正方形的 4 条边，a'、b'、c'、d'分别为各边的中点。以上 8 个点均为正方形的轮廓点。每条边上的点具有相同的梯度角，分别为θ_a、θ_b、θ_c、θ_d。如果设正方形的中心点为参考点，则可得到各轮廓点向参考点所引矢量的矢径和矢角（见表 8-2）。

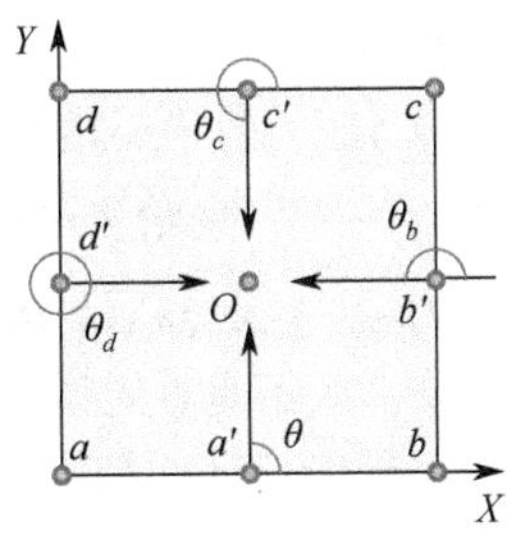

图 8-18　正方形检测示意

表 8-2　轮廓点向参考点所引的矢量

轮 廓 点	a	a'	b	b'	c	c'	d	d'
矢　径	$\sqrt{2}/2$	1/2	$\sqrt{2}/2$	1/2	$\sqrt{2}/2$	1/2	$\sqrt{2}/2$	1/2
矢　角	π/4	2π/4	3π/4	4π/4	5π/4	6π/4	7π/4	8π/4

根据表 8-2 可建立正方形的 R-表，如表 8-3 所示，每个梯度角对应两个轮廓点。

表 8-3　与图 8-18 中正方形对应的 R-表

梯 度 角	矢　径		矢　角	
$\theta_a = \pi/2$	$\sqrt{2}/2$	1/2	π/4	2π/4
$\theta_b = 2\pi/2$	$\sqrt{2}/2$	1/2	3π/4	4π/4
$\theta_c = 3\pi/2$	$\sqrt{2}/2$	1/2	5π/4	6π/4
$\theta_d = 4\pi/2$	$\sqrt{2}/2$	1/2	7π/4	8π/4

对于图 8-18 中的 8 个轮廓点，分别判断它们对应的可能参考点，如表 8-4 所示。

表 8-4　由图 8-18 得到的可能参考点

梯 度 角	轮 廓 点	可能参考点		轮 廓 点	可能参考点	
θ_a	a	O	d'	a'	b'	O
θ_b	b	O	a'	b'	c'	O
θ_c	c	O	b'	c'	d'	O
θ_d	d	O	c'	d'	a'	O

因为每条边上两个点的θ相同，所以对于每个θ，有两个 $\boldsymbol{r}$ 及两个ϕ与之对应。由表 8-4 可知，从参考点出现的频率来看，点 O 出现的频率最高（它是每个轮廓点的可能参考点），所以如果对它进行累加，将得到最大值，即检测到的参考点为点 O。 □

8.4.2　完整广义哈夫变换

在实际的坐标变换中，不仅要考虑轮廓的平移，还要考虑轮廓的缩放、旋转，此时参数空间的维数会从 2D 变为 4D，即需要增加轮廓的取向角β（轮廓主方向与 X 轴的夹角）和尺度变换系数 S，但广义哈夫变换的基本方法不变。这时只需把累加数组扩大为 $A(p_{\min}:p_{\max}, q_{\min}:q_{\max}, \beta_{\min}:\beta_{\max}, S_{\min}:S_{\max})$，并把式（8-29）和式（8-30）分别改为（注意β和 S 都不是θ的函数）

$$p = x + Sr(\theta)\cos[\phi(\theta)+\beta] \tag{8-31}$$

$$q = y + Sr(\theta)\sin[\phi(\theta)+\beta] \tag{8-32}$$

对累加数组的累加变为 $A(p, q, \beta, S) = A(p, q, \beta, S) + 1$。

在参数维数增加时，也可采用其他方法来解决轮廓的缩放和旋转问题，如可以对 ***R*-表**进行变换。把 *R*-表看成一个多矢量值的函数 $R(\theta)$。此时如果用 S 表示尺度变换系数，将尺度变换记为 T_s，则有 $T_s[R(\theta)] = SR(\theta)$。如果用 β 表示旋转角（取向参数），将旋转变换记为 T_β，则有 $T_\beta[R(\theta)] = R[(\theta - \beta)\text{mod}(2\pi)]$。换句话说，给 R 中的每个 θ 一个增量 $-\beta$ 并取 2π 的模，在轮廓上相当于将对应的矢径 $\boldsymbol{r}$ 旋转 β 角。

为达到这个目的，可将 *R*-表中的 θ 改为 $\theta+\beta$，而保持 $\boldsymbol{r}$、ϕ 不变。这时仍可使用式（8-31）和式（8-32）计算 p 和 q，但解释有所不同：计算旋转后的梯度角；计算新矢角，得到新 *R*-表；用新 *R*-表按原方法计算参考点。

❑ 例 8-7　完整广义哈夫变换计算示例

现将图 8-18 中的正方形绕点 a（原点）逆时针旋转 $\beta = \pi/4$，结果如图 8-19 所示，要求计算此时的参考点。

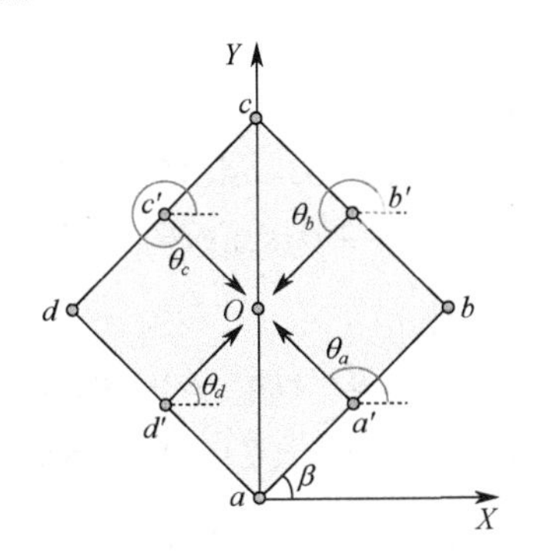

图 8-19　正方形旋转后的检测示意

根据前文介绍的方法，得到与旋转后的正方形对应的 *R*-表，如表 8-5 所示。

表 8-5　与图 8-19 中正方形对应的 *R*-表

原梯度角	新梯度角	原矢径		新矢角	
$\theta_a = \pi/2$	$\theta'_a = 3\pi/4$	$\sqrt{2}/2$	1/2	$2\pi/4$	θ'_a
$\theta_b = 2\pi/2$	$\theta'_b = 5\pi/4$	$\sqrt{2}/2$	1/2	$4\pi/4$	θ'_b
$\theta_c = 3\pi/2$	$\theta'_c = 7\pi/4$	$\sqrt{2}/2$	1/2	$6\pi/4$	θ'_c
$\theta_d = 4\pi/2$	$\theta'_d = \pi/4$	$\sqrt{2}/2$	1/2	$8\pi/4$	θ'_d

之后可得到对应的可能参考点，如表 8-6（可将其与表 8-4 比较）所示。根据参考点出现的频率可知，点 O 应为检测到的参考点。

表 8-6　由图 8-19 得到的可能参考点

梯度角	轮廓点	可能参考点		轮廓点	可能参考点	
θ'_a	a	O	d'	a'	b'	O
θ'_b	b	O	a'	b'	c'	O
θ'_c	c	O	b'	c'	d'	O
θ'_d	d	O	c'	d'	a'	O

□

现在进一步考虑一种特例，如果β是$\Delta\theta$的整数倍，即 $\beta = k\Delta\theta$（$k = 0, 1, \cdots$），则也可以采用保持 R-表本身不变，但每个梯度角θ都改用 R-表中对应$\theta+\beta$的那行数据的方法。本质上，可看作改变了 R-表的入口。

还有一种不需改变 ***R*-表**（仍使用原来 R-表中的元素）的方法，这时可考虑先忽略旋转角β的影响，利用原 R-表算出参考点的坐标，再将参考点坐标旋转β角。

具体来说，就是先求出

$$r_x = r(\theta - \beta)\cos[\phi(\theta) - \beta] \tag{8-33}$$

$$r_y = r(\theta - \beta)\sin[\phi(\theta) - \beta] \tag{8-34}$$

再将它旋转β角，最后得到

$$p = r_x \cos\beta - r_y \sin\beta = r(\theta - \beta)\cos[\phi(\theta - \beta) + \beta] \tag{8-35}$$

$$q = r_x \cos\beta + r_y \sin\beta = r(\theta - \beta)\sin[\phi(\theta - \beta) + \beta] \tag{8-36}$$

在利用哈夫变换对目标进行检测时，算法对目标的部分遮挡有一定的鲁棒性。这是因为哈夫变换仅“寻找证据”，可以忽略由于部分遮挡而缺失的数据，可以从有限的信息中推断出目标是否存在。

8.5　各节要点和进一步参考

以下指出各节的一些要点，并介绍一些可以进一步查阅的参考文献。

1. 兴趣点检测

兴趣点是一个泛称，包括各种有特色的目标点。角点检测的方法很多，除哈里斯角点检测器外，还有 Moravec 检测器、Zuniga-Haralick 检测器、Kitchen-Rosenfeld 检测器等，可参见文献[1]。SUSAN 算子是一种基于积分的检测算子，对于噪声有较强的鲁棒性，可参见文献[2]。SUSAN 算子不仅可以用来检测角点，还可以用来检测边缘；不仅能用来检测边缘强度，还可以用来检测边缘方向，可参见文献[3]。SUSAN 算子的精度不受模板尺寸影响，参数选择与图像无关，可以自动实现。

2. 椭圆目标检测

对椭圆目标的直接检测是作为利用目标几何特性和先验知识进行目标检测的示例来介绍的，对其他类似目标的检测可参见文献[4]。

3. 哈夫变换

哈夫变换可利用图像的全局特性来连接轮廓像素或直接检测已知形状的目标，从而实现目标分割的目的。对哈夫变换的介绍在许多书籍中都可找到，如可参见文献[3]及文献[5]～文献[7]。有关法线足的方法可参见文献[8]。哈夫变换在检测大尺寸的圆形目标时效果较好，如果目标较小，可考虑使用位置直方图，可参见文献[9]。当哈夫变换的参数较多时，计算量会大大增加，为加快计算速度，可利用梯度进行降维，可参见文献[10]。另外，也可先固定部分参数，仅调整其他参数，然后固定已调整过的参数，仅调整之前固定的参数。如此可将高维哈夫变换分解为若干个低维哈夫变换，具体方法可参见文献[11]。

4. 广义哈夫变换

哈夫变换适用于可解析表达的目标轮廓，广义哈夫变换则对不可解析表达的目标轮廓同样适用，更多的介绍可参见文献[3]。

第9章 目标表达

经过图像分割，可以获得在图像分析中感兴趣的区域，通常将其称为**目标**，一般会选取合适且不同于原始方式的表达形式来表示目标。与分割类似，图像中的区域可用其内部（如组成区域的像素集合）表达，也可用其外部（如组成区域轮廓的像素集合）表达。一般来说，如果比较关心的是区域的反射性质，如灰度、颜色、纹理等，常选用内部表达法；如果比较关心的是区域的形状等，则常选用外部表达法。

本章各节安排如下。

9.1 节介绍轮廓的链码表达方法，考虑到链码表达的一致性，对链码起点归一化和链码旋转归一化进行介绍。

9.2 节讨论用轮廓标志表达轮廓的 1D 泛函表达方法，介绍 4 种典型的轮廓标记方法。

9.3 节介绍先对轮廓进行多边形近似，再借助多边形表达目标轮廓的方法。

9.4 节介绍利用金字塔式的数据结构对目标区域进行层次表达的方法，具体介绍四叉树表达法和二叉树表达法。

9.5 节介绍通过建立目标区域的围绕区域（包括外接盒、最小包围长方形和凸包）近似表达目标区域的方法。

9.6 节介绍能抽象和精练地表达目标区域的骨架技术，具体介绍一种求取二值目标区域骨架的实用算法。

9.1 轮廓的链码表达

链码表达是一种可对区域轮廓点进行编码表示的方法，简单实用。

9.1.1　链码表达

在链码表达中，用一系列具有特定长度和方向的相连（直）线段表示目标的轮廓。因为每条线段的长度固定，而方向数有限，所以只有轮廓的起点需要用（绝对）坐标表示，其余点都可只用接续方向来表示偏移量。由于表示一个方向值比表示一个坐标值所需的比特数少，而且对于每个点，只需用一个方向数就可以代替两个坐标值，所以链码表达可大大减少数据量。

数字图像一般是基于固定间距的网格采集得到的，所以最简单的链码是通过跟踪轮廓并赋给任意两个相邻像素的连线一个方向值得到的。常用的有 4-方向链码和 8-方向链码，其方向定义分别如图 9-1(a)和图 9-1(b)所示。它们的共同特点是线段的长度固定，方向数有限，方向比特数分别为 2 和 3。图 9-1(c)和图 9-1(d)分别给出用 4-方向链码和 8-方向链码表示区域轮廓的例子。

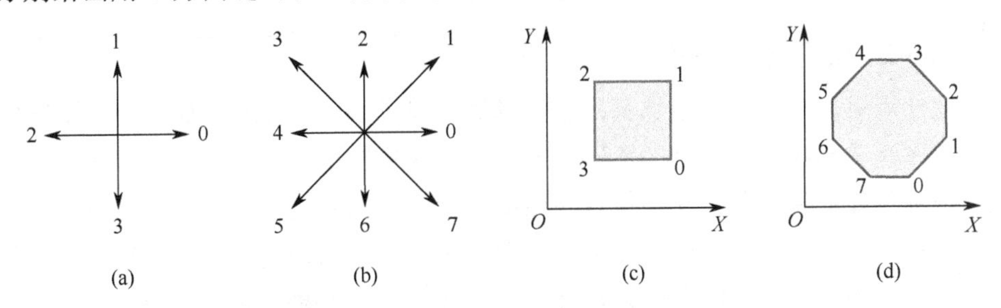

图 9-1　4-方向链码和 8-方向链码示意

❑　例 9-1　8-方向链码表达示例

图 9-2 给出 8-方向链码表达示例。图 9-2(a)中的拱门为感兴趣的目标，其近似轮廓用灰色线段表示。编码可从左上角标记的起点（白色圆）开始顺时针进行，绕灰色轮廓一周后回到起点，得到的链码序列如图 9-2(b)所示。

(a)

0 0 0 0 0 0 0 0 0 7 7 5
6 6 7 0 0 6 6 6 6 6 6 4
4 4 4 4 4 2 2 2 2 2 2 3
4 4 4 5 6 6 6 6 6 6 4 4
4 4 4 4 2 2 2 2 2 2 0 0
1 2 2 3 1 1

(b)

注：彩插部分有相应彩色图片。

图 9-2　8-方向链码表达示例　❑

9.1.2 链码归一化

在实际应用中，直接对通过分割得到的目标轮廓进行编码可能出现两个问题：一是对于不光滑的轮廓，产生的码串常常很长；二是噪声等干扰会导致小的轮廓发生变化，进而使链码发生与目标整体形状无关的较大改变。常用的改进方法是以较大的网格对原轮廓重新采样，并把与原轮廓点最接近的大网格点定为新的轮廓点。这样获得的新轮廓具有较少的轮廓点，而且其形状受噪声等干扰的影响也较小，可用较短的链码表示这个新轮廓。这种方法也可用于消除目标尺度变化对链码的影响。

在对目标轮廓进行编码时，从轮廓不同位置开始编码会得到不同的链码串；如果目标发生旋转，则对同一个目标编码也会得到不同的链码串。为此，需要进行**链码起点归一化**和**链码旋转归一化**。

❑ **例 9-2 链码起点归一化**

在使用链码时，起点的选择是很关键的。对于同一个轮廓，如果使用不同的轮廓点作为链码起点，得到的链码是不同的。为解决这个问题，可进行链码归一化，一种具体的做法是把从任意点开始编码而产生的链码看作一个由各方向数构成的自然数，将这些方向数依照某个方向循环以使由它们构成的自然数最小。将转换后对应的链码起点作为轮廓的归一化链码起点，具体如图 9-3 所示。

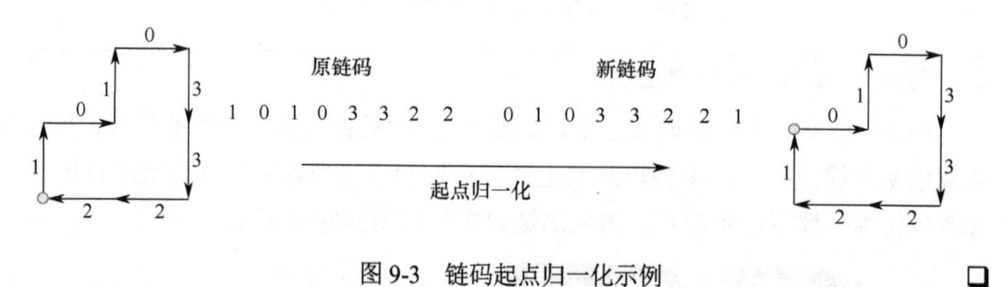

图 9-3 链码起点归一化示例 ❑

❑ **例 9-3 链码旋转归一化**

在链码表达中，如果目标发生平移，链码不会改变，而如果目标发生旋转，链码会发生改变。为解决这个问题，可利用链码的一阶差分来重新构造序列（一个表示原链码各段之间方向变化的新序列），这相当于对链码进行旋转归一化，而一阶差分可利用相邻两个方向数（按反方向）相减得到。

参见图 9-4，上方为链码（括号表示最右侧的方向数循环到左侧），下方为两两相减得到的差分码。左侧的目标在逆时针旋转 90°后成为右侧的形状，原链码发生了变化，但差分码并没有改变。

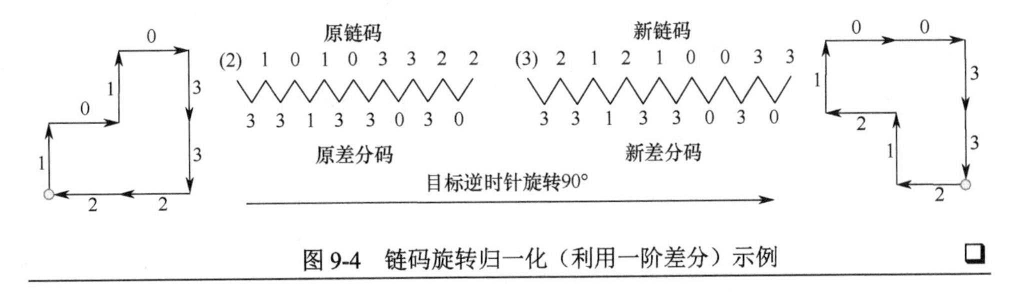

图 9-4　链码旋转归一化（利用一阶差分）示例

利用轮廓链码还可以得到一种轮廓形状描述符——**形状数**。轮廓的形状数是轮廓差分码中值最小的一个序列。换句话说，形状数是值最小的（链码的）差分码。例如，在图 9-4 中，归一化前目标的 4-方向链码为 10103322，差分码为 33133030，形状数为 03033133。

9.2　轮廓标志

在轮廓的表达方法中，利用**标志**的方法是一种 1D 泛函表达方法。产生**轮廓标志**的方法很多，但不管用何种方法产生标志，其基本思想都是把 2D 的轮廓用 1D 的较易描述的函数形式来表达。如果对 2D 轮廓的形状感兴趣，通过这种方法可将 2D 形状描述问题转化为 1D 波形分析问题。

从更广泛的意义来说，标志可由广义的投影产生。这里的投影可以是水平的、垂直的、对角线的，甚至是放射的、旋转的。需要注意的一点是，投影并不是一种能始终保持信息的变换方式，如将 2D 平面上的区域轮廓变换为 1D 的曲线，在这个过程中是有可能丢失信息的。

下面介绍 4 种典型的轮廓标志。

9.2.1　距离-角度标志

这种标志先对给定的目标求重心，然后做出以角度为自变量、以轮廓点与重心的距离为因变量的函数（**距离-角度标志**）。图 9-5(a)和图 9-5(b)分别给出圆形和方形目标的距离-角度标志。在图 9-5(a)中，r 是常数，而在图 9-5(b)中，$r = A\sec\theta$。这种标志不受目标平移的影响，但会随目标的旋转或缩放而变化。缩放造成的影响是标志的幅度值改变，这个问题可用把最大幅度值归一化为单位值的方法来解决。消除旋转影响的方法很多，如果能规定一个不随目标朝向变化而产生标志的起点，就可消除旋转的影响。例如，可将距重心最远的点作为产生标志的起点，如果只有一个这样的点，则得到的标志就与目标朝向无关。更稳健的方法是，先获得区域的等效椭圆，再在其长轴上取最远的点作为产生标志的起点。由于等效椭圆是基于区域中的所有点确定的，所以计算量较大，但也比较可靠。

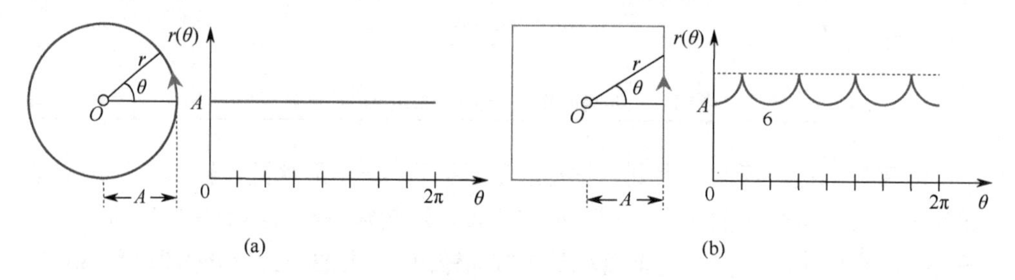

图 9-5　两个距离-角度标志

9.2.2　切线角-弧长标志

如果沿轮廓绕目标一周，在每个点的位置上做出对应切线，则切线与一个参考方向（如横轴）之间的角度值就给出一种标志。**切线角-弧长标志**（也称为ψ-s曲线标志）就是根据这种思路得到的，其中 s 为绕过的轮廓长度，而ψ为参考方向与切线的夹角。切线角-弧长标志有些像链码表达的连续形式。图 9-6(a)和图 9-6(b)分别给出圆形和方形目标的切线角-弧长标志。

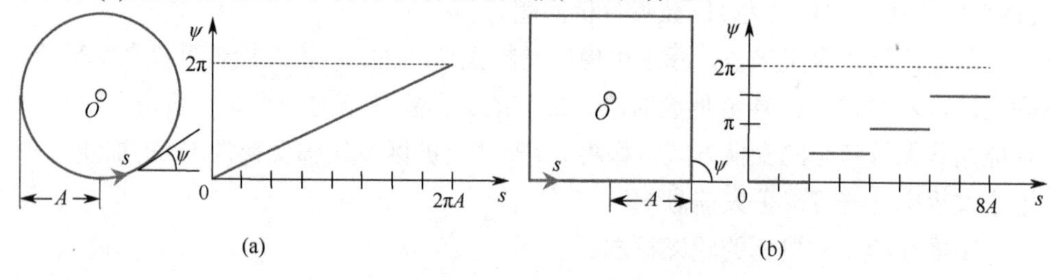

图 9-6　切线角-弧长标志

由图 9-6 可知，切线角-弧长标志中的水平直线段对应轮廓上的直线段（ψ不变），而切线角-弧长标志中的倾斜直线段对应轮廓上的圆弧段（ψ以常数值变化）。在图 9-6(b)中，ψ的四个水平直线段对应方形目标的四条边。

9.2.3　斜率-密度标志

斜率-密度标志可看作将ψ-s 曲线沿ψ轴投影的结果，就是切线角的直方图

$h(\theta)$。由于直方图是数值集中情况的一种测度，所以斜率-密度标志对具有常数切线角的轮廓上的直线段有比较强的响应，而在切线角有较快变化的直线段处对应较深的谷。图 9-7(a)和图 9-7(b)分别给出圆形和方形目标的斜率-密度标志，其中圆形目标的斜率-密度标志与距离-角度标志有相同的形式，但方形目标的斜率密度标志与距离-角度标志有很大的区别。

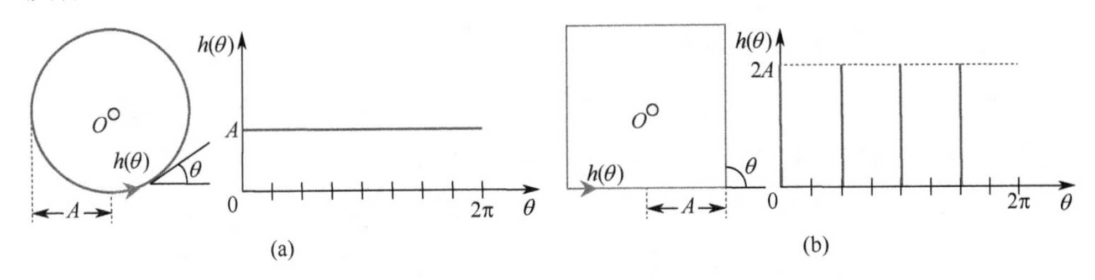

图 9-7　斜率-密度标志

9.2.4　距离-弧长标志

基于轮廓的标志可通过从一个点开始沿轮廓绕目标一周逐步得到。如果将各轮廓点与目标重心的距离作为轮廓点序列的函数，就可得到一种标志，这种标志称为**距离-弧长标志**。图 9-8(a)和图 9-8(b)分别给出圆形和方形目标的距离-弧长标志。对于图 9-8(a)中的圆形目标，r 是常数；对于图 9-8(b)中的方形目标，r 随 s 呈周期变化。与图 9-5 相比，对于圆形目标，两种标志一致（设 $A = 1$）；对于方形目标，两种标志是有差别的（横轴不同）。

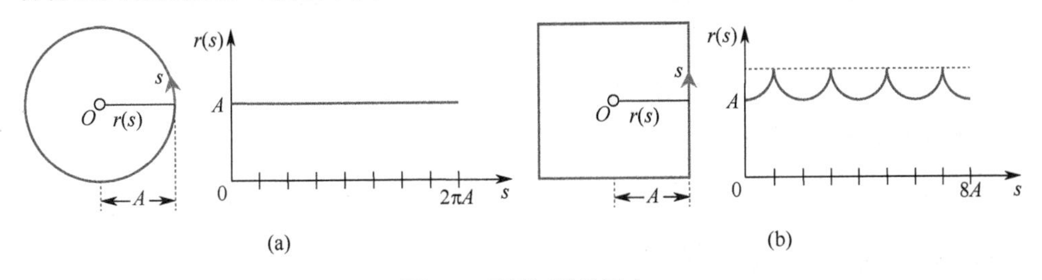

图 9-8　距离-弧长标志

9.3　轮廓的多边形近似

在实际应用中，数字轮廓常由于噪声、采样等的影响而有许多较小的不规则处。这些不规则处常会对轮廓的链码表达产生较明显的干扰。一种抗干扰性能更好且表达所需数据更少的方法是用多边形近似逼近目标轮廓。

多边形是一系列线段的封闭集合，可用来逼近大多数实用的曲线到任意的精度。在数字图像中，如果多边形的线段数与轮廓上的点数相等，则可用多边形准确地表达轮廓（链码是特例）。在实际应用中，多边形表达的目的一般是用尽可能少的线段来代表轮廓并保持轮廓的基本形状，这样就可以用较少的数据和较简洁的形式来表达和描述轮廓。下面介绍 3 种利用不同方法获得的多边形。

9.3.1 最小周长多边形

最小周长多边形是基于收缩获得的近似轮廓的多边形，它将原目标轮廓看作有弹性的线，将组成轮廓的像素序列的内边和外边各看作一堵墙，轮廓处于内外墙之间，如果将线拉紧则可得到目标的最小周长多边形。

❑ 例 9-4 最小周长多边形示例

图 9-9(a)给出一个目标区域（内部用阴影表示）和它的轮廓像素（粗线经过的像素），轮廓上的点均处于所在像素的内部。如果将轮廓线拉紧，各轮廓段取各段的最短距离，则可得到如图 9-9(b)所示的最小周长多边形。

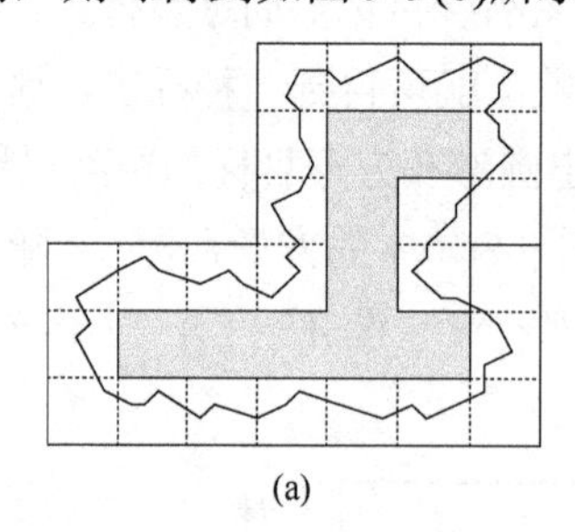

(a)

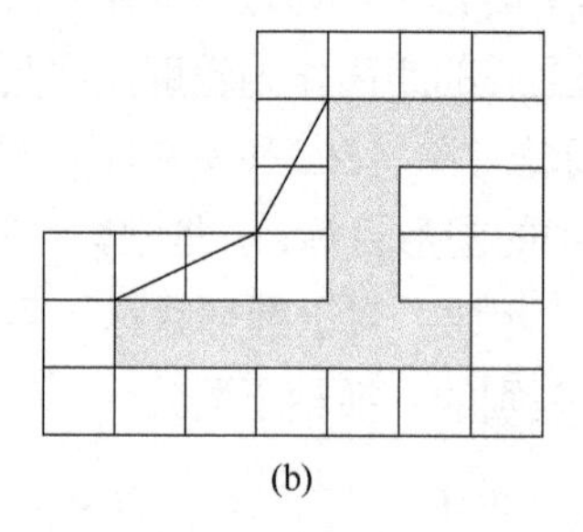

(b)

图 9-9 最小周长多边形示例 ❑

9.3.2 聚合多边形

聚合多边形是通过用最小均方误差线段逼近轮廓而得到的多边形，它沿着轮廓依次连接其上各像素。首先，选择一个轮廓点作为起点，用线段依次连接该点与相邻的轮廓点；然后，分别计算各线段与轮廓的（逼近）拟合误差，把误差超过某个限度前的线段确定为多边形的一条边并将误差置 0；最后以线段另一个端点为起点，继续连接轮廓点，直至绕轮廓一周。

❑ 例 9-5 基于聚合多边形的逼近示例

如图 9-10 所示，原轮廓是由点 a、点 b、点 c、点 d、点 e、点 f、点 g、点 h 表示的多边形。现在先从点 a 出发，依次做线段 ab、ac、ad、ae 等。对于从 ac

开始的每条线段，计算前一轮廓点与线段的距离并将其作为拟合误差。在此示例中，线段 *bi* 的长度和线段 *cj* 的长度没超过预定的误差限度，而线段 *dk* 的长度超过误差限度，所以选点 *d* 为紧接点 *a* 的多边形顶点；再从点 *d* 出发重复如上过程，最终得到的多边形的顶点为点 *a*、点 *d*、点 *g*、点 *h*。

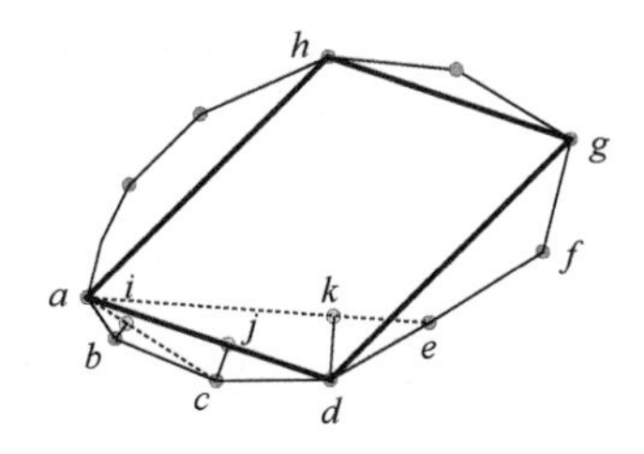

图 9-10　基于聚合多边形的逼近示例　❑

9.3.3　分裂多边形

分裂多边形是另一种借助最小均方误差线段逼近轮廓而得到的多边形。首先，连接轮廓上相距最远的两个像素（即把轮廓分成两部分）；然后，根据一定的拟合误差准则进一步分解轮廓，逐步构成多边形以逼近轮廓，直到拟合误差满足一定的限度要求。

❑　例 9-6　分裂多边形示例

在如图 9-11 所示的示例中，以轮廓点与现有多边形的最大距离为拟合误差分裂轮廓。与图 9-10 中的情况相同，原轮廓是由点 *a*、点 *b*、点 *c*、点 *d*、点 *e*、点 *f*、点 *g*、点 *h* 表示的多边形。第一步先做线段 *ag*，计算线段 *di* 和线段 *hj*（点 *d* 和点 *h* 分别在线段 *ag* 两侧且距线段 *ag* 最远）的长度。在此示例中，各距离均超过预定的误差限度，所以分解轮廓为 4 段：*ad*、*dg*、*gh*、*ha*。进一步计算 *b*、*c*、*e*、*f* 等各轮廓点与各相应线段的距离，而各距离均未超过误差限度，则顶点为点 *a*、点 *d*、点 *g*、点 *h* 的多边形为所求的分裂多边形。

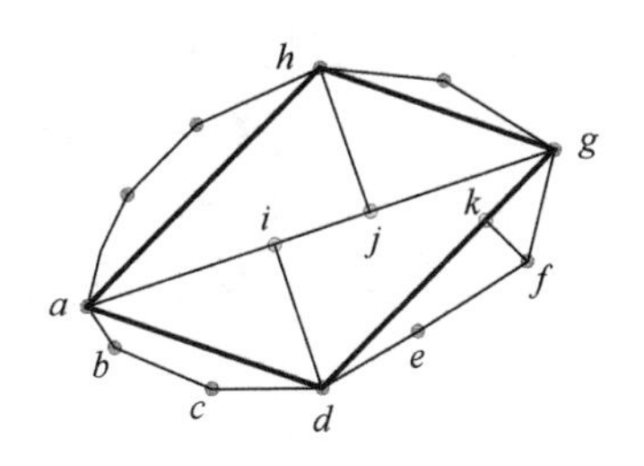

图 9-11　分裂多边形示例　❑

❑ 例 9-7 多边形轮廓表达示例

多边形轮廓表达示例如图 9-12 所示，其给出几个用不同方法表达多边形轮廓的例子。图 9-12(a)为一幅从图像中分割出的形状不规则目标；图 9-12(b)为对目标轮廓进行亚抽样并用链码表达的结果（112bits）；图 9-12(c)为基于聚合多边形得到的结果（272bits）；图 9-12(d)为基于分裂多边形得到的结果（224bits）。

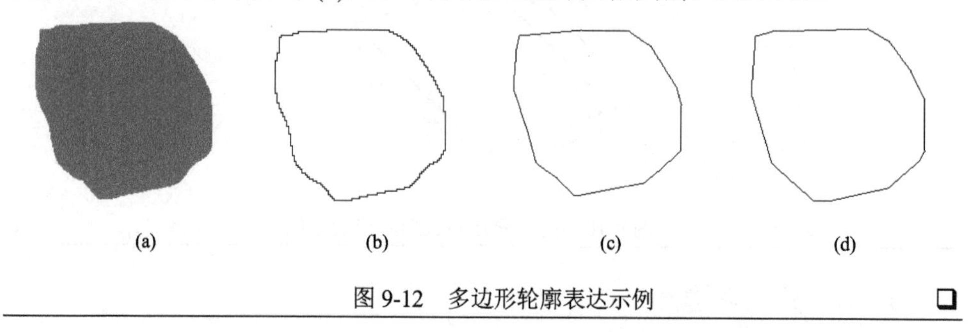

图 9-12 多边形轮廓表达示例 ❑

9.4 目标的层次表达

目标可以看作所有组成目标区域的像素的集合，从集合的观点来看，集合可分解为子集合，每个子集合又可继续分解，直至每个元素。目标的层次表达就是根据这种思路，利用金字塔式的数据结构来表达目标。最常用的目标层次表达法是四叉树表达法和二叉树表达法，下面分别介绍。

9.4.1 四叉树表达法

四叉树表达法在分解时，每次都将图像一分为四。当图像是方形的且像素个数是 2 的整数次幂时，四叉树表达法最为适用（可以一直分解下去）。在四叉树表达中，如图 9-13 所示，所有的节点可分成 3 类：目标节点（用白色表示）、背景节点（用深灰色表示）、混合节点（用浅灰色表示）。四叉树的树根对应整幅图像，而树叶对应单个像素或由具有相同特性的像素组成的方阵。一般根节点为混合节点，而叶节点肯定不是混合节点。四叉树由多级构成，树根在 0 级，分一次叉多 1 级（每次一个节点分为四个子节点）。对于一个有 n+1 级的四叉树，其节点总数 N 最大（对于实际图像，因为总有目标不需要完全分解，所以一般小于该最大值）为

$$N=\sum_{k=0}^{n}4^k=\frac{4^{n+1}-1}{3}\approx\frac{4}{3}4^n \tag{9-1}$$

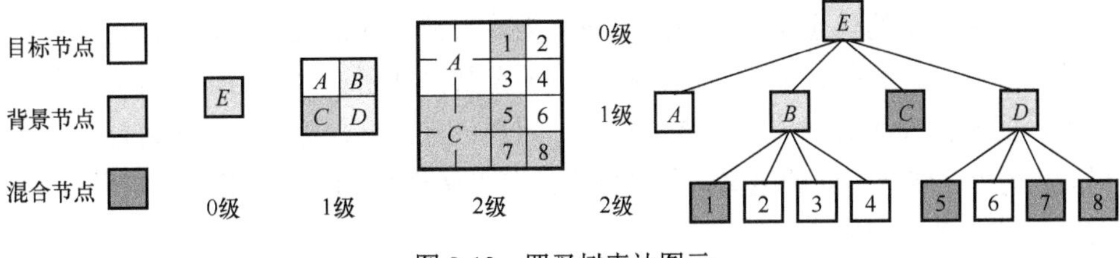

图 9-13　四叉树表达图示

❑ 例 9-8　一种建立四叉树的方法

设图像大小为 $2^n \times 2^n$，用 8 进制表示。先对图像进行扫描，每次读入两行。将图像均分成 4 块，各块的下标分别为 $2k$、$2k+1$、2^n+2k、2^n+2k+1（$k=0, 1, 2, \cdots, 2^{n-1}-1$），它们的对应灰度为 f_0、f_1、f_2、f_3。据此可建立 4 个新灰度级：

$$g_0 = \frac{1}{4}\sum_{i=0}^{3} f_i \tag{9-2}$$

$$g_j = f_j - g_0 \quad j = 1,2,3 \tag{9-3}$$

为了建立树的上一级，用上述每块的第一个像素［由式（9-2）算得］组成第一行，而把由式（9-3）算得的 3 个差值放进另一个数组，得到如表 9-1 所示的结果。

表 9-1　四叉树建立的第一步

g_0	g_4	g_{10}	g_{14}	g_{20}	g_{24}	…
(g_1, g_2, g_3)	(g_5, g_6, g_7)	(g_{11}, g_{12}, g_{13})	(g_{15}, g_{16}, g_{17})	(g_{21}, g_{22}, g_{23})	(g_{25}, g_{26}, g_{27})	…

当读入后两行时，第一个像素的下标将增加 2^{n+1}，得到如表 9-2 所示的结果。

表 9-2　四叉树建立的第二步

g_0	g_4	g_{10}	g_{14}	g_{20}	g_{24}	…
g_{100}	g_{104}	g_{110}	g_{114}	g_{120}	g_{124}	…

如此继续可得到一个 $2^{n-1} \times 2^{n-1}$ 的图像和一个 $3 \times 2^{2n-2}$ 的数组。重复上述过程，图像中的像素逐步减少，每个像素的面积增大，当整幅图像成为一个像素时，信息全部集中到数组中。

四叉树建立示例如表 9-3 所示。

表 9-3　四叉树建立示例

0	1	4	5	10	11	14	15	20	21	24	25	…
2	3	6	7	12	13	16	17	22	23	26	27	…
100	101	104	105	110	111	114	115	120	121	124	125	…
102	103	106	107	112	113	116	117	122	123	126	127	…

❑

四叉树表达的优点是容易得到生成结果，根据生成结果还可以方便地计算区域的多种特征；另外，它本身的结构特点使得其常被用在“粗略信息优先”的显示中。四叉树表达的缺点是，节点在树中的级一旦确定，分辨率就不可能进一步提高；另外，四叉树间的运算只能在同级的节点间进行。四叉树表达在 3D 空间中的对应是八叉树表达。

9.4.2　二叉树表达法

二叉树表达法在分解时，每次都将图像一分为二。与四叉树相比，**二叉树**级间分辨率的变化较小。二叉树表达图示如图 9-14 所示。

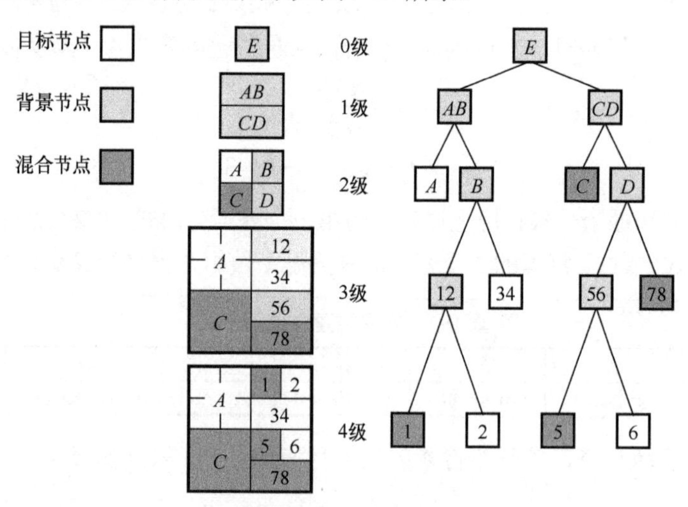

图 9-14　二叉树表达图示

与四叉树表达类似，在二叉树表达中，所有的节点也分为 3 类：目标节点（用白色表示）、背景节点（用深灰色表示）、混合节点（用浅灰色表示）。同样，二叉树的树根对应整幅图像，树叶对应单个像素或由具有相同特性的像素组成的长方阵（长是高的两倍）或方阵。二叉树由多级构成，树根在 0 级，分一次叉多 1 级。对于一个有 n+1 级的二叉树，其节点总数 N 最大为

$$N = \sum_{k=0}^{n} 2^k = 2^{n+1} - 1 \tag{9-4}$$

9.5　目标的围绕区域

有许多基于**围绕区域**（**环绕区域**）的目标表达方法，它们的共同点是用一个

将目标包含在内的区域来近似表达目标。下面介绍 3 种常用的围绕区域。

9.5.1　外接盒

外接盒是包含目标的最小长方形（其朝向可借助特定的参考方向来确定）。

❑　例 9-9　外接盒尺寸和形状随目标旋转的变化示例

目标区域的外接盒是一个长方形，并且其两对边始终分别平行于两个坐标轴，当目标发生旋转时，会得到尺寸和形状各不相同的一系列外接盒。图 9-15(a)给出一组同一目标在不同朝向（与横轴的夹角为 0°～90°，间隔为 10°）时的外接盒，图 9-15(b)和图 9-15(c)分别给出各对应外接盒的尺寸参数（归一化尺寸比）和形状参数（归一化短长边比）随朝向的变化情况。

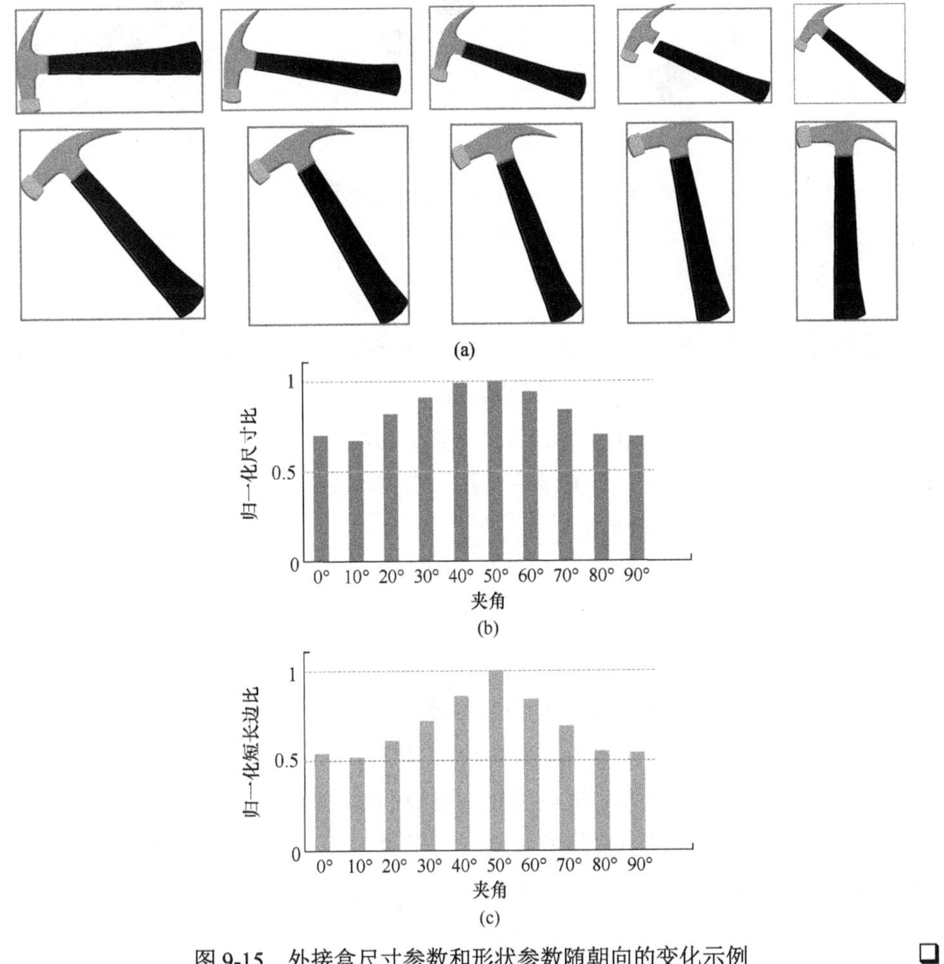

图 9-15　外接盒尺寸参数和形状参数随朝向的变化示例　❑

9.5.2 最小包围长方形

最小包围长方形（MER）也称为围盒，是包含目标（可朝向任何方向）的最小长方形，其四边并不总平行于坐标轴。外接盒和最小包围长方形均是长方形，但朝向一般不同。图 9-16(a)和图 9-16(b)分别给出同一个目标的外接盒和最小包围长方形。由于最小包围长方形的朝向可根据目标进行调整，所以最小包围长方形能够比外接盒更精确地逼近目标。

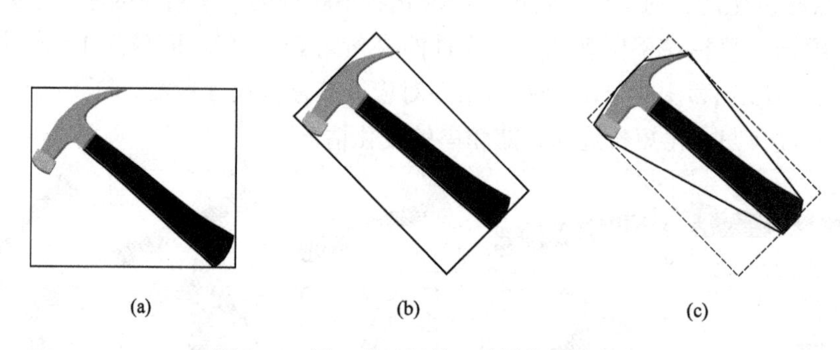

图 9-16 同一个目标的三种围绕区域表达

9.5.3 凸包

凸包是包含目标的最小凸多边形，如图 9-16(c)所示。对比图 9-16 中的三种表达，可见凸包表达在一定程度上是最精确的。

现考虑目标已用多边形表示的情况，多边形的（n 个）顶点序列为 $P = \{\boldsymbol{v}_1, \boldsymbol{v}_2, \cdots, \boldsymbol{v}_n\}$。如果多边形 P 是一个简单多边形（自身不交叠的多边形），则可用如下方法计算凸包，其计算量为 $O(n)$。

（1）从顶点序列中获取前 3 个顶点，构成一个三角形（按逆时针方向编号），如图 9-17(a)所示，这个三角形就是当前的凸包。

（2）判断下一个顶点 D 是在三角形内还是在三角形外。如果顶点 D 在三角形内，如图 9-17(b)所示，则保持当前凸包不变；如果顶点 D 在三角形外，则它成为当前凸包的一个新顶点，如图 9-17(c)所示。同时，根据当前凸包的形状，有可能没有、有一个、有多个原来的顶点需要从当前凸包中移除。图 9-17(c)给出没有原来的顶点需要从当前凸包中移除的示例，而图 9-17(d)给出有一个原来的顶点（顶点 B）需要从当前凸包中移除的示例。

（3）对之后所有顶点重复上述过程，最后得到的多边形就是所需的凸包。

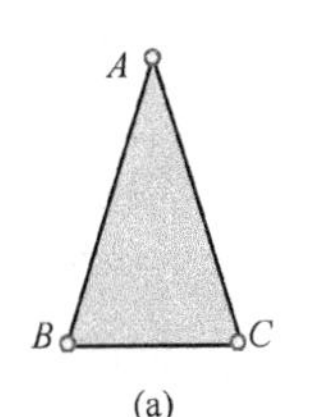

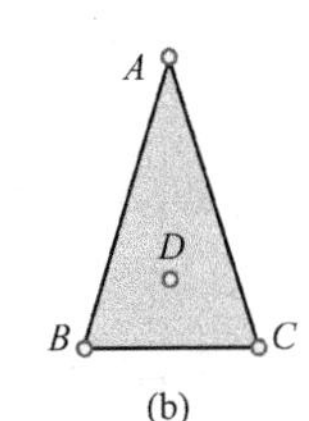

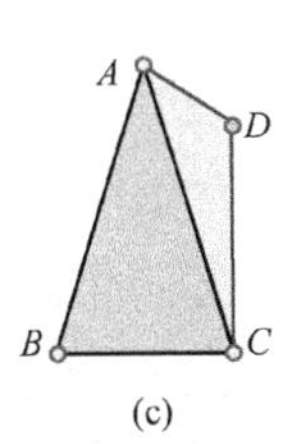

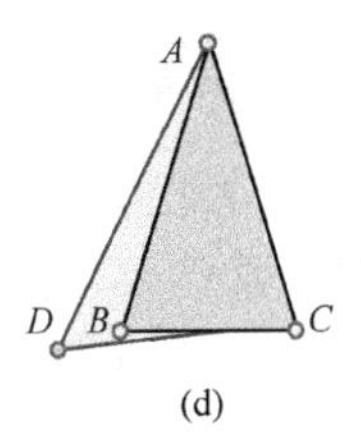

图 9-17　凸包检测示意

9.6　目标的骨架表达

目标的骨架表达是一种简化的目标区域表达方法，在许多情况下可反映目标的结构特点。

9.6.1　骨架和骨架点

目标区域的骨架可利用细化技术得到。**中轴变换**（MAT）是一种常被用来确定物体骨架的细化技术，可比较形象地将其称为**草场火技术**，假设有形状与需要计算骨架的区域相同的一块草地，在它的周边同时放火，随着火逐步向内烧，火线前进的轨迹将交于区域中轴。换句话说，中轴（或骨架）是最后才烧到的。

具有轮廓 B 的区域 R 的 MAT 可按如下方式进行。对于区域 R 中的点 P，我们在轮廓 B 中搜寻距它最近的点，如果能找到多于 1 个这样的点（有 2 个或 2 个以上的点与点 P 同时最近），就可认为点 P 属于区域 R 的骨架，或者说点 P 是骨架点，所有骨架点的集合构成骨架。

理论上，每个骨架点都具有与轮廓点距离最小的性质，所以如果将以每个骨架点为中心的圆的集合（利用合适的度量）作为基础，就可恢复出原始区域。具体来说，就是以每个骨架点为圆心，以前述最小距离为半径作圆，它们的包络就构成了区域的轮廓，填充所有圆周就可得到整个区域。或者说，以每个骨架点为圆心，以所有小于和等于最小距离的长度为半径作圆，这些圆的并集就覆盖了整个区域。

由上述讨论可知，骨架 d_s 是用一个点 P 与一个点集 B 的最小距离来定义的，可写成

$$d_s(P,B)=\inf\{d(P,z)\,|\,z\subset B\} \tag{9-5}$$

其中，距离度量可以是欧氏的、城区的或棋盘的。因为最近距离取决于所用的距离度量，所以 MAT 的结果也和所用的距离度量有关。

❑ 例 9-10　骨架示例

用欧氏距离算出的区域骨架如图 9-18 所示。由图 9-18(a)和图 9-18(b)可知，对于较细长的物体，其骨架常能提供较多的形状信息，而对于较粗短的物体，骨架提供的信息较少。注意，在区域的骨架表达中，噪声的影响有时会较大，例如，比较图 9-18(c)和图 9-18(d)，两个区域的差别（可认为由噪声导致）不大，但骨架相差很大。

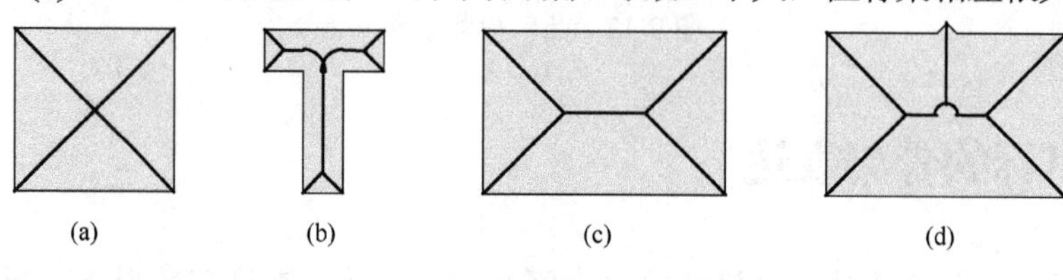

(a)　(b)　(c)　(d)

图 9-18　用欧氏距离算出的区域骨架 ❑

9.6.2　骨架算法

下面介绍一种实用的求取二值目标区域骨架的算法。设将已知目标点标记为 1，将背景点标记为 0。定义轮廓点是本身被标记为 1，而在其 8-连通邻域中至少有一个点被标记为 0 的点。进行如下操作。

（1）考虑以轮廓点为中心的 8-邻域，记中心点为 p_1，其邻域的 8 个点顺时针绕中心点分别记为 $p_2, p_3,\cdots, p_9$，其中 p_2 在 p_1 上方，见图 9-19(a)。现在考虑如图 9-19(b)所示的一个具体例子。首先标记同时满足下列标记条件的轮廓点：

条件（1.1）$2 \leqslant N(p_1) \leqslant 6$；

条件（1.2）$S(p_1) = 1$；

条件（1.3）$p_2 \, p_4 \, p_6 = 0$（任一个点为 0 则结果为 0）；

条件（1.4）$p_4 \, p_6 \, p_8 = 0$。

其中，$N(p_1)$是 p_1 的非零邻点的个数，在图 9-19(b)中为 5；$S(p_1)$是以 $p_2, p_3, \cdots, p_9, p_2$（最终回到 p_2）为序绕 p_1 一周后这些点的值从 0 到 1 变化的次数，在图 9-19(b)中为 1。在检查完所有轮廓点后，去除所有被标记的点。

（2）同步骤（1），仅将条件（1.3）改为“条件（2.3） $p_2 \, p_4 \, p_8 = 0$”，将条件（1.4）改为“条件（2.4）$p_2 \, p_6 \, p_8 = 0$”。同样在检查完所有轮廓点后，去除所有被标记的点。

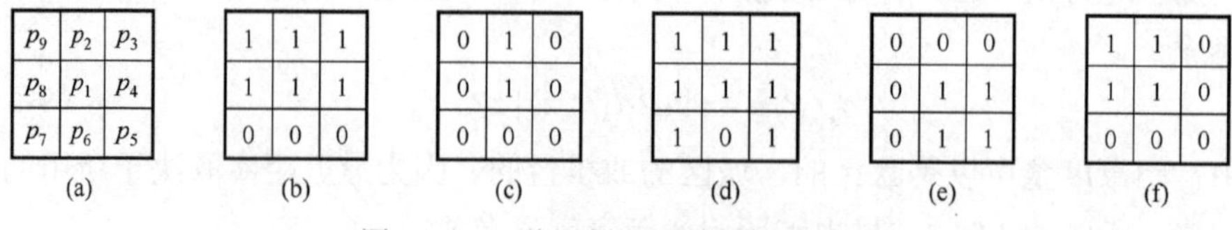

图 9-19　二值目标区域骨架提取过程

以上两步操作构成一次迭代，在反复迭代直至没有点满足标记条件时，剩下的点组成区域的骨架。

在以上各标记条件中，条件（1.1）能够用于去除 p_1 的 1 个标记为 1 的邻点，即如图 9-19(c)所示的 p_1 为线段端点的情况；以及 p_1 的 7 个标记为 1 的邻点，即如图 9-19(d)所示的 p_1 过于深入区域内部的情况。条件（1.2）能够避免对宽度为单个像素的线段进行操作（避免割断骨架）。条件（1.3）和条件（1.4）考虑了 p_1 为轮廓的右端点或下端点（$p_4 = 0$ 或 $p_6 = 0$）的情况或如图 9-19(e)所示的 p_1 为轮廓的左上角点（$p_2 = 0$ 和 $p_8 = 0$）（不是骨架点）的情况。类似地，条件（2.3）和条件（2.4）考虑了 p_1 为轮廓的左端点或上端点（$p_2 = 0$ 或 $p_8 = 0$）的情况或如图 9-19(f)所示的 p_1 为轮廓的右下角点（$p_4 = 0$ 和 $p_6 = 0$）（不是骨架点）的情况。如果 p_1 为轮廓的右上端点，则有 $p_2 = 0$ 和 $p_4 = 0$；如果 p_1 为轮廓的左下端点，则有 $p_6 = 0$ 和 $p_8 = 0$，它们都同时满足条件（1.3）和条件（1.4），以及条件（2.3）和条件（2.4）。

❑　例 9-11　骨架提取示例

图 9-20 给出骨架提取示例。图 9-20(a)为一幅分割后的二值图像；图 9-20(b)～图 9-20(e)为根据前述方法计算得到的中间结果，这里前后图像间相差 4 次迭代；图 9-20(f)为最后得到的骨架。

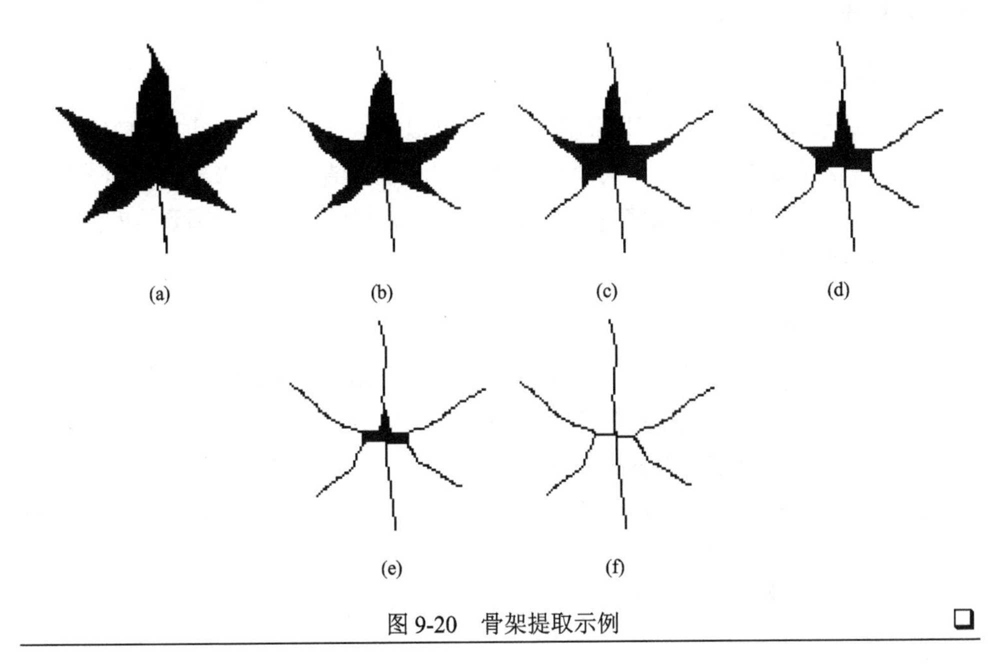

图 9-20　骨架提取示例 ❑

9.7 各节要点和进一步参考

以下指出各节的一些要点，并介绍一些可以进一步查阅的参考文献。

1．轮廓的链码表达

轮廓的链码表达是对图像中目标区域的一种准确表达，基于对轮廓点的编码进行，可参见文献[1]。利用一系列具有特定长度和方向的相连直线段来表示目标轮廓，可大大减少轮廓表示所需的数据量。链码起点归一化可消除起点位置对链码的影响，链码旋转归一化可消除目标轮廓旋转对链码的影响。对链码的平滑及链码的一种改型（缝隙码）的介绍可参见文献[2]。对基于链码的形状数的进一步讨论及其在图像匹配中的应用可参见文献[2]和文献[3]。

2．轮廓标志

轮廓标志表达是一种将 2D 目标区域轮廓转化为 1D 函数形式的方法，和其他外部表达方法有密切的联系，可参见文献[4]。例如，切线角-弧长标志就与链码表达的连续形式类似，可参见文献[5]。标志可借助各种广义的投影产生，可参见文献[6]。虽然投影并不总能保持信息，但在许多情况下，标志可实现对轮廓的精确表达，可参见文献[7]。

3．轮廓的多边形近似

用多边形逼近轮廓是对目标轮廓的一种近似表达方式，可参见文献[2]。多边形是一系列线段的封闭集合，可用较少的数据和较简洁的形式来表达和描述轮廓并保持轮廓的基本形状。在将目标轮廓转化为近似多边形后，轮廓表达的复杂度和表达所需的数据量都可大大降低减少。

4．目标的层次表达

将目标区域看作像素集合并逐步分解集合为子集合，再分解子集合为像素，这是对目标区域进行层次表达的基本思路，可参见文献[7]。四叉树表达和二叉树表达都是常见的层次表达方式，这两种方式都要建立表达树。在树中，树根对应整幅图像，节点都分成 3 类：目标节点、背景节点、混合节点。四叉树表达法在分解时，每次都将图像一分为四，而二叉树表达法在分解时，每次都将图像一分为二。考虑到图像中目标像素的相关性，树中的节点总数会比原始图像中的像素数少。四叉树表达在 3D 中的推广是八叉树表达，可参见文献[8]。

5．目标的围绕区域

围绕区域是将目标包含在内的区域，能够近似表达目标的位置、尺寸，甚至反映一定的形状信息。9.5 节介绍了 3 种围绕区域，从外接盒到最小包围正方形，再到凸包，有精度逐渐增加的趋势。借助对凸包的分解还可获得另一种目标轮廓表达——边界段，可参见文献[2]。凸包也可借助数学形态学方法获得，可参见附录 A。

6．目标的骨架表达

目标区域的骨架表达是一种简化的目标表达方法，可参见文献[7]。骨架在一定程度上反映了目标区域的形状，但可能会在很大程度上受噪声的影响。骨架的求取有多种方法，9.6 节介绍的是一种常用的迭代方法，通过在正反两个方向上扫描区域的轮廓点，将不符合骨架点条件的轮廓点逐次去除，最终只剩下骨架点。另一种利用数学形态学方法提取骨架的方法可参见附录 A。骨架也可通过不断细化得到，利用骨架还可恢复原始区域或重建区域图，可参见文献[9]。

第 10 章
目标描述

在对分割出的目标进行恰当表达的基础上，还需要对目标进行描述，使计算机能充分利用分割结果。**目标表达**是直接具体地表示目标，**目标描述**则是较抽象地表示目标特性。好的描述应在尽可能区别不同目标的基础上对目标的尺度、平移、旋转等不敏感，这样的描述比较通用。

对目标的表达可以从区域或轮廓出发，类似地，对目标的描述也可分为对轮廓的描述和对区域的描述，也可称为对目标的外部描述和内部描述。除此之外，不同目标的轮廓之间或区域之间的关系也常常需要进行描述。

描述参数也称为**特征**。描述目标可以使用通用的基本参数，而如果要描述一些特殊的特性，也有许多对应的方法。本章介绍比较通用的典型描述符，对更特殊的特性类别的描述可参见第 11 章和第 12 章。

本章各节安排如下。

10.1 节介绍几个基本的目标轮廓描述参数，包括轮廓长度、轮廓直径，以及描述轮廓上斜率、曲率和角点的参数。

10.2 节介绍几个基本的目标区域描述参数，包括区域面积、区域重心及一些区域灰度特性。

10.3 节介绍借助傅里叶变换的轮廓描述，得到的描述在轮廓发生平移、旋转、尺度变换时，可根据傅里叶变换定理直接推导出来。

10.4 节介绍基于小波变换的轮廓描述方法，其相对基于傅里叶变换的轮廓描述方法有一些独特的优点。

10.5 节介绍区域的中心矩、基于归一化中心矩的 7 个区域不变矩和基于中心矩的 4 个区域仿射不变矩。

10.6 节讨论两种对目标之间的关系进行描述的方法：字符串描述、树结构描述。

10.1　轮廓基本描述参数

对应于图像中目标外部表达的描述参数可由目标轮廓获得，下面介绍几种描述目标轮廓的基本参数和测量方法。

10.1.1　轮廓长度

轮廓长度是一种简单的全局特征，是目标区域的周长。图像中的区域可看作由区域的内部点加上区域的轮廓点（边界点）构成。区域 R 的轮廓 B 是由 R 的所有轮廓点按 4-方向或 8-方向连接组成的，区域的其他点称为区域的内部点。对区域 R 来说，它的每个轮廓点 P 都应满足 2 个条件：①P 本身属于 R；②P 的邻域中有像素不属于 R。这里需要注意，如果区域 R 的内部点是用 8-方向连通来判定的，则得到的轮廓为 4-方向连通的；如果区域 R 的内部点是用 4-方向连通来判定的，则得到的轮廓为 8-方向连通的。

可分别定义 4-方向连通轮廓 B_4 和 8-方向连通轮廓 B_8：

$$B_4 = \{(x,y) \in R \mid N_8(x,y) - R \neq 0\} \tag{10-1}$$

$$B_8 = \{(x,y) \in R \mid N_4(x,y) - R \neq 0\} \tag{10-2}$$

式（10-1）和式（10-2）右边的第 1 个条件表明轮廓点本身属于区域，第 2 个条件表明轮廓点的邻域中有不属于区域的点。如果轮廓已用单位长的链码表示，则可将水平码和垂直码的个数加上 $\sqrt{2}$ 乘以对角码的个数作为轮廓长度。将轮廓的所有点从 0 排到 $K-1$（设轮廓点共有 K 个），B_4 和 B_8 这 2 种轮廓的长度可统一用式（10-3）的形式计算：

$$\|B\| = \#\{k \mid (x_{k+1}, y_{k+1}) \in N_4(x_k, y_k)\} + \sqrt{2}\#\{k \mid (x_{k+1}, y_{k+1}) \in N_{\mathrm{D}}(x_k, y_k)\} \tag{10-3}$$

其中，#表示数量；$k+1$ 按模为 K 计算。式（10-3）的右边第 1 项对应 2 个像素之间的直线段，第 2 项对应 2 个像素之间的对角线段。

❑　例 10-1　轮廓长度的计算

在图 10-1(a)中，阴影为一个多边形区域，其 4-方向连通轮廓如图 10-1(b)所示，其 8-方向连通轮廓如图 10-1(c)所示。因为 4-方向连通轮廓上共有 18 个直线段，所以轮廓长度为 18；8-方向连通轮廓上共有 14 个直线段和 2 个对角线段，所以轮廓长度约为 16.8。

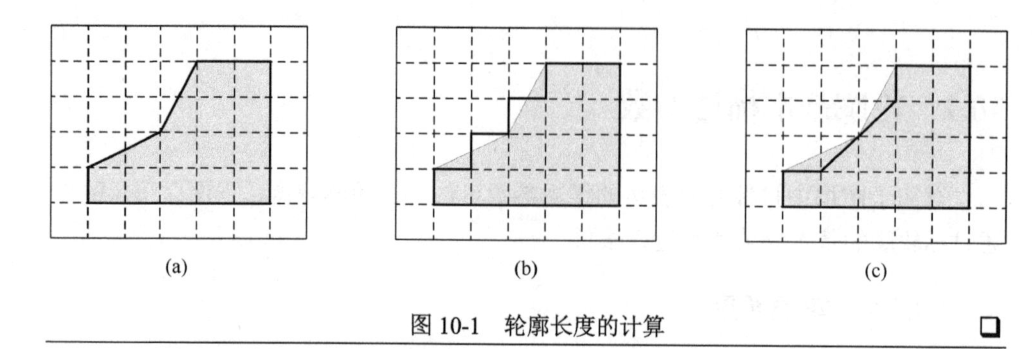

图 10-1　轮廓长度的计算　□

10.1.2　轮廓直径

轮廓直径是轮廓上相隔最远的 2 点之间的距离，即这 2 点之间的直连线段长度。有时将这条线段称为轮廓的主轴或长轴（与此轴垂直且在轮廓内最长的线段为轮廓的短轴）。主轴的长度和取向都能用来描述轮廓。轮廓 B 的直径 $\mathrm{Dia}_d(B)$为

$$\mathrm{Dia}_d(B)=\max_{i,j}[D_d(b_i,b_j)] \quad b_i\in B,\ \ b_j\in B \tag{10-4}$$

其中，$D_d(\cdot)$可以是任何一种距离度量。如果 $D_d(\cdot)$为不同的距离度量，得到的 $\mathrm{Dia}_d(B)$就会不同。常用的距离度量主要有 3 种，即 $D_E(\cdot)$、$D_4(\cdot)$和 $D_8(\cdot)$距离（参见 3.5 节）。

□　例 10-2　轮廓直径的计算

如图 10-2 所示，用 3 种不同的距离度量来计算同一个目标轮廓，会得到 3 个不同的直径值［这里参考式（10-3）中用$\sqrt{2}$表示对角长度的做法来计算 $D_8(\cdot)$距离］。可以看出，当选用不同的距离度量时，对同一条线段长度的测量结果可能会有较大的差别。

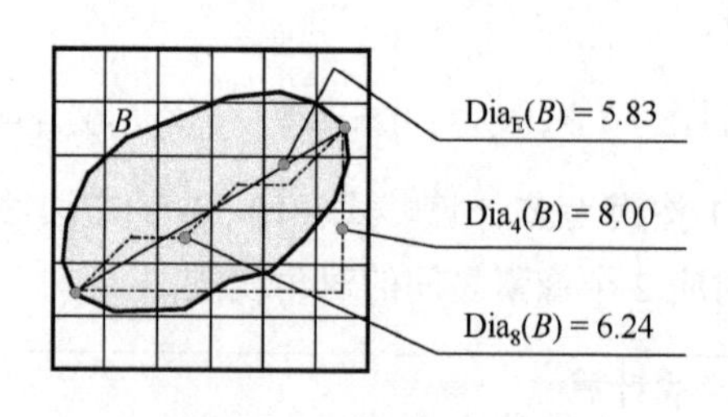

图 10-2　轮廓直径的计算　□

10.1.3　斜率、曲率和角点

轮廓由一系列的点构成，**斜率**能表示轮廓上各点的局部指向，**曲率**是斜率的

改变率，描述了轮廓上各点沿轮廓方向变化的情况。对于一个给定的轮廓点，曲率的符号描述了轮廓在该点的凹凸性。如果曲率大于 0，则曲线凹向朝着该点法线的正方向；如果曲率小于 0，则曲线凹向朝着该点法线的负方向。在沿顺时针方向跟踪轮廓时，若某点处的曲率大于 0，则该点属于凸段，否则为凹段的一部分。曲率的局部极值点称为**角点**，是轮廓上比较显著的点，在一定程度上反映了轮廓的复杂性。以上概念对于非闭合的轮廓也是适用的。

如果在离散图像中的区域轮廓上计算某点的曲率，结果常因离散边界的粗糙、不平滑而变得不太可靠。但如果用多边形近似表达轮廓（见 9.3 节），则计算该轮廓的相邻线段交点（多边形顶点）的曲率会比较方便和可靠。

10.2　区域基本描述参数

对应于图像中目标内部表达的描述参数一般要利用所有属于区域的像素集合来计算，下面介绍几种描述目标区域的基本参数和测量方法。

10.2.1　区域面积

区域面积是区域的基本特性，描述了区域的大小。对一个区域 R 来说，设正方形像素的边长为单位长，则其面积 A 为

$$A = \sum_{(x,y)\in R} 1 \tag{10-5}$$

由式（10-5）可见，计算区域面积就是对属于区域的像素进行计数。

需要指出的是，在计算区域面积时，除了使用式（10-5），有人建议采用其他方法。但可以证明，利用对像素计数的方法来求区域面积，不仅最简单，而且是对原始模拟区域面积的无偏和一致的最好估计。

❑　例 10-3　区域面积的计算

如图 10-3 所示，其给出对同一区域用不同方法计算面积的结果（设像素边长为 1）。其中图 10-3(a)的方法对应式（10-5），结果为 10（像素）。图 10-3(b)和图 10-3(c)的 2 种方法均使用了三角形面积计算公式，图 10-3(b)取像素间距离 d（这里为 1）为单位，图 10-3(c)取像素边长 n（这里为 1）为单位，结果分别为 4.5 和 8。这两种方法虽然对平面上的连续区域来说都比较合理，但对于数字图像误差都较大。

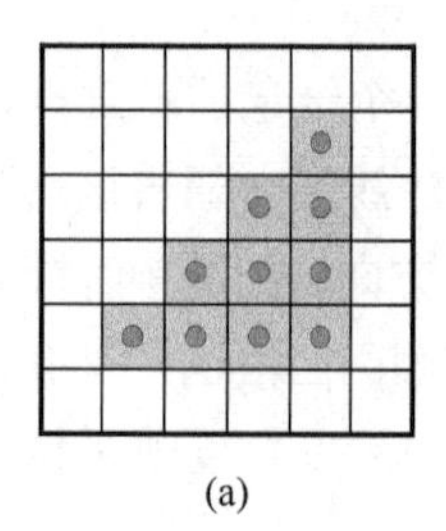

(a)

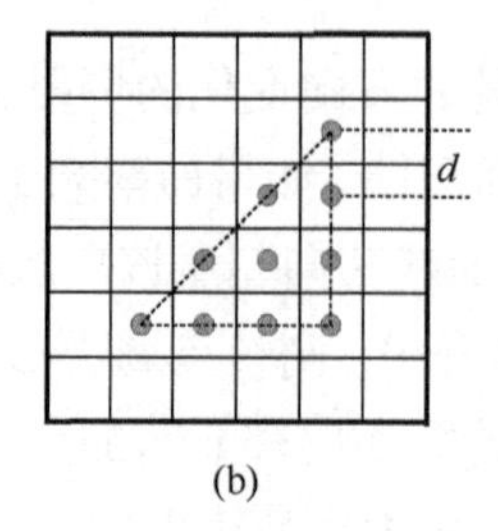

(b)

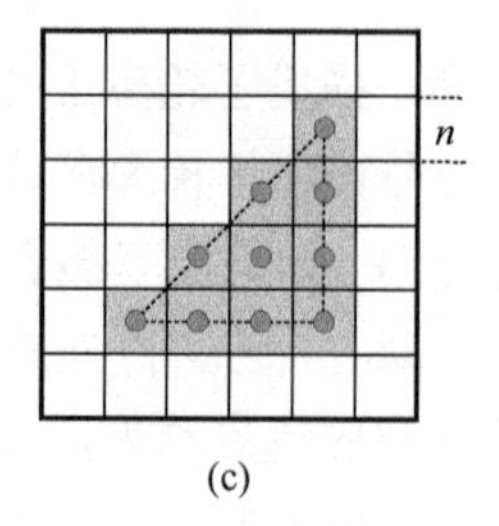

(c)

图 10-3　几种面积计算方法示例

10.2.2　区域重心

区域重心是一种区域全局描述符，区域重心点的坐标是基于所有属于区域的点计算而来的：

$$\bar{x} = \frac{1}{A} \sum_{(x,y)\in R} x \tag{10-6}$$

$$\bar{y} = \frac{1}{A} \sum_{(x,y)\in R} y \tag{10-7}$$

尽管区域各点的坐标总是整数，但根据式（10-6）和式（10-7）计算得到的区域重心的坐标常不为整数。当区域本身的尺寸与各区域间的距离相对较小时，可将区域用位于其重心坐标的质点来近似代表（相当于看成点目标），这样就可将区域的空间位置表示出来。

10.2.3　区域灰度特性

描述区域常是为了描述原场景中目标的特性，包括反映目标灰度、颜色等特性。与计算区域面积和区域重心仅需要分割结果图不同，对目标灰度特性的测量要结合原始灰度图和分割图来进行。目标的灰度特性可利用密度特征描述符得到，典型的密度特征描述符包括以下几种。

1．透射率

透射率（T）是穿透目标的光（通量）与入射光的比，反映目标的透射性：

$$T = \frac{\text{穿透目标的光}}{\text{入射光}} \tag{10-8}$$

2．光密度

光密度（OD）定义为对入射光与穿透目标的光的比（透射率的倒数）取以 10 为底的对数：

$$\mathrm{OD} = \lg\left(\frac{1}{T}\right) = -\lg T \tag{10-9}$$

光密度的数值范围为 0（100%透射）到无穷（完全无透射），反映目标的不透明性。

3. 积分光密度

积分光密度（IOD）是一种常用的区域灰度参数。它是一种图像的内部特征，也可以归为一种灰度特征，可看作对目标“质量”（Mass）的一种测量。对于一幅 $M \times N$ 的图像 $f(x, y)$，其 IOD 定义为

$$\mathrm{IOD} = \sum_{x=0}^{M-1}\sum_{y=0}^{N-1} f(x, y) \tag{10-10}$$

如果设图像的直方图为 $H(\cdot)$，图像灰度级数为 G，则根据直方图的定义，可得

$$\mathrm{IOD} = \sum_{k=0}^{G-1} kH(k) \tag{10-11}$$

即 IOD 是直方图中各灰度的加权和。

基于以上的密度特征描述符，还可以求取它们的最大值、最小值、中值、平均值、方差及高阶矩等统计量，用以描述区域灰度特性。

10.3　轮廓的傅里叶描述

对目标的表达和描述除了可以在空间中直接进行，也可以将目标转换到其他域中进行。以对目标轮廓的描述为例，可以在频域中借助傅里叶系数进行，也可以在小波域中借助小波系数进行（见 10.4 节）。

10.3.1　傅里叶轮廓描述符

轮廓的离散傅里叶变换表达可以作为定量描述轮廓形状的基础。采用傅里叶描述的一个优点是可以将 2D 问题简化为 1D 问题。具体方法是将轮廓所在的 XY 平面与一个复平面 UV 重合，其中实部 U 轴与 X 轴重合，虚部 V 轴与 Y 轴重合。这样就可用复数 $u + \mathrm{j}v$ 的形式来表示给定轮廓上的每个点(x, y)，而将 XY 平面中的曲线段转化为复平面上的一个序列。需要指出，在空间平面 XY 上和在复平面 UV 上的两种表示形式在本质上是一致且点点对应的，如图 10-4 所示。

现考虑一个由 N 个点组成的封闭轮廓，从任意一点开始绕轮廓一周就得到一个复数序列：

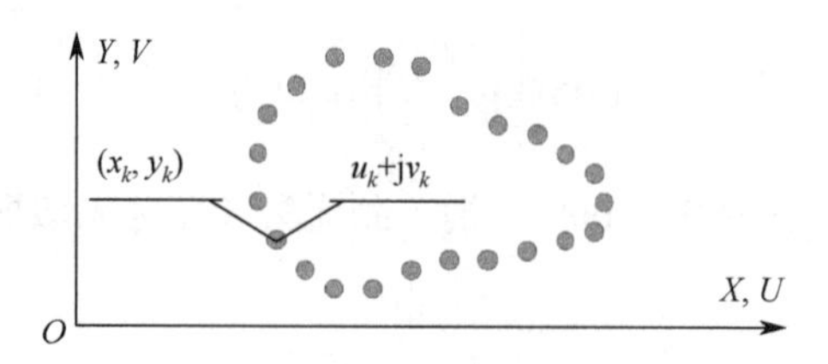

图 10-4　轮廓点的两种表示方法

$$s(k) = u(k) + \mathrm{j}v(k) \quad k = 0,1,\cdots,N-1 \tag{10-12}$$

$s(k)$的离散傅里叶变换：

$$S(w) = \frac{1}{N}\sum_{k=0}^{N-1} s(k)\exp\left(\frac{-\mathrm{j}2\pi wk}{N}\right) \quad w = 0,1,\cdots,N-1 \tag{10-13}$$

$S(w)$可称为**傅里叶轮廓描述符**，它的傅里叶反变换：

$$s(k) = \sum_{w=0}^{N-1} S(w)\exp\frac{\mathrm{j}2\pi wk}{N} \quad k = 0,1,\cdots,N-1 \tag{10-14}$$

由式（10-13）和式（10-14）可见，因为离散傅里叶变换是可逆线性变换，所以在这个过程中信息既未增加也未减少。但上述表达方法给有选择性地描述轮廓提供了方便。设只利用 $S(w)$的前 M（$M < N$）个系数，这样就可得到 $s(k)$的一个近似：

$$s_{\mathrm{e}}(k) = \sum_{w=0}^{M-1} S(w)\exp\frac{\mathrm{j}2\pi wk}{N} \quad k = 0,1,\cdots,N-1 \tag{10-15}$$

比较式（10-14）和（10-15），系数个数 k 的范围不变，即在近似轮廓上的点数仍相同，但 w 的范围缩小了，即重建轮廓点所用的高频频率项少了。因为傅里叶变换的高频分量对应轮廓的细节，而低频分量对应轮廓的总体形状，所以这相当于只用一些对应低频分量的傅里叶系数来近似地描述轮廓的形状，以减少表达轮廓所需的数据量。

❑　例 10-4　借助傅里叶描述近似表达轮廓

根据式（10-15），利用傅里叶轮廓描述的前 M 个系数表达轮廓相当于用较少的数据量表达轮廓的基本形状。如图 10-5 所示，其给出一个由 64 个点（N=64）组成的正方形轮廓，以及在式（10-15）中取不同的 M 值重建这个轮廓的结果。

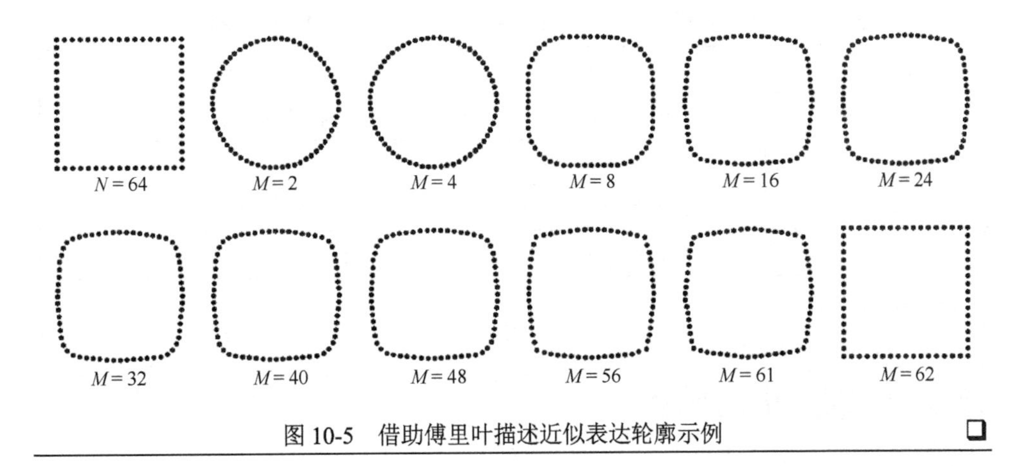

图 10-5　借助傅里叶描述近似表达轮廓示例

由图 10-5 可见，对于很小的 M 值（$M = 2$ 和 $M = 4$），重建出来的轮廓是圆形的，这与原始的正方形有很大的差别。原因是正方形轮廓的角点对应高频分量，仅利用几个低频系数是无法提供角点信息的。当 M 值增加到 8 时，重建的轮廓才开始变得像圆角方形。其后随着 M 值的增大（从 $M = 16$ 到 $M = 48$），重建的轮廓基本没有大的变化，到 $M = 56$ 时，4 个角点才开始比较明显。继续增大 M 值到 61，4 条边开始变得直起来。最后当 $M = 62$ 时，重建的轮廓就几乎与原轮廓一致了。由此可见，用较少的系数虽然可以反映大体形状，但需要增加很多系数才能精确地描述如角点这样一些形状特征。

10.3.2　傅里叶描述随轮廓的变化

傅里叶轮廓描述符会受轮廓平移、旋转、尺度变换及计算起点（傅里叶描述与基于轮廓点建立复数序列对的起始点有关）等的影响。这种影响可借助傅里叶变换的相关定理来描述。例如，根据傅里叶变换的平移定理，轮廓在空域中的平移相当于对所有坐标加一个常数平移量，这在傅里叶变换域中，除原点 $k = 0$ 处外，并不会有其他变化。在 $k = 0$ 处，根据常数的傅里叶变换是在原点的脉冲函数可知，有一个$\delta(k)$存在。又如，根据傅里叶变换的旋转定理，轮廓在空域中旋转一个角度与在傅里叶变换域中旋转一个角度是相当的。同理，根据傅里叶变换的尺度定理，对轮廓在空域中进行尺度变换相当于对它的傅里叶变换在傅里叶变换域中进行相同的尺度变换。起点的变化在空域中相当于把序列原点平移，而在傅里叶变换域中相当于乘以一个与系数本身有关的量。综合上面讨论，可总结得到表 10-1。

表 10-1　傅里叶描述受轮廓平移、旋转、尺度变换及计算起点的影响

变　换	轮　廓	傅里叶描述
平移($\Delta x,\Delta y$)	$s_t(k) = s(k)+\Delta xy$	$S_t(w) = S(w)+\Delta xy\,\delta(w)$
旋转(θ)	$s_r(k) = s(k)\exp(j\theta)$	$S_r(w) = S(w)\exp(j\theta)$
尺度(C)	$s_c(k) = Cs(k)$	$S_c(w) = CS(w)$
起点(k_0)	$s_p(k) = s(k-k_0)$	$S_p(w) = S(w)\exp(-j2\pi k_0 w/N)$

注：$\Delta xy = \Delta x + j\Delta y$。

10.4　轮廓的小波描述

借助小波变换将目标轮廓转换到小波域后，可借助小波轮廓描述符来描述目标轮廓。

10.4.1　小波变换基础

考虑 1D 函数 $f(x)$，它可用一组系列展开函数的线性组合来表示：

$$f(x) = \sum_k a_k u_k(x) \tag{10-16}$$

其中，k 是整数，求和可以是有限项或无限项求和；a_k 是实数，称为展开系数；$u_k(x)$ 是实数函数，称为展开函数。

现考虑将展开函数作为缩放函数，并对其进行平移和二进制缩放得到集合 $\{u_{j,k}(x)\}$：

$$u_{j,k}(x) = 2^{\frac{j}{2}} u(2^j x - k) \tag{10-17}$$

可见，k 确定了 $u_{j,k}(x)$沿 X 轴的位置，j 确定了 $u_{j,k}(x)$沿 X 轴的宽度（所以 $u(x)$也称为尺度函数），系数 $2^{j/2}$ 确定 $u_{j,k}(x)$的幅度。给定一个 j，就可确定一个缩放空间 U_j，U_j 的尺寸是随 j 的增减而增减的。另外，各缩放空间 U_j（$j=-\infty,\cdots,0,1,\cdots,\infty$）是嵌套的，即 $U_j \subset U_{j+1}$。如果 $f(x) \in U_j$，那么 $f(x)$就可如式（10-16）那样用$\{u_{j,k}(x)\}$来展开：

$$f(x) = \sum_k a_k u_{j,k}(x) \tag{10-18}$$

类似地，设用 $v(x)$表示小波函数，对小波函数进行平移和二进制缩放得到集合 $\{v_{j,k}(x)\}$：

$$v_{j,k}(x) = 2^{\frac{j}{2}} v(2^j x - k) \tag{10-19}$$

将与小波函数 $v_{j,k}(x)$对应的小波空间用 V_j 表示，如果$f(x) \in V_j$，则$f(x)$也可用$\{v_{j,k}(x)\}$展开：

$$f(x) = \sum_k a_k v_{j,k}(x) \tag{10-20}$$

缩放空间 U_j、U_{j+1} 和小波空间 V_j 的关系（见图 10-6 所给 $j = 0, 1$ 的示例）为

$$U_{j+1} = U_j \oplus V_j \tag{10-21}$$

其中，⊕表示空间的并（类似于集合的并）。由此可见，在 U_{j+1} 中，U_j 的补是 V_j，V_j 空间也是嵌套的。

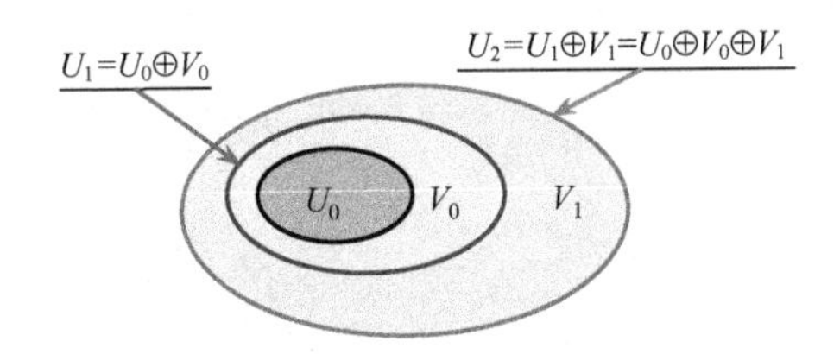

图 10-6　缩放空间和小波空间之间的关系

$f(x)$的**小波变换**就是把$f(x)$用集合$\{u_{j,k}(x)\}$和集合$\{v_{j,k}(x)\}$进行展开。常用的展开形式为

$$f(x) = \frac{1}{\sqrt{M}} \sum_k h_u(0,k) u_{0,k}(x) + \frac{1}{\sqrt{M}} \sum_{j=0}^{\infty} \sum_k h_v(j,k) v_{j,k}(x) \tag{10-22}$$

其中，$h_u(0, k)$和 $h_v(j, k)$分别称为缩放（近似）系数和小波（细节）系数，一般选 M 为 2 的整数次幂，所以上述求和对 $x = 0, 1, 2, \cdots, M-1$，$j = 0, 1, 2, \cdots, J-1$，$k = 0, 1, 2, \cdots, 2^j-1$ 进行。

10.4.2　小波轮廓描述符

小波轮廓描述符是一类基于小波变换的轮廓描述符，可描述轮廓特征，并且描述结果不受轮廓平移或缩放的影响。定义小波函数族$\{W_{j,k}(x)\}$：

$$W_{j,k}(x) = \frac{1}{\sqrt{2^j}} W\left(\frac{x - 2^j k}{2^j}\right) = 2^{-\frac{j}{2}} W(2^{-j} x - k) \tag{10-23}$$

对于给定的（轮廓）函数$f(x)$，其所有小波变换系数组成与$f(x)$对应的小波描述符，可用来描述轮廓。这样定义的小波轮廓描述符具有唯一性（描述符和轮廓一一对应）和可比较性（对于两个轮廓的描述矢量，可借助内积定义它们之间的距离，以判别轮廓的相似程度）。

小波轮廓描述符与**傅里叶轮廓描述符**相比有一些特点。

一个特点是轮廓的局部变化只影响小波轮廓描述符中对应该局部的系数，对其他系数的影响不明显，这与傅里叶轮廓描述符不同。傅里叶变换的结果是频域中的全局描述，因而轮廓的局部变化会带来傅里叶轮廓描述符难以预测的直观数据变化。另外，根据变换的对偶特性可知，小波轮廓描述符在局部的波动对应原始轮廓的局部变化，而傅里叶轮廓描述符的局部波动对应原始轮廓全局不规则的畸变。

□ 例 10-5　小波轮廓描述符与傅里叶轮廓描述符在轮廓局部变化时的比较

在图 10-7 中，给出仅局部有细微差异的两幅轮廓图像（分别记为图像 A 和图像 B），两个轮廓总体形状基本相同，仅在中部略有不同。

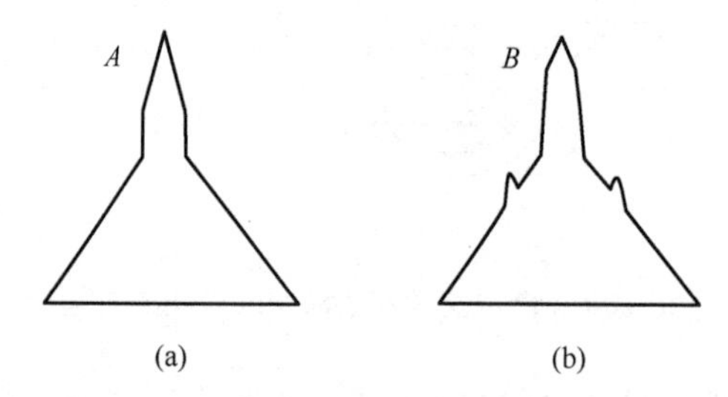

图 10-7　仅具有局部差异的两幅轮廓图像

假设图像 A 的描述符为$\{x_a\}$和$\{y_a\}$，而图像 B 的描述符为$\{x_b\}$和$\{y_b\}$，定义 $\delta = (x_a - x_b)^2 + (y_a - y_b)^2$ 为二者差异。图 10-8 和图 10-9 分别给出轮廓局部畸变后小波轮廓描述符和傅里叶轮廓描述符的数值变化，图中横坐标对应 64 个描述符的系数点，纵坐标对应δ。由图 10-8 可见，轮廓局部的变化带来小波轮廓描述符比较规则的变化（注意，编码的起点是目标的头部，因此小波系数变化的峰值也是空间对称的）。而由图 10-9 可见，轮廓局部的变化带来傅里叶轮廓描述符不规则的变化。

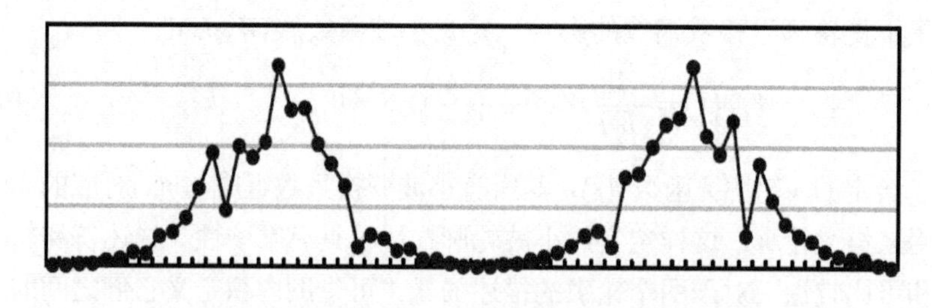

图 10-8　轮廓局部畸变后小波轮廓描述符的数值变化

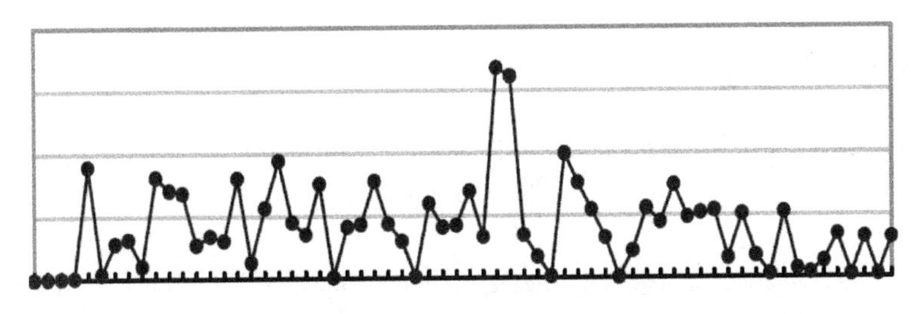

图 10-9　轮廓局部畸变后傅里叶轮廓描述符的数值变化 □

小波轮廓描述符的另一个特点是其相对于傅里叶轮廓描述符有较高的轮廓描述精度，即可用较少的系数实现较高的轮廓描述精度，或者说，在相同长度下，小波轮廓描述符比傅里叶轮廓描述符有更高的轮廓描述精度。

□　例 10-6　两种轮廓描述符的描述精度比较

对于如图 10-10(a)所示的轮廓，两种轮廓描述符均用了 64 个系数，但从图 10-10(b)可见，由傅里叶轮廓描述符得到的仅是 64 个离散点的信息，没有离散点之间的信息；而从图 10-10(c)可见，由小波轮廓描述符得到的是整个原始轮廓，包含的信息量超出 64 个离散点的信息。

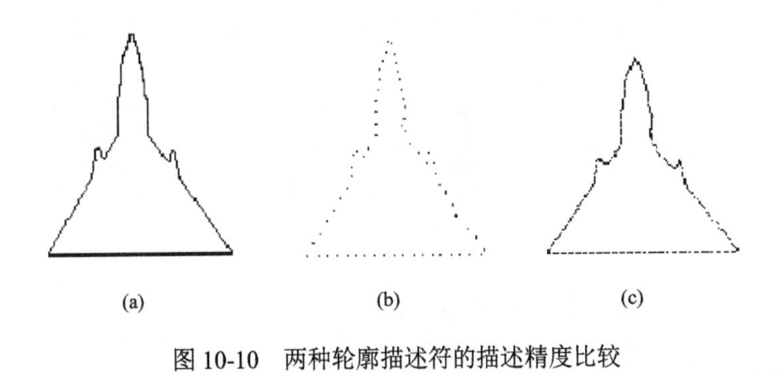

图 10-10　两种轮廓描述符的描述精度比较 □

10.5　区域不变矩描述

区域矩是借助所有属于区域的点计算而来的物理量，因而其对区域的描述能力不太受噪声等的影响。对于图像函数 $f(x, y)$，如果它分段连续且只在 XY 平面上的有限个点处不为 0，则可证明它的各阶矩都存在。在实际应用中，对区域矩有多种不同的计算方式。

10.5.1 中心矩

一幅图像$f(x, y)$的$p+q$阶矩定义为

$$m_{pq}=\sum_{x}\sum_{y}x^{p}y^{q}f(x,y) \qquad (10\text{-}24)$$

可以证明，m_{pq}唯一地被$f(x, y)$确定；反之，m_{pq}也唯一地确定了$f(x, y)$。$f(x, y)$的$p+q$阶中心矩定义为

$$m_{pq}=\sum_{x}\sum_{y}(x-\overline{x})^{p}(y-\overline{y})^{q}f(x,y) \qquad (10\text{-}25)$$

其中，$\overline{x}=m_{10}/m_{00}$，$\overline{y}=m_{01}/m_{00}$，为$f(x, y)$的重心坐标［式（10-6）和式（10-7）计算的是二值图的重心坐标，这里$\overline{x}$和$\overline{y}$的定义也可用于灰度图像］。$f(x, y)$的归一化中心矩可表示为

$$N_{pq}=\frac{M_{pq}}{M_{00}^{\gamma}} \qquad \gamma=\frac{p+q}{2}+1 \qquad p+q=2,3,\cdots \qquad (10\text{-}26)$$

❑ **例 10-7 中心矩的计算**

图 10-11 给出一些用于计算矩的图像示例。其中，图像尺寸均为 8×8，像素尺寸均为 1×1，深色像素为目标像素（值为 1），白色像素为背景像素（值为 0）。

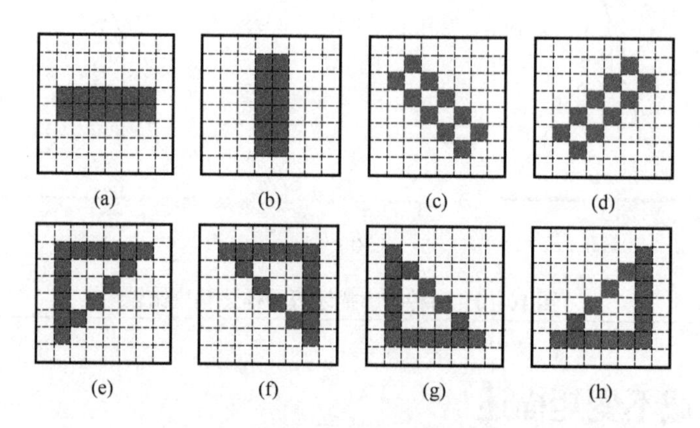

图 10-11 一些用于计算矩的图像示例

根据式（10-25），基于图 10-11 中的各图像算得 3 个二阶中心矩和 2 个三阶中心矩（相对于目标重心的矩），结果（已取整）如表 10-2 所示。这里假设将每个像素看作质量位于像素中心的质点。由于取图像中心为坐标系的原点，所以含有某个方向奇数次的中心矩可能出现负值。

表 10-2　由图 10-11 中的图像算得的中心矩的值

序　号	中 心 矩	图 10-11 (a)	图 10-11 (b)	图 10-11 (c)	图 10-11 (d)	图 10-11 (e)	图 10-11 (f)	图 10-11 (g)	图 10-11 (h)
1	M_{02}	3	35	22	22	43	43	43	43
2	M_{11}	0	0	–18	18	21	–21	–21	21
3	M_{20}	35	3	22	22	43	43	43	43
4	M_{12}	0	0	0	0	–19	19	–19	19
5	M_{21}	0	0	0	0	19	19	–19	–19

对照图 10-11 和表 10-2 可见，如果目标是沿 X 轴或 Y 轴对称的，则其沿对称方向的区域矩可以根据区域的对称性获得。 ❑

10.5.2　区域不变矩

以下 7 个不随平移、旋转和尺度变换而变化的**区域不变矩**是由归一化的二阶中心矩与三阶中心矩组合而成的。

$$T_1 = N_{20} + N_{02} \tag{10-27}$$

$$T_2 = \left(N_{20} - N_{02}\right)^2 + 4N_{11}^2 \tag{10-28}$$

$$T_3 = \left(N_{30} - 3N_{12}\right)^2 + \left(3N_{21} - N_{03}\right)^2 \tag{10-29}$$

$$T_4 = \left(N_{30} + N_{12}\right)^2 + \left(N_{21} + N_{03}\right)^2 \tag{10-30}$$

$$\begin{aligned} T_5 = &\left(N_{30} - 3N_{12}\right)\left(N_{30} + N_{12}\right)\left[\left(N_{30} + N_{12}\right)^2 - 3\left(N_{21} + N_{03}\right)^2\right] + \\ &3\left(N_{21} - N_{03}\right)\left(N_{21} + N_{03}\right)\left[3\left(N_{30} + N_{12}\right)^2 - \left(N_{21} + N_{03}\right)^2\right] \end{aligned} \tag{10-31}$$

$$T_6 = \left(N_{20} - N_{02}\right) + \left[\left(N_{30} + N_{12}\right)^2 - \left(N_{21} + N_{03}\right)^2\right] + 4N_{11}\left(N_{30} + N_{12}\right)\left(N_{21} + N_{03}\right) \tag{10-32}$$

$$\begin{aligned} T_7 = &\left(3N_{21} - 3N_{03}\right)\left(N_{30} + N_{12}\right)\left[\left(N_{30} + N_{12}\right)^2 - 3\left(N_{21} + N_{03}\right)^2\right] + \\ &3\left(N_{12} - N_{30}\right)\left(N_{21} + N_{03}\right)\left[3\left(N_{30} + N_{12}\right)^2 - \left(N_{21} + N_{03}\right)^2\right] \end{aligned} \tag{10-33}$$

❑　例 10-8　区域不变矩的计算

图 10-12 给出一组同一幅图像的不同变型，借此验证式（10-27）～式（10-33）所定义的 7 个区域不变矩的不变性。图 10-12(a)为计算用的原始图像，图 10-12(b)为将图 10-12(a)旋转 45°得到的结果，图 10-12(c)为将图 10-12(a)的尺度缩小一半得到的结果，图 10-12(d)为图 10-12(a)的镜面对称图像。

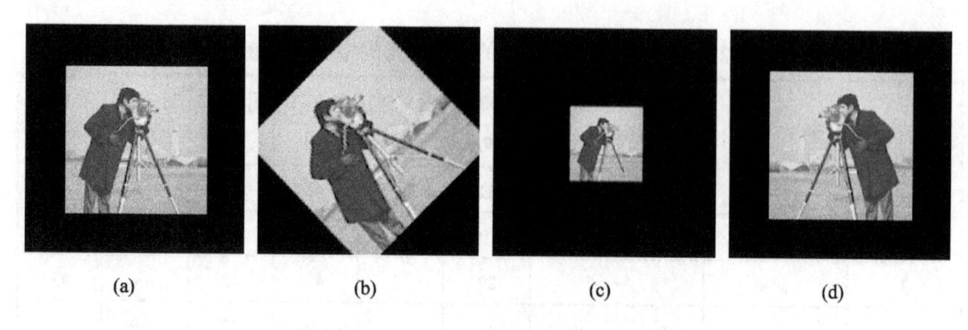

图 10-12　一组同一幅图像的不同变型

对于图 10-12 中的各图，根据式（10-27）～式（10-33）计算 7 个区域不变矩，结果如表 10-3 所示。由结果可知，这 7 个区域不变矩在图像发生以上几种变化时，数值基本保持不变（一些微小差别可归于对离散图像的数值计算误差）。根据这些区域不变矩的特点，可将它们用于对特定目标的检测，在目标旋转或尺度缩放的情况下都可检测到。

表 10-3　区域不变矩计算结果

区域不变矩	原始图像	旋转 45°的图像	缩小一半的图像	镜面对称的图像
T_1	1.510494E−03	1.508716E−03	1.509853E−03	1.510494E−03
T_2	9.760256E−09	9.678238E−09	9.728370E−09	9.760237E−09
T_3	4.418879E−11	4.355925E−11	4.398158E−11	4.418888E−11
T_4	7.146467E−11	7.087601E−11	7.134290E−11	7.146379E−11
T_5	−3.991224E−21	−3.916882E−21	−3.973600E−21	−3.991150E−21
T_6	−6.832063E−15	−6.738512E−15	−6.813098E−15	−6.831952E−15
T_7	4.453588E−22	4.084548E−22	4.256447E−22	−4.453826E−22

□

10.5.3　区域仿射不变矩

10.5.2 节介绍的 7 个区域不变矩仅不随平移、旋转和尺度变换而变化。在更一般的仿射变换下仍不变化的一组（4 个）**区域仿射不变矩**（都基于二阶中心矩和三阶中心矩）如下：

$$I_1=\left(M_{20}M_{02}-M_{11}^2\right)\Big/M_{00}^4 \tag{10-34}$$

$$I_2=\left(M_{30}^2M_{03}^2-6M_{30}M_{21}M_{12}M_{03}+4M_{30}M_{12}^2+4M_{21}^2M_{03}-3M_{21}^2M_{12}^2\right)\Big/M_{00}^{10} \tag{10-35}$$

$$I_3=\left[M_{20}\left(M_{21}M_{03}-M_{12}^2\right)-M_{11}\left(M_{30}M_{03}-M_{21}M_{12}\right)+M_{02}\left(M_{30}M_{12}-M_{21}^2\right)\right]\Big/M_{00}^7 \tag{10-36}$$

$$
\begin{aligned}
I_4 = \Big(& M_{20}^3 M_{03}^2 - 6M_{20}^2 M_{11} M_{12} M_{03} - 6M_{20}^2 M_{02} M_{21} M_{03} + 9M_{20}^2 M_{02} M_{12}^2 + \\
& 12M_{20} M_{11}^2 M_{21} M_{00} + 6M_{20} M_{11} M_{02} M_{30} M_{03} - 18M_{20} M_{11} M_{02} M_{21} M_{12} - \\
& 8M_{11}^3 M_{30} M_{03} - 6M_{20} M_{02}^2 M_{30} M_{12} + 9M_{20} M_{02}^2 M_{21}^2 + \\
& 12M_{11}^2 M_{02} M_{30} M_{12} - 6M_{11} M_{02}^2 M_{30} M_{21} + M_{02}^3 M_{30}^2 \Big) \Big/ M_{00}^{11}
\end{aligned} \quad (10\text{-}37)
$$

10.6　目标关系描述

当图像中有多个目标时，对目标之间关系的描述也很重要。下面介绍两种基本方法。

10.6.1　字符串描述

先借助图 10-13 介绍一下利用**字符串描述**来描述关系的概念和方法。假设图 10-13(a)是从分割图像中得到的一个阶梯状结构（可理解为目标的一种几何分布），则可用一种形式化的方法（借助形式语法）来描述它。先定义两个基本元素（字符）a 和 b，如图 10-13(b)所示；然后可将阶梯状结构用这两个基本元素的组合来表达，如图 10-13(c)所示。

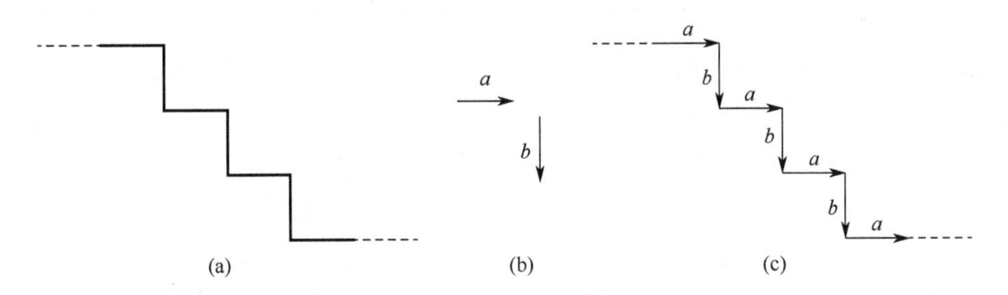

图 10-13　利用字符串描述关系结构示意

由图 10-13 可见，这种表达的一个突出特点是基本元素重复出现。

现在利用基本元素循环的方式来描述上述结构。设 S 和 A 是变量，S 还是起始符号，元素 a 和元素 b 是非变量，则可建立一种描述语法（**形式语法**），或者说可确定如下重写（替换）规则：

（1）$S \to aA$（起始符号可用元素 a 和变量 A 替换）。

（2）$A \to bS$（变量 A 可用元素 b 和起始符号 S 替换）。

（3）$A \to b$（变量 A 可用单个元素 b 替换）。

由规则（2）可知，如果用 b 和 S 替换 A，则可回到规则（1），整个过程可以重复。根据规则（3），如果用 b 替换 A，则整个过程结束，因为其表达中不再有变量。注意，这些规则强制在每个 a 后面跟一个 b，所以 a 和 b 之间的关系保持不变。

❑ 例 10-9 运用重写规则产生结构

图 10-14 给出几个利用重写规则的示例，其中各结构下方括号中的数字代表依次所用规则的编号。第 1 个结构是由顺序运用规则（1）和规则（3）得到的；第 2 个结构是由顺序运用规则（1）、规则（2）、规则（1）、规则（3）得到的；第 3 个结构是由顺序运用规则（1）、规则（2）、规则（1）、规则（2）、规则（1）、规则（3）得到的。由此可见，反复利用上面三个重写规则就可产生各种类似的结构。

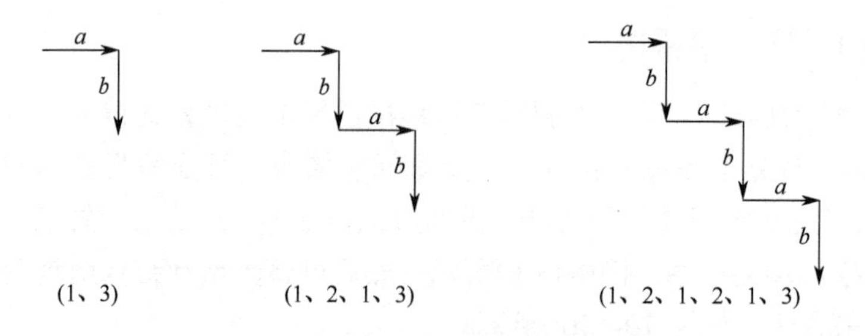

图 10-14 几个运用重写规则的示例 ❑

字符串是一种 1D 结构，用其描述 2D 图像时需要将 2D 空间位置信息转换成 1D 形式。在描述目标轮廓时，一种常用的方法是从一个点开始跟踪轮廓，用特定长度和方向的线段表示轮廓（链码本质上就是基于这种思想的），然后用字符代表线段得到字符串描述。另一种更通用的方法是先用有向线段（抽象地）描述图像区域，这些线段除可以头尾相连接外，还可以利用其他一些运算进行结合。在图 10-15 中，图 10-15(a)给出从区域抽取有向线段的示意，图 10-15(b)给出一些对有向线段进行典型组合的示例，利用组合操作可构建复杂的复合结构。

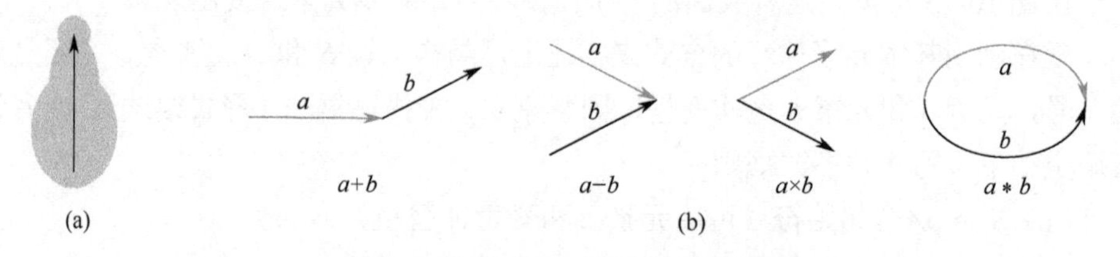

图 10-15 有向线段及典型运算示例

❑　**例 10-10　利用有向线段描述复杂结构**

图 10-16 给出利用有向线段（借助不同组合）描述复杂结构的示例。设需要描述的结构如图 10-16(c)所示，经分析其由 4 类不同朝向的有向线段构成。先定义 4 个朝向的基本有向线段，如图 10-16(a)所示。通过对这些基本有向线段逐步进行如图 10-16(b)所示的各种组合操作，最终可得到如图 10-16(c)所示的结构。

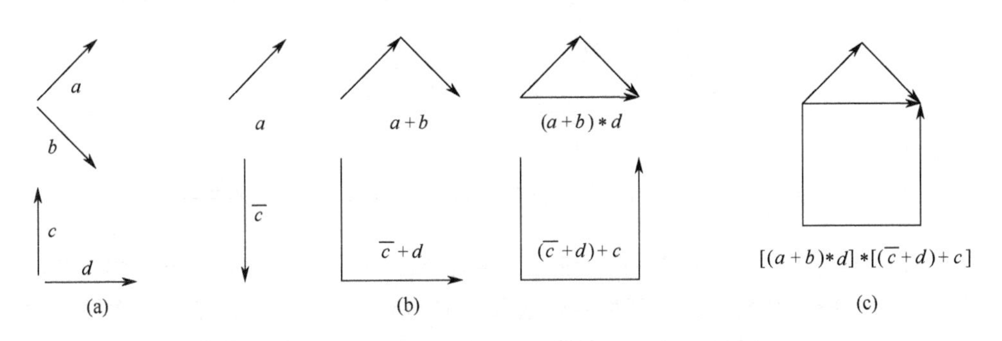

图 10-16　利用有向线段（借助不同组合）描述复杂结构的示　❑

10.6.2　树结构描述

字符串描述只能描述一个简单的序列结构，而用树结构可以描述多个有共同部分的结构。**树**是含一个或多个节点的有限集合，是**图**的一种特例。在一定意义上，树结构是一种 2D 结构。对每个树结构来说，它有唯一的根节点，其余节点被分成若干个互相不直接连接的子集，每个子集都是一个子树。每个树最下面的节点称为叶节点（树叶）。9.4 节介绍的四叉树和二叉树都是特殊的树结构数据类型，它们比较规则，所以在表达像素区域方面比较紧凑有效。

这里讨论树结构主要是为了描述图像中目标之间的联系，更加一般化。目标之间可以有很多类型的联系，也不应对各目标的尺寸、位置、形状有先验要求。从广义上说，树结构中有两类重要的信息，一类是关于节点的信息，可用一组字符来记录；另一类是关于一个节点与其连通节点互相关系的信息，可用一组指向这些节点的指针来记录。

对于树结构的两类信息，第一类信息确定了图像描述中的基本模式元，第二类信息确定了各基本模式元之间的物理连接关系。如图 10-17 所示，图 10-17(a)是一个组合区域（由多个区域组合而成，每个区域对应树中的一个节点，分别用小写字母表示），它可以用如图 10-17(b)所示的树借助“在……之中”这个关系进行描述。根节点 R 表示整幅图像，a 和 c 是 R 中的两个区域，对应相应两个子树的根节点，其余节点是它们的下级子节点。对比图 10-17(a)和图 10-17(b)可知，e 在 d 中，d 和 f 在 c 中，b 在 a 中，a 和 c 在 R 中。

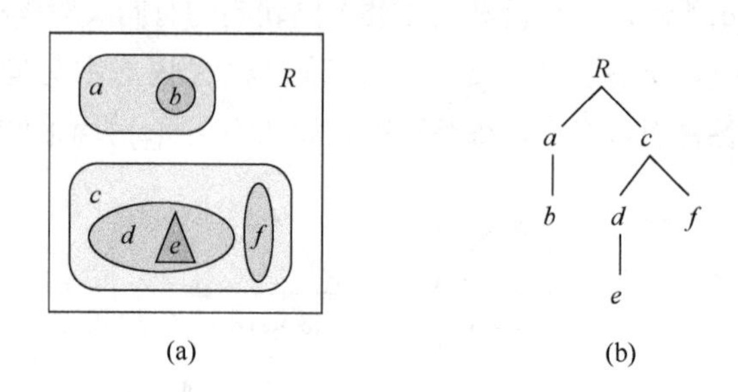

图 10-17　借助树结构描述符来描述组合区域各部分之间的关系

如图 10-17(b)所示的**树结构描述**是**区域邻域图**的特例。区域邻域图将图像中每个区域表达成一个节点，而邻域中代表各区域的节点用边相连。节点包含区域的属性，而边指示区域间的关系。图像中不同区域间的关系除上面的“在……之中”外，还有“在……之上”“在……之下”等。如果区域是互相接触的，区域邻域图则变成**区域邻接图**。

10.7　各节要点和进一步参考

以下指出各节的一些要点，并介绍一些可以进一步查阅的参考文献。

1. 轮廓基本描述参数

对轮廓的描述是对目标的外部描述。一个区域的轮廓点是自身属于该区域但其邻域中有像素不属于该区域的点，这与邻域的定义有关。轮廓的基本参数包括轮廓长度和轮廓直径，轮廓点的斜率、曲率及轮廓上角点的数量和位置（斜率对应该点的切线指向，曲率是斜率的改变率，角点是曲率的局部极值点）等。还有一些参数可参见文献[1]和文献[2]。

2. 区域基本描述参数

对区域的描述是对目标的内部描述，除了考虑像素的位置，还需要考虑像素的属性值（如灰度值）。区域的基本参数包括区域面积（区域的尺寸，最好的测量办法是对属于区域的像素进行计数，这也是对原始模拟区域面积的无偏和一致的最好估计，可参见文献[3]）、区域重心（考虑所有属于区域的点的坐标均值）；区域灰度特性（包括各种基于像素灰度的统计量，在测量时除了要使用分割图像外，还要使用原始图像）等。其他一些参数可参见文献[1]、文献[2]和文献[4]。

3．轮廓的傅里叶描述

傅里叶轮廓描述符由对目标轮廓进行傅里叶变换得到的离散系数构成，具体操作是将轮廓点表示为一个复数序列，再求傅里叶变换。傅里叶描述为轮廓的近似描述提供了基础，通过舍去一定数量的变换系数，可减少表达轮廓所需的数据量并保持轮廓的基本形状。根据傅里叶变换的性质可推得轮廓在经历平移、旋转、尺度变换等坐标变换时对傅里叶描述的影响。相关的讨论还可参见文献[1]及其所引文献。

4．轮廓的小波描述

小波轮廓描述符由对目标轮廓进行小波变换得到的离散系数构成。对小波变换的完整介绍可参见专门书籍（如文献[5]和文献[6]等）。10.4 节定义的小波轮廓描述符具有唯一性和可比较性，描述结果不受轮廓平移或尺度变换的影响。小波轮廓描述符与傅里叶轮廓描述符相比，受轮廓局部变化的影响较小，描述精度较高，可参见文献[7]。

5．区域不变矩描述

矩可以看作统计物理量，用它来描述目标轮廓和区域既容易实现又具有物理意义。在用矩对轮廓进行描述时，将轮廓看作线段的连接体，把 2D 的平面曲线表示成 1D 的沿曲线变化的函数，借助对该函数的各阶统计量来描述目标。用矩对区域进行描述则直接利用区域中所有的点。通过计算中心矩并归一化，可组合二阶中心距和三阶中心矩得到 7 个不受平移、旋转和尺度变换影响的区域不变矩。另外，还可组合二阶中心矩和三阶中心矩得到 4 个不受仿射变换影响的区域仿射不变矩，可参见文献[2]。

6．目标关系描述

字符串描述和树结构描述均可描述一个整体目标中各部分结构之间的抽象联系，在图像中常对应不同区域之间的空间关系。对于更复杂的关系，常使用图论（可参见文献[8]）中的图结构来表达和描述。对抽象为点目标的物体之间关系的描述可参见文献[2]。

第 11 章 纹理描述

纹理是图像分析中的常用概念，有广泛的应用。**纹理描述**可以反映区域的许多特性，主要反映物体表面的性质，但目前尚无正式的（或者说尚无一致的）定义。一般说来，可以认为纹理由许多相互接近、互相编织的元素构成，常富有周期性。直观来说，纹理描述可提供区域的平滑、稀疏、规则性等特性。区域纹理内容的量化是一种重要的区域描述方法。常用的 3 种纹理描述方法是统计法、结构法、频谱法。

本章各节安排如下。

11.1 节介绍纹理的统计描述方法，主要介绍共生矩阵和基于共生矩阵的纹理描述符，以及基于能量的纹理描述符。

11.2 节介绍纹理的结构描述方法，在介绍结构描述原理的基础上，分别给出借助纹理镶嵌和局部二值模式实现纹理描述的技术。

11.3 节介绍纹理的频谱描述方法，具体讨论基于傅里叶频谱及贝塞尔-傅里叶频谱的纹理描述技术。

11.1 纹理的统计描述

在描述纹理的**统计法**中，需要统计图像（包括像素位置和像素值）的一些信息，这种方法比较适合用来描述自然纹理。

11.1.1 共生矩阵

纹理的描述常借助区域灰度的**共生矩阵**进行。设 S 为目标区域 R 中具有特定空间联系的像素对的集合，则共生矩阵 $\boldsymbol{P}$ 的元素 $P(g_1, g_2)$ 可定义为

$$P(g_1,g_2)=\frac{\#\{[(x_1,y_1),(x_2,y_2)]\in S \mid f(x_1,y_1)=g_1 \,\&\, f(x_2,y_2)=g_2\}}{\#S} \quad (11\text{-}1)$$

其中，等号右边的分子是具有某种空间关系、灰度值分别为 g_1 和 g_2 的像素对的总数，分母为像素对的总数（#代表数量）。这样得到的 $\boldsymbol{P}$ 是归一化的。

❑　例 11-1　位置算子和共生矩阵

在纹理的统计描述中，为利用空间信息，可借助位置算子来计算共生矩阵。设 W 是位置算子，$\boldsymbol{A}$ 是 $k\times k$ 矩阵，其中的元素 a_{ij} 为具有灰度值 g_i 的点相对于由 W 确定的具有灰度值 g_j 的点出现的次数，这里有 $1\leqslant i,j\leqslant k$。对于图 11-1(a)中只有 3 个灰度级（$g_1=0$，$g_2=1$，$g_3=2$）的图像，定义 W 为“向右 1 个像素和向下 1 个像素”的位置关系，得到的矩阵 $\boldsymbol{A}$ 如图 11-1(b)所示。

$$\begin{matrix} 0 & 0 & 0 & 1 & 2 \\ 1 & 1 & 0 & 1 & 1 \\ 2 & 2 & 1 & 0 & 0 \\ 1 & 1 & 0 & 2 & 0 \\ 0 & 0 & 1 & 0 & 1 \end{matrix}$$

(a)

$$\boldsymbol{A}=\begin{bmatrix} A_{11} & A_{12} & A_{13} \\ A_{21} & A_{22} & A_{23} \\ A_{31} & A_{32} & A_{33} \end{bmatrix}=\begin{bmatrix} 4 & 2 & 0 \\ 2 & 3 & 2 \\ 1 & 2 & 0 \end{bmatrix}$$

(b)

图 11-1　借助位置算子计算共生矩阵示例

如果设满足 W 的像素对的总数为 N，则将 $\boldsymbol{A}$ 的每个元素都除以 N 就可得到满足 W 的像素对出现的估计概率，并得到相应的（归一化）共生矩阵。 ❑

❑　例 11-2　图像和其共生矩阵

由于纹理尺度的不同，不同图像的灰度共生矩阵可能有很大的差别，这可以说是借助共生矩阵进一步计算纹理描述符的基础。在图 11-2 中，图 11-2(a)和图 11-2(b)分别给出一幅有较多细节的图像及其共生矩阵图，由于图 11-2(a)中的灰度沿水平方向和垂直方向均有较高频率的变化，即灰度变化分布比较均匀，所以如图 11-2(b)所示的共生矩阵图中的大部分项不为 0。图 11-2(c)和图 11-2(d)分别给出一幅相似区域较大的图像及其共生矩阵图，由于图 11-2(c)中的灰度在较大范围内变化缓慢（低频分量多），所以如图 11-2(d)所示的共生矩阵图中仅有主对角线上的元素取较大的值。两相比较可看出，共生矩阵确实可反映不同像素相对位置的空间信息，从而可用于描述和区分纹理。

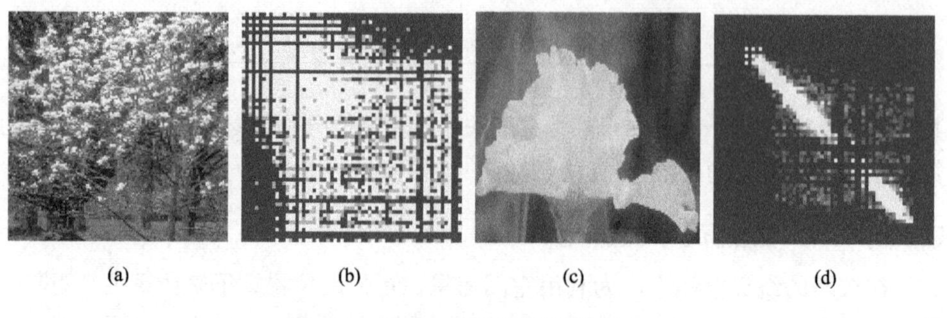

(a) (b) (c) (d)

图 11-2　图像和其共生矩阵图示例 □

11.1.2　基于共生矩阵的纹理描述符

在共生矩阵的基础上可定义**纹理描述符**，如果设

$$\boldsymbol{P}_x(i)=\sum_{j=1}^{N}\boldsymbol{P}(i,j) \quad i=1,2,\cdots,N \tag{11-2}$$

$$\boldsymbol{P}_y(j)=\sum_{i=1}^{N}\boldsymbol{P}(i,j) \quad j=1,2,\cdots,N \tag{11-3}$$

$$\boldsymbol{P}_{x+y}(k)=\sum_{i=1}^{N}\sum_{j=1}^{N}\boldsymbol{P}(i,j) \quad k=i+j=2,3,\cdots,2N \tag{11-4}$$

$$\boldsymbol{P}_{x-y}(k)=\sum_{i=1}^{N}\sum_{j=1}^{N}\boldsymbol{P}(i,j) \quad k=\left|i-j\right|=0,1,\cdots,N-1 \tag{11-5}$$

则可进一步得到如下 14 个纹理描述符（它们的数值反映了纹理的特性）。

（1）角二阶矩：

$$W_1=\sum_{i=1}^{N}\sum_{j=1}^{N}\boldsymbol{P}^2(i,j) \tag{11-6}$$

（2）对比度（反差）：

$$W_2=\sum_{t=0}^{N-1}t^2\left[\sum_{i=1}^{N}\sum_{j=1}^{N}\boldsymbol{P}(i,j)\right] \quad \left|i-j\right|=t \tag{11-7}$$

（3）相关性：

$$W_3=\frac{1}{\sigma_x\sigma_y}\left[\sum_{i=1}^{N}\sum_{j=1}^{N}ij\boldsymbol{P}(i,j)-\mu_x\mu_y\right] \tag{11-8}$$

其中，μ_x 和 σ_x 分别是 $\boldsymbol{P}_x(i)$ 的均值和均方差；μ_y 和 σ_y 分别是 $\boldsymbol{P}_y(j)$ 的均值和均方差。

（4）差分矩：

$$W_4=\sum_{i=1}^{N}\sum_{j=1}^{N}(i-\mu)^2\boldsymbol{P}(i,j)=\sum_{i=1}^{N}(i-\mu)^2\boldsymbol{P}_x(i) \tag{11-9}$$

其中，μ 是 $P(i,j)$的均值。

（5）逆差分矩（均匀性）：

$$W_5 = \sum_{i=1}^{N}\sum_{j=1}^{N}\frac{1}{1+(i-j)^2}\boldsymbol{P}(i,j) \tag{11-10}$$

（6）和平均：

$$W_6 = \sum_{i=2}^{2N} i\boldsymbol{P}_{x+y}(i) \tag{11-11}$$

（7）和方差：

$$W_7 = \sum_{i=2}^{2N}(i-W_6)\boldsymbol{P}_{x+y}(i) \tag{11-12}$$

（8）和熵：

$$W_8 = -\sum_{i=2}^{2N}\boldsymbol{P}_{x+y}(i)\log\left[\boldsymbol{P}_{x+y}(i)\right] \tag{11-13}$$

（9）熵：

$$W_9 = -\sum_{i=1}^{N}\sum_{j=1}^{N}\boldsymbol{P}(i,j)\log\left[\boldsymbol{P}(i,j)\right] \tag{11-14}$$

（10）差方差：

$$W_{10} = \sum_{i=2}^{2N}(i-d)^2\boldsymbol{P}_{x-y}(i) \tag{11-15}$$

其中，$d = \sum_{i=2}^{2N} iP_{x-y}(i)$。

（11）差熵：

$$W_{11} = -\sum_{i=2}^{2N}\boldsymbol{P}_{x-y}(i)\log\left[\boldsymbol{P}_{x-y}(i)\right] \tag{11-16}$$

（12）相关信息测度 1：

$$W_{12} = \frac{W_9 - E_1}{\max(E_x, E_y)} \tag{11-17}$$

其中，$E_1 = -\sum_{i=1}^{N}\sum_{j=1}^{N}\boldsymbol{P}(i,j)\log\left[\boldsymbol{P}_x(i)\boldsymbol{P}_y(j)\right]$，$E_x = -\sum_{i=1}^{N}\boldsymbol{P}_x(i)\log\left[\boldsymbol{P}_x(i)\right]$，$E_y = -\sum_{j=1}^{N}\boldsymbol{P}_y(j)$ $\log\left[\boldsymbol{P}_y(j)\right]$。

（13）相关信息测度 2：

$$W_{13}=\sqrt{1-\exp\left[-2(E_2-W_9)\right]} \tag{11-18}$$

其中，$E_2=-\sum_{i=1}^{N}\sum_{j=1}^{N}\boldsymbol{P}_x(i)\boldsymbol{P}_y(j)\log\left[\boldsymbol{P}_x(i)\boldsymbol{P}_y(j)\right]$。

（14）最大相关系数：

最大相关系数 W_{14} 为矩阵 $\boldsymbol{R}$ 的第 2 个最大特征值。

$$\boldsymbol{R}(i,j)=\sum_{k=1}^{N}\frac{\boldsymbol{P}(i,k)\boldsymbol{P}(j,k)}{\boldsymbol{P}_x(i)\boldsymbol{P}_y(j)} \tag{11-19}$$

11.1.3 基于能量的纹理描述符

通过利用模板（也称为核）计算局部纹理能量，可获得灰度变化的信息。设图像为 $f(x,y)$，一组模板为 $M_1, M_2,\cdots, M_N$，则卷积 $g_n=f\otimes M_n$（$n=1,2,\cdots,N$）给出各像素邻域中表达纹理特性的纹理能量分量。如果模板尺寸为 $k\times k$，则对应第 n 个模板的纹理图像（元素）为

$$T_n(x,y)=\frac{1}{k_2}\sum_{i=-\frac{(k-1)}{2}}^{\frac{(k-1)}{2}}\sum_{j=-\frac{(k-1)}{2}}^{\frac{(k-1)}{2}}\left|g_n(x+i,y+j)\right| \tag{11-20}$$

这样对应每个像素位置(x, y)，都有一个纹理特征矢量$[T_1(x, y)\quad T_2(x, y)\ \cdots\ T_N(x, y)]^{\mathrm{T}}$。

常用的模板尺寸为 3×3、5×5 和 7×7。令 L 代表层（Level），E 代表边缘（Edge），S 代表形状（Shape），W 代表波（Wave），R 代表纹（Ripple），则可得到各种 1D 的模板。例如，对应 5×5 模板的 1D 矢量（写成行矢量）为

$$\begin{aligned}
\boldsymbol{L}_5&=[\ 1\quad 4\quad 6\quad 4\quad 1]\\
\boldsymbol{E}_5&=[-1\quad -2\quad 0\quad 2\quad 1]\\
\boldsymbol{S}_5&=[-1\quad 0\quad 2\quad 0\quad -1]\\
\boldsymbol{W}_5&=[-1\quad 2\quad 0\quad -2\quad 1]\\
\boldsymbol{R}_5&=[\ 1\quad -4\quad 6\quad -4\quad 1]
\end{aligned} \tag{11-21}$$

其中，$\boldsymbol{L}_5$ 给出中心加权的局部平均；$\boldsymbol{E}_5$ 检测边缘；$\boldsymbol{S}_5$ 检测点；$\boldsymbol{W}_5$ 检测波；$\boldsymbol{R}_5$ 检测纹。

2D 模板的效果可利用对两个 1D 模板（行模板和列模板）进行卷积的方式得到。对于原始图像中的每个像素，都用在其邻域中获得的卷积结果来代替其值，就得到对应其邻域纹理能量的图。借助该图，每个像素都可用表达邻域中纹理能量的 N^2D（N^2 维）特征量代替。

在许多实际应用中，常使用 9 个 5×5 的模板来计算**纹理能量**。可借助 $\boldsymbol{L}_5$、$\boldsymbol{E}_5$、$\boldsymbol{S}_5$ 和 $\boldsymbol{R}_5$ 这 4 个 1D 矢量来获得这 9 个模板。2D 的模板可通过计算 1D 模板的外积得到，如

$$\boldsymbol{E}_5^{\mathrm{T}}\boldsymbol{L}_5=\begin{bmatrix}-1\\-2\\0\\2\\1\end{bmatrix}\times\begin{bmatrix}1 & 4 & 6 & 4 & 1\end{bmatrix}=\begin{bmatrix}-1 & -4 & -6 & -4 & -1\\-2 & -8 & -12 & -8 & -2\\0 & 0 & 0 & 0 & 0\\2 & 8 & 12 & 8 & 2\\1 & 4 & 6 & 4 & 1\end{bmatrix} \quad (11\text{-}22)$$

当使用 4 个 1D 矢量时，可得到 16 个 5×5 的 2D 模板。将这 16 个模板作用于原始图像，可得到 16 幅滤波图像。令 $F_n(i, j)$为用第 n 个模板在(i, j)位置滤波的结果，那么对应第 n 个模板的纹理能量图 $E_n(r, c)$（c 和 r 分别代表行和列）为

$$E_n(r,c)=\sum_{i=c-2}^{c+2}\sum_{j=r-2}^{r+2}\left|F_n(i,j)\right| \quad (11\text{-}23)$$

每幅纹理能量图都是完全尺寸的图像，代表用第 n 个模板得到的结果。

一旦得到 16 幅纹理能量图，就可进一步结合其中相对称的图对（将一对图用它们的均值图代替）来得到 9 幅最终图。例如，$\boldsymbol{E}_5^{\mathrm{T}}\boldsymbol{L}_5$ 测量水平边缘而 $\boldsymbol{L}_5^{\mathrm{T}}\boldsymbol{E}_5$ 测量垂直边缘，它们的平均值可测量所有边缘。这样得到的 9 幅纹理能量图分别为 $\boldsymbol{L}_5^{\mathrm{T}}\boldsymbol{E}_5/\boldsymbol{E}_5^{\mathrm{T}}\boldsymbol{L}_5$、$\boldsymbol{L}_5^{\mathrm{T}}\boldsymbol{S}_5/\boldsymbol{S}_5^{\mathrm{T}}\boldsymbol{L}_5$、$\boldsymbol{L}_5^{\mathrm{T}}\boldsymbol{R}_5/\boldsymbol{R}_5^{\mathrm{T}}\boldsymbol{L}_5$、$\boldsymbol{E}_5^{\mathrm{T}}\boldsymbol{E}_5$、$\boldsymbol{E}_5^{\mathrm{T}}\boldsymbol{S}_5/\boldsymbol{S}_5^{\mathrm{T}}\boldsymbol{E}_5$、$\boldsymbol{E}_5^{\mathrm{T}}\boldsymbol{R}_5/\boldsymbol{R}_5^{\mathrm{T}}\boldsymbol{E}_5$、$\boldsymbol{S}_5^{\mathrm{T}}\boldsymbol{S}_5$、$\boldsymbol{S}_5^{\mathrm{T}}\boldsymbol{R}_5/\boldsymbol{R}_5^{\mathrm{T}}\boldsymbol{S}_5$、$\boldsymbol{R}_5^{\mathrm{T}}\boldsymbol{R}_5$。这 9 幅纹理能量图也可看作一幅图像，其中的每个像素位置有一个含 9 个纹理属性的矢量。

11.2 纹理的结构描述

在描述纹理的**结构法**中，纹理被看作一组**纹理基元**以某种规则的或重复的关系结合的结果。这种方法试图根据一些描述几何关系的放置/排列规则来描述纹理基元。利用结构法常可获得一些与视觉感受相关的纹理特征，如粗细度、粗糙度、对比度、方向性、线状性、规则性或凹凸性等。

11.2.1 结构法基础

结构法的关键有两个，一是确定纹理基元，二是建立排列规则。为了刻画纹理，需要刻画灰度纹理基元的性质及它们之间的空间排列规则。

1. 纹理基元

图像中纹理区域的性质与构成纹理的基本单元的性质和数量都有关系。如果一个区域包含灰度几乎不变的基元，则该区域的主要属性是灰度；如果一个区域包含灰度变化很大的基元，则该区域的主要属性是纹理。这里的关键是该图像区域的尺寸、基元的种类及不同基元的数量和排列。当图像区域中不同基元的数量减少时，灰度特性将增强，事实上，如果该图像区域就是单个像素，则该区域只有灰度性质；当图像区域中不同基元的数量增加时，纹理特性将增强。当灰度的空间模式是随机的且基元的灰度变化比较大时，会得到比较粗大的纹理；当空间模式比较细小且图像区域包含更多像素时，会得到比较细小的纹理。

目前没有标准的（或者说大家公认的）纹理基元集合。一般认为**纹理基元**是由一组属性刻画的相连通的像素集合。最简单的基元就是像素，其属性就是其灰度。比它复杂一点的基元是一组具有均匀性质并且相连通的像素集合。这样一个基元可用尺寸、朝向、形状和平均值来描述。

设用 $h(x, y)$表示纹理基元，用 $r(x, y)$表示排列规则，则纹理 $t(x, y)$可表示为

$$t(x,y)=h(x,y)\otimes r(x,y) \tag{11-24}$$

其中，排列规则确定基元出现的位置，所以相当于脉冲采样函数：

$$r(x,y)=\sum\delta(x-x_m,y-y_m) \tag{11-25}$$

这里 x_m 和 y_m 是脉冲函数的位置坐标。根据卷积定理，在频域有

$$T(u,v)=H(u,v)R(u,v) \tag{11-26}$$

所以有

$$R(u,v)=\frac{T(u,v)}{H(u,v)} \tag{11-27}$$

这样，给定对纹理基元 $h(x, y)$的描述，可以推导反卷积滤波器 $H^{-1}(u, v)$。将这个滤波器作用于纹理图像，就得到纹理区域中的脉冲阵列，每个脉冲都处在纹理基元的中心位置。纹理基元描述了局部纹理特征，对整幅图像中不同纹理基元的分布进行统计，可获得图像的全局纹理信息。这里可以纹理基元标号为横轴，以它们出现的频率为纵轴，从而得到纹理图像的直方图（纹理谱）。

2. 排列规则

为使用结构法描述纹理，在获得纹理基元的基础上，还要建立它们的排列规则。如果能定义排列规则，就有可能将给定的纹理基元按照规定的方式组织成所需的纹理模式。这里的排列规则和方式可用**形式语法**来定义，与 10.6 节中对目标

关系的描述类似。

考虑设计如下 4 个重写规则（其中，t 表示纹理基元；a 表示向右移动；b 表示向下移动）：

（1）$S \rightarrow aS$（变量 S 可用 aS 替换）。

（2）$S \rightarrow bS$（变量 S 可用 bS 替换）。

（3）$S \rightarrow tS$（变量 S 可用 tS 替换）。

（4）$S \rightarrow t$（变量 S 可用 t 替换）。

则结合不同的重写规则可生成不同的 2D 纹理区域。

例如，设 t 是如图 11-3(a)所示的一个纹理基元，它也可看作直接使用规则（4）而得到的。如果依次使用规则（3）、规则（1）、规则（3）、规则（1）、规则（3）、规则（1）、规则（4），可得到 *tatatat*，即生成如图 11-3(b)所示的图案/模式；如果依次使用规则（3）、规则（1）、规则（3）、规则（2）、规则（3）、规则（1）、规则（3）、规则（1）、规则（4），可得到 *tatbtatat*，即可生成如图 11-4(c)所示的图案/模式。

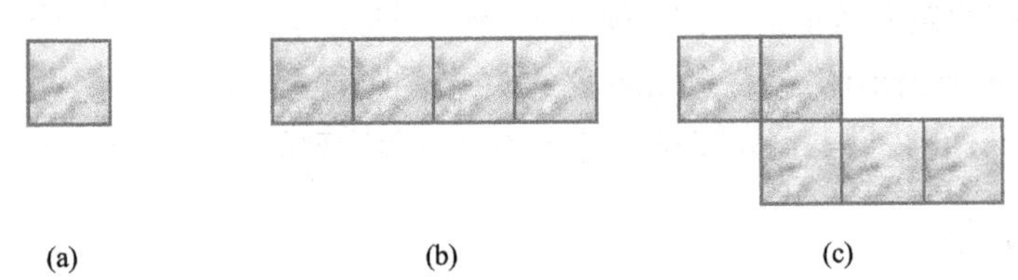

图 11-3　不同 2D 纹理模式的生成

11.2.2　纹理镶嵌

比较规则的纹理在空间中可以用有次序的形式通过**纹理镶嵌**来构建，**规则镶嵌**中最典型的镶嵌模式是正多边形镶嵌。在图 11-4 中，图 11-4(a)表示由正三角形镶嵌的模式，图 11-4(b)表示由正方形镶嵌的模式，图 11-4(c)表示由正六边形镶嵌的模式。

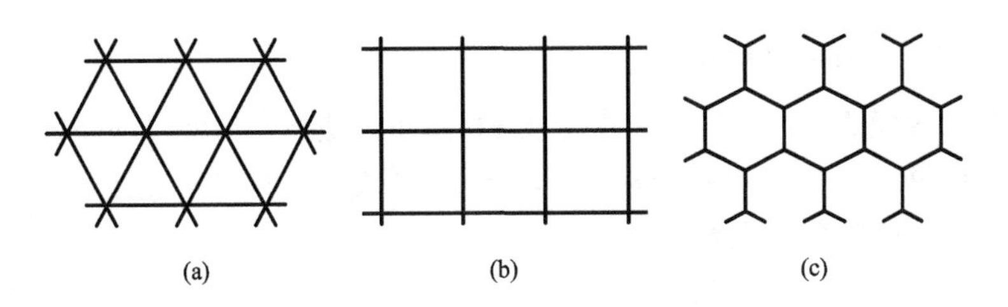

图 11-4　三种正多边形镶嵌示意

如果同时使用两种边数不同的正多边形进行镶嵌，就构成**半规则镶嵌**。四种典型的半规则镶嵌示意如图 11-5 所示。

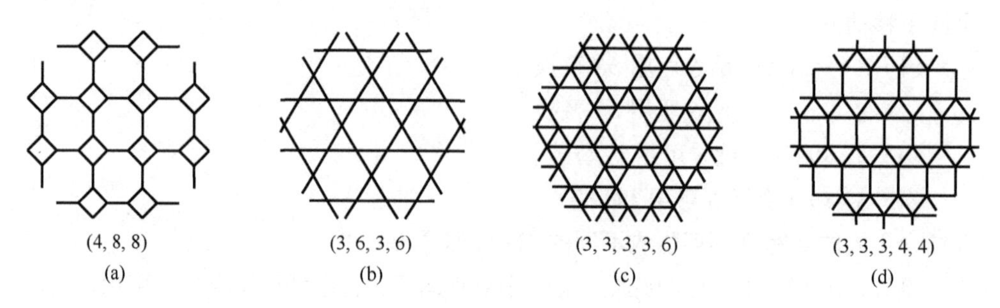

图 11-5　四种典型的半规则镶嵌示意

为描述这些镶嵌模式，可以依次列出绕顶点的多边形的边数。例如，对于如图 11-4(c)所示的模式，可表示为(6, 6, 6)，即各顶点都有 3 个六边形围绕。对于如图 11-5(c)所示的模式，各顶点都有 4 个三角形和 1 个六边形围绕，所以表示为(3, 3, 3, 3, 6)。根据起始多边形的不同，模式可循环。这里重要的是基元的排列，而不是基元本身。需要指出的是，**基元镶嵌模式**和**排列镶嵌模式**具有**对偶性**。在图 11-6 中，图 11-6(a)和图 11-6(c)分别对应基元的镶嵌和排列的镶嵌，而图 11-6(b)是它们结合的结果。

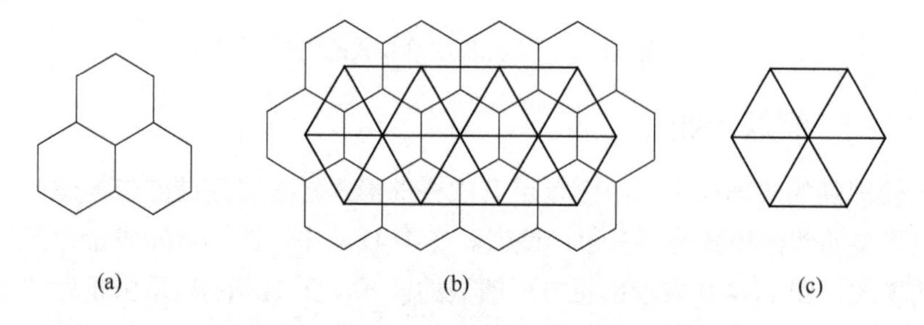

图 11-6　基元镶嵌和排列镶嵌的对偶性示意

11.2.3　局部二值模式

局部二值模式（LBP）是一种纹理分析算子，是一个借助局部邻域定义的纹理测度。LBP 属于点样本估计方式，具有尺度不变性、旋转不变性及计算复杂度低等优点。下面仅介绍基本原理。

基本 LBP 算子对一个像素 3×3 邻域中的像素按顺序**阈值化**，将结果看作一个二进制数，并将其作为中心像素的标号。在图 11-7 中，图 11-7(a)是一幅纹理图像，从中取出一个像素的 3×3 邻域，将邻域里的像素用括号内的编号表示，如图 11-7(b)所示，这些像素的灰度值表示如图 11-7(c)所示。如果用阈值 50 去阈值化邻域里的像素就得到一幅二值图，其各像素二进制的标号依次是 10111001，换成十进制是 185，如图 11-7(d)所示。由 256 个不同标号得到的直方图可进一步用作区域的纹理描述符。

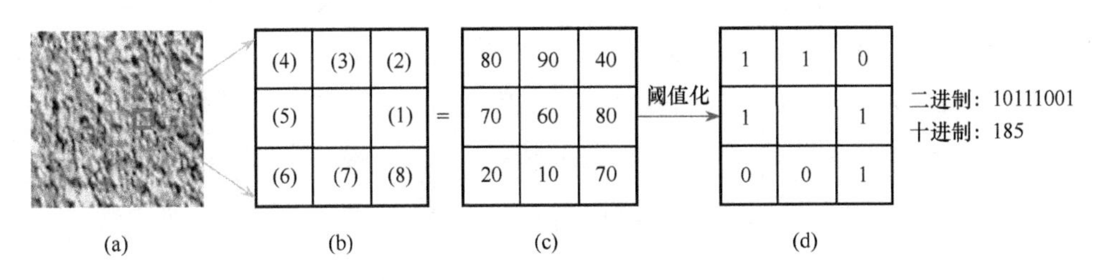

图 11-7　基本 LBP 算子示意

可以使用不同大小和形状的邻域对基本 LBP 算子进行扩展。首先，邻域可以是圆形的，对于非整数的坐标位置，可使用双线性插值来计算像素值，以消除对邻域半径和邻域内像素数量的限制。下面用(P, R)代表一个像素邻域，表示邻域中有 P 个像素，圆半径为 R。对应不同(P, R)的邻域集合如图 11-8 所示。

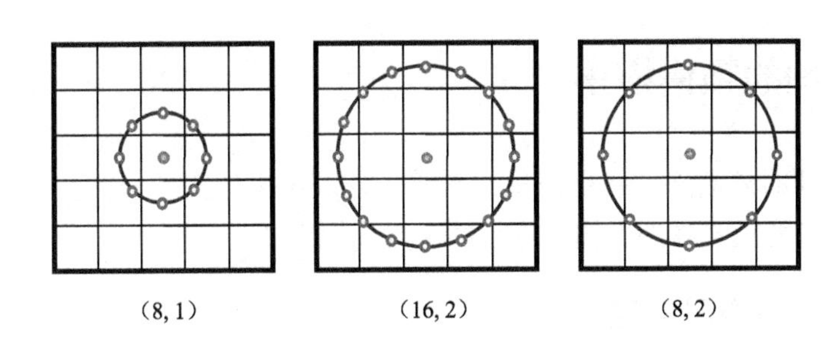

图 11-8　对应不同(P, R)的邻域集合

对基本 LBP 算子的另一种扩展是利用**均匀模式**。对一个邻域中的像素按顺序循环考虑，如果它包含最多两个从 0 到 1 或从 1 到 0 的过渡，则这个二值模式就是均匀的。例如，模式 00000000（0 个过渡）和模式 11111001（2 个过渡）都是均匀的；而模式 10111001（4 个过渡）和模式 10101010（7 个过渡）都不是均匀的，它们没有明显的纹理结构，可视为噪声。在计算 LBP 标号时，对每个均匀模式用一个单独的标号，而对所有非均匀模式共同使用另一个标号，这样可增强其抗噪能力。例如，在使用$(8, R)$邻域时，一共有 256 个模式，其中 58 个模式为均匀模式

（u），所以一共有 59 个标号。综上所述，可用 $\mathrm{LBP}^{(\mathrm{u})}{}_{P,R}$ 来表示这样具有均匀模式的 LBP 算子。

根据LBP 标号可以获得不同的局部基元，分别对应不同的局部纹理结构。借助 LBP 标号获得局部基元示例如图 11-9 所示，其中，空心圆点代表 1，实心圆点代表 0。

图 11-9　借助 LBP 标号获得局部基元示例

如果计算出用 LBP 标号标记的图像 $f_{\mathrm{L}}(x, y)$，LBP 直方图可定义为

$$H(i)=\sum_{x,y} I\{f_{\mathrm{L}}(x,y)=i\} \quad i=0,\cdots,n-1 \tag{11-28}$$

其中，n 是由 LBP 算子给出的不同标号的个数。函数 $I(z)$为

$$I(z)=\begin{cases}1, & z\text{为真}\\ 0, & z\text{为假}\end{cases} \tag{11-29}$$

11.3　纹理的频谱描述

描述纹理的**频谱法**一般用傅里叶频谱（通过傅里叶变换获得）的分布，特别是频谱中的高能量窄脉冲来描述纹理的全局周期性质。

11.3.1　傅里叶频谱

傅里叶频谱的频率特性可用来描述周期的或近似周期的 2D 图像纹理模式的方向性。具体来说，就是借助傅里叶频谱中突起的峰来确定纹理模式的主方向，而用这些峰在频域平面的位置来确定纹理模式的基本周期。

在实际的频谱特征检测中，为简便起见，可把频谱转化到极坐标系中。此时频谱可用函数 $S(r, \theta)$表示，对于每个确定的方向θ，$S(r, \theta)$是一个 1D 函数 $S_\theta(r)$；对于每个确定的频率 r，$S(r, \theta)$是一个 1D 函数 $S_r(\theta)$。对于给定的θ，分析 $S_\theta(r)$可得到频谱沿原点射出方向的行为特性；对给定的 r，分析 $S_r(\theta)$可得到频谱在以原点为中心的圆上的行为特性。进一步把这些函数对下标求和，可得到更具全局性的描述，即

$$S(r)=\sum_{\theta=0}^{\pi}S_{\theta}(r) \tag{11-30}$$

$$S(\theta)=\sum_{r=1}^{R}S_{r}(\theta) \tag{11-31}$$

在式（11-30）和式（11-31）中，R 是以原点为中心的圆的半径。$S(r)$和 $S(\theta)$构成对整个图像或图像区域纹理频谱能量的描述，其中 $S(r)$也称为环特征（对θ的求和路线是环状的），$S(\theta)$也称为楔特征（对 r 的求和路线是楔状的）。纹理和频谱的对应示意如图 11-10 所示，图 11-10(a)和图 11-10(b)分别给出 2 个纹理区域和它们的频谱示意，通过比较 2 条频谱曲线可看出 2 种纹理的朝向区别，另外还可利用频谱曲线获得最大值的位置等。

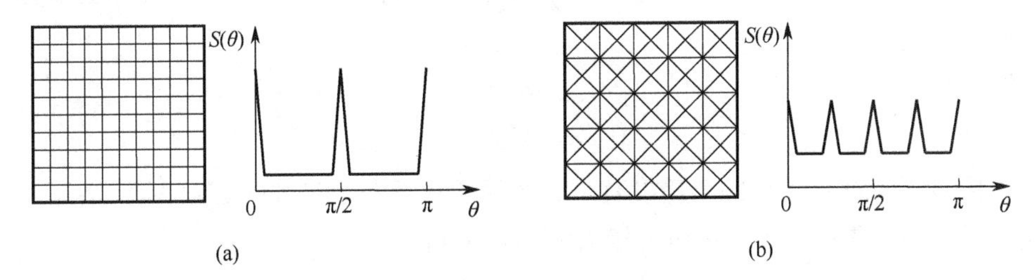

图 11-10　纹理和频谱的对应示意

如果纹理具有空间周期性或具有确定的方向性，则能量谱在对应的频率处会有峰。以这些峰为基础可组建模式识别所需的特征。确定特征的一种方法是将傅里叶空间分块，再分块计算能量。常用的分块形式有两种，即夹角型和放射型。前者对应楔状滤波器或扇形滤波器，后者对应环状滤波器或环形滤波器，分别如图 11-11(a)和图 11-11(b)所示。

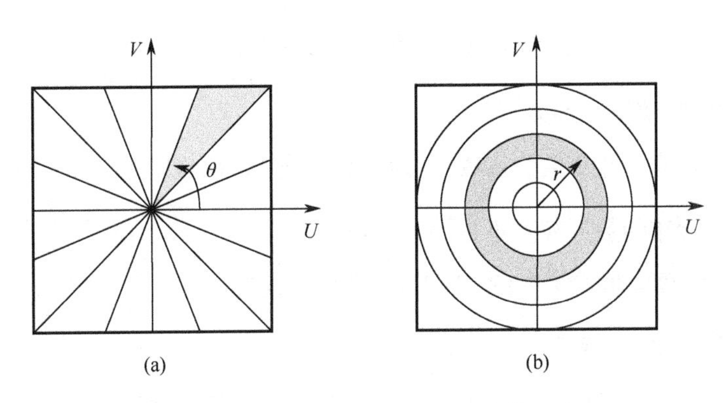

图 11-11　对傅里叶空间的两种分块形式

夹角朝向特征可定义为（$|F|^2$是傅里叶功率谱）

$$A(\theta_1,\theta_2)=\sum\sum|F|^2(u,v) \tag{11-32}$$

其中，求和限为

$$\begin{gathered}\theta_1 \leqslant \arctan\frac{v}{u}<\theta_2 \\ 0<u,v\leqslant N-1\end{gathered} \tag{11-33}$$

夹角朝向的特征表达了能量谱对纹理方向的敏感度。如果纹理在一个给定方向θ上包含许多直线或边缘，$|F|^2$的值将会在频率空间中沿$\theta+\pi/2$的方向聚集。

放射型特征可定义为

$$R(r_1,r_2)=\sum\sum|F|^2(u,v) \tag{11-34}$$

其中，求和限为

$$\begin{gathered}r_1^2 \leqslant u^2+v^2<r_2^2 \\ 0<u,v\leqslant N-1\end{gathered} \tag{11-35}$$

放射型特征与纹理的粗糙度有关。光滑的纹理在小半径时有较大的 $R(r_1, r_2)$值，而粗糙的纹理在大半径时有较大的$R(r_1, r_2)$值。

11.3.2 贝塞尔-傅里叶频谱

贝塞尔-傅里叶频谱将贝塞尔函数与傅里叶频谱相结合，具有如下形式：

$$G(R,\theta)=\sum_{m=0}^{\infty}\sum_{n=0}^{\infty}\left[A_{m,n}\cos(m\theta)+B_{m,n}\sin(m\theta)\right]J_m Z_{m,n}\frac{R}{R_v} \tag{11-36}$$

在式（11-36）中，$G(R, \theta)$是灰度函数（θ为角度），$A_{m,n}$、$B_{m,n}$是贝塞尔-傅里叶系数，J_m是第一类第 m 阶贝塞尔函数，$Z_{m,n}$是贝塞尔函数的零根，R_v是视场的半径。

利用这种方法可得到以下几种重要的纹理特征。

1. 贝塞尔-傅里叶系数

即贝塞尔-傅里叶变换的系数 $A_{m,n}$和 $B_{m,n}$，见式（11-36）。

2. 灰度分布函数（灰度直方图）的矩

即贝塞尔-傅里叶频谱 $G(R, \theta)$的直方图的各阶矩。

3. 部分旋转对称系数

纹理是由离散的灰度构成的。一个 R-重（R-fold）对称的操作可以通过比较

$G(R, \theta)$的灰度与 $G(R, \theta+\Delta\theta)$的灰度来完成，由此可得到纹理的部分旋转对称系数：

$$C_R = \frac{\sum_{m=0}^{\infty}\sum_{n=0}^{\infty} H_{m,n} R^2 \cos(2\pi m / R) J_m^2 Z_{m,n}}{\sum_{m=0}^{\infty}\sum_{n=0}^{\infty} H_{m,n} R^2 J_m^2 Z_{m,n}} \tag{11-37}$$

其中，$R = 1, 2, \cdots$，$H_{m,n}R^2 = A_{m,n}R^2 + B_{m,n}R^2$。

4．部分平移对称系数

当将灰度沿半径进行对比（如将 $G(R, \theta)$与 $G(R + \Delta R, \theta)$进行对比）时，可发现部分平移对称性质。纹理的部分平移对称系数可定义为

$$C_T = \frac{\sum_{m=0}^{\infty}\sum_{n=0}^{\infty}\left[H_{m,n}^2 J_m^2 Z_{m,n} - \left(A_{m,n}A_{m-1,n} + B_{m,n}B_{m-1,n} \right) J_m^2 Z_{m,n} \frac{\Delta R}{2R_v} \right]}{2\sum_{m=0}^{\infty}\sum_{n=0}^{\infty} H_{m,n}^2 J_m^2 Z_{m,n}} \tag{11-38}$$

其中，$0 < C_T < 1$。

5．粗糙度

粗糙度可以定义为围绕一个像素(x, y)的 4 个邻域像素间的灰度差。分析表明，粗糙度与部分旋转对称系数和部分平移对称系数的关系为

$$F_{\text{crs}} = 4 - 2(C_R + C_T) \tag{11-39}$$

6．对比度

当一些变量的值分布在这些值的均值附近时，称这种分布有较大的峰态。**对比度**可借助峰态σ^4（方差的平方）定义为

$$F_{\text{con}} = \frac{\mu_4}{\sigma^4} \tag{11-40}$$

其中，μ_4是灰度分布模式关于均值的 4 阶矩。

7．不平整度

不平整度与粗糙度和对比度的关系为

$$F_{\text{rou}} = F_{\text{crs}} + F_{\text{con}} \tag{11-41}$$

8．规则性

规则性是纹理元素在图像中变化（平移和旋转）的函数，可定义为

$$F_{\text{reg}} = \sum_{r=1}^{m} C_R + \sum_{t=1}^{n} C_T \tag{11-42}$$

一幅具有高度旋转对称和高度平移对称特点的图像具有很大的规则性。

11.4 各节要点和进一步参考

以下指出各节的一些要点，并介绍一些可以进一步查阅的参考文献。

1. 纹理的统计描述

统计法是描述纹理的重要方法。由于纹理尺度（尺寸、周期和形态）的不同，不同图像的灰度共生矩阵可能有很大的差别，所以在利用统计法描述纹理时常借助区域灰度的共生矩阵来进行。在共生矩阵的基础上可定义许多纹理描述符，11.1 节介绍的 14 种基于区域灰度共生矩阵定义的纹理描述符可参见文献[1]。基于区域灰度-梯度共生矩阵定义的纹理描述符可参见文献[2]。另外，基于统计方法得到的随机过程的参数也能产生纹理图像，可参见文献[3]。

2. 纹理的结构描述

在纹理的结构描述中，纹理被看作一组纹理基元以某种规则的或重复的关系结合的结果，可参见文献[4]。或者说，结构法试图根据一些描述几何关系的放置/排列规则来描述纹理基元，可参见文献[3]。所以纹理的结构描述方法对比较规则的纹理最为适用，这里的规则既指纹理基元比较一致，也指排列比较有序。将 LBP 的基本形式扩展到时空表达中，可得到立体 LBP 算子，还可以进行动态纹理分析，可参见文献[5]。为解决 LBP 对噪声干扰较敏感的问题，提出局部三值模式（LTP）以提高鲁棒性，可参见文献[6]。另外，分形对应在不同尺度上的规则性，利用分形模型也可对纹理进行较好的描述，可参见文献[5]和文献[7]。

3. 纹理的频谱描述

频谱描述除了利用傅里叶频谱和贝塞尔-傅里叶频谱，还可以利用盖伯频谱，可参见文献[5]，有关盖伯频谱的示例还可参见文献[8]。国际标准 MPEG-7 推荐了 3 种纹理描述符，除边缘直方图外，同质纹理描述符和纹理浏览描述符也都是基于频域性质的，可参见文献[9]，对这 3 种纹理描述符的比较可参见文献[10]。利用变换域系数描述纹理特性以进行图像检索的示例可参见文献[11]。

第 12 章 形状描述

形状是图像分析中的常用概念。人在观察场景中一个感兴趣的目标物体时，常能很快地发现它与周围环境的分界线，进而组成该物体的轮廓，并根据经验描述出它的外形。这里要利用经验是因为描述形状常采用与已知形状对比的方式，即形状描述主要采用的是相对方法。

《现代汉语词典》中对形状词条的解释是“物体或图形由外部的面或线条组合而呈现的外表。”一个目标的形状可定义为该目标边界上的点所组成的模式。对形状定量描述的主要困难是缺少对形状精确、统一的定义，所以常用不同的理论技术或描述符来描述一个形状的性质。本章将主要讨论两种重要的形状性质：紧凑性和复杂性/复杂度（也可分别称为伸长性/伸长度和不规则性）。为描述这两种性质，人们已经设计了多种描述符。另外，本章还介绍了基于离散曲率的描述符和基于拓扑学的物体形状描述方法。

本章各节安排如下。

12.1 节介绍形状的紧凑性描述方法，主要介绍外观比、形状因子、偏心率、球状性和圆形性这 5 个形状描述符，并比较了它们的特点。

12.2 节介绍形状的复杂性描述方法。除了给出一些形状复杂性的简单描述符，还讨论借助对图像进行模糊来描述形状复杂性的技术和基于饱和度的描述符。

12.3 节讨论离散曲率的计算和基于曲率的形状描述符。

12.4 节介绍拓扑结构描述方法和一个重要的描述参数（欧拉数），以及另外两个衍生描述参数（交叉数和连接数）。

12.1 形状紧凑性描述符

紧凑性是一个重要的形状性质，它与形状的**伸长度**有密切的联系。现在已有许多不同的描述符被用来描述目标区域的紧凑性（有些还能描述区域的其他性质），这些描述符基本都对应目标的几何参数，所以均与尺度有关（与拓扑参数不同）。

一个目标区域的紧凑性既可以直接计算，也可以通过将该目标区域与具有典型/理想形状（如圆和矩形）的区域进行比较来间接地描述。

12.1.1 外观比

外观比 R 常用来描述目标在发生塑性形变后的形状（细长程度），可定义为

$$R = \frac{L}{W} \tag{12-1}$$

其中，L 和 W 分别是目标围盒的长和宽，也有人使用目标外接盒的长和宽（见 9.5 节）。对于方形或圆形目标，R 值取到最小（值为 1）；对于比较细长的目标，R 的值大于 1 并随细长程度的增大而增加。

12.1.2 形状因子

形状因子 F 是根据区域的周长（B）和区域的面积（A）计算而来的：

$$F = \frac{B^2}{4\pi A} \tag{12-2}$$

由式（12-2）可见，当一个连续区域为圆形时，F 为 1，而当区域为其他形状时，F 大于 1，即 F 的值在区域为圆时达到最小。已证明对数字图像来说，如果轮廓长度是按 4-连通计算的，则对于正八边形区域，F 取最小值；如果轮廓长度是按 8-连通计算的，则对于正菱形区域，F 取最小值。

❑ 例 12-1 形状因子计算示例

在计算离散目标的形状因子时，需要考虑所用的距离定义。图 12-1 给出一个圆目标，它的 8-连通轮廓近似为一个八边形，如图 12-1(a)所示；它的 4-连通轮廓也近似为一个八边形，但 4 条斜边均为折线段，如图 12-1(b)所示。对图 12-1(a)按 8-连通计算，形状因子：

$$F = \frac{(8+12\sqrt{2})^2}{4\pi \times 46} \approx 1.0787$$

对图 12-1(b)按 4-连通计算，形状因子：

$$F = \frac{32^2}{4\pi \times 52} \approx 1.5671$$

虽然从对圆形目标轮廓的近似上来说，图 12-1(a)的轮廓比图 12-1(b)的轮廓要差一些，但由形状因子的数值来看，图 12-1(a)的轮廓比图 12-1(b)的轮廓更接近圆形。

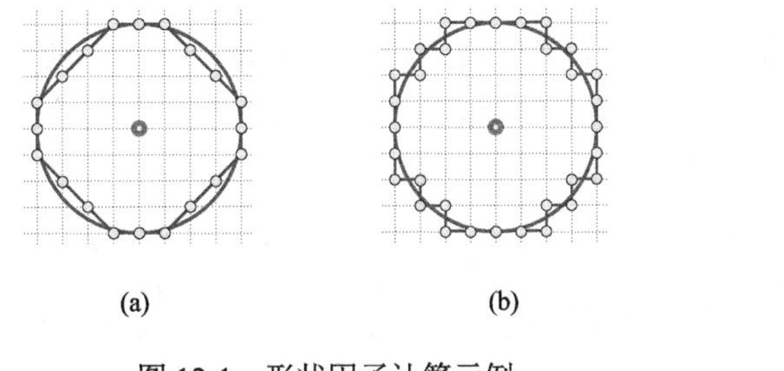

图 12-1　形状因子计算示例 ❑

形状因子在一定程度上描述了区域的紧凑性，它没有量纲，所以对区域尺度的变化不太敏感。除了离散区域旋转带来的误差，形状因子对区域旋转也不太敏感。

❑　例 12-2　形状因子和区域形状

区域的形状和形状因子有一定的联系，但不是一一对应的。在一些情况下，仅靠形状因子 F 并不能把不同形状的区域区分开。如图 12-2 所示，图中 4 个区域各包括 5 个像素，所以面积相同。它们的 4-连通轮廓长度也相同，均为 12，因而它们具有相同的形状因子（$7.2/\pi$），但从图中可直观看出它们的形状明显不同。

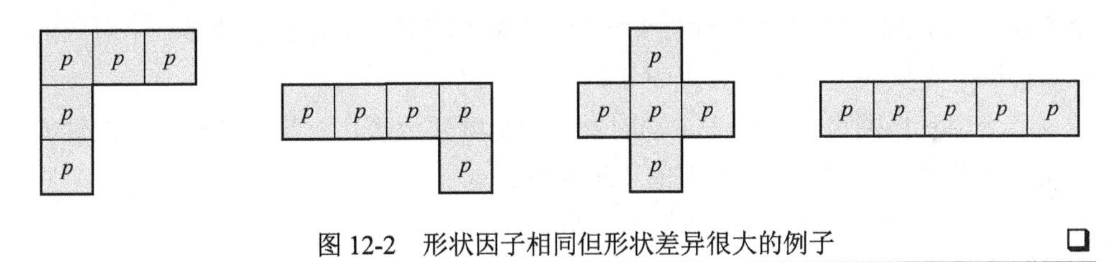

图 12-2　形状因子相同但形状差异很大的例子 ❑

12.1.3　偏心率

偏心率 E 也称为**伸长度**，在一定程度上描述了区域的**紧凑性**。偏心率 E 有多种计算方法。一种常用且简单的方法是计算区域的长轴（直径）长度与短轴长度的比值，不过这样计算得到的结果受物体形状和噪声的影响比较大。较好的方法是利用整个区域的所有像素，抗干扰（如噪声）的能力会较强。下面介绍一种由转动惯量推导而来的偏心率计算方法。

刚体动力学告诉我们，一个刚体在转动时的惯性可用其转动惯量来量度。设一个刚体具有 N 个质点，它们的质量 $m_i=m_1,m_2,\cdots,m_N$，坐标分别为(x_1, y_1, z_1)、(x_2, y_2, z_2)、…、(x_N, y_N, z_N)，那么这个刚体绕某一根轴线 L 的转动惯量 I 可表示为

$$I=\sum_{i=1}^{N}m_i d_i^2 \tag{12-3}$$

其中，d_i表示质点m_i与旋转轴线L的垂直距离。如果L通过坐标系原点，并且其方向余弦为α、β、γ，那么可把式（12-3）写成

$$I = A\alpha^2 + B\beta^2 + C\gamma^2 - 2F\beta\gamma - 2G\gamma\alpha - 2H\alpha\beta \tag{12-4}$$

其中，$A=\sum m_i(y_i^2+z_i^2)$，$B=\sum m_i(z_i^2+x_i^2)$，$C=\sum m_i(x_i^2+y_i^2)$，分别是刚体绕X轴、Y轴、Z轴的转动惯量；$F=\sum m_i y_i z_i$，$G=\sum m_i z_i x_i$，$H=\sum m_i x_i y_i$，为惯性积。

可用一种简单的几何方式来解释式（12-4）。

$$I = Ax^2 + By^2 + Cz^2 - 2Fyz - 2Gzx - 2Hxy \tag{12-5}$$

式（12-5）表示一个中心在坐标系原点的二阶曲面（锥面）。如果用$\boldsymbol{r}$表示从原点到该曲面的矢量，该矢量的方向余弦为α、β、γ，则将式（12-4）代入式（12-5）可得

$$r^2\left(A\alpha^2 + B\beta^2 + C\gamma^2 - 2F\beta\gamma - 2G\gamma\alpha - 2H\alpha\beta\right) = r^2 I = 1 \tag{12-6}$$

由$r^2 I = 1$可知，因为I总大于0，所以r必为有限值，即曲面是封闭的。考虑到这是一个二阶曲面，所以必是一个椭圆球，称为惯量椭球，它有三个互相垂直的主轴。对于匀质的惯量椭球，任意两个主轴共面的剖面是一个椭圆，称为**惯量椭圆**。一幅2D图像中的目标可看作一个面状均匀刚体，可如上计算一个对应的惯量椭圆，它反映了目标上各点的分布情况。

一个惯量椭圆可由其两个主轴的方向和长度完全确定。惯量椭圆两个主轴的方向可借助线性代数中求特征值的方法求得。

设两个主轴的斜率分别是k和l，则有

$$k = \frac{1}{H}\left[(A-B) - \sqrt{(A-B)^2 + 4H^2}\right] \tag{12-7}$$

$$l = \frac{1}{H}\left[(A-B) + \sqrt{(A-B)^2 + 4H^2}\right] \tag{12-8}$$

进一步可解得惯量椭圆的两个半主轴长度（p和q）分别为

$$p = \sqrt{\frac{2}{(A+B) - \sqrt{(A-B)^2 + 4H^2}}} \tag{12-9}$$

$$q = \sqrt{\frac{2}{(A+B) + \sqrt{(A-B)^2 + 4H^2}}} \tag{12-10}$$

目标区域的偏心率可由p和q的比值得到：

$$E = \frac{p}{q} \tag{12-11}$$

容易看出，这样定义的偏心率不受平移、旋转和尺度变换的影响。它本身是在 3D 空间中推导出来的，所以也可描述 3D 图像中的目标。另外，式（12-7）和式（12-8）还能给出对目标区域朝向的描述。

❑ 例 12-3 将椭圆匹配法用于几何校正

利用对惯量椭圆的计算可进一步构造等效椭圆，借助等效椭圆之间的匹配，可以获得对两个图像区域之间的几何失真进行校正所需的几何变换，如图 12-3 所示。

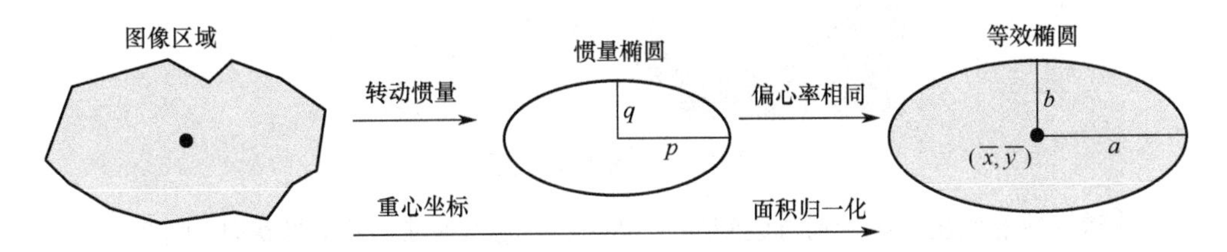

图 12-3 利用惯量椭圆构造等效椭圆

首先计算图像区域的转动惯量，得到惯量椭圆的两个半轴长。然后由两个半轴长得到惯量椭圆的偏心率，基于这个偏心率值（取 $p/q = a/b$），借助区域面积对轴长进行归一化就可得到等效椭圆。在归一化中，设图像区域面积为 M，则等效椭圆长半轴［设在式（12-4）中 $A < B$］a 为

$$a = \sqrt{\frac{2\left[(A+B) - \sqrt{(A-B)^2 + 4H^2}\right]}{M}} \tag{12-12}$$

等效椭圆的中心坐标可借助图像区域的重心确定，等效椭圆的朝向与惯量椭圆的朝向相同。这里，椭圆的朝向可借助朝向角计算，椭圆的朝向角定义为其主轴与 X 轴正向的夹角。等效椭圆的朝向角ϕ可借助惯量椭圆两个主轴的斜率来确定：

$$\phi = \begin{cases} \arctan k, & A < B \\ \arctan l, & A > B \end{cases} \tag{12-13}$$

在进行几何校正时，先分别求出失真图和校正图的等效椭圆，再根据两个等效椭圆的中心坐标、朝向角和长半轴的长度分别获得所需的平移、旋转和尺度变换这三种基本变换的参数。❑

12.1.4 球状性

球状性 S 是一种描述 2D 目标形状的参数，定义为

$$S = \frac{r_i}{r_c} \tag{12-14}$$

其中，r_i代表区域内切圆的半径；r_c代表区域外接圆的半径。这两个圆的圆心可以都在区域的重心上，如图 12-4 所示。

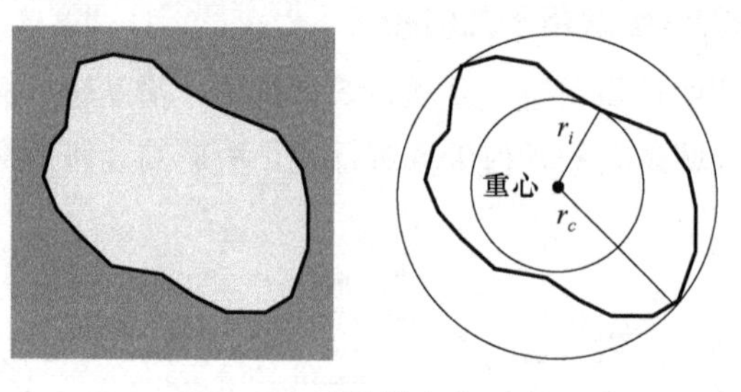

图 12-4　球状性定义示意

球状性的值在区域为圆时达到最大（$S=1$），而当区域为其他形状时，则有 $S<1$。它不受区域平移、旋转和尺度变换的影响。

12.1.5　圆形性

与已介绍的几个参数不同，描述符**圆形性** C 是一个用区域 R 的所有轮廓点定义的特征量：

$$C = \frac{\mu_R}{\sigma_R} \tag{12-15}$$

其中，μ_R 为区域重心到轮廓点的平均距离；σ_R 为区域重心到轮廓点的距离的均方差：

$$\mu_R = \frac{1}{k}\sum_{k=0}^{K-1}\left\|(x_k, y_k) - (\overline{x}, \overline{y})\right\| \tag{12-16}$$

$$\sigma_R^2 = \frac{1}{k}\sum_{k=0}^{K-1}\left[\left\|(x_k, y_k) - (\overline{x}, \overline{y})\right\| - \mu_R\right]^2 \tag{12-17}$$

圆形性在区域 R 趋向圆形时是单增趋向无穷的，不受区域平移、旋转和尺度变换的影响。

12.1.6　描述符比较

下面用两个例子给出前述各形状紧凑性描述符之间的联系。

❑　例 12-4　一些特殊形状物体的形状紧凑性描述符

一些特殊形状物体的形状紧凑性描述符如表 12-1 所示。

表 12-1　一些特殊形状物体的形状紧凑性描述符

物　体	R	F	E	S	C
正方形（边长为 1）	1	4/π（约 1.273）	1	$\sqrt{2}/2$（约 0.707）	9.102
正六边形（边长为 1）	1.154	1.103	1.010	0.866	22.613
正八边形（边长为 1）	1	1.055	1	0.924	41.616
长为 2、宽为 1 的长方形	2	1.432	2	0.447	3.965
长轴为 2、短轴为 1 的椭圆	2	1.190	2	0.500	4.412

由表 12-1 可见，不同形状紧凑性描述符对不同物体的区别能力是各有特点的。❑

❑　例 12-5　描述符的数字化计算

目前已有的对各种形状紧凑性描述符的讨论基本上是基于连续空间考虑的。在图 12-5 中，给出针对一个离散的正方形计算各形状紧凑性描述符的结果，其中图 12-5(a)和图 12-5(b)分别对应计算形状因子中的 B 和 A，图 12-5(c)和图 12-5(d)分别对应计算球状性中的 r_i 和 r_c，图 12-5(e)对应计算圆形性中的μ_R，图 12-5(f)、图 12-5(g)和图 12-5(h)分别对应计算偏心率中的 A、B、H。

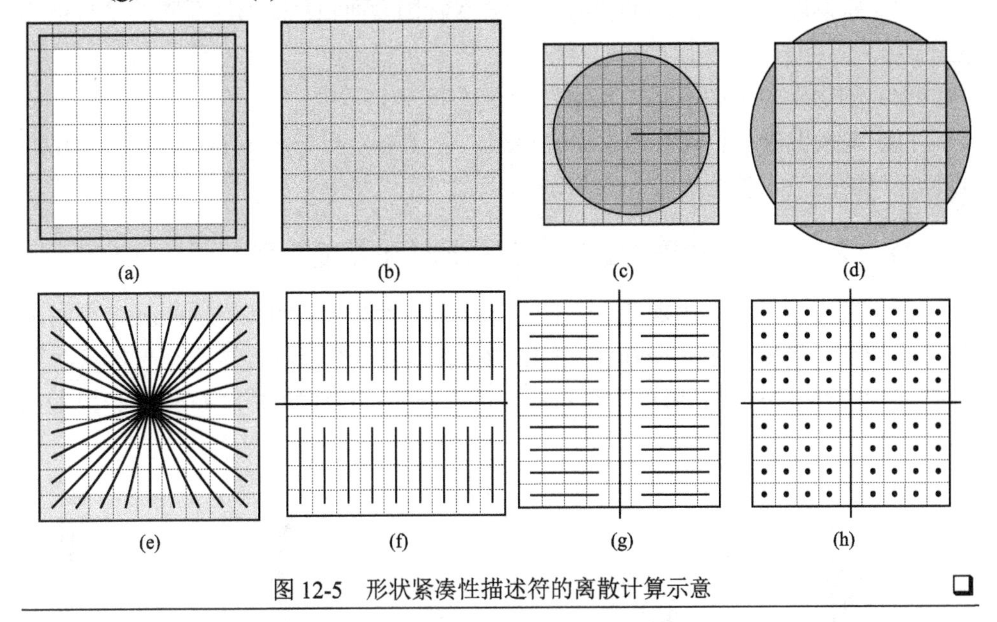

图 12-5　形状紧凑性描述符的离散计算示意　❑

12.2　形状复杂性描述符

复杂性（复杂度）也是一个重要的形状性质。在很多实际应用中，需要根据目标的复杂程度对目标进行分类。例如，在神经元的形态分类中，其枝状树的复杂程度具有重要作用。形状的复杂性有时很难直接定义，所以需要把它与形状的其他性质（特别是几何性质）相联系。例如，有一个常用的概念——**空间覆盖度**，它与对空间的填充能力密切相关。**空间填充能力**表示生物体填满周围空间的能力，定义了目标与周围背景的交面。一个细菌的形状越复杂，即空间覆盖度越高，那么它就越容易发现食物。又如，一棵树的树根所能吸取的水分是与它对周围土地的空间覆盖度成比例的。

12.2.1 形状复杂性的简单描述符

需要指出的是，尽管形状复杂性的概念已被大众熟知，但目前还没有对它的精确定义。人们常用各种目标形状的测度来描述复杂性，下面给出一些例子（其中 B 和 A 分别代表目标区域的周长和面积）。

（1）**细度比例**：式（12-2）给出的形状因子的倒数，即 $4\pi A/B^2$。

（2）**面积周长比**：A/B。

（3）**矩形度**：A/A_{MER}，其中 A_{MER} 代表目标围盒面积；矩形度反映的是目标的凹凸性。

（4）**到边界的平均距离**：A/μ_R^2，参见式（12-16）。

（5）**轮廓温度**：根据热力学原理得来，定义为 $T = \log_2[2B/(B-H)]$，其中 H 为目标区域的**凸包**（参见 9.5 节）的周长。

12.2.2 利用模糊图的直方图分析描述形状复杂度

由于直方图没有利用像素的空间分布信息，所以一般的直方图测度并不能用作形状特征。例如，图 12-6(a)和图 12-6(b)各包含一个目标，这两个目标形状不同但尺寸（面积）一样，所以二者有相同的直方图，分别如图 12-6(c)和图 12-6(d)所示。

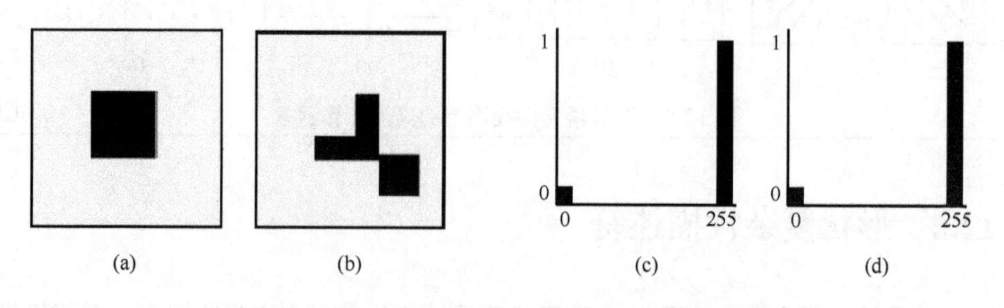

图 12-6　两幅包含不同形状目标的图像及其直方图

现在用平均滤波器对图 12-6(a)和图 12-6(b)进行平滑，结果分别如图 12-7(a)和图 12-7(b)所示。由于原来两图中的目标形状不同，因此平滑后的图像的直方图就不一样了，分别如图 12-7(c)和图 12-7(d)所示。进一步，可从平滑后的图像的直方图中提取信息来定义形状特征。

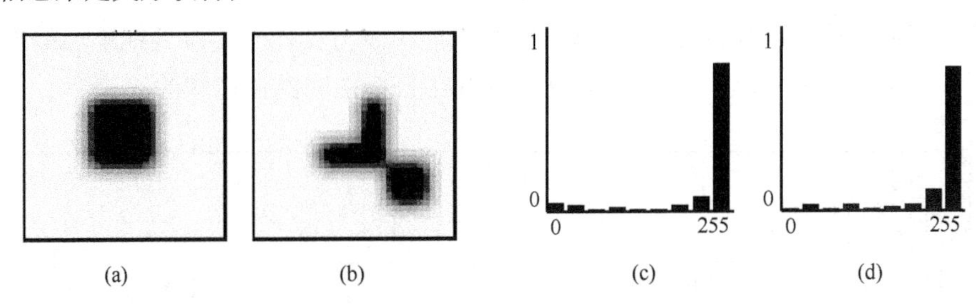

图 12-7　平滑后的包含不同形状目标的两幅图和它们的直方图

12.2.3　饱和度

目标的紧凑性和复杂性之间有一定的关系，分布比较紧凑的目标通常有比较简单的形状。

例如，饱和度在一定意义上反映了目标的紧凑性，它考虑的是目标在其**围盒**中的充满程度。具体可用属于目标的像素数与整个围盒所包含的像素数之比来计算。用于讨论目标饱和度的两个目标及其围盒如图 12-8 所示，图中标出了两个目标的所有像素。两个目标的围盒相同，但图 12-8(b)中的目标中间有个洞。两图的饱和度分别为 81/140 ≈ 57.9%和 63/140 = 45%。比较饱和度可知，图 12-8(a)中目标的像素分布比图 12-8(b)中目标的像素分布更集中，或者说分布密度更大。如果对比这两个目标，图 12-8(b)中的目标也给人形状更为复杂的感觉。

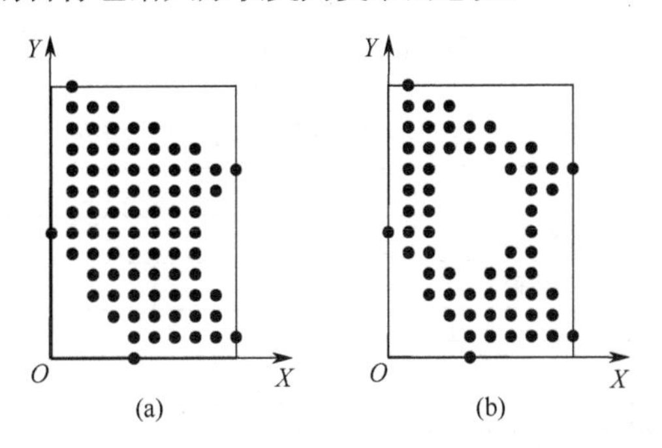

图 12-8　用于讨论目标饱和度的两个目标及其围盒

上述对饱和度的统计类似于对直方图的统计，没有反映空间分布信息，所以并没有提供一般意义上的形状信息。为此，可考虑计算目标的投影直方图。这里 X 坐标直方图通过按列统计目标像素的个数得到，而 Y 坐标直方图通过按行统计目标像素的个数得到。对图 12-8(a)统计得到的 X 坐标直方图和 Y 坐标直方图如图 12-9(a)所示，对图 12-8(b)统计得到的 X 坐标直方图和 Y 坐标直方图如图 12-9(b)所示。其中，图 12-9(b)的 X 坐标直方图和 Y 坐标直方图均不是单调或单峰的直方图，中部均有明显的谷，这都是由图 12-8(b)中目标中间的洞造成的。

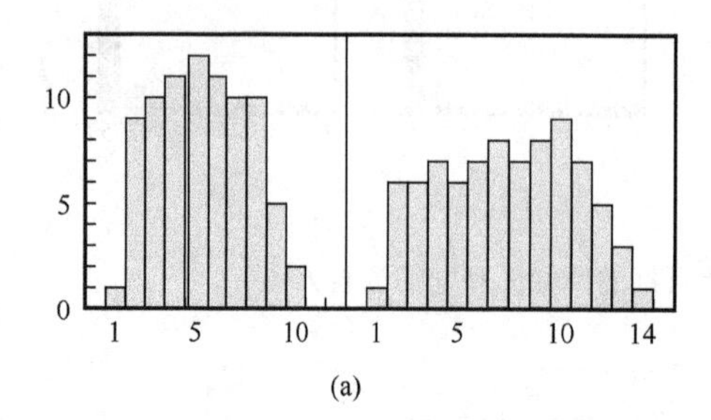

(a)

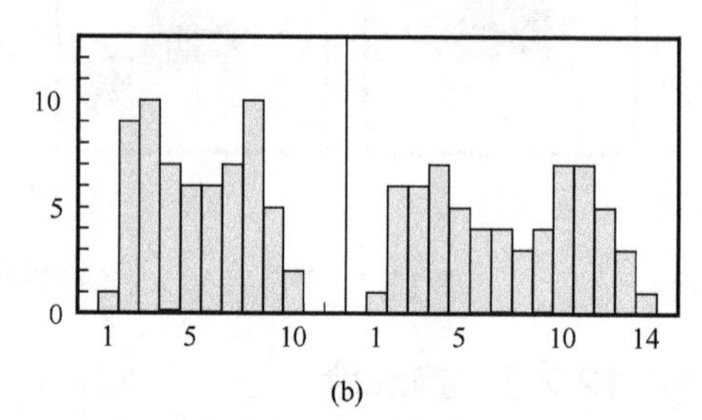

(b)

图 12-9　目标的 X 坐标直方图和 Y 坐标直方图

12.3　基于离散曲率的描述符

曲率描述了边界上各点沿边界方向变化的情况（参见 10.1 节），可以看作能从轮廓中提取出来的一种重要的基本特征。研究曲率有很强的生物学背景和动力，人类视觉系统常将曲率作为观察物体的重要线索。

12.3.1　曲率与几何特征

借助**曲率**可以刻画许多几何特征，如表 12-2 所示。

表 12-2　部分可用曲率刻画的几何特征

曲　率	几何特征
连续零曲率	直线段
连续非零曲率	圆弧段
局部最大曲率绝对值	角点
局部最大曲率正值	凸角点
局部最大曲率负值	凹角点
曲率过零点	拐点
大的曲率平均绝对值或平方值	形状复杂性

12.3.2　离散曲率

在离散空间中，曲率常指离散目标中沿由离散点序列组成的轮廓的方向变化，所以，需要先定义离散点序列的顺序，再确定**离散曲率**。

下面给出一个正式的离散曲率的定义。给定一个离散点集合 $P = \{p_i,\ i=0,\cdots,n\}$，它定义了一条**数字曲线**（一个有序离散点序列，其中除曲线的两个**端点**像素各自只有一个近邻像素外，每个像素都恰好有两个近邻像素），点 p_i 处的 k 阶曲率：$\rho_k(p_i) = |1 - \cos\theta_k^i|$，其中 $\theta_k^i = \text{angle}(p_{i-k}, p_i, p_{i+k})$，是两条线段$[p_{i-k}, p_i]$和$[p_i, p_{i+k}]$的夹角，而阶数 $k \in \{i,\cdots,n-i\}$。图 12-10 反映了对数字曲线 $P_{pq} = \{p_i,\ i=0,\cdots,17\}$ 在点 p_{10} 处计算 3 阶离散曲率$\rho_3(p_{10})$的情况。

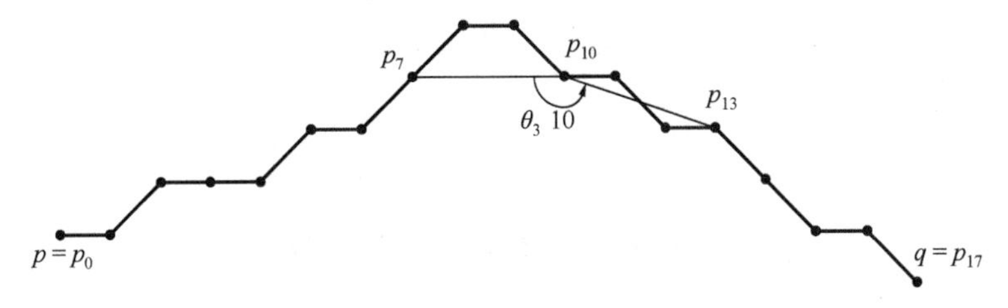

图 12-10　离散曲率的计算示例

引入阶数（Order）k 是为了减少边界方向局部变化对曲率的影响。比较高阶的离散曲率能较准确地逼近由离散点序列确定的整体曲率。对图 12-10 中的曲线计算不同阶（$k = 1,\cdots, 6$）曲率，结果如图 12-11 所示。很明显，1 阶曲率只考虑了很局部的变化，所以不是对离散曲率的准确表达。随着阶数的增加，计算得到的曲率逐渐反映了曲线的整体情况。图中的峰（在点 p_8 或 p_9 处）对应边界上全局方向发生较大改变的地方。

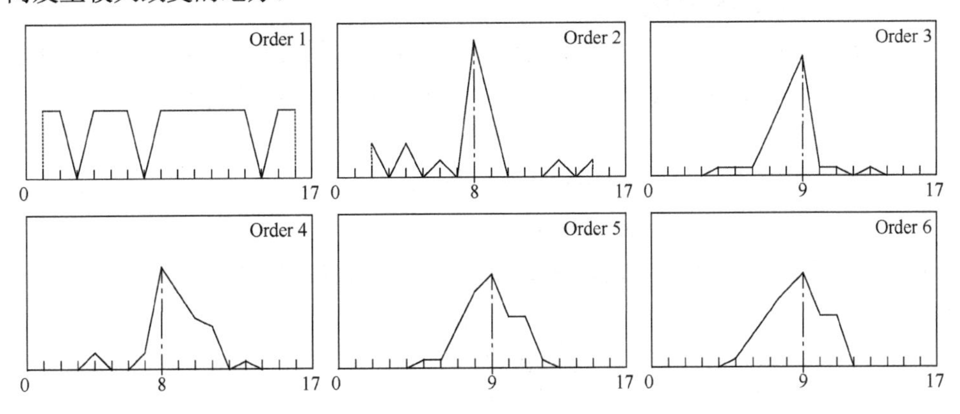

图 12-11　由图 12-10 中曲线得到的各阶曲率

12.3.3 离散曲率的计算

对于一个参数曲线 $c(t) = [x(t), y(t)]$，它的曲率函数 $k(t)$定义为

$$k(t) = \frac{x'(t)y''(t) - x''(t)y'(t)}{\left[x'(t)^2 + y'(t)^2\right]^{\frac{3}{2}}} \tag{12-18}$$

对高阶导数的计算在离散空间中可采用不同的方法。

（1）先对 $x(t)$和 $y(t)$进行采样，再求导数。

设需要计算点 $c(n_0)$的曲率，先在点 $c(n_0)$两边获取一定数量的采样点，如图 12-12 所示。

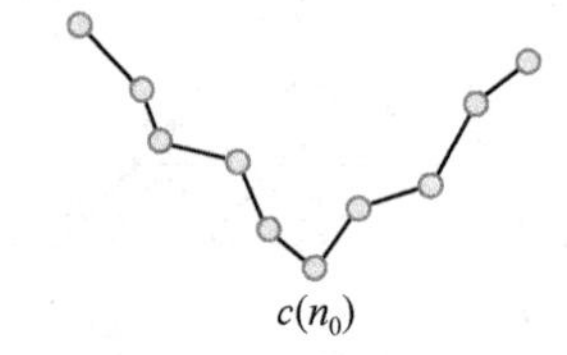

图 12-12　基于插值的曲率计算示意

然后，可利用这些采样点用不同的方法计算曲率。最简单的方法是使用有限差分来计算，先计算一阶导数和二阶导数：

$$\begin{cases} x'(n) = x(n) - x(n-1) \\ y'(n) = y(n) - y(n-1) \end{cases} \tag{12-19}$$

$$\begin{cases} x''(n) = x'(n) - x'(n-1) \\ y''(n) = y'(n) - y'(n-1) \end{cases} \tag{12-20}$$

将式（12-19）和式（12-20）的结果代入式（12-18）就可算得曲率。这种方法实现简单，但对噪声很敏感。

为降低噪声影响，可用 B 样条逼近上述采样点。设需要用 3 阶多项式来逼近 $t \in [0, 1]$的采样点，则起点（$t = 0$）和终点（$t = 1$）间的 $x(t)$和 $y(t)$可用式（12-21）来逼近：

$$\begin{aligned} x(t) &= a_1t^3 + b_1t^2 + c_1t + d_1 \\ y(t) &= a_2t^3 + b_2t^2 + c_2t + d_2 \end{aligned} \tag{12-21}$$

其中，各 a、b、c、d 都是多项式的系数。计算上述参数曲线的导数并代入式（12-18）可得到：

$$k = 2\frac{c_1b_2 - c_2b_1}{\left[c_1^2 + c_2^2\right]^{\frac{3}{2}}} \tag{12-22}$$

其中，系数 b_1、b_2、c_1、c_2 为

$$\begin{cases} b_1 = \dfrac{1}{12}\left[(x_{n-2}+x_{n+2})+2(x_{n-1}+x_{n+1})-6x_n\right] \\ b_2 = \dfrac{1}{12}\left[(y_{n-2}+y_{n+2})+2(y_{n-1}+y_{n+1})-6y_n\right] \end{cases} \tag{12-23}$$

$$\begin{cases} c_1 = \dfrac{1}{12}\left[(x_{n-2}+x_{n+2})+4(x_{n-1}+x_{n+1})\right] \\ c_2 = \dfrac{1}{12}\left[(y_{n-2}+y_{n+2})+4(y_{n-1}+y_{n+1})\right] \end{cases} \tag{12-24}$$

（2）利用矢量间的夹角定义等价的曲率测度。

设需要计算点 $c(n_0)$的曲率，令 $c(n) = [x(n), y(n)]$是一条数字曲线，则可定义两个矢量：

$$\begin{aligned} \boldsymbol{u}_i(n) &= \left[x(n)-x(n-i) \quad y(n)-y(n-i)\right] \\ \boldsymbol{v}_i(n) &= \left[x(n)-x(n+i) \quad y(n)-y(n+i)\right] \end{aligned} \tag{12-25}$$

这两个矢量分别用点 $c(n_0)$和其前面的第 i 个邻点，以及点 $c(n_0)$和其后面的第 i 个邻点来确定，如图 12-13 所示。

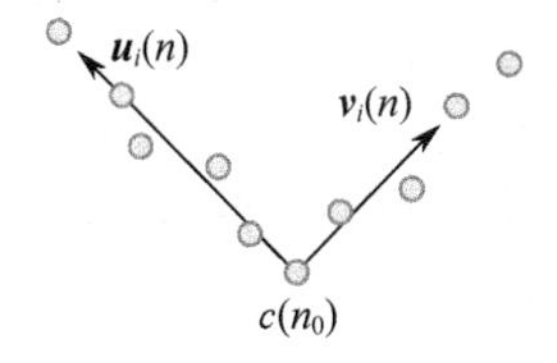

图 12-13　基于角度的曲率计算示意

用上述两个矢量计算大曲率点的曲率是比较合适的。此时，$\boldsymbol{u}_i(n)$和 $\boldsymbol{v}_i(n)$夹角的余弦满足：

$$r_i(n) = \frac{\boldsymbol{u}_i(n)\boldsymbol{v}_i(n)}{\left\|\boldsymbol{u}_i(n)\right\|\left\|\boldsymbol{v}_i(n)\right\|} \tag{12-26}$$

其中，$-1 \leqslant r_i(n) \leqslant 1$，$r_i(n) = -1$ 对应直线；$r_i(n) = 1$ 对应两矢量重合的情况。

12.3.4　基于曲率的描述符

目标轮廓上各点的曲率本身就可用作描述符（见 10.1 节），但这样做会导致数据量很大且有冗余。在计算完轮廓上各点的曲率后，可进一步对整个目标轮廓计算以下曲率描述符（测度）。

1．曲率的统计直方图

曲率的直方图可提供一些有用的全局测度，如平均曲率、中值、方差、熵、矩等。

2．曲率值的最大点、最小点及拐点

在一个轮廓上，并不是所有的点都同样重要，曲率达到正最大、负最小的点或拐点携带的信息更多。这些点的数量及其在轮廓中的位置，以及正最大、负最小的曲率都可用来描述形状。

3．弯曲能

曲线的**弯曲能**（BE）是指将直线段弯曲成特定形状的曲线所需的能量，可由沿曲线对曲率的平方求和得到（也可借助帕塞瓦尔定理，用曲线的傅里叶变换系数计算）。设曲线长度为 L，其上一点 t 的曲率为 $k(t)$，则弯曲能为

$$\mathrm{BE}=\sum_{t=1}^{L}k^2(t) \tag{12-27}$$

整个轮廓曲线的弯曲能的平均值也称为轮廓能量，可描述形状特性。

❑ 例 12-6　弯曲能计算示例

设目标轮廓是用链码表示的，则相应的弯曲能计算示例如图 12-14 所示。假设边界段的链码为 0、0、2、0、1、0、7、6、0、0，如图 12-14(a)所示；计算各点曲率得到 0、2、–2、1、–1、–1、–1、2、0，如图 12-14(b)所示；求曲率平方之和得到弯曲能，如图 12-14(c)所示；最后的平滑版本如图 12-14(d)所示。

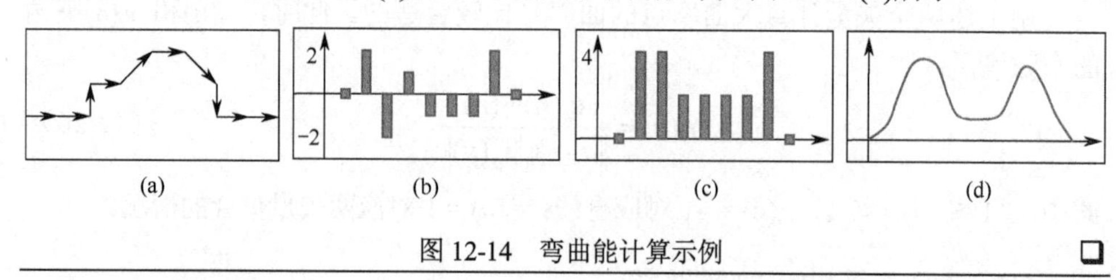

(a)　(b)　(c)　(d)

图 12-14　弯曲能计算示例　❑

4．对称测度

对于曲线线段，其**对称测度**定义为

$$S=\int_0^L\left(\int_0^t k(l)\mathrm{d}l-\frac{A}{2}\right)\mathrm{d}t \tag{12-28}$$

其中，内部的积分是从起点到当前位置的角度改变量；A 是整个曲线线段的角度改变量；L 是整个曲线线段的长度；$k(l)$是沿轮廓的曲率。

12.4　拓扑结构描述符

拓扑学研究图形不受畸变变形（不包括撕裂和粘贴）影响的性质。区域的拓扑性质对区域的全局描述很有用，这些性质既不依赖距离，也不依赖基于距离测量的其他特性。拓扑参数通过表达区域内部各部分的相互作用关系来描述整个区域的结构。

12.4.1　欧拉数

欧拉数是一种典型的区域拓扑描述符，描述的是区域的连通性。对一个给定的平面区域来说，区域内连通组元（任意 2 点可用完全在内部的曲线相连的点的集合）的个数 C 和区域内孔（被连通组元包围的点的集合）的个数 H 都是常用的拓扑参数，可进一步定义欧拉数：

$$E = C - H \tag{12-29}$$

❑　例 12-7　欧拉数计算示例

在图 12-15 中有 4 个字母区域，它们的欧拉数依次为–1、2、1、0。基于这些数值可大约了解各字母区域的连通情况。

图 12-15　字母区域的欧拉数示例　❑

对于一幅二值图像 A，可以定义两个欧拉数，分别记为 $E_4(A)$和 $E_8(A)$。它们的区别是目标和孔采用的连通性。4-连通欧拉数 $E_4(A)$定义为 4-连通的目标数 $C_4(A)$减去 8-连通的孔数 $H_8(A)$：

$$E_4(A) = C_4(A) - H_8(A) \tag{12-30}$$

8-连通欧拉数 $E_8(A)$定义为 8-连通的目标数 $C_8(A)$减去 4-连通的孔数 $H_4(A)$：

$$E_8(A) = C_8(A) - H_4(A) \tag{12-31}$$

表 12-3 给出一些结构简单的目标区域的欧拉数。

表 12-3 一些结构简单的目标区域的欧拉数

序号	A	$C_4(A)$	$C_8(A)$	$H_4(A)$	$H_8(A)$	$E_4(A)$	$E_8(A)$
1		1	1	0	0	1	1
2		5	1	0	0	5	1
3		1	1	1	1	0	0
4		4	1	1	0	4	0
5		2	1	4	1	1	–3
6		1	1	5	1	0	–4
7		2	2	1	1	1	1

12.4.2 交叉数和连接数

交叉数和**连接数**也是两个拓扑参数，均能反映区域的结构信息。

考虑一个像素 p 的 8 个邻域像素 q_i $(i = 0,\cdots,7)$，将它们从任何一个 4-邻域的位置开始，以绕 p 的顺时针方向排列。根据像素 q_i 为白或黑，赋值 $q_i = 0$ 或 $q_i = 1$，则可做出如下定义。

（1）交叉数 $S_4(p)$表示在 p 的 8-邻域中 4-连通组元的数目，可写为

$$S_4(p) = \prod_{i=0}^{7} q_i + \frac{1}{2}\sum_{i=0}^{7}\left|q_{i+1} - q_i\right| \tag{12-32}$$

（2）连接数 $C_8(p)$ 表示在 p 的 8-邻域中 8-连通组元的数目，可写为

$$C_8(p) = q_0 q_2 q_4 q_6 + \sum_{i=0}^{3}\left(\overline{q}_{2i} - \overline{q}_{2i}\overline{q}_{2i+1}\overline{q}_{2i+2}\right) \tag{12-33}$$

其中，$\overline{q}_i = 1 - q_i$。

借助上述定义，可根据 $S_4(p)$的值来区分一个 4-连通组元 C 中的各像素 p。

（1）如果 $S_4(p) = 0$，则 p 是孤立点（$C = \{p\}$）。

（2）如果 $S_4(p) = 1$，则 p 是端点（边界点）或中间点（内部点）。

（3）如果 $S_4(p) = 2$，则 p 对保持 C 的 4-连通来说是必不可少的一个点。

（4）如果 $S_4(p) = 3$，则 p 是分叉点。

（5）如果 $S_4(p) = 4$，则 p 是交叉点。

将上述各情况综合在图 12-16 中，其中图 12-16(a)是两个连通区域（每个方框代表一个像素），各小方框内的数字代表 $S_4(p)$的值。将图 12-16(a)简化可得到如图 12-16(b)所示的拓扑结构，它是对图 12-16(a)中所有连通组元的一个图表达，表

达了图 12-16(a)的拓扑性质。因为这是一个平面图，所以欧拉公式成立。即如果设 V 代表图结构中的节点集合，A 代表图结构中的节点连接弧集合，则图中的孔数 $H = 1 + |A| - |V|$，这里$|A|$和$|V|$分别代表 A 集合和 V 集合中的元素个数（在此例中均为 5）。

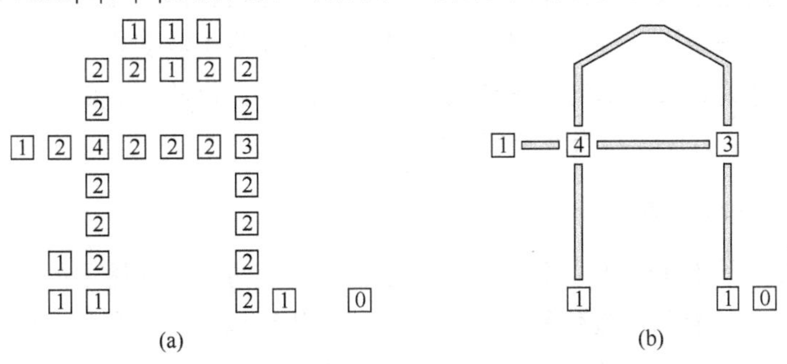

图 12-16　交叉数和连接数的介绍示例

利用图结构进行形状表达能凸显连通组元中的孔和端点，并可给出目标各部分之间的联系。需要注意的是，不同形状的目标有可能映射成相同的拓扑结构。

12.5　各节要点和进一步参考

以下指出各节的一些要点，并介绍一些可以进一步查阅的参考文献。

1．形状紧凑性描述符

对区域形状的描述常通过将区域与具有典型/理想形状（如圆和矩形）的区域进行比较来间接实现，可参见文献[1]。常用的区域形状描述符一般不受区域平移、旋转和尺度变换的影响。根据区域的周长和面积计算得到的形状因子描述了区域的紧凑性。在采用不同的连通性计算轮廓长度时，使形状因子取最小值的区域形状也不同，可参见文献[2]。根据区域的转动惯量计算偏心率及相关应用可参见文献[3]。在计算球状性时，内切圆圆心和外接圆圆心可以不重合，可参见文献[3]。借助区域形状进行图像检索的示例可参见文献[4]。

2．形状复杂性描述符

形状复杂性可用不同的方式描述，所以有多种形状复杂性描述符。利用分形模型对形状进行描述也借助了复杂性的概念，可参见文献[3]。对表 12-1 中数据的验证可参见文献[2]。

3．基于离散曲率的描述符

基于离散曲率的形状描述是基于同一种技术对不同形状特性进行描述的一个示例。这类描述方法的关键是要有比较通用的表达技术或比较适合的数学工具。事实上，近年来被引入图像领域的许多数学工具（如小波变换等）都对形状描述有所贡献。有关离散曲率的正式定义可参见文献[1]。高阶导数的计算在离散空间中可采用不同的方法，可参见文献[5]。

4．拓扑结构描述符

欧拉数基于拓扑性质，不受区域变形的影响。两个连通性不同的欧拉数可参见文献[6]。交叉数和连接数是两个反映区域拓扑结构信息的参数。区域的拓扑结构信息在很大程度上与目标自身的形状信息和目标之间的空间关系密切相关，相关讨论可参见文献[4]。

第 13 章 目标分类

在对目标进行表达和描述及对各种特性进行描述和测量的基础上，可进一步对目标进行分类。**目标分类**就是要将目标分到特性或属性相近的组别中。

对目标的分类要根据对目标的描述或对目标特征的测量进行。为准确、鲁棒地进行目标分类，对特征的选择和提取有一定的要求（如特征须具备不变性）。分类的一个关键问题是设计有效的分类器，这将是本章的重点。

本章各节安排如下。

13.1 节介绍的交叉比是目标分类中一个常用的不变量。在给出交叉比基本定义的基础上，讨论一些扩展形式和应用示例。

13.2 节介绍利用统计模式进行分类的方法。根据基本的分类原理，分别讨论常用的最小距离分类器和最优统计分类器，以及结合弱分类器的自适应自举策略。

13.3 节讨论基于统计学习理论的支持向量机，它既指针对线性分类器的最优设计方法论，也指由此设计出的分类器。

13.1 不变量交叉比

在目标分类中，目标的不变量有很重要的作用。**不变量**是指不随某些变换（如平移和旋转）而改变的度量，可以帮助唯一地刻画目标而无须考虑位置和朝向等，这在复杂的 3D 情况中尤为重要。下面介绍一个常用的不变量——交叉比。通过分析距离比能够解决成像时的尺度问题，使用比例的比例是要通过分析比例的比值来解决投影角度导致的几何问题。

13.1.1 交叉比

交叉比是一种比率的比率（比例的比例）。在目标投影时使用交叉比可以得到一个独立于观察点的位置和朝向不变量。先来看目标上有 4 个共线点的情况。如

图 13-1 所示，4 个共线点 P_1、P_2、P_3、P_4 在成像变换（光学中心位于 C 处的透视变换）后得到点 Q_1、Q_2、Q_3、Q_4。恰当地选择坐标系，可使 P_1、P_2、P_3、P_4 的坐标为$(x_1, 0)$、$(x_2, 0)$、$(x_3, 0)$、$(x_4, 0)$，Q_1、Q_2、Q_3、Q_4 的坐标为 $(0, y_1)$、$(0, y_2)$、$(0, y_3)$、$(0, y_4)$。

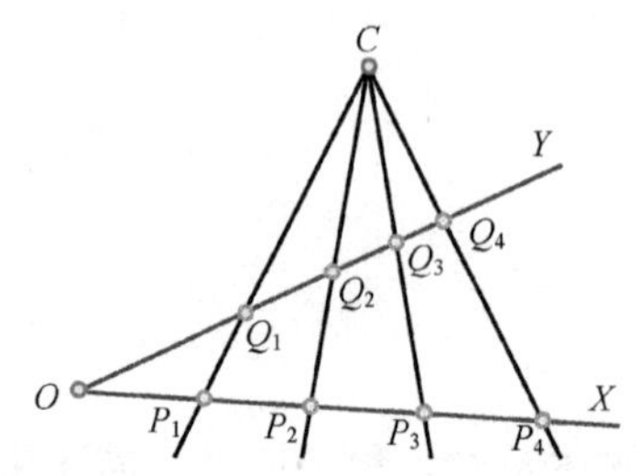

图 13-1　4 个共线点的透视变换

设 C 点坐标为(x_o, y_o)，则根据距离比有

$$\frac{x_o}{x_i}+\frac{y_o}{y_i}=1 \quad i=1,2,3,4 \tag{13-1}$$

考虑两个点（分别用 i 和 j 指示）关系式的差，可得

$$\frac{x_o(x_j-x_i)}{x_i x_j}=-\frac{y_o(y_j-y_i)}{y_i y_j} \tag{13-2}$$

用两个如式（13-2）所示的关系式的比就可消除未知的 x_o 和 y_o，如

$$\frac{x_3(x_2-x_1)}{x_2(x_3-x_1)}=-\frac{y_3(y_2-y_1)}{y_2(y_3-y_1)} \tag{13-3}$$

不过，其中还有依赖绝对坐标的项，如 x_3/x_2。为消除绝对坐标的影响，可使用如式（13-4）所示的比：

$$\frac{(x_2-x_4)/(x_3-x_4)}{(x_2-x_1)/(x_3-x_1)}=-\frac{(y_2-y_4)/(y_3-y_4)}{(y_2-y_1)/(y_3-y_1)} \tag{13-4}$$

可见，从任何投影角度来看，由 4 个共线点得到的交叉比都有相同的值，可写为

$$C(P_1,P_2,P_3,P_4)=\frac{(x_3-x_1)/(x_2-x_4)}{(x_2-x_1)/(x_3-x_4)}=R \tag{13-5}$$

将这个特殊的交叉比用 R 表示，则对于一条直线上的 4 个共线点，共有 4！= 24 种可能的排列方式。不过，其中只有 6 种方式成立，即只有 6 种值。除式（13-5）给出的一种外，还有 3 种较常见的：

$$C(P_2,P_1,P_3,P_4)=\frac{(x_3-x_2)/(x_1-x_4)}{(x_1-x_2)/(x_3-x_4)}=C(P_1,P_2,P_4,P_3)=\frac{(x_4-x_1)/(x_2-x_3)}{(x_2-x_1)/(x_4-x_3)}=1-R \tag{13-6}$$

$$C(P_1,P_3,P_2,P_4)=\frac{(x_2-x_1)/(x_3-x_4)}{(x_3-x_1)/(x_2-x_4)}=C(P_4,P_2,P_3,P_1)=\frac{(x_3-x_4)/(x_2-x_1)}{(x_2-x_4)/(x_3-x_1)}=\frac{1}{R} \tag{13-7}$$

$$C(P_3,P_2,P_1,P_4)=\frac{(x_1-x_3)/(x_2-x_4)}{(x_2-x_3)/(x_1-x_4)}=C(P_1,P_4,P_3,P_2)=\frac{(x_3-x_1)/(x_4-x_2)}{(x_4-x_1)/(x_3-x_2)}=\frac{R}{R-1} \tag{13-8}$$

两种较少见的：

$$C(P_3,P_1,P_2,P_4)=1-C(P_1,P_3,P_2,P_4)=1-\frac{1}{R}=\frac{R-1}{R} \tag{13-9}$$

$$C(P_2,P_3,P_1,P_4)=\frac{1}{C(P_2,P_1,P_3,P_4)}=\frac{1}{1-R} \tag{13-10}$$

由上可见，将点的排列顺序反过来（相当于从另一侧观察）不会改变交叉比的值。

如果同时考虑 4 个共线点所在的共面直线的交点（相当于光学中心），则它们定义了一个特殊结构——“光束”（这是比较形象的称呼）。可以对该“光束”定义一个交叉比，使其等于任意过 4 个共线点的交叉比。为此，考虑各线之间的夹角，如图 13-2 所示。

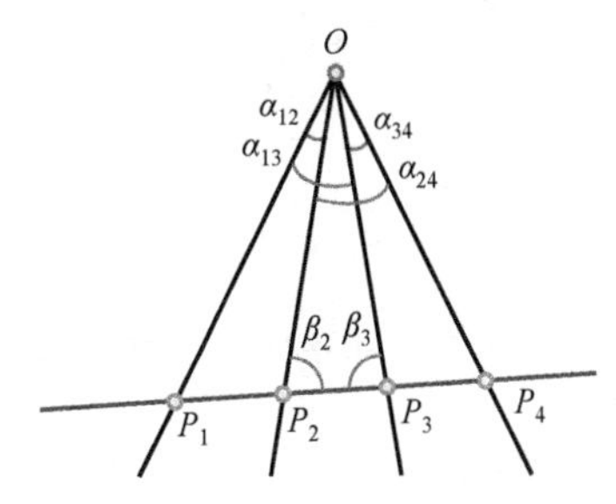

图 13-2　对构成“光束”的线组计算交叉比

对于交叉比 $C(P_1, P_2, P_3, P_4)$，使用 4 次正弦定理得到：

$$\begin{aligned}\frac{x_3-x_1}{\sin\alpha_{13}}&=\frac{OP_1}{\sin\beta_3}\\ \frac{x_2-x_4}{\sin\alpha_{24}}&=\frac{OP_4}{\sin\beta_2}\\ \frac{x_2-x_1}{\sin\alpha_{21}}&=\frac{OP_1}{\sin\beta_2}\\ \frac{x_3-x_4}{\sin\alpha_{34}}&=\frac{OP_4}{\sin\beta_3}\end{aligned} \tag{13-11}$$

联立消去 OP_1、OP_4、$\sin\beta_2$、$\sin\beta_3$，得到

$$C(P_1,P_2,P_3,P_4)=\frac{\sin\alpha_{13}\sin\alpha_{24}}{\sin\alpha_{12}\sin\alpha_{34}} \tag{13-12}$$

可见，交叉比仅依赖各线之间的夹角。

13.1.2 非共线点的不变量

13.1.1 节中的结果可以推广为 4 个并行平面的情况，即考虑**非共线点的不变量**，以解决更一般的问题。

如果 4 个点不共线，则仅计算交叉比还不够。考虑 1 个点不在另外 3 个点所在直线上的情况。此时如果还有另一个单独的共面点（第 5 个点，用◇表示），如图 13-3(a)所示，则可以作过该点和那个单独点的直线，并与其他 3 个点所在的直线相交。利用这样的 5 个点就可以计算非共线点的交叉比了。

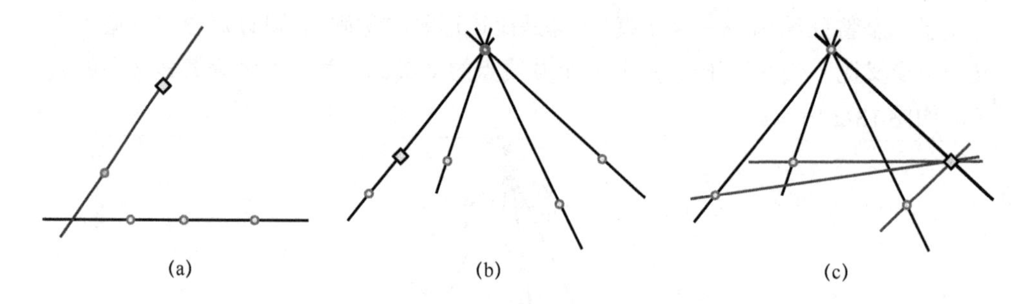

图 13-3 对不共线点计算交叉比

可以证明，对于更一般的情况，用 5 个点总是可以获得具有不变性的交叉比，如图 13-3(b)所示。图 13-3(b)中也有一个用◇表示的点，此处想说明的是，只计算一个交叉比是不能把它与在同一条直线上的其他点区分开的。进一步，图 13-3(c)表明，取 2 个参考点计算 2 个交叉比就可以唯一地确定所有剩余点之间的朝向关系。这里第 5 个点（用◇表示）是第 2 个“光束”的原点。所以结论是，用 5 个共面的点可计算出两个不同的交叉比，从而可以刻画点的分布/结构模式。

交叉比除了可以用各条线之间夹角的正弦来描述，也可以借助相关的三角形的面积来描述。这里三角形的面积可表示为（以图 13-2 中的三角形 OP_1P_3 为例，将 O 点看作第 5 个点）

$$\Delta_{513}=\frac{1}{2}d_{51}d_{53}\sin\alpha_{13} \tag{13-13}$$

其中，d_{51} 和 d_{53} 分别为 O 点与 P_1 点和 O 点与 P_3 点之间的线段长度。

面积也可表示为点坐标的函数：

$$\varDelta_{513}=\frac{1}{2}\begin{vmatrix} p_{5x} & p_{1x} & p_{3x} \\ p_{5y} & p_{1y} & p_{3y} \\ p_{5z} & p_{1z} & p_{3z} \end{vmatrix}=\frac{1}{2}\left|\boldsymbol{p}_5 \quad \boldsymbol{p}_1 \quad \boldsymbol{p}_3\right| \tag{13-14}$$

利用式（13-14），可得到 5 点结构下计算交叉比不变量的一对公式：

$$C_a=\frac{\varDelta_{513}\varDelta_{524}}{\varDelta_{512}\varDelta_{534}} \tag{13-15}$$

$$C_b=\frac{\varDelta_{124}\varDelta_{135}}{\varDelta_{123}\varDelta_{145}} \tag{13-16}$$

虽然还可以写出另外 3 个公式，但它们与式（13-15）和式（13-16）不独立，并且不能提供进一步的信息。

如果式（13-14）中的行列式为 0 或无穷，表明 3 个点共线，即三角形面积为 0。这也就是图 13-3(a)中的情况。具有这样行列式的交叉比无法提供有用的信息。

13.1.3　对称的交叉比函数

当对一条线上的一组点使用交叉比时，点的顺序一般是已知的，引起歧义的问题是沿哪个方向扫描直线。不过，交叉比与直线扫描方向无关，因为 $C(P_1, P_2, P_3, P_4) = C(P_4, P_3, P_2, P_1)$。但有时点的顺序不确定，如在图 13-3 中，有些点并不仅属于单根直线，又如有时仅知道是圆锥曲线但具体方程未知。在这些情况下，最好在各种可能的排序情况下都有不变性，也就是说，此时需要有**对称的交叉比函数**。

如果歧义源于分不清交叉比的值是 R 还是$(1–R)$，则可使用函数 $f(R) = R(1–R)$，该函数满足 $f(R) = f(1–R)$，是对称的。如果歧义源于分不清交叉比的值是 R 还是 $1/R$，则可使用函数 $g(R) = R+1/R$，该函数满足 $g(R) = g(1/R)$。不过，如果歧义源于分不清交叉比的值是 R、$(1–R)$还是 $1/R$，情况就复杂多了。为此，需要能满足双重条件的函数 $h(R) = h(1–R) = h(1/R)$。最简单的应该是

$$S(R)=\frac{(1-R+R^2)^3}{R^2(1-R^2)^2} \tag{13-17}$$

因为它可以写成两个形式，满足对称的思路：

$$S(R)=\frac{[1-R(1-R)]^3}{R^2(1-R^2)^2}=\frac{(R+1/R-1)^3}{R+1/R-2} \tag{13-18}$$

沿这个思路可以讨论 6 种交叉比的值，即 R、$(1–R)$、$1/R$、$1/(1–R)$、$(R–1)/R$ 和 $R/(1–R)$。虽然会非常复杂，但好在它们可借助求反和求倒数互相推出。

13.1.4 交叉比应用示例

下面举例说明在实际应用中借助交叉比来确定地平面的一些情况，这些情况在车辆导航等自运动中经常发生，此时在连续的图像帧中可观测到一组共线点（4个）。如果它们在单个平面上，则交叉比保持为常数；如果它们不在单个平面上，则交叉比会随时间变化。图 13-4(a)为 4 个共线点都在水平地面上的情况；图 13-4(b)为地面不平整，交叉比不能保持为常数的情况；图 13-4(c)为交叉比保持为常数但 4 个共线点不都在水平地面上的情况；图 13-4(d)为 4 个点不共面，所以交叉比不为常数的情况。

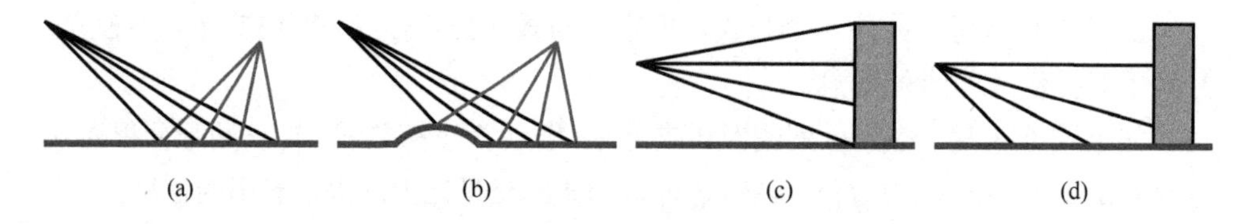

图 13-4 借助交叉比确定地平面示例

现在进一步考虑圆锥曲线的情况。假设在一条圆锥曲线上有 4 个固定的共面点：F_1、F_2、F_3 和 F_4，还有一个活动的点 P，如图 13-5 所示。连接 4 个固定点与点 P 的直线构成一个“光束”，其交叉比一般随点 P 的位置变化而发生改变。代数几何中的沙勒定理（Chasles Theorem）指出，如果点 P 运动并保持交叉比为常数，则点 P 的轨迹是圆锥曲线。类似上述确定地平面的情况，这给出一种确定一组点是否在一个平面圆锥曲线（如椭圆、双曲线、抛物线）上的方法。

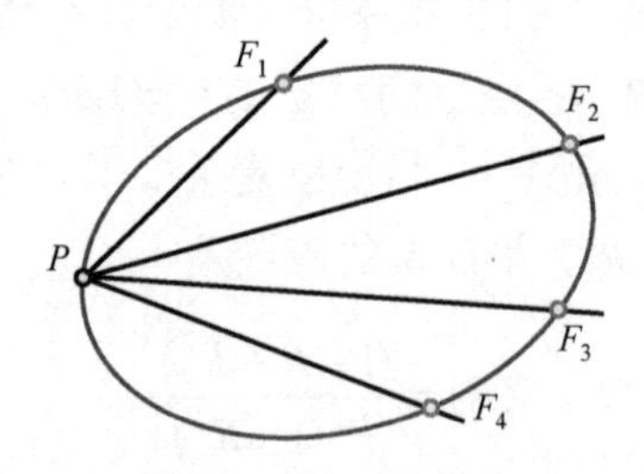

图 13-5 借助交叉比确定圆锥曲线示例

在透视投影条件下，一种圆锥曲线总是可以变换为另一种圆锥曲线。换句话说，从一种圆锥曲线获得的特性可以推广到其他圆锥曲线上。下面先借助圆周来证明沙勒定理。如图 13-6 所示，角ϕ_1、ϕ_2、ϕ_3 分别与θ_1、θ_2、θ_3 相等，所以由 PF_1、PF_2、PF_3、PF_4 构成的“光束”与由 QF_1、QF_2、QF_3、QF_4 构成的“光束”具有相同的夹角，它们的相对方向是重叠的。可见，当 P 沿圆周运动时，光束"将保持常数交叉比。这证明沙勒定理对圆周成立，在透视投影条件下，也可推广到其他类型的圆锥曲线上。

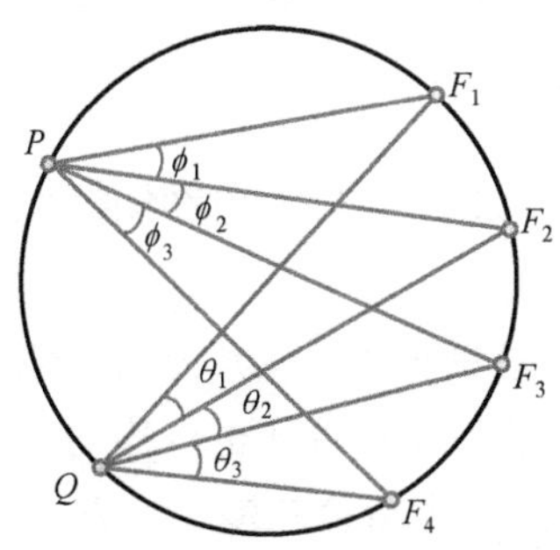

图 13-6　用圆周证明沙勒定理

❑　**例 13-1　对两个圆锥曲线定义交叉比**

对于两个圆锥曲线，它们互相之间有 3 种关系：

（1）相交在 4 个点；

（2）相交在 2 个点；

（3）完全不相交，但有相同的切线。

在这 3 种情况下，都有办法定义一个不变的交叉比：

（1）对圆锥曲线之一使用沙勒定理，并使用 4 个交点给出一个交叉比；

（2）对圆锥曲线之一在交点作切线，并确定它们在什么地方与另一个圆锥曲线相交，这样就可以在第 2 个圆锥曲线上确定 4 个点，进而可使用沙勒定理给出一个交叉比；

（3）取两个圆锥曲线的 4 条共同切线，并对任一个圆锥曲线的 4 个接触点使用沙勒定理给出一个交叉比。❑

13.2　统计模式分类

目标分类本质上是一个**模式分类**问题，也常称为**模式识别**。**统计模式分类**是指根据模式统计特性，用一系列自动技术确定决策函数并对给定模式进行赋值和分类，主要工作是选取特征表达模式和设计分类器以进行分类。在统计模式分类中，一般将用来估计统计参数（已知其类别的）的模式称为训练模式，将一组训练模式称为训练集，将使用训练集获取决策函数的过程称为学习或训练。

下面介绍两种简单的分类器。各模式类的训练模式直接用于计算与之对应的决策函数参数。一旦获得这些参数，分类器的结构就确定了，而分类器的性能取决于实际模式样本满足分类方法中统计假设的程度。

13.2.1 模式分类原理

模式是一个广泛的概念，这里主要考虑**图像模式**（图像的灰度分布构成亮度模式）。

图像模式可定义为对图像中的目标或其他感兴趣区域定量或结构化的描述。通常，一个模式是由一个或多个模式符（也可称为特征）组成（或排列成）的，一个模式类则由一组具有某些共同特性的模式组成。一般常将模式类用 $s_1, s_2, \cdots, s_M$ 表示，其中 M 为类的个数。

模式矢量一般用小写粗体字母表示，一个 n 维的模式矢量可写成

$$\boldsymbol{x} = \begin{bmatrix} x_1 & x_2 & \cdots & x_n \end{bmatrix}^{\mathrm{T}} \tag{13-19}$$

其中，x_i 代表第 i 个描述符；n 为描述符的个数。在模式空间中，一个模式矢量对应其中的一个点。

对模式的分类主要基于决策理论，而决策理论方法要用到**决策函数**。对于给定的 M 个模式类 $s_1, s_2, \cdots, s_M$，要确定 M 个判别函数 $d_1(\boldsymbol{x}), d_2(\boldsymbol{x}), \cdots, d_M(\boldsymbol{x})$。

如果一个模式属于类 s_i，那么有

$$d_i(\boldsymbol{x}) > d_j(\boldsymbol{x}) \quad \begin{matrix} j = 1, 2, \cdots, M \\ j \neq i \end{matrix} \tag{13-20}$$

换句话说，对一个未知模式来说，如果将它代入所有决策函数，算得 $d_i(\boldsymbol{x})$ 值最大，则模式属于类 s_i。如果有 $d_i(\boldsymbol{x}) = d_j(\boldsymbol{x})$，则可得到将类 s_i 与类 s_j 分开的决策边界。上述条件也可写成

$$d_{ij}(\boldsymbol{x}) = d_i(\boldsymbol{x}) - d_j(\boldsymbol{x}) = 0 \tag{13-21}$$

如果 $d_{ij}(\boldsymbol{x}) > 0$，则模式属于类 s_i；如果 $d_{ij}(\boldsymbol{x}) < 0$，则模式属于类 s_j。

基于决策函数可设计各种分类器以进行模式分类，而要确定决策函数需要用到不同的方法。

13.2.2 最小距离分类器

最小距离分类器是一种简单的模式分类器，基于对模式的采样估计各类模式的统计参数，并完全由各模式类的均值和方差确定。当两类模式均值之间的距离比同类模式中对应均值的分布大时，最小距离分类器能很好地工作。

假设每个模式类用一个均值矢量表示：

$$\boldsymbol{m}_j = \frac{1}{N_j}\sum_{\boldsymbol{x}\in s_j}\boldsymbol{x} \qquad j=1, 2,\cdots, M \tag{13-22}$$

其中，N_j 代表类 s_j 中的模式个数。对一个未知模式进行分类的方法是将模式矢量赋给与它最接近的类。如果利用欧氏距离来确定接近程度，则问题转化为对距离的测量，即

$$D_j(\boldsymbol{x}) = \left\| \boldsymbol{x} - \boldsymbol{m}_j \right\| \qquad j=1, 2,\cdots, M \tag{13-23}$$

其中，$\|\boldsymbol{a}\| = (\boldsymbol{a}^{\mathrm{T}}\boldsymbol{a})^{1/2}$为欧氏模。因为最小的距离代表最好的匹配，所以如果 $D_j(\boldsymbol{x})$是最小的距离，则将 $\boldsymbol{x}$ 赋给类 s_j。可以证明这等价于计算式（13-24），并在 $d_j(\boldsymbol{x})$给出最大值时将 $\boldsymbol{x}$ 赋给类 s_j。

$$d_j(\boldsymbol{x}) = \boldsymbol{x}^{\mathrm{T}}\boldsymbol{m}_j - \frac{1}{2}\boldsymbol{m}_j^{\mathrm{T}}\boldsymbol{m}_j \qquad j=1, 2,\cdots, M \tag{13-24}$$

根据式（13-21）和式（13-24），对一个最小距离分类器来说，类 s_i 和类 s_j 之间的决策边界为

$$d_{ij}(\boldsymbol{x}) = d_i(\boldsymbol{x}) - d_j(\boldsymbol{x}) = \boldsymbol{x}^{\mathrm{T}}(\boldsymbol{m}_i - \boldsymbol{m}_j) - \frac{1}{2}(\boldsymbol{m}_i - \boldsymbol{m}_j)^{\mathrm{T}}(\boldsymbol{m}_i - \boldsymbol{m}_j) = 0 \tag{13-25}$$

式（13-25）实际上给出一个连接 $\boldsymbol{m}_i$ 和 $\boldsymbol{m}_j$ 线段的垂直二分界。对于 $M = 2$，垂直二分界是一条线；对于 $M=3$，垂直二分界是一个平面；对于 $M>3$，垂直二分界是一个超平面。

□　例 13-2　最小距离分类器示例

假设要测量两个不同年级（如一年级、三年级）小学生的身高和体重以表示和反映他们的生长发育情况。此时 $\boldsymbol{x}=[x_1\ x_2]^{\mathrm{T}}$，其中，$x_1$ 对应身高，x_2 对应体重，每个年级的学生组成一个模式类，可分别记为 s_1 和 s_2。如图 13-7 所示，每个学生都对应图中（矢量空间中）的一个点。

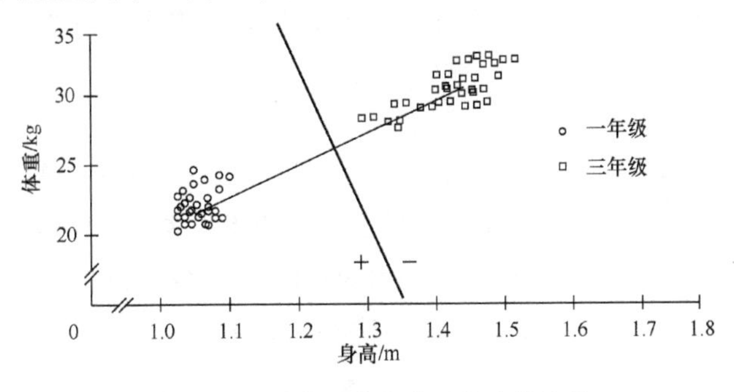

图 13-7　最小距离分类器的决策边界　□

设两个模式类的均值矢量分别为 $\boldsymbol{m}_1 = [1.05 \quad 22]^{\mathrm{T}}$ 和 $\boldsymbol{m}_2 = [1.45 \quad 30]^{\mathrm{T}}$。根据式（13-24），两个决策函数分别为 $d_1(\boldsymbol{x}) = \boldsymbol{x}^{\mathrm{T}}\boldsymbol{m}_1 - 0.5\boldsymbol{m}_1^{\mathrm{T}}\boldsymbol{m}_1 = 1.05x_1 + 22x_2 - 242.55$，$d_2(\boldsymbol{x}) = \boldsymbol{x}^{\mathrm{T}}\boldsymbol{m}_2 - \boldsymbol{m}_2^{\mathrm{T}}\boldsymbol{m}_2 = 1.45x_1 + 30x_2 - 456.05$。

根据式（13-25），边界方程为 $d_{12}(\boldsymbol{x}) = d_1(\boldsymbol{x}) - d_2(\boldsymbol{x}) = -0.4x_1 - 8.0x_2 + 213.5 = 0$，如图 13-7 中的粗实线所示。如将属于类 s_1 的任意一个模式代入，则有 $d_{12}(\boldsymbol{x}) < 0$，而将属于类 s_2 的任意一个模式代入，则有 $d_{12}(\boldsymbol{x}) > 0$。可见，仅由 $d_{12}(\boldsymbol{x})$的符号就可判断模式所属的模式类。

13.2.3　最优统计分类器

最优统计分类器是一种基于概率的模式分类器，适合用来对随机产生的模式进行分类。

1．最优统计分类原理

这里介绍一种在平均意义上产生最小可能分类误差的最优分类方法。

令 $p(s_i|\boldsymbol{x})$代表一个特定的模式属于类 s_i 的概率，如果模式分类器判别模式属于类 s_j，但事实上模式属于类 s_i，则分类器犯了一个误检错误，记为 L_{ij}。因为模式可能属于需要考虑的 M 个类中的任意一个，所以将 $\boldsymbol{x}$ 赋给类 s_j 产生的平均损失为

$$r_j(\boldsymbol{x}) = \sum_{k=1}^{M} L_{kj}\, p(s_k \mid \boldsymbol{x}) \tag{13-26}$$

在判别理论中，常称式（13-26）为条件平均风险损失。

根据基本的概率理论，$p(a|b) = [p(a)p(b|a)] / p(b)$，可将式（13-26）写成：

$$r_j(\boldsymbol{x}) = \frac{1}{p(\boldsymbol{x})}\sum_{k=1}^{M} L_{kj}\, p(\boldsymbol{x} \mid s_k)P(s_k) \tag{13-27}$$

其中，$p(\boldsymbol{x}|s_k)$为模式属于类 s_k 的概率密度函数；$P(s_k)$为类 s_k 出现的概率。因为 $1/p(\boldsymbol{x})$是正的，并且对于所有 $r_j(x)$（$j = 1, 2,\cdots, M$）都相同，所以可将其从式（13-27）中略去而不会影响这些函数从大到小的排序。从而可将式（13-27）写成

$$r_j(\boldsymbol{x}) = \sum_{k=1}^{M} L_{kj}\, p(\boldsymbol{x} \mid s_k)P(s_k) \tag{13-28}$$

分类器对任意给定的未知模式都有 M 个可能的选择。如果对每个 $\boldsymbol{x}$ 都计算 $r_1(x)$, $r_2(x),\cdots$, $r_M(x)$，并将 $\boldsymbol{x}$ 赋给能够产生最小损失的模式类，总平均损失将会最小。能够最小化总平均损失的分类器称为贝叶斯（Bayes）分类器。对于**贝叶斯分类器**，如果 $r_i(x) < r_j(x)$，$j = 1, 2,\cdots, M$ 且 $j \neq i$，则将 $\boldsymbol{x}$ 赋给类 s_i。换句话说，如果

$$\sum_{k=1}^{M} L_{ki}\, p(\boldsymbol{x} \mid s_k)P(s_k) < \sum_{l=1}^{M} L_{lj}\, p(\boldsymbol{x} \mid s_l)P(s_l) \tag{13-29}$$

则将 $\boldsymbol{x}$ 赋给类 s_i。

在许多分类问题中，如果做出正确的判决，损失为 0；而对于任何一个错误的判决，损失都是一个相同的非零数（如 1）。在这种情况下，损失函数变为

$$L_{ij} = 1 - \delta_{ij} \tag{13-30}$$

将式（13-30）代入式（13-28）可得

$$r_j(\boldsymbol{x}) = \sum_{k=1}^{M}(1-\delta_{ij})p(s_k \mid \boldsymbol{x})P(s_k) = p(\boldsymbol{x}) - p(s_j \mid \boldsymbol{x})P(s_j) \tag{13-31}$$

贝叶斯分类器在满足如式（13-22）所示的条件时将 $\boldsymbol{x}$ 赋给类 s_i。

$$p(s_i \mid \boldsymbol{x})P(s_i) > p(s_j \mid \boldsymbol{x})P(s_j) \quad \begin{array}{l} j = 1, 2, \cdots, M \\ j \neq i \end{array} \tag{13-32}$$

回顾前面对式（13-20）的推导可见，对于 0-1 损失函数，贝叶斯分类器相当于实现了一个如式（13-33）所示的判决函数：

$$d_j(\boldsymbol{x}) = p(\boldsymbol{x} \mid s_j)P(s_j) \quad j = 1, 2, \cdots, M \tag{13-33}$$

其中，$\boldsymbol{x}$ 在 $d_i(\boldsymbol{x}) > d_j(\boldsymbol{x})$（对所有 $j \neq i$）时被赋给类 s_i。

式（13-33）的判决函数在最小化错误分类总平均损失的意义下是最优的，但要得到这个最优函数需要知道模式在各模式类中的概率密度函数和各模式类自身出现的概率。后一个要求通常都能满足，如当各模式类自身出现的可能性相同时，有 $p(s_j) = 1 / M$。但估计概率密度函数 $p(\boldsymbol{x} \mid s_i)$是另一回事。如果模式矢量是 n 维的，则 $p(\boldsymbol{x} \mid s_i)$是一个有 n 个变量的函数。如果它的形式未知，则需要采用多变量概率理论中的方法来进行估计。一般仅在假设已有概率密度函数解析表达式且从模式采样中可估计出表达式参数的情况下，才会使用贝叶斯分类器。目前用得最多的假设是 $p(\boldsymbol{x} \mid s_i)$服从高斯概率密度。

2. 用于高斯模式类的贝叶斯分类器

先考虑 1D 问题（模式与均值均为标量），设有两个（$M = 2$）服从高斯概率密度的模式类，其均值分别为 m_1 和 m_2，其标准方差分别为σ_1 和σ_2。根据式（13-33），贝叶斯决策函数为

$$d_j(x) = p(x \mid s_j)P(s_j) = \frac{1}{\sqrt{2\pi}\sigma_j}\exp\left[-\frac{(x-m_j)^2}{2\sigma_j^2}\right] \quad j = 1, 2 \tag{13-34}$$

图像阈值化分割（见 7.4 节）是模式分类的一种特殊情况。假设图像由具有高斯灰度分布的目标和背景组成，就可以借助式（13-34）来确定阈值。

□ 例 13-3　借助贝叶斯决策函数确定阈值

参见图 13-8，这里分别给出表达目标和背景两种模式的概率密度函数。两个模式类间的边界现在是一个点，记为 x_0。如果这两个模式类出现的概率相同，即 $P(s_1) = P(s_2) = 1/2$，则在决策边界处有 $p(x_0 \mid s_1) = p(x_0 \mid s_2)$。将这个点的灰度值作为分割阈值，则所有在 x_0 右边的点都分给类 s_1，而所有在 x_0 左边的点都分给类 s_2。如果这两个模式类出现的概率不同，当 $P(s_1) > P(s_2)$时，x_0 移向左方；当 $P(s_1) < P(s_2)$时，x_0 移向右方。在极端情况下，如果 $P(s_2) = 0$，那么将所有点都分给类 s_1（将 x_0 移向负无穷）是永远不会出现错误的。

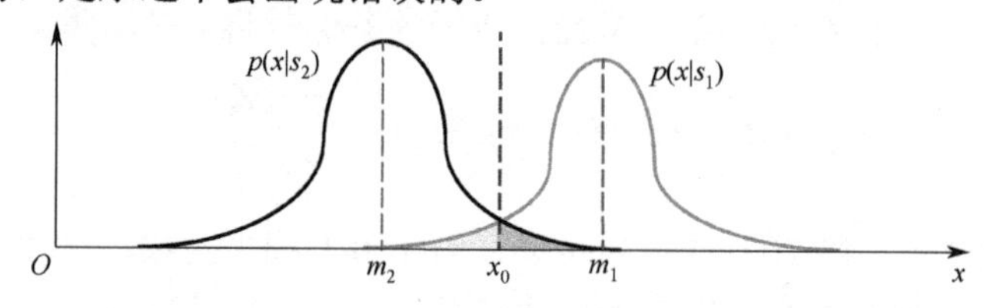

图 13-8　目标和背景两个高斯分布的概率密度函数图　□

在 n 维情况下，第 j 个模式类的高斯密度具有如式（13-35）所示的形式：

$$p(\boldsymbol{x} \mid s_j) = \frac{1}{(2\pi)^{\frac{n}{2}} \left|\boldsymbol{C}_j\right|^{\frac{1}{2}}} \exp\left[-\frac{1}{2}(\boldsymbol{x} - \boldsymbol{m}_j)^{\mathrm{T}} \boldsymbol{C}_j^{-1} (\boldsymbol{x} - \boldsymbol{m}_j)\right] \tag{13-35}$$

其中每个模式的密度都由其均值矢量和协方差矩阵完全确定：

$$\boldsymbol{m}_j = E_j\{\boldsymbol{x}\} \tag{13-36}$$

$$\boldsymbol{C}_j = E_j\left\{(\boldsymbol{x} - \boldsymbol{m}_j)(\boldsymbol{x} - \boldsymbol{m}_j)^{\mathrm{T}}\right\} \tag{13-37}$$

其中，$E_j\{\cdot\}$代表对类 s_j 中的模式自变量的期望值。在式（13-35）中，n 为模式矢量的维数，$|\boldsymbol{C}_j|$为矩阵 $\boldsymbol{C}_j$ 的行列式。利用均值近似期望值给出的均值矢量和协方差矩阵为

$$\boldsymbol{m}_j = \frac{1}{N} \sum_{x \in s_j} \boldsymbol{x} \tag{13-38}$$

$$\boldsymbol{C}_j = \frac{1}{N_j} \sum_{x \in s_j} \boldsymbol{x}\boldsymbol{x}^{\mathrm{T}} - \boldsymbol{m}_j \boldsymbol{m}_j^{\mathrm{T}} \tag{13-39}$$

其中，N_j 为类 s_j 中的模式矢量个数，求和是对所有模式矢量进行的。

协方差矩阵是对称且半正定的，其对角线元素 C_{kk} 是模式矢量中第 k 个元素的方差，而对角线外的元素 C_{jk} 是 x_j 和 x_k 的协方差。如果 x_j 和 x_k 在统计上是独立的，即 $C_{jk} = 0$，此时多变量高斯密度函数简化为 $\boldsymbol{x}$ 的各元素的单变量高斯密度的乘积。

根据式（13-34），类 s_j 的贝叶斯决策函数是 $d_j(\boldsymbol{x}) = p(\boldsymbol{x} \mid s_j)P(s_j)$，但是考虑到高

斯密度函数的指数形式，采用自然对数形式来表达通常更为方便。换句话说，可用如式（13-40）所示的形式来表示决策函数：

$$d_j(\boldsymbol{x})=\ln\left[p(\boldsymbol{x}\mid s_j)P(s_j)\right]=\ln p(\boldsymbol{x}\mid s_j)+\ln P(s_j) \tag{13-40}$$

从分类效果上说，式（13-40）与式（13-34）是等价的，因为对数是单增函数。换句话说，式（13-34）和式（13-40）中的决策函数的秩是相同的。将式（13-35）代入式（13-40）可得

$$d_j(\boldsymbol{x})=\ln P(s_j)-\frac{n}{2}\ln(2\pi)-\frac{1}{2}\ln\left|\boldsymbol{C}_j\right|-\frac{1}{2}\left[(\boldsymbol{x}-\boldsymbol{m}_j)^{\mathrm{T}}\boldsymbol{C}_j^{-1}(\boldsymbol{x}-\boldsymbol{m}_j)\right] \tag{13-41}$$

因为$(n/2)\ln(2\pi)$对所有类都是相同的，所以可将其从式（13-41）中略去，变为

$$d_j(\boldsymbol{x})=\ln P(s_j)-\frac{1}{2}\ln\left|\boldsymbol{C}_j\right|-\frac{1}{2}\left[(\boldsymbol{x}-\boldsymbol{m}_j)^{\mathrm{T}}\boldsymbol{C}_j^{-1}(\boldsymbol{x}-\boldsymbol{m}_j)\right] \tag{13-42}$$

式（13-42）表示在 0-1 损失函数的条件下**高斯模式类**的**贝叶斯决策函数**。

式（13-42）给出的决策函数是超二次的函数（n 维空间中的二次函数），其中 $\boldsymbol{x}$ 的分量没有高于二阶的。可见对高斯模式类来说，贝叶斯分类器能得到的最好效果是在每两个模式类之间放一个广义的二阶决策面。如果模式样本确实是高斯的，那这个决策面就能给出损失最小的分类。

如果所有协方差矩阵都相等，即 $\boldsymbol{C}_j=\boldsymbol{C}$（$j=1,2,\cdots,M$），此时可将所有相对于 j 独立的项略去，则式（13-42）变成

$$d_j(\boldsymbol{x})=\ln P(s_j)+\boldsymbol{x}^{\mathrm{T}}\boldsymbol{C}^{-1}\boldsymbol{m}_j-\frac{1}{2}\boldsymbol{m}_j^{\mathrm{T}}\boldsymbol{C}^{-1}\boldsymbol{m}_j \tag{13-43}$$

对 $j=1,2,\cdots,M$ 来说，其是**线性决策函数**。

进一步，如果 $\boldsymbol{C}=\boldsymbol{I}$，$\boldsymbol{I}$ 为单位矩阵，并且对于 $j=1,2,\cdots,M$ 有 $P(s_j)=1/M$，则

$$d_j(\boldsymbol{x})=\boldsymbol{x}^{\mathrm{T}}\boldsymbol{m}_j-\frac{1}{2}\boldsymbol{m}_j^{\mathrm{T}}\boldsymbol{m}_j \quad j=1,2,\cdots,M \tag{13-44}$$

式（13-44）给出与式（13-24）相同的最小距离分类器的决策函数。在如下 3 个条件下，最小距离分类器在贝叶斯意义上最优。

（1）模式类是高斯的。

（2）所有协方差矩阵都与单位矩阵相等。

（3）所有模式类出现的概率相等。

满足这些条件的高斯模式类是 n 维的球状体，称为超球体。最小距离分类器在每对模式类之间建立一个超平面，这个超平面等分将每对球中心连接起来的线段。在 2D 情况下，模式类组成圆形区域，边界成为平分连接每对圆形区域中心线段的直线。

□ 例 13-4　模式在 3D 空间中的分布

分别用实心圆和空心圆表示两类模式，以在 3D 空间中观察其分布情况，如图 13-9 所示。假设各模式类中的模式都是高斯分布的采样，可借助它们解释建立贝叶斯分类器的机理。

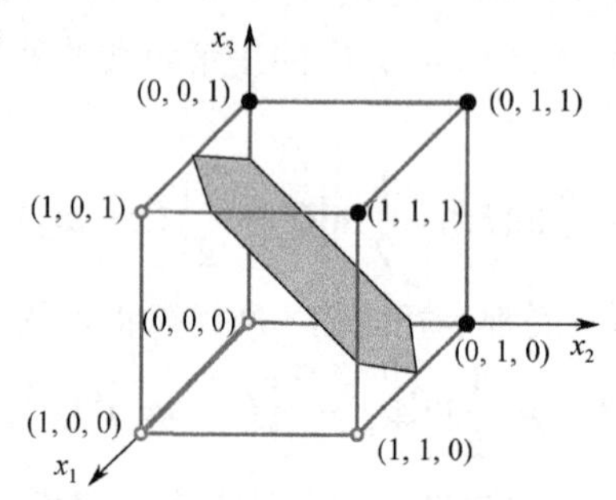

图 13-9　3D 空间中的决策面

将式（13-38）用于如图 13-9 所示的模式可得

$$\boldsymbol{m}_1 = \frac{1}{4}\begin{bmatrix}3 & 1 & 1\end{bmatrix}^{\mathrm{T}} \qquad \boldsymbol{m}_2 = \frac{1}{4}\begin{bmatrix}1 & 3 & 3\end{bmatrix}^{\mathrm{T}}$$

类似地，将式（13-39）用于这两个模式可得到两个相等的协方差矩阵：

$$\boldsymbol{C}_1 = \boldsymbol{C}_2 = \frac{1}{16}\begin{bmatrix}3 & 1 & 1 \\ 1 & 3 & -1 \\ 1 & -1 & 3\end{bmatrix}$$

因为两个协方差矩阵相等，所以贝叶斯决策函数可由式（13-42）给出。如果假设 $P(s_1) = P(s_2) = 1/2$，并将对数项略去，可得

$$d_j(\boldsymbol{x}) = \boldsymbol{x}^{\mathrm{T}}\boldsymbol{C}^{-1}\boldsymbol{m}_j - \frac{1}{2}\boldsymbol{m}_j^{\mathrm{T}}\boldsymbol{C}^{-1}\boldsymbol{m}_j$$

其中，

$$\boldsymbol{C}^{-1} = \begin{bmatrix}8 & -4 & -4 \\ -4 & 8 & 4 \\ -4 & 4 & 8\end{bmatrix}$$

展开 $d_j(\boldsymbol{x})$的表达式可得 $d_1(\boldsymbol{x}) = 4x_1 - 1.5$，$d_2(\boldsymbol{x}) = -4x_1 + 8x_2 + 8x_3 - 5.5$，而将两类模式分开的决策面为 $d_1(\boldsymbol{x}) - d_2(\boldsymbol{x}) = 8x_1 - 8x_2 - 8x_3 + 4 = 0$。图 13-9 中的阴影部分是这个决策面的一部分，它有效地分开了两类模式所在的空间。□

13.2.4　自适应自举

在实际应用中，有许多分类器的分类效果在两类样本下仅略高于 50%，称为

弱分类器。有时需要将多个这样的独立分类器结合起来以取得更好的效果。具体操作是将这些分类器依次用于不同的训练样本子集，称为**自举**。自举算法将多个弱分类器结合成一个比其中任何一个弱分类器都更好的新的**强分类器**。这里的关键问题有两个，一个是如何选择输入各弱分类器的训练样本子集，另一个是如何结合它们以构成一个强分类器。解决前一个问题的方法是对难以分类的样本给予更大的权重，解决后一个问题的方法是对各弱分类器的结果进行多数投票。

最常用的自举算法是**自适应自举**。设模式空间为 X，训练集包含 m 个模式，它们对应的类标识符为 c_i，在两模式类分类（二分类）问题中，$c_i \in \{-1, 1\}$。自适应自举算法的主要步骤如下。

（1）初始化 K，K 为弱分类器数量。

（2）令 $k = 1$，初始化权重 $W_1(i) = 1/m$。

（3）对于每个 k，使用训练集合和一组权重 $W_k(i)$来训练弱分类器 C_k，对每个 $\boldsymbol{x}_i$ 赋一个实数，即 C_k：$X \to \mathrm{R}$。

（4）选择系数 $a_k \in \mathrm{R}$（$a_k > 0$）。

（5）更新权重（其中 G_k 是归一化系数，使 $\sum_{i=1}^{m} W_{k+1}(i) = 1$），其中，

$$W_{k+1}(i) = \frac{W_k(i)\exp[-a_k c_i C_k(\boldsymbol{x}_i)]}{G_k} \tag{13-45}$$

（6）设置 $k = k + 1$。

（7）如果 $k \leqslant K$，回到步骤（3）。

（8）最后的强分类器为

$$S(\boldsymbol{x}_i) = \mathrm{sign}\left[\sum_{k=1}^{K} a_k C_k(\boldsymbol{x}_i)\right] \tag{13-46}$$

在上述算法中，将弱分类器 C_k 作用于训练集，在每个步骤中，单个样本正确分类的重要性均不同，而 k 都由一组权重 $W_k(i)$决定，权重之和为 1。在开始时，权重都相等，但每迭代一次，被错分样本的权重就会相对增加，因为式（13-45）中的 e 指数项对错分类为正，使得 $W_k(i)$的权重更大，即弱分类器 C_{k+1} 将更加关注在 k 次迭代中错分的样本。

在每个步骤中都要确定弱分类器 C_k，以使其性能与 $W_k(i)$相适应。在二分类情况下，弱分类器训练要最小化的目标函数为

$$e_k = \sum_{i=1}^{m} P_{i \sim W_k(i)}[C_k(\boldsymbol{x}_i) \neq c_i] \tag{13-47}$$

其中，$P[\cdot]$代表从训练样本中获得的经验概率；误差 e_k 依赖 $W_k(i)$，而 $W_k(i)$又与分

类正确与否有关。训练的最终结果是，各分类器对训练集各部分的分类效果都比随机分类要好。

对 a_k 的确定有不同方法，对二分类问题可取

$$a_k = \frac{1}{2}\ln\left(\frac{1-e_k}{e_k}\right) \tag{13-48}$$

13.3 支持向量机

支持向量机（SVM）是一种线性分类器的最优设计方法论（也指由此设计出的分类器）。

13.3.1 线性可分类

考虑对两类模式进行分类的问题。假设训练集 X 的特征向量为 $\boldsymbol{x}_i$（$i=1,2,\cdots,N$），它们或属于类 s_1，或属于类 s_2。

在模式类**线性可分**的情况下，线性分类器的设计目的就是设计一个超平面，使得

$$g(x) = \boldsymbol{w}^{\mathrm{T}}\boldsymbol{x} + w_0 = 0 \tag{13-49}$$

其中，$\boldsymbol{w} = [w_1, w_2, \cdots, w_l]^{\mathrm{T}}$ 为权向量；w_0 为阈值。上述分类器应能将所有训练集的样本正确分类。满足条件的超平面一般不唯一，如图 13-10 所示两条直线（一条粗实线，一条细虚线）为两个可能的超平面（这里的直线可看作超平面的特例）。但如果考虑实际情况，哪个超平面会更好呢？肯定是粗线代表的那个超平面，因为它离两个模式类的距离都比较远。当两个模式类的样本分布得更零散或考虑实际测试样本时，用这个超平面分类的结果会更好，错误率也会更小。

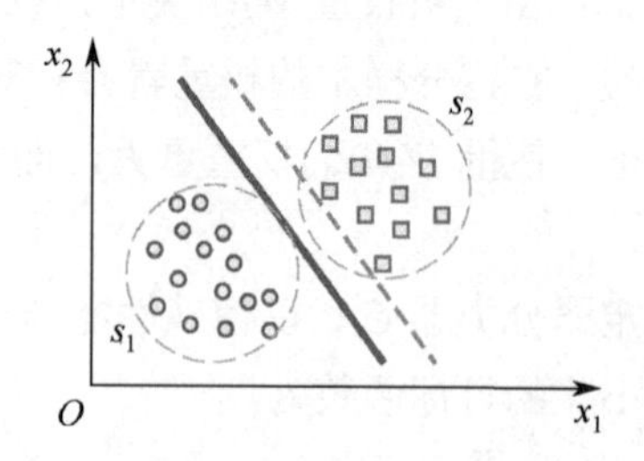

图 13-10 线性可分类和两个超平面示例

前面的讨论表明，在分类器的设计中，需要考虑它的推广（泛化）能力和性

能。换句话说，根据训练集设计出来的分类器，要考虑将它应用于训练集以外的样本时是否可得到满意的结果。在二分类的线性分类器中，其分类超平面与两个模式类都有最大距离的结果应该是最优的。

每个超平面可用它的朝向及与原点的距离来刻画，前者由 $\boldsymbol{w}$ 确定，后者由 w_0 确定。当对两个模式类没有偏向时，那么对于每个朝向，与两个模式类距离相等的超平面应该就是与两个类都有最大距离的超平面，所以问题变成确定一个能给出模式类之间距离最大的朝向的超平面。在图 13-10 的基础上给出一个示例，如图 13-11 所示，其中朝向 A 为所求朝向，而朝向 B 为一个其他朝向的示例。

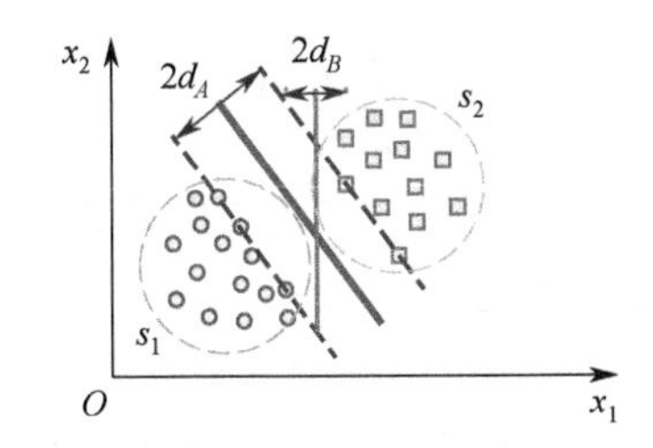

图 13-11　两个距离不同的超平面

一个点到超平面的距离可以表示为

$$d=\frac{|g(x)|}{\|\boldsymbol{w}\|} \tag{13-50}$$

通过对 $\boldsymbol{w}$ 和 w_0 进行归一化，可以使得 $g(x)$在 s_1 中最近点处的值为 1，而在 s_2 中最近点处的值为–1。这也等价于距离为

$$\frac{1}{\|\boldsymbol{w}\|}+\frac{1}{\|\boldsymbol{w}\|}=\frac{2}{\|\boldsymbol{w}\|} \tag{13-51}$$

并且满足

$$\begin{aligned} \boldsymbol{w}^{\mathrm{T}}\boldsymbol{x}+w_0 &\geqslant 1 \quad \forall x\in s_1 \\ \boldsymbol{w}^{\mathrm{T}}\boldsymbol{x}+w_0 &\leqslant 1 \quad \forall x\in s_2 \end{aligned} \tag{13-52}$$

对于每个类 s_i，记其标号为 t_i，其中 $t_1=1$，$t_2=-1$。现在问题变成计算超平面的 $\boldsymbol{w}$ 和 w_0，在满足如式（13-53）所示的条件下最小化代价函数［见式（13-54）］：

$$t_i\left(\boldsymbol{w}^{\mathrm{T}}\boldsymbol{x}_i+w_0\right)\geqslant 1 \quad i=1,2,\cdots,N \tag{13-53}$$

$$C(\boldsymbol{w})\equiv\frac{1}{2}\|\boldsymbol{w}\|^2 \tag{13-54}$$

上述问题是一个在满足一组线性不等式的条件下最优化二次（非线性）代价函数的问题，可用拉格朗日乘数法来求解，即解式（13-55）：

$$L(\boldsymbol{w}, w_0, \lambda) \equiv \frac{1}{2}\boldsymbol{w}^{\mathrm{T}}\boldsymbol{w} - \sum_{i=1}^{N}\lambda_i\left[t_i(\boldsymbol{w}^{\mathrm{T}}\boldsymbol{x}_i + w_0) - 1\right] \tag{13-55}$$

得到

$$\boldsymbol{w}=\sum_{i=1}^{N}\lambda_i t_i \boldsymbol{x}_i \tag{13-56}$$

$$\sum_{i=1}^{N}\lambda_i t_i=0 \tag{13-57}$$

因为拉格朗日乘数可以取正值或 0，所以最优解的 $\boldsymbol{w}$ 是 N_s 个（$N_s \leqslant N$）与$\lambda_i \neq 0$ 相关的特征向量的线性组合：

$$\boldsymbol{w}=\sum_{i=1}^{N_s}\lambda_i t_i \boldsymbol{x}_i \tag{13-58}$$

这些向量就称为支持向量，而最优的超平面分类器就称为**支持向量机**。对于$\lambda_i \neq 0$，支持向量总与两个超平面之一重合：

$$\boldsymbol{w}^{\mathrm{T}}\boldsymbol{x} + w_0 = \pm 1 \tag{13-59}$$

换句话说，支持向量给出了与线性分类器最接近的训练向量。对应$\lambda_i = 0$ 的特征向量要么处于由式（13-59）中两个超平面限定的“分类带”的外边，要么处在两个超平面之一上（这是一种退化的情况）。这样获得的超平面分类器对没有跨越分类带的特征向量的数目和位置都不敏感。

因为式（13-54）（代价函数）是严格凸性的，而不等式（13-53）中的函数（用作约束的函数）都是线性函数，由此可知任何局部最小也是唯一的全局最小。换句话说，由支持向量得到的最优超平面分类器是唯一的。

13.3.2 线性不可分类

在模式类**线性不可分**的情况下，需要对前面的讨论重新梳理。以图 13-12 为例，两个模式类的样本无论如何都不能分开（用直线），或者说无论如何选择超平面，总会有样本落入分类带（两条虚线之间的区域）。

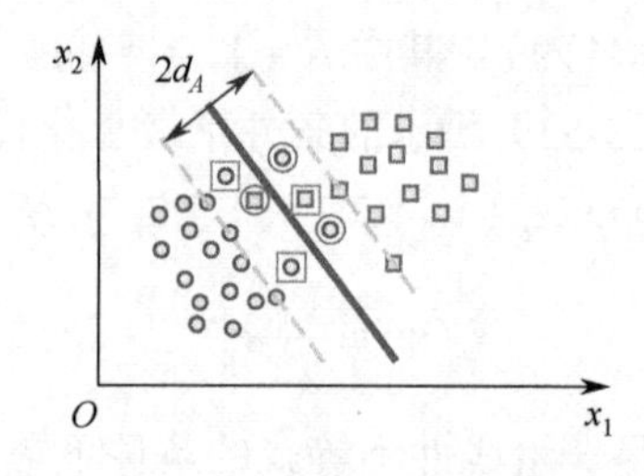

图 13-12 样本落入分类带示例

在这类问题中，训练特征向量可能出现以下 3 种情况。

（1）落在分类带之外且被正确地分了类，满足式（13-53）。

（2）落在分类带之内且被正确地分了类，对应图 13-12 中用大方框包围的样本，满足

$$0 \leqslant t_i\left(\boldsymbol{w}^{\mathrm{T}}\boldsymbol{x} + w_0\right) < 1 \tag{13-60}$$

（3）被错误地分了类，对应图 13-12 中用大圆圈包围的样本，满足

$$t_i\left(\boldsymbol{w}^{\mathrm{T}}\boldsymbol{x} + w_0\right) < 0 \tag{13-61}$$

上面 3 种情况可以通过引入一组松弛变量统一为

$$t_i\left(\boldsymbol{w}^{\mathrm{T}}\boldsymbol{x} + w_0\right) \geqslant 1 - r_i \tag{13-62}$$

情况（1）对应 $r_i = 0$，情况（2）对应 $0 \leqslant r_i \leqslant 1$，情况（3）对应 $r_i > 1$。此时的优化目标是，在保持 $r_i > 0$ 的点尽可能少的条件下，使最近点到超平面的距离尽可能小。此时要最小化的代价函数为

$$C(\boldsymbol{w}, w_0, \boldsymbol{r}) \equiv \frac{1}{2}\|\boldsymbol{w}\|^2 + k\sum_{i=1}^{N} I(r_i) \tag{13-63}$$

其中，$\boldsymbol{r}$ 为由参数 r_i 组成的向量；k 为控制前后两项相对影响的参数（在 13.3.1 节的情况里，$k \to \infty$）。而

$$I(r_i) = \begin{cases} 1, & r_i > 0 \\ 0, & r_i = 0 \end{cases} \tag{13-64}$$

由于 $I(r_i)$是一个离散函数，所以优化式（13-63）并不容易。为此，将问题近似为在满足如式（13-65）所示的条件下最小化式（13-66）：

$$\begin{cases} t_i\left(\boldsymbol{w}^{\mathrm{T}}\boldsymbol{x} + w_0\right) > 1 - r_i & i = 1,2,\cdots,N \\ r_i > 0 & i = 1,2,\cdots,N \end{cases} \tag{13-65}$$

$$C(\boldsymbol{w}, w_0, \boldsymbol{r}) \equiv \frac{1}{2}\|\boldsymbol{w}\|^2 + k\sum_{i=1}^{N} r_i \tag{13-66}$$

此时的拉格朗日函数为

$$L(\boldsymbol{w}, w_0, \boldsymbol{r}, \lambda, \mu) = \frac{1}{2}\|\boldsymbol{w}\|^2 + k\sum_{i=1}^{N} r_i - \sum_{i=1}^{N}\mu_i r_i - \sum_{i=1}^{N}\lambda_i\left[t_i(\boldsymbol{w}^{\mathrm{T}}\boldsymbol{x}_i + w_0) - 1 + r_i\right] \tag{13-67}$$

❑　例 13-5　两类样本分类示例

参见图 13-13，已知 4 个样本点：属于类 s_1 的$[1, 1]^{\mathrm{T}}$和$[1, -1]^{\mathrm{T}}$，属于类 s_2 的$[-1, 1]^{\mathrm{T}}$和$[-1, -1]^{\mathrm{T}}$。这 4 个点在以原点为中心的正方形的 4 个顶点处，这里的最优超平面为一条直线，其方程为 $g(x) = w_1x_1 + w_2x_2 + w_0 = 0$。

由于几何关系比较简单，可以通过观察直接得到 $w_2 = w_0 = 0$，$w_1 = 1$，即最优超平面 $g(x) = x_1 = 0$。在该例中，4 个点都是支持向量。

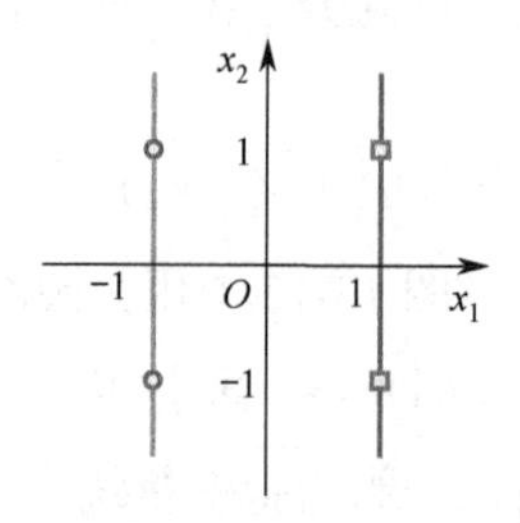

图 13-13　两类样本分类示例 □

最后需要指出，多类问题也可以用**支持向量机**来解决。具体方法有多种，一种简单的思路是将前述二分类问题的方法直接推广，将有 M 类的问题考虑成 M 个二分类问题。对每个类模式都设计一个最优的鉴别（Discriminate）函数 $g_i(x)$（$i = 1, 2, \cdots, M$），使得 $g_i(x) > g_j(x)$（$\forall i \neq j$，$x \in s_i$）。根据支持向量机，对每个类 s_i 都设计一个鉴别函数 $g_i(x)$以便将类 s_i 与其他类区分开。这样得到的线性函数将对 $\boldsymbol{x} \in s_i$ 给出 $g_i(x) > 0$，而对其他情况给出 $g_i(x) < 0$。

13.4　各节要点和进一步参考

以下指出各节的一些要点，并介绍一些可以进一步查阅的参考文献。

1. 不变量交叉比

交叉比是一种模式分类中常用的不变量，更多细节还可参见文献[1]。为使交叉比为不变量，借助共线点定义交叉比需要 4 个点，而借助非共线点定义交叉比需要 5 个点。构建对称交叉比函数的方法对构建其他对称函数也有启发。利用交叉比设计快速、有效的图标匹配描述符的相关工作可参见文献[2]。

2. 统计模式分类

对于统计模式分类，相关的参考书籍很多，如可参见文献[3]。有关分类器设计的内容还可参见文献[4]和文献[5]，利用去噪自编码器模型进行目标分类的内容可参见文献[6]，借助流形结构进行字典学习以实现目标分类的内容可参见文献[7]，借助稀疏表达技术进行目标分类的内容可参见文献[8]和文献[9]，将稀疏编码和字典学习相结合的方法可参见文献[10]，自适应自举的扩展介绍可参见文献[11]，自适应自举的示例和快速算法可参见文献[12]。一个深度学习方法在目标识别方面的综述可参见文献[13]。

3．支持向量机

支持向量机是统计学习理论的第一个实际成果，它的最初应用就是在模式识别方面，并且成为统计模式分类的重要手段。关于支持向量机的更多介绍可参见文献[14]，对统计学习理论及支持向量机的全面描述可参见文献[15]。在两个类的最优线性分类器中，其分类超平面与两个类都有最大距离的结论可从数学上证明，可参见文献[5]。

附录A 二值数学形态学

数学形态学是图像分析中一种常用的方法，其基本思想是利用具有一定形态的结构元素量度和提取图像中的对应形状，从而达到对图像进行分析和识别的目的。数学形态学在计算机视觉中的应用是简化图像数据，在保持基本的形状特性的基础上去除不相关的结构。数学形态学算法具有天然的并行实现的结构。

数学形态学的操作对象可以是二值图像也可以是灰度图像。此处仅介绍面向二值图像的数学形态学。

A.1 节介绍基本集合定义，为之后的内容打好基础。

A.2 节介绍二值数学形态学基本运算，包括膨胀、腐蚀、开启、闭合。

A.3 节先引入击中–击不中变换，再将其与基本运算相结合，构成能实现基础图像处理和分析功能的二值组合运算。

A.4 节讨论一些由基本运算和组合运算构成的二值数学形态学实用算法，给出几个解决实际图像分析问题的示例。

A.1 基本集合定义

数学形态学的数学基础和所用语言是集合论，下面先给出一些基本的**集合**名词的定义。

（1）集合（集）：具有某种性质的、确定的、有区别的事物的全体（集合本身也是一种事物）。常用大写字母（如 A、B）表示。如果某种事物不存在，就称这种事物的全体是空集，规定所有空集都相同，记为∅。在之后的介绍中，设 A、B、C 等均为欧几里得空间中的集合。

（2）元素：构成集合的事物。常用小写字母（如 a、b）表示。任何事物都不是∅中的元素。

（3）子集：当且仅当集合 A 的元素都属于集合 B 时，称集合 A 为集合 B 的子集。

（4）并集：由集合 A 和集合 B 的所有元素组成的集合称为集合 A 和集合 B 的并集。

（5）交集：由集合 A 和集合 B 的公共元素组成的集合称为集合 A 和集合 B 的交集。

（6）补集：集合 A 的补集记为 A^c，定义为

$$A^c = \{x \mid x \notin A\} \tag{A-1}$$

（7）**位移**：集合 A 对 x 的位移记为$(A)_x$，定义为

$$(A)_x = \{y \mid y = a + x, a \in A\} \tag{A-2}$$

（8）**映像**：集合 A 的映像（也称为映射）记为 $\hat{A}$，定义为

$$\hat{A} = \{x \mid x = -a, a \in A\} \tag{A-3}$$

（9）差集：集合 A 和集合 B 的差集记为 $A - B$，定义为

$$A - B = \{x \mid x \in A, x \notin B\} = A \cap B^c \tag{A-4}$$

□　例 A-1　基本集合定义

如果 a 是集合 A 的元素，记为 $a \in A$（读作“a 属于 A”）；如果 a 不是集合 A 的元素，记为 $a \notin A$（读作“a 不属于 A”）。因为$\in$和$\notin$在逻辑上彼此否定，所以上述两种情况不能同时成立，也不能都不成立。

当一个集合由有限个元素构成时，可具体写出，如 $A = \{a, b, c\}$。为标明集合的特征，常标出元素的特征，一般用$\{x : x$ 具有性质 $P\}$或$\{x|x$ 具有性质 $P\}$来表示。

假设某种事物只有一个，记为 a，那么这种事物的全体是集合$\{a\}$，a 是集合$\{a\}$中唯一的元素。需要注意的是，a 和$\{a\}$一般是不同的概念，如$\{\varnothing\}$中有唯一的元素$\varnothing$，但$\varnothing$中没有元素。

如果集合 A 是集合 B 的子集，记为 $A \subseteq B$（读作“A 包含于 B”）或 $B \supseteq A$（读作“B 包含 A”）；如果集合 A 不是集合 B 的子集，记为 $A \not\subset B$（读作“A 不包含于 B”）。因为$\subseteq$和$\not\subset$在逻辑上彼此否定，所以这两种情况不能同时成立，也不能都不成立。

集合 A 和集合 B 的并集记为 $A \cup B$（$x \in A \cup B \Leftrightarrow x \in A$ 或 $x \in B$），集合 A 和集合 B 的交集记为 $A \cap B$（$x \in A \cap B \Leftrightarrow x \in A$ 且 $x \in B$），“$\Leftrightarrow$”读作“等价于”。

图 A-1 给出一些基本集合的图示，其中图 A-1(a)给出集合 A（阴影区域，黑色点指示参考原点）和它的补集（白色区域）；图 A-1(b)给出集合 A 的位移$(A)_x$，即集合 A 平移后的结果，这里 $\boldsymbol{x} = (x_1, x_2)$；图 A-1(c)给出集合 A 的映像 $\hat{A}$（在平面上旋转了 180°），映像集合与原集合是对称的，也可以说是互为转置的；图 A-1(d)给出集合 A 和另一个集合 B（浅阴影区域）的差集 $A - B$（深阴影区域，属于集合 A 但不

属于集合 B 的区域)。

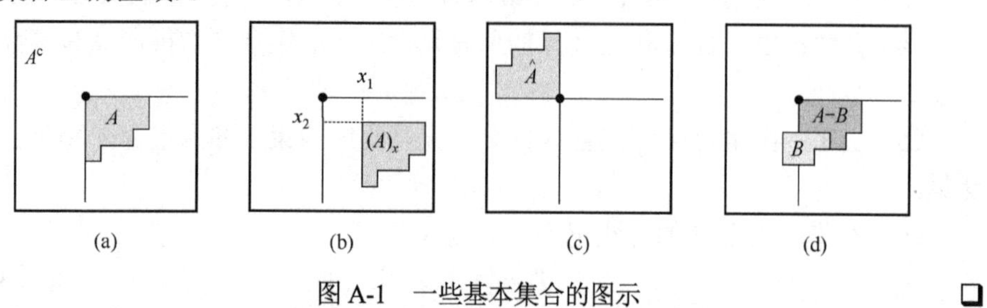

图 A-1　一些基本集合的图示 □

上述集合间的基本操作与 3.1 节介绍的基于二值图像的基本逻辑运算有密切联系。事实上，补集概念与逻辑补运算相对应，并集操作与逻辑或运算相对应，而交集操作与逻辑与运算相对应。

A.2　二值数学形态学基本运算

二值数学形态学的运算对象涉及两个集合，一般称 A 为图像集合，B 为**结构元素**（本身仍是图像集合），数学形态学运算记为用 B 对 A 进行操作。每个结构元素有一个原点，它是结构元素参与运算的参考点，但原点并不一定属于结构元素。在之后的内容中，用阴影区域代表值为 1 的区域，用白色区域代表值为 0 的区域，运算是对图像中值为 1 的区域进行的。

A.2.1　二值膨胀和腐蚀

在二值数学形态学中，最基本的一对运算是膨胀和腐蚀。

1. 膨胀

膨胀的符号为⊕，用 B 膨胀 A 写作 $A \oplus B$，其定义为

$$A \oplus B = \left\{ \boldsymbol{x} \mid \left[(\hat{B})_{\boldsymbol{x}} \cap A \right] \neq \varnothing \right\} \tag{A-5}$$

式（A-5）表明，用 B 膨胀 A 的过程是先对 B 做关于原点的映射，再将其映像平移 $\boldsymbol{x}$，这里要求 A 与 B 映像的交集不为空集。换句话说，用 B 膨胀 A 得到的集合是当 $\hat{B}$ 的位移与 A 中至少一个非零元素相交时 B 的原点位置的集合。根据这个解释，式（A-5）也可写成

$$A \oplus B = \left\{ \boldsymbol{x} \mid \left[(\hat{B})_{\boldsymbol{x}} \cap A \right] \subseteq A \right\} \tag{A-6}$$

式（A-6）可帮助我们借助卷积概念来理解膨胀操作。如果将 B 看作一个卷积的**模板**，膨胀就是先对 B 做关于原点的映射，再将映像连续地在 A 上移动而实现的。

❑ 例A-2 膨胀运算图解

图A-2给出膨胀运算图解，其中图A-2(a)中的阴影部分为集合A，图A-2(b)中的阴影部分为结构元素B（标有“+”处为原点），其映像如图A-2(c)所示，而图A-2(d)中的两个阴影部分（其中用深色标记扩大的部分）合起来为$A \oplus B$。由此可见膨胀使原始区域扩张了（增长了）。

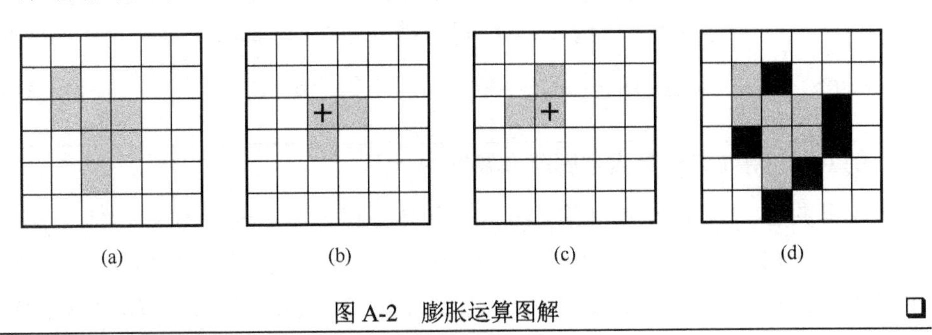

图A-2 膨胀运算图解 ❑

2. 腐蚀

腐蚀的符号为⊖，用B腐蚀A写作$A \ominus B$，其定义为

$$A \ominus B = \left\{ \boldsymbol{x} \middle| (B)_{\boldsymbol{x}} \subseteq A \right\} \tag{A-7}$$

式（A-7）表明，用B腐蚀A的结果是所有$\boldsymbol{x}$的集合，B平移$\boldsymbol{x}$后仍在A中。换句话说，用B腐蚀A得到的集合是当B完全包含在A中时B的原点位置的集合。式（A-7）也可帮助我们借助相关概念来理解腐蚀操作。

❑ 例A-3 腐蚀运算图解

图A-3给出腐蚀运算图解。其中图A-3(a)中的集合A和图A-3(b)中的结构元素B都与图A-2相同，图A-3(c)中深色阴影部分为$A \ominus B$（浅色为原本属于A但现在被腐蚀掉的部分）。由此可见腐蚀使原始区域收缩了。

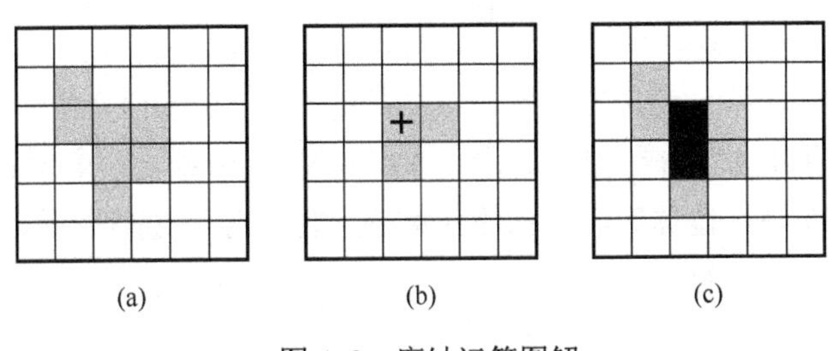

图A-3 腐蚀运算图解 ❑

3．用向量运算实现膨胀和腐蚀

除前述比较直观的定义外，膨胀和腐蚀还有一些等价的定义。这些定义各有特点，如膨胀和腐蚀都可以通过向量运算或位移运算来实现，而且在用计算机完成膨胀和腐蚀时更为方便。

先看向量运算，膨胀和腐蚀可分别表示为

$$A \oplus B = \left\{ \boldsymbol{x} \middle| \boldsymbol{x} = \boldsymbol{a} + \boldsymbol{b}, \text{对于某些}\ \boldsymbol{a} \in A\ \text{和}\ \boldsymbol{b} \in B \right\} \tag{A-8}$$

$$A \ominus B = \left\{ \boldsymbol{x} \middle| (\boldsymbol{x} + \boldsymbol{b}) \in A, \text{对于每个}\ \boldsymbol{b} \in B \right\} \tag{A-9}$$

❑ 例 A-4　用向量运算实现膨胀和腐蚀的示例

参见图 A-2，以图像左上角为(0, 0)，可将 A 和 B 分别表示为 A = {(1, 1), (1, 2), (2, 2), (3, 2), (2, 3), (3, 3), (2, 4)}；B = {(0, 0), (1, 0), (0, 1)}。用向量运算进行膨胀可表示为 $A \oplus B$ = {(1, 1), (1, 2), (2, 2), (3, 2), (2, 3), (3, 3), (2, 4), (2, 1), (2, 2), (3, 2), (4, 2), (3, 3), (4, 3), (3, 4), (1, 2), (1, 3), (2, 3), (3, 3), (2, 4), (3, 4), (2, 5)} = {(1, 1), (2, 1), (1, 2), (2, 2), (3, 2), (4, 2), (1, 3), (2, 3), (3, 3), (4, 3), (2, 4), (3, 4), (2, 5)}。这个结果与图 A-2(d)相同。同理，如果用向量运算进行腐蚀可得到 $A \ominus B$ = {(2, 2), (2, 3)}。对照图 A-3(c)可验证该结果。 ❑

4．用位移运算实现膨胀和腐蚀

位移运算与向量运算有密切联系，向量的和就是一种位移运算。根据式（A-2），可由式（A-8）得到膨胀的位移运算公式：

$$A \oplus B = \bigcup_{b \in B} (A)_b \tag{A-10}$$

式（A-10）表明，$A \oplus B$ 的结果是将 A 按每个 $b \in B$ 进行位移后得到的并集。也可解释为，用 B 膨胀 A 就是按每个 b 来位移 A 并将结果或（OR）起来。

根据式（A-2），可由式（A-9）得到腐蚀的位移运算公式：

$$A \ominus B = \bigcap_{b \in B} (A)_{-b} \tag{A-11}$$

式（A-11）表明，$A \ominus B$ 的结果是将 A 按每个 $b \in B$ 进行负位移后得到的交集。也可解释为，用 B 腐蚀 A 就是按每个 b 来负位移 A 并将结果并（AND）起来。

在将 A 按 b 进行位移后，得到的并集等于将 B 按 a 进行位移后得到的并集，所以式（A-10）可写为

$$A \oplus B = \bigcup_{a \in A} (B)_a \tag{A-12}$$

将A按b进行负位移后得到的交集等于将B按a进行负位移后得到的交集，所以可将式（A-11）写为

$$A \ominus B = \bigcap_{a \in A} (B)_{-a} \tag{A-13}$$

□　例A-5　一个消除二值图像中椒盐噪声的简单算法

设受椒盐噪声影响的原始二值图像为$f(x, y)$，消除噪声后的图像为$g(x, y)$，考虑一个像素的8-邻域$N(x, y)$，则消除二值图像中椒盐噪声的简单算法如下。

（1）计算：$s = \sum_{\substack{(p,q) \in N(x,y) \\ (p,q) \neq (x,y)}} f(p,q)$。

（2）判断：如果$s = 0$，则$g(x, y) = 0$；如果$s = 8$，则$g(x, y) = 1$；否则$g(x, y) = f(x, y)$。

上述算法可以调整，以推广为消除二值图像中目标区域边界上的毛刺。

（1）计算：$s = \sum_{\substack{(p,q) \in N(x,y) \\ (p,q) \neq (x,y)}} f(p,q)$。

（2）判断：如果$s \leqslant 1$，则$g(x, y) = 0$；如果$s \geqslant 7$，则$g(x, y) = 1$；否则$g(x, y) = f(x, y)$。　□

5．膨胀、腐蚀与集合运算的结合

集合运算与膨胀、腐蚀的结合有如下性质。

（1）集合的并集运算与膨胀运算可交换顺序（并集的膨胀等于膨胀的并集）：

$$B \oplus (A_1 \cup A_2) = (A_1 \cup A_2) \oplus B = (A_1 \oplus B) \cup (A_2 \oplus B) \tag{A-14}$$

（2）集合的并集运算与腐蚀运算不可交换顺序（并集的腐蚀包含腐蚀的并集）：

$$\begin{aligned} (A_1 \cup A_2) \ominus B &\supseteq (A_1 \ominus B) \cup (A_2 \ominus B) \\ B \ominus (A_1 \cup A_2) &= (A_1 \ominus B) \cap (A_2 \ominus B) \end{aligned} \tag{A-15}$$

（3）集合的交集运算与膨胀运算不可交换顺序（膨胀的交集包含交集的膨胀）：

$$B \oplus (A_1 \cap A_2) = (A_1 \cap A_2) \oplus B \subseteq (A_1 \oplus B) \cap (A_2 \oplus B) \tag{A-16}$$

（4）集合的交集运算与腐蚀运算可交换顺序（交集的腐蚀等于腐蚀的交集）：

$$(A_1 \cap A_2) \ominus B = (A_1 \ominus B) \cap (A_2 \ominus B) \tag{A-17}$$

□　例A-6　膨胀与逻辑运算的结合示例

将膨胀与逻辑运算结合使用，可获得中间镂空的标签，可用于覆盖在全黑或全白的图像区域上以进行标注。具体做法：先将需要处理的标签（原始标签）进

行膨胀，再将结果与原始标签进行 XOR 运算，得到的标签在全黑或全白的区域中都能看得比较清楚。如图 A-4 所示，其中图 A-4(a)为原始标签，图 A-4(b)为用上述方法得到的镂空标签。

Label 标签 Label 标签

(a) (b)

图 A-4 膨胀与逻辑运算的结合示例

A.2.2 二值开启和闭合

开启和闭合也是一对基本的二值数学形态学运算。

1. 定义

膨胀和腐蚀并不互为逆运算，所以它们可以级连结合使用。例如，可先对图像进行腐蚀，然后膨胀其结果，或先对图像进行膨胀，然后腐蚀其结果（这里使用同一个结构元素）。前一种运算称为开启，后一种运算称为闭合。

开启的符号为○，用 B 开启 A 写作 $A \circ B$，其定义为

$$A \circ B = (A \ominus B) \oplus B \tag{A-18}$$

闭合的符号为•，用 B 闭合 A 写作 $A \bullet B$，其定义为

$$A \bullet B = (A \oplus B) \ominus B \tag{A-19}$$

开启和闭合都可以去除比结构元素小的特定图像细节，同时保证不产生全局的几何失真。开启可以把比结构元素小的突刺滤掉，切断细长连接而起到分离作用；闭合可以填充比结构元素小的缺口或孔，连接短的间断而起到连通作用。

开启和闭合从图像中提取与其结构元素相匹配的形状的能力可分别由开启特性定理和闭合特性定理得到：

$$A \circ B = \left\{ x \in A \mid \text{对于某些}\ t \in A \ominus B,\ x \in (B)_t\ \text{且}\ (B)_t \subseteq A \right\} \tag{A-20}$$

$$A \bullet B = \left\{ x \mid x \in (\hat{B})_t \Rightarrow (\hat{B})_t \bigcap A \neq \varnothing \right\} \tag{A-21}$$

式（A-20）表明，用 B 开启 A 就是选出了 A 中某些与 B 相匹配的点，这些点可由完全包含在 A 中的 B 的平移得到。式（A-21）表明，用 B 闭合 A 的结果包括所有满足如下条件的点：当点被经过映射和位移的结构元素覆盖时，A 与经过映射

和位移的结构元素的交集不为空。

2．几何解释

可以结合集合论实现的方法，对开启和闭合进行简单的几何解释。对于开启，可将结构元素看作一个（平面上的）圆，开启的结果就是结构元素在被开启集合内滚动而得到的外沿。根据开启的性质，可得到基于集合论的实现方法，即用 B 开启 A 可通过对所有将 B 填充在 A 内的结果进行平移并求并集得到。换句话说可用如下过程来描述开启：

$$A \circ B = \bigcup \left\{ (B)_x \middle| (B)_x \subset A \right\} \tag{A-22}$$

在图 A-5 中，图 A-5(a)给出 A，图 A-5(b)给出 B，图 A-5(c)是 B 在 A 中的几个位置，图 A-5(d)给出用 B 开启 A 的最终结果。

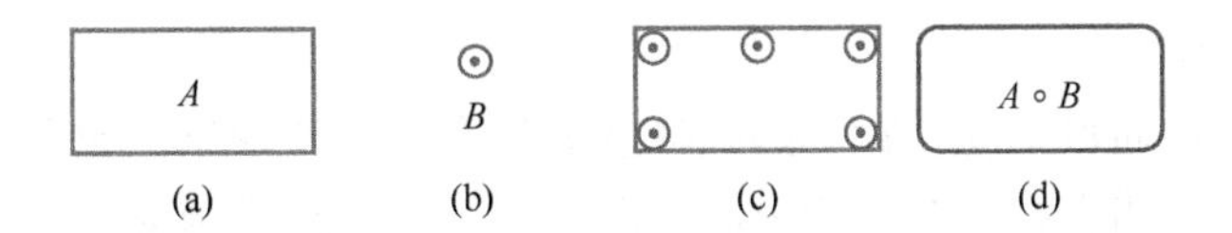

图 A-5　开启的填充特性

对于闭合，可以有相似的几何解释，只是此时在背景中考虑结构元素。在图 A-6 中，图 A-6(a)给出 A，图 A-6(b)给出 B，图 A-6(c)是 B 在 A^c 中的几个位置，图 A-6(d)给出用 B 闭合 A 的最终结果。

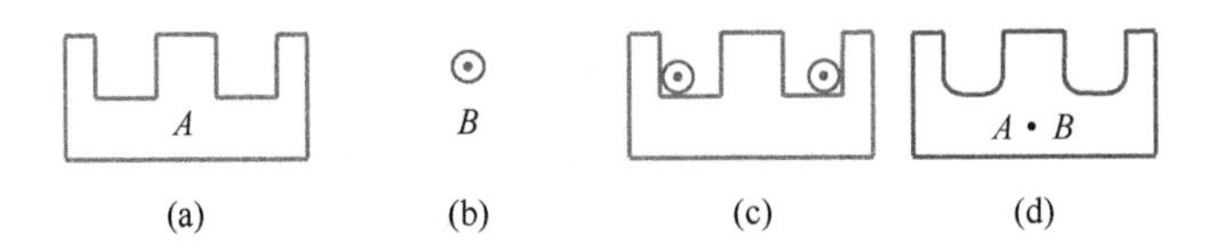

图 A-6　闭合的几何解释

3．开启、闭合与集合的关系

开启、闭合与集合的关系可用如表 A-1 所示的 4 个互换特性表示。

在操作对象为多幅图像的情况下，可借助集合的性质来使用开启和闭合。

（1）开启与并集：并集的开启包含开启的并集。

（2）开启与交集：交集的开启包含于开启的交集。

（3）闭合与并集：并集的闭合包含闭合的并集。

（4）闭合与交集：交集的闭合包含于闭合的交集。

表 A-1　开启和闭合与集合的关系

操　作	并　集	交　集
开启	$\left(\bigcup_{i=1}^{n} A_i\right)\circ B \supseteq \bigcup_{i=1}^{n}(A_i \circ B)$	$\left(\bigcap_{i=1}^{n} A_i\right)\circ B \subseteq \bigcap_{i=1}^{n}(A_i \circ B)$
闭合	$\left(\bigcup_{i=1}^{n} A_i\right)\bullet B \supseteq \bigcup_{i=1}^{n}(A_i \bullet B)$	$\left(\bigcap_{i=1}^{n} A_i\right)\bullet B \subseteq \bigcap_{i=1}^{n}(A_i \bullet B)$

❑　**例 A-7　4 种基本运算的对比示例**

4 种基本运算的对比示例如图 A-7 所示，其给出 4 种基本运算作用于如图 A-7(a)所示的原始集合后的结果（这里使用的结构元素为原点及其 4-邻域）。图 A-7(b)～图 A-7(e)分别对应膨胀、腐蚀、开启和闭合的结果。其中，图 A-7(b)中的深色像素为膨胀出的像素，图 A-7(d)中的深色像素为腐蚀后又膨胀出的像素，而图 A-7(e)中的深色像素为膨胀出的像素中没有被之后的腐蚀去除的像素。很明显，有 $A \ominus B \subset A \subset A \oplus B$。

另外，开启通过消除目标上的尖峰（或狭窄带）实现平滑轮廓并使目标更加紧凑的目的，而闭合则可对目标上的凹陷（或孔洞）进行填充。两种操作都能降低轮廓的非规则性。

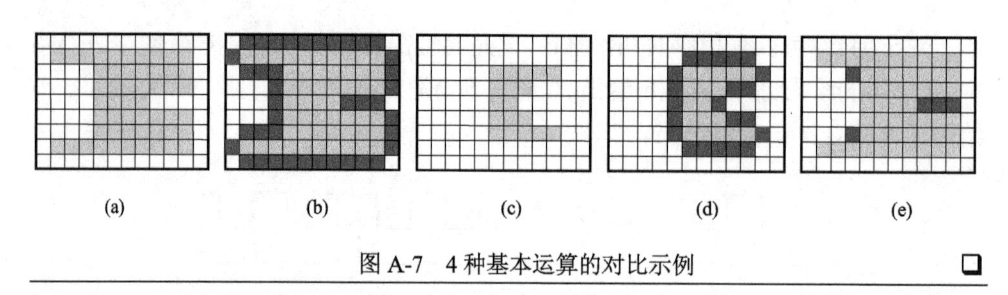

(a)　(b)　(c)　(d)　(e)

图 A-7　4 种基本运算的对比示例　❑

A.3　二值数学形态学组合运算

A.2 介绍了二值数学形态学的 4 种基本运算（膨胀、腐蚀、开启、闭合）。有人将击中–击不中变换也看作二值数学形态学的基本运算。将击中–击不中变换与前述 4 种基本运算结合，可组成各种形态分析的组合运算和实用算法，本节介绍一些组合运算，A.4 节介绍几个实用算法。

A.3.1　击中–击不中变换

数学形态学里的**击中–击不中变换**或**击中–击不中算子**是一种基本的形状检测

工具，也是许多组合运算的基础。击中-击不中变换实际上对应两个操作，所以要用到两个结构元素。设 A 为原始图像，E 和 F 为一对互不重合的集合（它们定义了一对结构元素），击中-击不中变换用符号⇑表示，定义为

$$A \Uparrow (E,F) = (A \ominus E) \cap (A^c \ominus F) = (A \ominus E) \cap (A \oplus F)^c \qquad \text{(A-23)}$$

击中-击不中变换输出结果中的任意一个像素 z 都满足两个条件：$E+z$ 是 A 的子集，$F+z$ 是 A^c 的子集。反过来，满足上述两个条件的像素 z 一定在击中-击不中变换的结果中。E 和 F 分别称为击中结构元素和击不中结构元素，如图 A-8 所示。其中，图 A-8(a)是击中结构元素，图 A-8(b)是击不中结构元素，图 A-8(c)给出 4 个原始图像，图 A-8(d)是对它们进行击中-击不中变换的结果（深色像素）。需要注意的是，两个结构元素需要满足 $E \cap F = \varnothing$，否则击中-击不中变换将会得到空集。

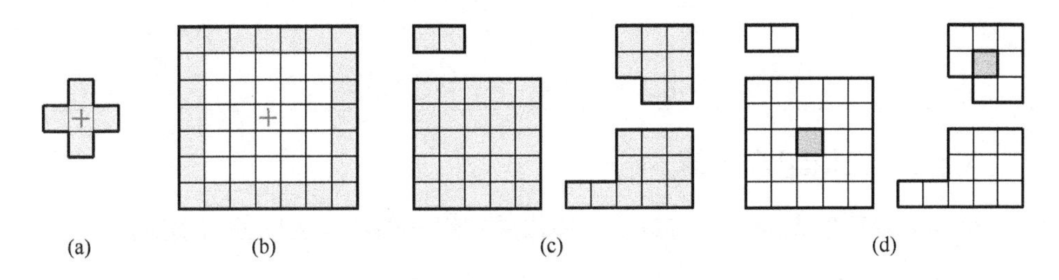

(a)　(b)　(c)　(d)

图 A-8　击中结构元素和击不中结构元素示意

❑ 例 A-8　不同结构元素的效果对比

在击中-击不中变换中使用不同的结构元素会得到不同的结果，如图 A-9 所示。对于图 A-9(c)，如果使用如图 A-9(b)所示的结构元素，结果如图 A-9(a)中深色像素所示；如果使用如图 A-9(d)所示的结构元素，结果如图 A-9(e)中深色像素所示。在图 A-9(b)和图 A-9(d)的结构元素中，“+”指示击中结构元素，“−”指示击不中结构元素。

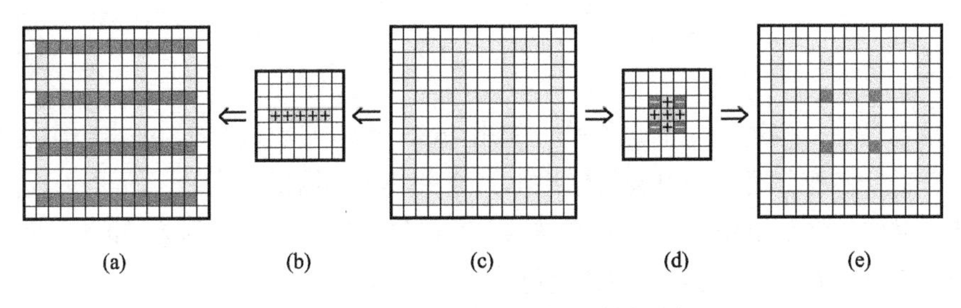

(a)　(b)　(c)　(d)　(e)

图 A-9　不同结构元素的效果对比　❑

❑ 例 A-9 击中–击不中变换示例

参见图 A-10，其中•和∘分别代表目标和背景像素，未画出的像素为不需要考虑的像素。令 B 为如图 A-10(a)所示的结构元素，箭头指示与结构元素中心（原点）对应的像素。如果给出如图 A-10(b)所示的目标 A，则 $A \Uparrow B$ 的结果如图 A-10(c)所示。图 A-10(d)给出进一步的解释，在 $A \Uparrow B$ 的结果中，保留的目标像素对应 A 中邻域与结构元素 B 对应的像素。

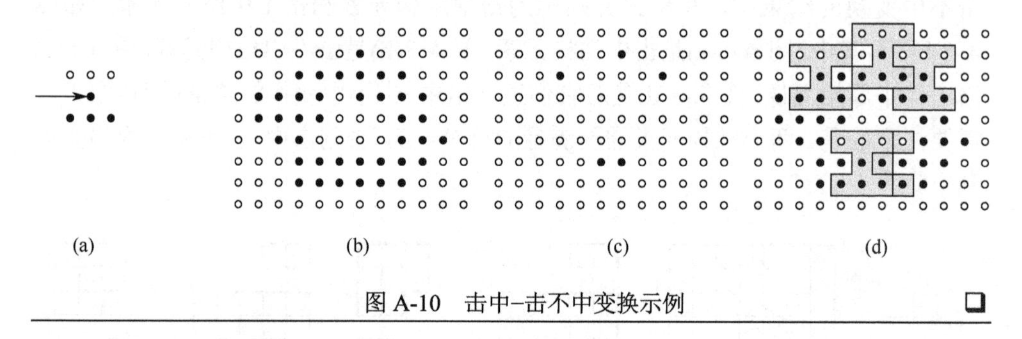

图 A-10 击中–击不中变换示例 ❑

A.3.2 二值组合运算

组合运算可以完成一些有意义的操作或实现一些特定的图处理功能。

1. 区域凸包

区域的**凸包**是一种表达区域的方式（见 9.5 节）。给定一个集合 A，可用简单的数学形态学算法得到它的凸包 $H(A)$。令 B_i（$i = 1, 2, 3, 4$）代表 4 个结构元素，先构造

$$X_i^k = \left(X_i^{k-1} \Uparrow B_i\right) \cup A \quad \begin{array}{l} i = 1,2,3,4 \\ k = 1,2,\cdots \end{array} \tag{A-24}$$

其中，$X_i^0 = A$。现在令 $D_i = X_i^{\text{conv}}$，其中上角标 conv 表示在 $X_i^k = X_i^{k-1}$ 意义下收敛。根据这些定义，A 的凸包可表示为

$$H(A) = \bigcup_{i=1}^{4} D_i \tag{A-25}$$

换句话说，构造凸包的过程是，先用 B_1 对 A 迭代地进行击中–击不中变换，当没有进一步变化时，将得到的结果与 A 求并集，将结果记为 D_1；再用 B_2 进行迭代和求并集，将结果记为 D_2；再用 B_3 和 B_4 重复上述过程，得到 D_3 和 D_4；最后对 4 个结果 D_1、D_2、D_3、D_4 求并集就得到 A 的凸包。

❑ 例 A-10 凸包构造示例

图 A-11 给出凸包构造示例。图 A-11(a)给出 4 个结构元素，各结构元素的原点都在其中心处，“×”表示其值可为任意值。图 A-11(b)给出需要构造凸包的集合 A。图 A-11(c)是从 $X_1^0 = A$ 开始，利用式（A-24）进行 4 次迭代的结果。图 A-11(d)～图 A-11(f)是分别从 $X_2^0 = A$、$X_3^0 = A$、$X_4^0 = A$ 开始，利用式（A-24）进行 2 次、8 次、2 次迭代的结果。最后根据式（A-25）对上面 4 个结果求并集，得到如图 A-11(g)所示的凸包。图 A-11(h)用数字指出各结构元素为构造凸包所做的贡献。

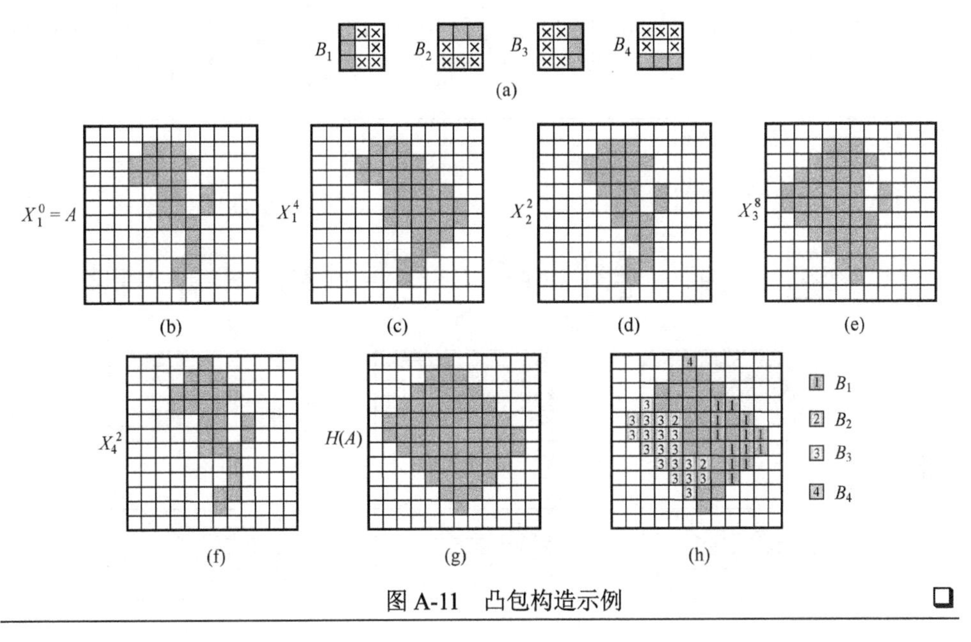

图 A-11 凸包构造示例 ❑

2. 细化

在有些应用（如骨架提取）中，我们希望能腐蚀目标区域但不要将其分割成多个子区域（剩下的目标区域仍是连通区域）。这里需要先检测位于目标区域边缘的一些像素，如果将它们除去后不会将区域分裂成多个子区域，就可将它们除去。这个工作可用**细化**操作完成。用结构元素 B 细化集合 A 记作 $A \otimes B$，$A \otimes B$ 可借助击中-击不中变换进行定义：

$$A \otimes B = A - (A \Uparrow B) = A \bigcap (A \Uparrow B)^c \tag{A-26}$$

在式（A-26）中，击中-击不中变换用来确定应进行细化的像素，然后再从原始集合 A 中将其除去。在实际应用中，一般使用一系列小尺寸的模板，如果定义一个结构元素系列$\{B\} = \{B_1, B_2, \cdots, B_n\}$，其中$B_{i+1}$代表将$B_i$进行旋转的结果，则细化也可定义为

$$A \otimes \{B\} = A - ((\cdots((A \otimes B_1) \otimes B_2) \cdots) \otimes B_n) \tag{A-27}$$

换句话说，这个过程是先用B_1细化一遍，再用B_2对前面的结果进行细化，直到用B_n对之前的结果进行细化。整个过程可重复进行直到没有变化产生。

如式（A-28）所示的一组（4 个）结构元素（击中–击不中模板）可用于细化（x表示取值不重要）。

$$B_1 = \begin{bmatrix} 0 & 0 & 0 \\ x & 1 & x \\ 1 & 1 & 1 \end{bmatrix} \quad B_2 = \begin{bmatrix} 0 & x & 1 \\ 0 & 1 & 1 \\ 0 & x & 1 \end{bmatrix} \quad B_3 = \begin{bmatrix} 1 & 1 & 1 \\ x & 1 & x \\ 0 & 0 & 0 \end{bmatrix} \quad B_4 = \begin{bmatrix} 1 & x & 0 \\ 1 & 1 & 0 \\ 1 & x & 0 \end{bmatrix} \tag{A-28}$$

❑ 例 A-11 细化示例

图 A-12 给出细化示例。

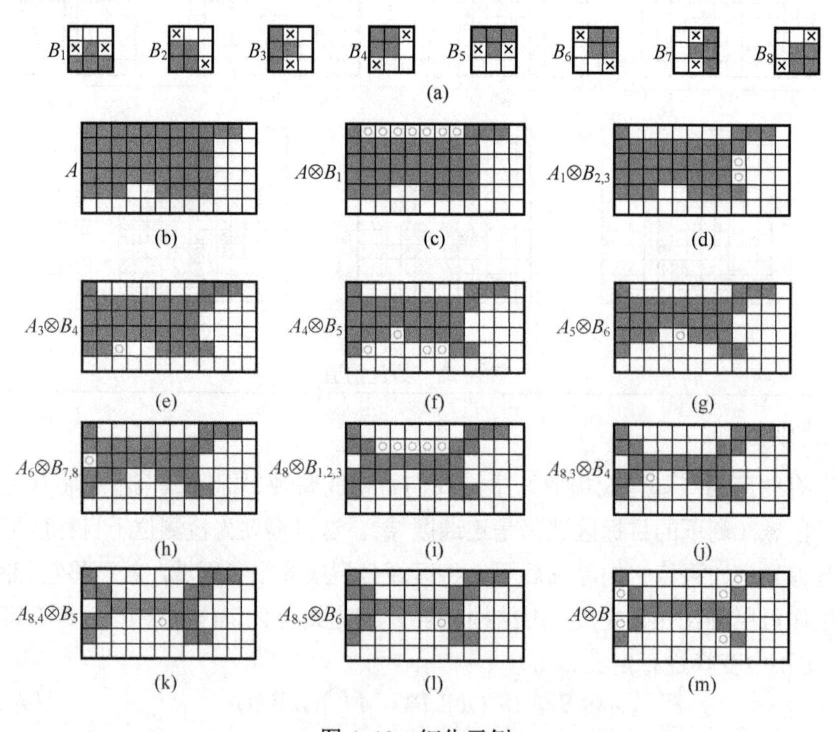

图 A-12 细化示例

图 A-12(a)是一组常用的细化结构元素，各结构元素的原点都在其中心处，“×”

表示其值可为任意值，白色像素和灰色像素分别取值 0 和 1。如果将用 B_1 检测出的点从目标中除去，目标将从上部得到细化，如果将用 B_2 检测出来的点从目标中除去，目标将从右上角得到细化，以此类推。如果使用如图 A-12(a)所示一组结构元素，则可得到对称的结果。另外，下标为奇数的 4 个结构元素具有较强的细化能力，而下标为偶数的 4 个结构元素的细化能力较弱。

图 A-12(b)给出需要细化的集合，其原点设在左上角。图 A-12(c)～图 A-12(k)给出用各结构元素依次细化的结果（圆圈标记在当前步骤中被细化的像素）。当用 B_6 进行第二次细化后的结果如图 A-12(l)所示，将细化结果转换成混合连通以解决图 A-12(l)中多路连通问题的结果如图 A-12(m)所示。 □

3. 粗化

用结构元素 B 粗化集合 A 记作 $A \circledast B$。**粗化**从形态学角度来说与细化相对应，可定义为

$$A \circledast B = A \bigcup (A \Uparrow B) \tag{A-29}$$

与细化类似，粗化也可用一系列操作来定义

$$A \circledast \{B\} = ((\cdots((A \circledast B_1) \circledast B_2) \cdots) \circledast B_n) \tag{A-30}$$

粗化所用的结构元素与细化所用的结构元素类似，只需将图 A-12(a)中的白色和灰色像素（0 和 1）进行对换。在实际应用中，可先细化背景，然后求补以得到粗化的结果。换句话说，如果要粗化集合 A，可先构造 $D = A^c$，然后细化 D，最后求 D^c。

□ 例 A-12 利用细化进行粗化示例

在图 A-13 中，图 A-13(a)为集合 A，图 A-13(b)为 $D=A^c$，图 A-13(c)为对 D 进行细化的结果，图 A-13(d)为对图 A-13(c)求补得到的 D^c，最后，在粗化后进行简单的后处理，去除离散点就得到图 A-13(e)。

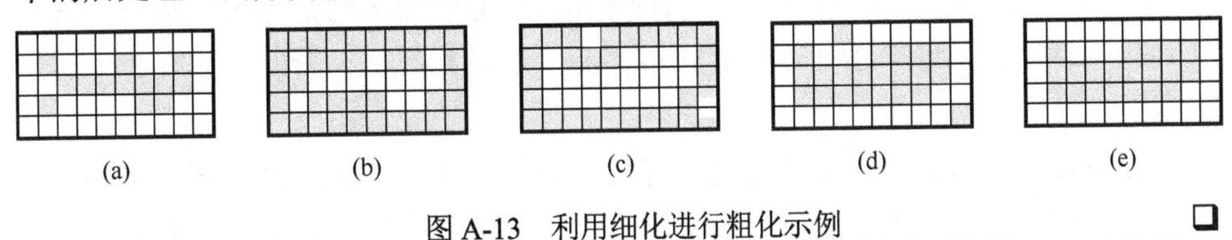

(a) (b) (c) (d) (e)

图 A-13 利用细化进行粗化示例 □

4. 剪切

剪切是细化和骨架提取操作的重要补充，或者说其常是细化和骨架提取的后处理手段，因为细化和骨架提取常会留下多余的寄生组元，需要采用一些后处理

手段来去除。剪切可借助前述几种方法的组合来实现。为解释剪切过程，可考虑自动识别手写字符方法，一般要对字符骨架的形状进行分析。这些骨架含有在腐蚀字符笔画的过程中由不均匀性导致的寄生段。

图 A-14(a)给出一个手写字符“a”的骨架，最左端的寄生段是一个典型的寄生组元。为消除这个寄生段，可以连续地消除它的端点，当然在这个过程中也会缩短或消除字符中的其他线段。假设寄生段的长度不超过 3 个像素，则仅会消除长度不超过 3 个像素的线段。

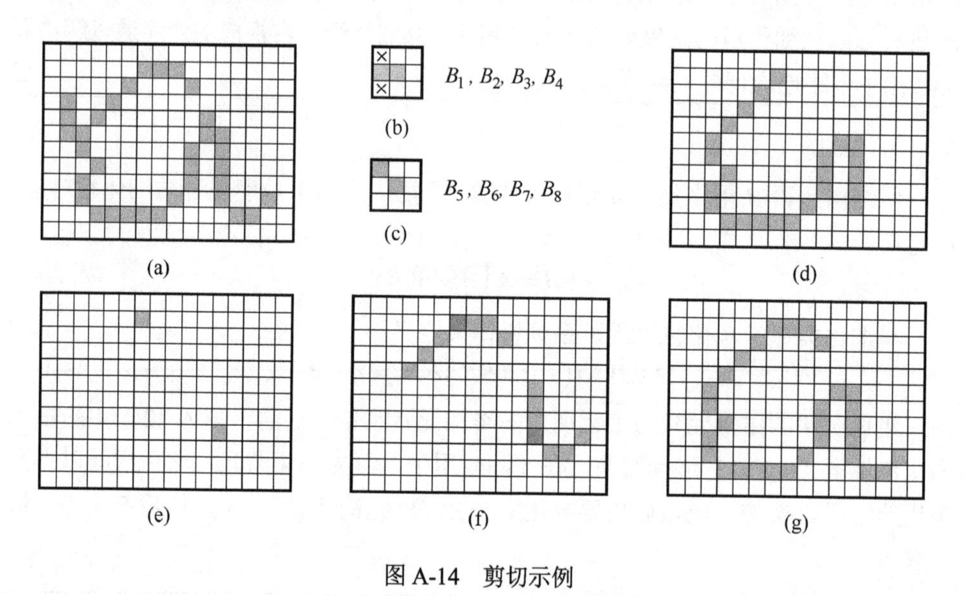

图 A-14　剪切示例

对于一个集合 A，用一系列能检测端点的结构元素细化 A 就可得到需要的结果。如果令

$$X_1 = A \otimes \{B\} \tag{A-31}$$

其中，$\{B\}$代表如图 A-14(b)和图 A-14(c)所示的用于细化的结构元素系列。这个系列有两种结构，每个系列通过旋转可得到 4 个结构元素，所以一共有 8 个结构元素。

根据式（A-31）对 A 细化 3 次，得到如图 A-14(d)所示的 X_1。下一步是恢复字符以得到消除了寄生段的原始形状。为此，先构造一个包含 X_1 中所有端点的集合 X_2，如图 A-14(e)所示。

$$X_2 = \bigcup_{k=1}^{8} \left(X_1 \Uparrow B_k \right) \tag{A-32}$$

其中，B_k是端点检测器。接下来，以 A 为限制，将端点膨胀 3 次（条件膨胀）：

$$X_3 = \left(X_2 \oplus H\right) \cap A \tag{A-33}$$

其中，H 是一个所有像素值均为 1 的 3×3 结构元素。这样的条件膨胀可防止在感兴趣区域外产生像素值为 1 的元素，如图 A-14(f)所示。

最后对 X_1 和 X_3 求并集，可得到如图 A-14(g)所示的剪切结果。

$$X_4 = X_1 \cup X_3 \tag{A-34}$$

上述剪切循环使用一组用来消除噪声像素的结构元素进行迭代。一般算法仅循环使用一两次结构元素，否则有可能使目标区域发生不期望的改变。

A.4　二值数学形态学实用算法

利用前面介绍的各种二值数学形态学基本运算和组合运算，可实现一系列二值数学形态学实用算法，从而解决实际的图像分析问题。

A.4.1　噪声滤除

分割后的二值图像中常有一些小孔或小岛，这些小孔或小岛一般是由系统噪声、阈值选取或预处理导致的。椒盐噪声就是一种典型的能够导致二值图像中出现小孔或小岛的噪声。将开启和闭合相结合就可构成形态学噪声滤除器以消除这类噪声。例如，用由一个中心像素及其 4-邻域像素构成的结构元素开启图像能消除椒噪声，闭合图像能消除盐噪声。

图 A-15 给出噪声消除示例。图 A-15(a)中有一个长方形的目标 A，由于噪声的影响，目标内部有一些噪声孔，而目标周围有一些噪声块。现在用如图 A-15(b)所示的结构元素 B 通过形态学操作来消除噪声。这里结构元素在尺寸上应当比所有噪声孔和噪声块都大。

先用 B 对 A 进行腐蚀，得到图 A-15(c)；再用 B 对腐蚀结果进行膨胀，得到图 A-15(d)，这两个操作的串行结合就是开启操作，它将目标周围的噪声块消除了。再用 B 对图 A-15(d)进行膨胀，得到图 A-15(e)；然后用 B 对膨胀结果进行腐蚀，得到图 A-15(f)，这两个操作的串行结合就是闭合操作，它将目标内部的噪声孔消除了。整个过程是“先开启、后闭合”，可以写为

$$\{[(A \ominus B) \oplus B] \oplus B\} \ominus B = (A \circ B) \bullet B \tag{A-35}$$

比较图 A-15(a)和图 A-15(f)，可看出目标区域内外的噪声都被消除了，而目标

本身除原来的 4 个直角变为圆角外，没有太大的变化。

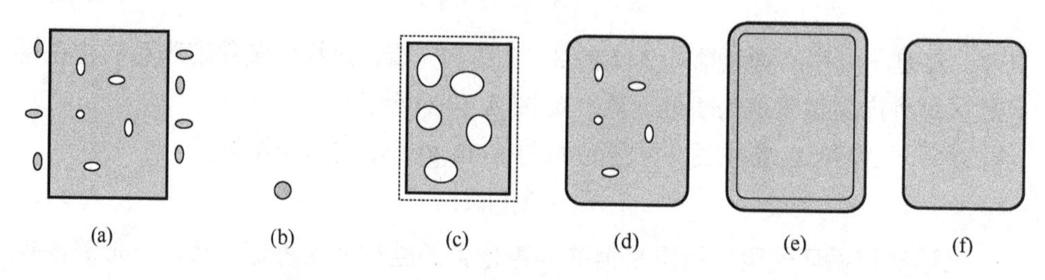

图 A-15　噪声消除示例

A.4.2　角点检测

角点是斜率突然变化的像素，即角点处的绝对**曲率**很大。

角点可借助形态学操作检测。先选择一个尺寸合适的圆形结构元素，用这个结构元素进行开启操作并将结果从原始图像中除去；再选择两个结构元素（其一个比开启残留的区域面积小，另一个比开启残留的区域面积大），用这两个结构元素对开启残留的区域进行腐蚀，并比较得到的两个结果，这等价于一个形状带通滤波器。需要根据角点的角度来确定结构元素的尺寸，因为开启残留的区域的面积与角点的角度有关。如果减小角度，开启残留的区域的面积会增加，被结构元素覆盖的区域的面积也会增加。所以，一般先用面积最大的结构元素进行检测，如果没有结果，就逐步减小结构元素的面积，直到检测到角点，同时也能获得角度信息。

角点也可借助非对称闭合检测。**非对称闭合**是指先用一个结构元素对图像进行膨胀，再用另一个结构元素对图像进行腐蚀，其思路是让膨胀和腐蚀互补。一种方法是使用两个结构元素：十字形“+”结构元素和菱形“◇”结构元素。式（A-36）表示对图像集合 A 的非对称闭合操作：

$$A^{c}_{+\Diamond} = (A \oplus +) \ominus \Diamond \tag{A-36}$$

此时角点强度为

$$C_{+}(A) = |A - A^{c}_{+\Diamond}| \tag{A-37}$$

对于不同的角点，还可计算旋转 45°的角点强度（结构元素分别为交叉形“×”和正方形“□”）：

$$C_{\times}(A) = |A - A^{c}_{\times\Box}| \tag{A-38}$$

将上述 4 个结构元素（依次如图 A-16 所示）结合起来，则对角点的检测可

写为

$$C_{+\times}(A) = |A^{c}{}_{+\diamond} - A^{c}{}_{\times\square}| \qquad \text{(A-39)}$$

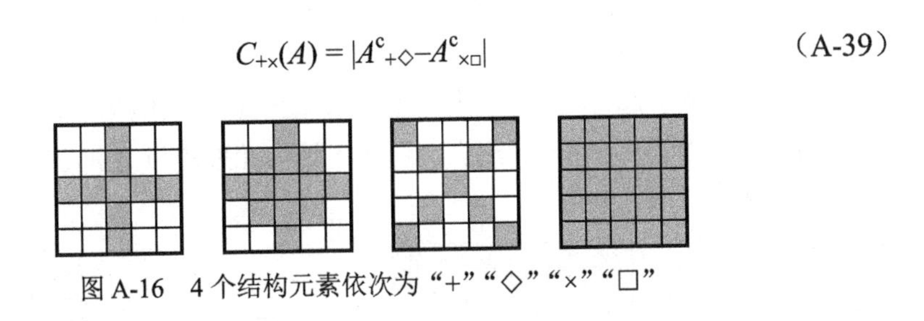

图 A-16　4 个结构元素依次为“+”“◇”“×”“□”

A.4.3　轮廓提取

设有一个集合 A，它的轮廓记为$\beta(A)$。先用一个结构元素 B 腐蚀 A，再求腐蚀结果和 A 的差集，就可将**轮廓**提取出来，得到$\beta(A)$：

$$\beta(A) = A - (A \ominus B) \qquad \text{(A-40)}$$

图 A-17 给出轮廓提取示例，其中图 A-17(a)给出一个二值目标 A，图 A-17(b)给出一个结构元素 B，图 A-17(c)给出用 B 腐蚀 A 的结果（$A \ominus B$），图 A-17(d)给出用图 A-17(a)减去图 A-17(c)得到的轮廓$\beta(A)$。注意，当 B 的原点处在 A 的边缘上时，B 的一部分会在 A 的外侧，此时一般设 A 之外的区域都为 0。另外要注意，这里的结构元素是 8-连通的，而得到的边界是 4-连通的。

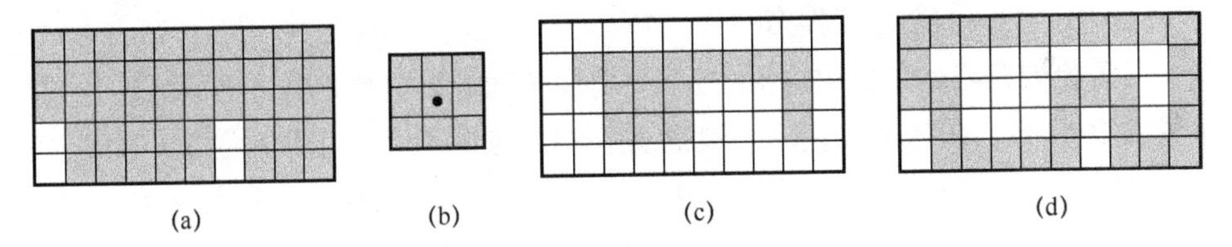

图 A-17　轮廓提取示例

A.4.4　区域填充

区域和其轮廓可以互求。若已知区域，则按式（A-40）可求得其轮廓，反过来，若已知轮廓，通过填充可得到区域。

图 A-18 给出**区域填充**示例，其中图 A-18(a)给出一个区域轮廓点的集合 A，它的补集如图 A-18(b)所示，可利用如图 A-18(c)所示的结构元素对它进行膨胀、求补和求交来填充区域。

首先，给轮廓内一个点赋值 1，如图 A-18(d)中深色区域所示；然后，根据迭代公式（A-41）填充，图 A-18(e)和图 A-18(f)给出其中两个中间步骤的结果。

$$X_k = \left(X_{k-1} \oplus B\right) \cap A^{c} \quad k = 1, 2, 3, \cdots \qquad \text{(A-41)}$$

当 $X_k = X_{k-1}$ 时，停止迭代。在本例中，$k = 7$，如图 A-18(g)所示。这时 X_k 和 A 的交集就是被填充的区域内部和它的轮廓，如图 A-18(h)所示。如果不控制式（A-41）中的膨胀过程，其会超出轮廓，但每一步与 A^c 的交集将其限制在感兴趣区域中（这种膨胀过程可称为条件膨胀）。注意，这里的结构元素是 4-连通的，而被填充的边界是 8-连通的。

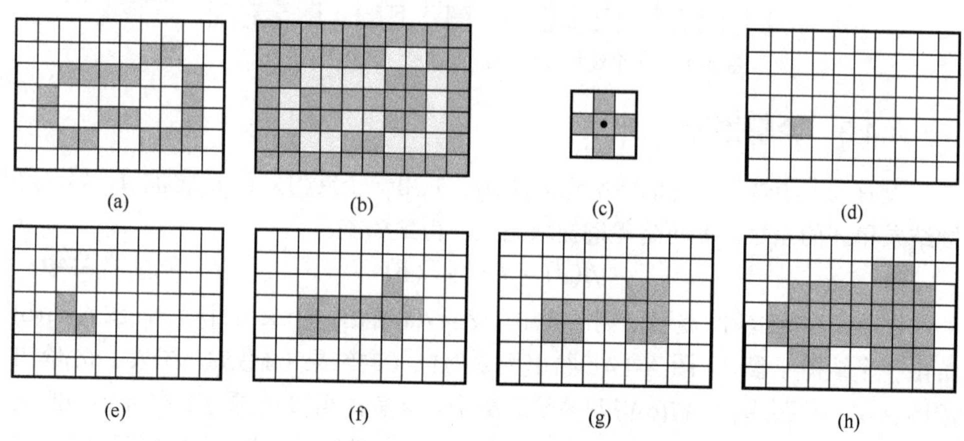

图 A-18　区域填充示例

A.4.5　目标检测和定位

下面我们介绍如何使用击中-击不中变换来确定给定尺寸的方形区域的位置。如图 A-19 所示，图 A-19(a)给出一组原始图像，包括 4 个尺寸分别为 3 × 3、5 × 5、7 × 7 和 9 × 9 的实心正方形。图 A-19(b)中的 3 × 3 实心正方形 E 和图 A-19(c)中的 9 × 9 方框 F（边宽为 1 个像素）合起来构成结构元素 B，$B = (E, F)$。在这个例子中，击中-击不中变换被设计为击中覆盖 E 的区域并“漏掉”区域 F。最终结果如图 A-19(d)所示，相当于检测到 3 个符合条件（由击中-击不中变换的结构元素决定）的目标。

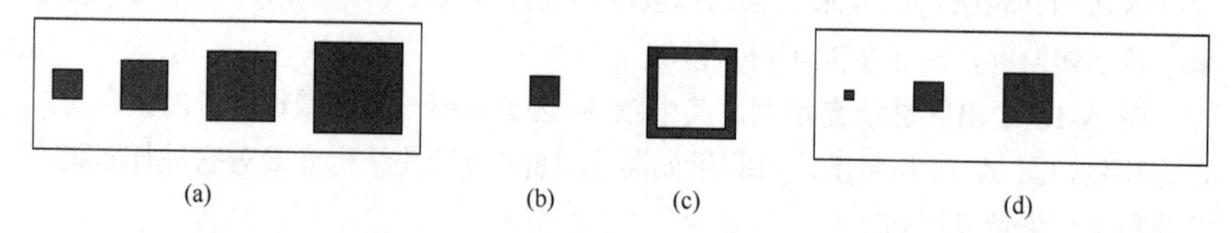

图 A-19　用击中-击不中变换确定方形区域

A.4.6　连通组元抽取

设 Y 代表集合 A 中的一个**连通组元**，并设已知 Y 中的一个点，那么可利用迭代公式（A-42）得到 Y 的全部元素：

$$X_k = \left(X_{k-1} \oplus B\right) \cap A \qquad k = 1, 2, 3, \cdots \tag{A-42}$$

当 $X_k = X_{k-1}$ 时，停止迭代，这时可取 $Y = X_k$。

式（A-42）与式（A-41）相比，除用 A 代替 A^c 外完全相同。因为已将需要提取的元素标记为 1，所以在每步迭代中，将膨胀结果与 A 求交集，可除去其中以用 0 标记的元素为中心进行膨胀而多出来的元素。

图 A-20 给出连通组元抽取示例，这里所用的结构元素与图 A-17(b)相同。图 A-20(a)中浅阴影像素（连通组元）的值为 1，但此时还未被算法发现。图 A-20(a)中深阴影像素的值也为 1，已知其是 Y 中的点并将其作为算法起点。图 A-20(b)和图 A-20(c)分别给出第一次和第二次迭代的结果，图 A-20(d)给出最终结果。

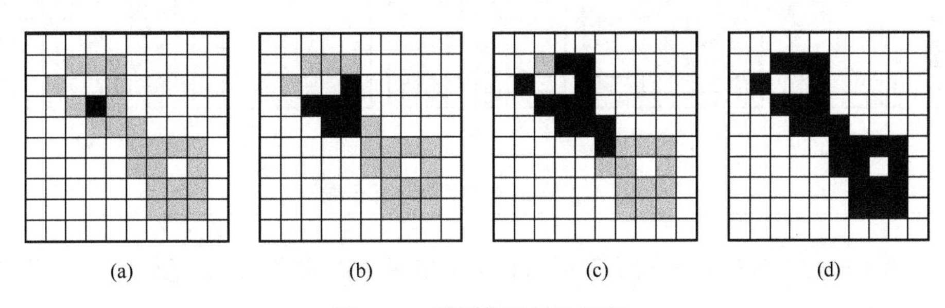

图 A-20 连通组元抽取示例

A.4.7 区域骨架提取

9.6 节介绍了**骨架**概念和一种提取骨架的方法。这里介绍一种用数学形态学方法提取骨架的技术。令 $S(A)$代表 A 的骨架，则可以表示成

$$S(A) = \bigcup_{k=0}^{K} S_k(A) \tag{A-43}$$

其中，$S_k(A)$一般称为骨架子集，可写成

$$S_k(A) = (A \ominus kB) - [(A \ominus kB) \circ B] \tag{A-44}$$

其中，B 是结构元素；$(A \ominus kB)$代表连续 k 次用 B 腐蚀 A，可用 T_k 表示，即

$$T_k = (A \ominus kB) = ((\cdots(A \ominus B) \ominus B) \ominus \cdots) \ominus B \tag{A-45}$$

式（A-43)中的 K 代表将 A 腐蚀成空集前的迭代次数，即

$$K = \max\left\{k \mid (A \ominus kB) \neq \varnothing\right\} \tag{A-46}$$

❑ 例 A-13 形态学骨架提取示例一

在图 A-21 中，图 A-21(a)为原始图像（尚未腐蚀的 T_0），其中包含了一个矩形

的目标，其上方有一个小附加物。图 A-21(b)～图 A-21(e)分别给出通过逐次腐蚀得到的集合 T_k，即 T_1、T_2、T_3、T_4。因为 $T_4 = \varnothing$，所以 $K = 3$。图 A-21(f)～图 A-21(i)依次为得到的骨架集合 S_k，即 S_0、S_1、S_2、S_3。图 A-21(j)为最终得到的骨架 S（包括两个连通部分）。

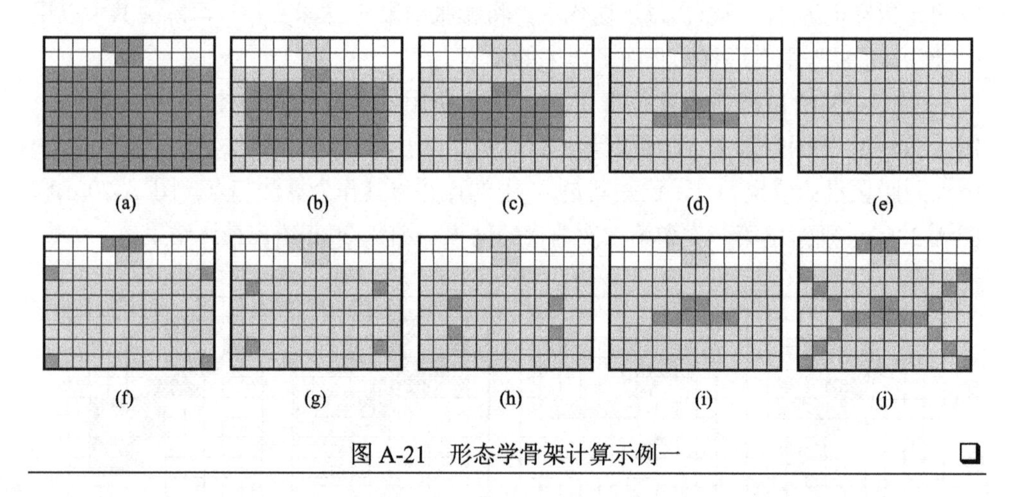

图 A-21　形态学骨架计算示例一 □

式（A-43）表明，A 的骨架可由骨架子集 $S_k(A)$的并集得到，反之，A 也可用 $S_k(A)$重构：

$$A = \bigcup_{k=0}^{K} \left[S_k(A) \oplus kB \right] \tag{A-47}$$

其中，B 是结构元素；$(S_k(A) \oplus kB)$代表连续 k 次用 B 膨胀 $S_k(A)$，即

$$\left[S_k(A) \oplus kB \right] = ((\cdots(S_k(A) \oplus B) \oplus B) \oplus \cdots) \oplus B \tag{A-48}$$

表 A-2 给出**区域骨架提取**和重构示例，其中所用的结构元素 B 与图 A-17(b)相同。表中第 1 列给出迭代次数 k 的值；第 2 列第 1 行是原始区域集合，第 2 行和第 3 行分别是用 B 腐蚀 A 1 次和 2 次的结果（如果再腐蚀 A 1 次就会得到空集，所以这里 $K = 2$）；表中第 3 列是用 B 对第 2 列对应集合进行开启的结果；第 4 列给出用第 2 列的集合减去第 3 列的集合得到的差集；第 5 列第 1 行和第 2 行的两个集合都是部分骨架（骨架子集），而第 3 行的集合就是最终得到的区域骨架。注意，这个最终骨架不仅比所需的骨架粗，而且是不连通的。这是因为前面的推导过程只考虑了对集合的腐蚀和开启，没有刻意保证骨架的连通性。

表 A-2　区域骨架提取和重构示例

列	1	2	3	4	5	6	7
运算		$A\ominus kB$	$(A\ominus kB)\circ B$	$S_k(A)$	$\bigcup_{k=0}^{K} S_k(A)$	$S_k(A)\oplus kB$	$\bigcup_{k=0}^{K}[S_k(A)\oplus kB]$
第 1 行	$k=0$						
第 2 行	$k=1$						
第 3 行	$k=2$						

表 A-2 第 6 列各行分别给出对第 4 列中的集合膨胀 k 次的结果（$S_0(A)$、$S_1(A)\oplus B$、$[S_2(A)\oplus 2B] = [S_2(A)\oplus B]\oplus B$）。第 7 列给出对 A 重构的结果，根据式（A-43），这些结果是对第 6 列中膨胀了的骨架子集求并集得到的。

❑ 例 A-14　形态学骨架提取示例二

在图 A-22 中，图 A-22(a)为一幅二值图像，图 A-22(b)为基于图 A-17 中的 3 × 3 结构元素得到的骨架，图 A-22(c)为基于类似的 5 × 5 结构元素得到的骨架，图 A-22(d)为基于类似的 7 × 7 结构元素得到的骨架。在图 A-22(c)和图 A-22(d)中，由于模板较大，所以叶柄没有被保留下来（可与例 9-11 中最终得到的骨架进行对比）。

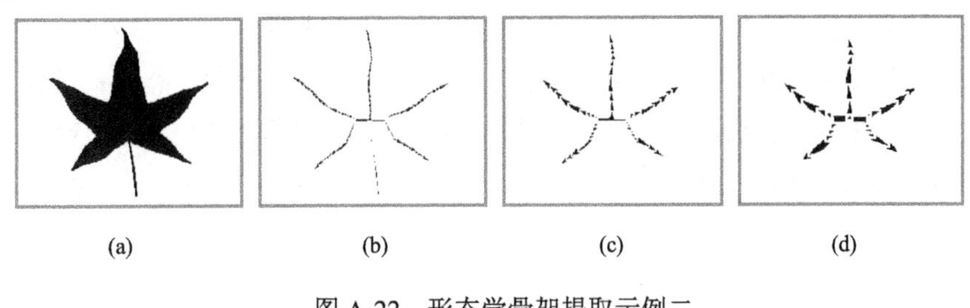

(a)　(b)　(c)　(d)

图 A-22　形态学骨架提取示例二 ❑

A.5 各节要点和进一步参考

以下指出各节的一些要点，并介绍一些可以进一步查阅的参考文献。

1．基本集合定义

数学形态学是以形态为基础对图像进行分析的数学工具，可参见文献[1]。关于集合的定义和运算，可在相关书籍或各种数学手册中看到更详细的介绍，如可参见文献[2]。

2．二值数学形态学基本运算

膨胀、腐蚀、开启和闭合这 4 种基本运算是数学形态学的基础。对基本运算的介绍还可参见文献[1]、文献[3]、文献[4]。A.2 节使用的结构元素基本都包含原点，当原点不属于结构元素时，情况有些特殊，相关讨论和示例可参见文献[5]。

3．二值数学形态学组合运算

击中–击不中变换是一种比较特殊的数学形态学运算，所用的模板实际上是两个不重叠模板的结合。以击中–击不中变换为基础，可得到许多具有特定功能的二值数学形态学组合运算。进一步的内容可参见文献[3]、文献[4]、文献[6]。将细化结果转换成混合连通形式以解决图 A-12（1）中多路连通问题的相关内容可参见文献[7]。有关 3D 图像中拓扑细化的内容可参见文献[8]。

4．二值数学形态学实用算法

A.4 节讨论的是一些针对特定图像应用的二值数学形态学实用算法，与 A.3 节介绍的组合运算不同，这些实用算法不强调通用功能，而更侧重解决实际中的具体问题。例如，角点可借助非对称闭合来检测，可参见文献[9]。在消除椒盐噪声时，用由一个中心像素及其 4-邻域像素构成的结构元素开启图像能消除椒噪声，而闭合图像能消除盐噪声，可参见文献[10]。图 A-19 解释如何使用击中–击不中变换确定给定尺寸的方形区域的位置，可参见文献[10]。随着数学形态学的广泛应用，人们提出了许多解决实际图像应用问题的算法，如一种基于形态学操作的新闻标题条检测方法可参见文献[11]。

附录B 视觉恒常性

视觉恒常性是指客观事物的物理特性（大小、亮度、颜色、纹理、形状等）会受环境的影响而改变，但**人类视觉系统**对这些物理特性的直觉经验使其保持固有的特征，不受环境的影响。

从更广泛的意义来讲，视觉恒常性是知觉恒常性的一种。知觉恒常性也称为主观恒常性，是指当客观条件在一定范围内改变时，我们的知觉印象在一定程度上保持稳定性。知觉恒常性是人们感知客观事物的一个重要特性，在实际中也有很多应用。

B.1 视觉恒常性理论

通俗来讲，恒常性表示尽管客观事物中的一些特性发生了变化，但人类认知仍能不受这些变化影响，保持对客观事物的原有认知和理解。

B.1.1 各种恒常性

人会从多个维度描述客观事物，所以恒常性也有多个维度。以视觉恒常性为例，可以有大小恒常性、亮度恒常性、颜色恒常性、形状恒常性、运动恒常性等。

大小恒常性在日常生活中很常见。例如，人在观察一远一近的两个成年人时，尽管近的人在视网膜上所成的像会比远的人在视网膜上所成的像大一些，但人最终感知的结果却是两个人的身高是比较接近的。再如，人在观察较近的一个儿童和较远的一个成年人时，尽管儿童在视网膜上所成的像有可能比成年人在视网膜上所成的像大一些，但人最终感知的结果仍是成年人比儿童高。这就是人类视觉系统大小恒常性的体现，也称为大小知觉恒常性。

下面进一步讨论物体尺寸与距离在观察时的“感觉关系”。场景中物体的实际大小（物理大小）与视网膜上的视像大小（根据视角计算的大小）一般不同，而视像大小与人最终感知的大小（知觉大小）一般也不同。对这三者之间的关系的研究被称为大小知觉恒常性研究。实际上，知觉大小并不总与物体的物理大小完全一致。一般情况是，知觉大小处在视像大小与知觉恒常性规律所指示的物理大小之间，并且比较偏于后者。这是因为人一般是在比较熟悉的环境中感知某一物体的，场景中其他熟悉的物体对该物体的距离及实际大小有提示作用。

❑ 例 B-1 大小知觉恒常性示例

把一个 4m 长的物体（物理大小）从眼前 1m 处移到 4m 处，根据视角计算，它应变为 1m，但观察者实际感知到的长度仍有 3m 多。

大小知觉恒常性的程度可以用数量表示，可用比率把知觉大小与偏离视角大小的数值计算出来，常用的比率有以下两种。

（1）R_B，因提出者 Brunswik 得名，其定义为

$$R_B = \frac{R-S}{C-S} \tag{B-1}$$

其中，R 为知觉大小；S 为按视角计算的大小；C 为物理大小。当 $R_B = 0$ 时，知觉大小与视像大小相等，没有恒常性；当 $R_B = 1$ 时，知觉大小与物理大小相等，呈完全恒常性。

（2）R_T，因提出者 Thouless 得名。因为物理亮度与知觉亮度之间具有一定的对数关系，其定义为

$$R_T = \frac{\log R - \log S}{\log C - \log S} \tag{B-2}$$

❑

除了大小恒常性，常见的恒常性还有亮度（强度）恒常性（观察到的物体灰度随时间变化恒为常数）、颜色（色彩）恒常性（不管光线如何变化，人总能识别出物体自身的颜色）、形状（几何）恒常性（从不同角度观察一个物体会有不同的外观，但人仍能正确辨识其形状）、运动恒常性（以不同距离观察运动物体，仍能对其运动速度给出基本准确的判断结果）等，其中，亮度恒常性和颜色恒常性也可称为光谱恒常性。总结起来，这些恒常性表明，虽然感觉发生了变化，但知觉仍能保持稳定。

在以上各种恒常性中，**颜色恒常性**受到的关注较多。首先，它很常见，人类视觉系统对于大多数物体表面和照明条件均能保持颜色恒常，在不同季节（如夏天或冬天）和时段（如黎明或黄昏）都能正确地感知物体的颜色。其次，它有很多应用，从图像中获取颜色恒常性描述不仅对数字摄影来说很重要，而且对于很多计算机视觉、基于色彩的自动目标识别和彩色图像处理工作都非常关键。例如，

它可使太空摄影的信息被检测到/被看到，或显现出医学领域用 X-光检查到的很难用肉眼看清的结构。最后，对它的研究还在不断进行中，虽然现在已有很多相关理论（如三色学说、对立学说等），但它们大多只限于描述刺激值与颜色知觉之间的关系。由于人们观察到的颜色与光波长和亮度等之间的关系并不完全对应，颜色视觉既来源于外界的物理刺激，又不完全由外界物理刺激的属性决定，因此这些理论还难以解释颜色恒常现象。目前，已有多种不同的颜色恒常性理论/模型被提出，比较有代表性的包括视网膜皮层理论、双线性模型、色域映射理论、色系数定律、谱锐化理论和神经网络模型等。

B.1.2　视网膜皮层理论

视网膜皮层的英文是由两个词（Retina 和 Cortex，视网膜和皮层）结合而成的一个混成新词（Retinex），已有半个多世纪的历史，它强调在人类视觉处理中，眼和大脑都起作用。

视网膜皮层理论是基于视网膜和皮层这两个要素对一些人类视觉特性进行解释的理论，可以解释人类视觉系统在场景感知、影像形成等方面的原理。它的基本思想是，人眼感知到的某个点的光照不仅取决于该点反射出的绝对光照值，还与该点周围反射出的光照值有关。

在讨论人类视觉系统在不同亮度的环境光下的感知情况时，视网膜皮层理论指出，此时人类视觉系统对不同物体的亮度感觉主要取决于物体的反射光，而与照射光无关。根据该理论，图像 $f(x, y)$ 可表示成

$$f(x, y) = e(x, y)r(x, y) \tag{B-3}$$

其中，$f(x, y)$ 为像素 (x, y) 的亮度值；$e(x, y)$ 为 (x, y) 处的照度值，表示周围环境照明的亮度分量，与物体本身无关；$r(x, y)$ 为 (x, y) 处的反射函数值，表示物体对光的反射能力，与照明无关。这样，该理论就给出了一幅图像的数学模型，如果能正确地估计反射函数，对于任何给定图像，都能提供一个不随照度变化的表达。

对式（B-3）两边取对数：

$$\lg[f(x, y)] = \lg[e(x, y)] + \lg[r(x, y)] \tag{B-4}$$

如果记 $R(x, y) = \lg[r(x, y)]$，则

$$R(x, y) = \lg[f(x, y)] - \lg[e(x, y)] \tag{B-5}$$

因为 $e(x, y) = f(x, y) / r(x, y)$，所以还可将式（B-5）写成

$$R(x, y) = \lg[f(x, y)] - \lg[C(x, y) \otimes f(x, y)] \tag{B-6}$$

其中，$C(x, y)$ 代表一个与像素 (x, y) 相关的函数，也称为**中心–环绕函数**。

根据现有的理论，颜色是 3 个通道亮度的组合结果。在颜色感知方面，视网膜皮层理论认为，人感知到的物体表面颜色与物体表面的反射率有密切关系。照明引起的颜色变化一般是平缓的，通常表现为平滑的照明梯度；而由表面形状变化引发的颜色变化则往往表现为突变形式。通过区分这两种变化形式，可以区分光源变化和表面变化，从而得知由光源变化引发的表面颜色变化，使人们对表面颜色保持恒常。

考虑到彩色图像有 3 个通道，在讨论彩色图像时可将式（B-6）写成

$$R_k(x,y)=\lg[f_k(x,y)]-\lg[C_k(x,y)\otimes f_k(x,y)] \quad \text{(B-7)}$$

其中，k 取 1、2、3 分别对应红、绿、蓝（R、G、B）通道；$R_k(x,y)$是第 k 个通道的输出；$f_k(x,y)$是第 k 个通道像素的强度值；$C_k(x,y)$对应第 k 个通道的中心–环绕函数。如果能确定 $C_k(x,y)$，就可以根据图像函数确定反射函数。一般常取 $C_k(x,y)$ 为高斯类函数。在对数空间中，在原始图像中除去高斯函数与原始图像的卷积，其物理本质是除去了原始图像中的平滑部分（体现出颜色恒常性），突出了原始图像中快速变化的部分。高斯函数越尖锐，图像中的细节越突出；高斯函数越平坦，图像色调保持得越好。在实际应用中，常采用多尺度视网膜皮层算法，它综合了用不同尺度高斯函数与原始图像进行卷积的优点。

最后指出，由于严格来说视网膜中部和边缘的色觉有一些差异，因此如果不同照明光源的光谱分布有差异，即使物体上的照度相同，色觉还是会有差异的。这也表明，颜色恒常性并不是一个非常严格的概念。从心理学实验可以了解到，颜色恒常性会受到空间深度信息和场景复杂性的影响。另外，视网膜皮层理论假设大脑会分别比较同一个场景中各颜色通道的光亮度记录值，这与光线的光谱构成无关。根据视网膜皮层理论，大脑中对物体表面颜色的构建是“比较的比较”的结果。视网膜皮层理论与其他颜色感知理论有根本的不同，因为它只包括比较而没有混合或叠加。所以，视网膜皮层理论并未对人类的颜色恒常性能力提供完全的描述。

B.2 图像增强应用

基于视网膜皮层理论的增强算法是基于空域的图像增强方法，该算法模拟人类大脑视觉皮层的成像原理，建立了简化的图像形成模型，可以提取图像颜色恒常性，压缩图像动态范围，提高局部对比度，有效显示淹没在阴影中的细节。

有很多视网膜皮层算法，下面结合两个具体应用介绍典型的基本算法。

B.2.1　雾天图像增强

在能见度较低的雾天环境中，采集到的图像中的许多物体特征都被覆盖或模糊了，导致图像对比度低且存在色彩退化现象。常用的对比度增强方法由于没有考虑降质的原因，易造成色彩畸变并放大噪声。考虑到存在薄雾时色彩对比度虽有所降低但图像细节仍较丰富的特点，可以采用基于颜色恒常性理论的视网膜皮层算法来增强图像，有效校正色彩畸变。

最简单的视网膜皮层算法是基于路径比较的算法。该算法将图像分成红、绿、蓝（R、G、B）三色通道，在各通道内单独求解亮度关系以获得相对亮度值。通常选择 N 条随机路径，利用比率、连乘、求平均等得到处理后的目标像素的像素值。这里假设像素(x_1, y_1)与像素(x_n, y_n)之间的路径上有 n 个像素，其像素值为 $f_1, f_2, \cdots, f_n$，则起点 S 与终点 E 之间的亮度关系可表示为

$$\frac{E}{S}=T\left(\frac{f_2}{f_1}\right)T\left(\frac{f_3}{f_2}\right)\cdots T\left(\frac{f_n}{f_{n-1}}\right) \tag{B-8}$$

其中，T 代表阈值函数 $T(x)$：

$$T(x)=\begin{cases}1, & 1-T\leqslant x\leqslant 1+T \\ x, & \text{其他}\end{cases} \tag{B-9}$$

如此定义的阈值函数只考虑较大的亮度差异，而忽略细微差异。因为人眼对亮度的感知符合指数形式，所以在实际应用中还要对式（B-8）取对数（同时也简化了运算）：

$$\lg\left(\frac{E}{S}\right)=\lg\left[T\left(\frac{f_2}{f_1}\right)\right]+\lg\left[T\left(\frac{f_3}{f_2}\right)\right]+\cdots+\lg\left[T\left(\frac{f_n}{f_{n-1}}\right)\right] \tag{B-10}$$

对上述基本算法的一种改进是在空间中同时进行多个像素之间的比较，这种操作可以提高效率。具体顺序是，先比较相距较远的像素，然后缩短像素间隔，比较相距较近的像素，如此重复。顺时针方向进行的像素比较示意如图 B-1 所示。这样上一次相距较远的像素之间的关系就会“遗传”到下一次相距较近的像素的比较中。

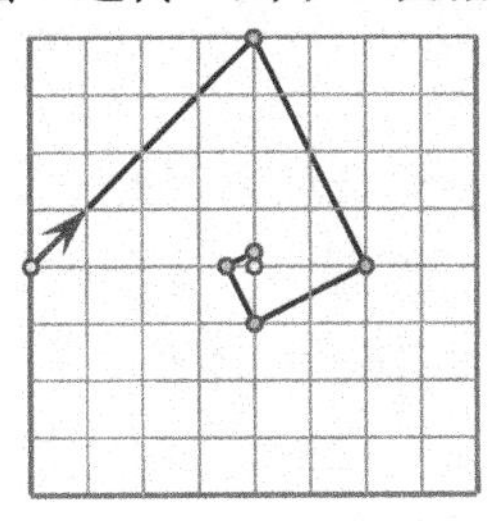

图 B-1　顺时针方向进行的像素比较示意

设输入图像的尺寸为 $M \times N$，其中像素最大值为 Max。在具体实现时，首先，求初始间隔 $D = 2P$，$P = \log_2[\min(M, N)] - 1$；构建一幅比较图像，其尺寸与输入图像相同，初始化各像素值为 Max。接下来，对像素进行比较，称相同距离间像素的比较为同阶比较（P 为阶数）；比较从相距最远的像素开始，每阶迭代 n 次，先将水平方向的像素差放入比较图像，看是否需更新 Max，再将垂直方向的像素差放入比较图像，也看是否需更新 Max，直到距离为 1，此时得到最终估计值。对于彩色图像，上述过程分别对 3 个通道进行，再将结果取平均。

在对光照不足的图像进行处理时，如果在 RGB 空间中对 3 个分量进行调整，则有可能改变 3 个分量的相对数值或它们之间的比例，导致输出图像的颜色与原始图像相比有较大的变化。解决该问题的一种方法是，将原始图像从 RGB 空间转换到 HSI 空间中，并且只对亮度分量进行增强而保持色度不变，这样既可以提高亮度也能保留原始图像的颜色信息。在对亮度分量进行增强后，再将其与色度分量一起变换回 RGB 空间中。对于进行了光照补偿的图像，就可再利用前面的方法来进行雾消除了。

基于路径比较的算法比较简单，但其效果对路径选择的依赖性较强。如果单纯通过增加路径数量的方法来提高亮度估计的准确性，会导致计算复杂度大幅提高，并且很难确定路径的长度和数量的准确范围。

B.2.2 红外图像增强

常用的红外图像具有以下特点。

（1）表征物体的温度分布，是灰度图像，没有彩色或阴影（立体感觉），故对人眼而言，分辨率低、分辨潜力小。

（2）由于物体存在热平衡，波长较长，传输距离远，存在大气衰减等，其空间相关性强、对比度低、视觉效果差（模糊）。

（3）热成像系统的探测能力和空间分辨率低于可见光 CCD 阵列，因此其清晰度低于可见光图像。

（4）外界环境的随机干扰和热成像系统的不完善，给红外图像带来多种多样的噪声，如热噪声、散粒噪声、$1/f$ 噪声、光子电子涨落噪声等，这些复杂的噪声使得红外图像的信噪比要比普通电视图像低。

（5）红外探测器各探测单元响应特性的不一致、光机扫描系统的缺陷等，导致红外图像存在非均匀性，体现为固定图案噪声、串扰、畸变等。

红外图像的成像机理与可见光图像不同，但类比可见光图像的成像机理可做出如下假设：物体发出的红外辐射是在红外光源照射下物体对红外光线的反射，而红外图像就是由物体反射的红外光线形成的。通过分析红外图像与低照度可见光图像的信号和直方图，可知两者特点相同。所以，可使用视网膜皮层算法将红外图像看作灰度图像进行处理。

一般使用中心–环绕视网膜皮层算法来计算反射分量，这受到人类视觉研究中的同心圆拮抗式（Homocentric Opponent）感受野（由一个兴奋作用强的中心机制和一个作用较弱但面积更大的抑制性周边机制构成）模型的启发。根据球面波（光波）在空中传播时，强度与振幅平方成正比而振幅与场点和源点间距离成反比的关系，可取中心–环绕函数 $C(x, y) = 1/(x^2 + y^2)$。一般取高斯函数形式，即 $C(x, y) = C(x, y, \sigma) = k\exp[-(x^2 + y^2)/\sigma^2]$，其中，$k$ 为归一化常数，表示离中心像素越近的点对其的影响越大，并且影响程度的权值呈高斯分布。

在中心–环绕视网膜皮层算法中，像素的输出值只由中心–环绕模板内的像素决定。此时模板尺寸是一个关键参数，模板太大会导致增强效果不明显，同时影响整个算法的效率，算法无法顾及整幅图像；如果模板太小，其局部增强效果比较好，但全局性和色彩保真性较差，同时存在“光晕伪影”现象。目前进一步的研究工作还在进行中。

B.3 各节要点和进一步参考

以下指出各节的一些要点，并介绍一些可以进一步查阅的参考文献。

1. 恒常性理论

有关大小恒常性衡量比率的更多讨论可参见文献[1]。有关颜色恒常性理论/模型的讨论可参见文献[2]。对视网膜皮层名词的来源和视网膜皮层理论的历史研究可参见文献[3]和文献[4]。式（B-3）的图像亮度成像模型可参见本书 2.2 节。

2. 图像增强应用

对雾天图像处理（包括增强方法和恢复方法）的更多讨论可参见文献[5]。有关彩色空间转换和彩色增强的内容可参见本书第 6 章。

自我检测题

以下题目既包括单选题，也包括多选题，所以须对所有选项进行判断。

第1章　计算机视觉基础

1.1　视觉基础

1.1-1　以下哪些说法是不正确的？

（A）亮度知觉仅与场景亮度有关

（B）视觉过程中的化学过程影响对颜色的感知

（C）视觉过程中的光学过程影响对亮度的感知

（D）视觉过程中的神经处理过程与亮度知觉有关

[提示] 仔细分析视觉过程中各步骤的功能。

1.1-2　国际图像压缩标准 JPEG 2000 采用了感兴趣区域（Region of Interest，ROI）技术，对图像中不同区域采用不同的压缩倍数，这里考虑了以下哪些因素？

（A）人类视觉系统的视野　　（B）视网膜的构造特点

（C）瞳孔的尺寸和形状　　（D）人类视觉系统所感知的亮度

[提示] 视网膜中心区域（中央凹）与周围区域的空间分辨率不同。

1.1-3　以下哪些是视感觉的结果？

（A）桌上有一本书　　（B）卫兵正在换岗

（C）人在穿过隧道后眼前一亮　　（D）一颗流星划过天空

[提示] 视感觉主要发生于物体在视网膜上成像的过程中，不涉及人脑神经中枢的活动。

1.2　视觉和图像

1.2-1　一幅数字图像是（　　）。

（A）一个 2D 数组中的元素　　（B）一个 3D 空间中的场景

（C）一个观测系统　　（D）一个由许多像素排列而成的实体

[提示] 考虑图像和数字图像的定义。

1.2-2 可以用 $f(x, y)$表示（　　）。

（A）一幅 2D 数字图像

（B）一个在 3D 空间中的客观物体的投影

（C）2D 空间 XY 中一个坐标点的位置

（D）在坐标点(x, y)处的某种性质 F 的值

[提示] 注意三个符号各自的意义。

1.2-3 数字图像 $f(x, y)$中的 f 有哪些特性？

（A）可以对应 X 射线的强度

（B）可以对应场景中物体的辐射度

（C）可以表示 2D 空间 XY 中一个坐标点的位置

（D）可以表示一张照片的亮度

[提示] 图像是场景的投影，f 对应场景点的某种性质。

1.2-4 以下哪些设备具有图像存储功能？

（A）扫描仪 （B）数码照相机 （C）电视显示器 （D）激光打印机

[提示] 图像存储设备在这里可理解为能保存图像数据文件的装置。

1.2-5 在利用光栅形式的图像数据文件中，有（　　）。

（A）图像的分辨率与数据文件的大小成正比

（B）不仅有数据，还有命令

（C）几何图形由空间分布的像素的集合表示

（D）如果显示其中的图像，会有方块效应

[提示] 考虑用矢量形式把数据转化为图像的特点。

1.2-6 在 BMP 格式、GIF 格式、JPEG 格式和 TIFF 格式中，有（　　）。

（A）为表示同一幅图像，BMP 格式使用的数据量最多

（B）GIF 格式独立于操作系统

（C）可在一个 JPEG 格式的数据文件中存放多幅图像

（D）TIFF 格式的文件头最复杂

[提示] 分别考虑这四种格式的特点。

1.2-7 以下哪些设备属于数字图像显示设备？

（A）幻灯机 （B）打印机 （C）绘图仪 （D）胶片投影仪

[提示] 数字图像显示设备的输入是数据，输出是图像。

1.2-8　半调输出技术可以（　　）。

（A）改善图像的幅度分辨率　（B）改善图像的空间分辨率

（C）消除虚假轮廓现象　　　（D）利用抖动技术实现

［提示］半调输出技术牺牲空间分辨率以提高幅度分辨率。

1.2-9　如果一个 2×2 的半调输出模板的每个位置可表示 4 种灰度，那么这个模板可表示的总灰度数为（　　）。

（A）5 种　（B）9 种　　（C）13 种　（D）17 种

［提示］在最小灰度下，每个位置都为 0；在最大灰度下，每个位置都为 3。

1.2-10　抖动技术可以（　　）。

（A）改善图像的幅度分辨率

（B）改善图像的空间分辨率

（C）消除虚假轮廓现象

（D）利用半调输出技术实现

［提示］抖动技术通过加入随机噪声，增加了图像幅度输出值的个数。

1.3　视觉系统和图像技术

1.3-1　以下哪些图像技术属于图像处理技术？

（A）图像增强　（B）图像分割　（C）图像恢复　（D）图像匹配

［提示］对于比较狭义的图像处理技术，输入和输出都是图像。

1.3-2　以下哪些图像技术属于图像分析技术？

（A）图像合成　（B）目标描述　（C）图像增强　（D）图像分割

［提示］图像分析从图像出发，目的是获得其中目标的相关数据。

1.3-3　一个基本的图像处理和分析系统的构成可如图题 1.3-3 所示，则（　　）。

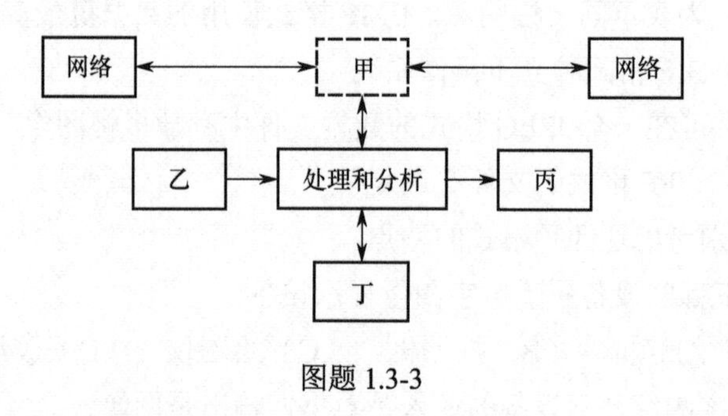

图题 1.3-3

（A）甲为图像显示，乙为图像存储，丙为图像通信，丁为图像采集
（B）甲为图像通信，乙为图像采集，丙为图像显示，丁为图像存储
（C）甲为图像存储，乙为图像通信，丙为图像采集，丁为图像显示
（D）甲为图像采集，乙为图像显示，丙为图像存储，丁为图像通信

［提示］箭头的指向代表数据的流向。

1.4 本书架构和内容概况

1.4-1 以下哪组技术依次属于本书内容的 4 个模块？
（A）2D 图像采集、空域增强、图像分割、目标表达
（B）2D 图像采集、彩色增强、目标描述、形状描述
（C）2D 图像采集、图像恢复、基元检测、纹理描述
（D）2D 图像采集、频域增强、目标表达、目标分类

［提示］对照图 1-11。

1.4-2 以下哪些说法是正确的？
（A）带通滤波器可用于空域图像增强
（B）同态滤波器可用于频域图像增强
（C）哈夫变换和围绕区域都可用于目标表达
（D）轮廓描述参数和骨架表达都可用于基元检测

［提示］参考各章概况中的介绍。

1.4-3 以下哪些说法是不正确的？
（A）图像恢复是图像修补的特例
（B）基于过渡区选取阈值可用于图像分割
（C）区域生长技术是一种区域描述参数
（D）广义哈夫变换可用于目标模式分类

［提示］注意各概念的定义及它们之间的联系。

第 2 章 2D 图像采集

2.1 采集装置和性能指标

2.1-1 图像采集装置包括（　　）。
（A）能发射红外光的器件
（B）能吸收红外光的器件

（C）能进行模数转换的器件

（D）能进行数模转换的器件

［提示］考虑图像采集装置的功能。

2.1-2　用一个有 1024 个像素的线扫描 CCD 采集一幅 64 × 64 的图像，需要扫描（　　）。

（A）4 条线　（B）64 条线　（C）1024 条线　（D）64 × 64 条线

［提示］这个线扫描 CCD 的宽度为 1 个像素。

2.1-3　对于图像采集装置，下列哪组性能指标是需要考虑的？

（A）快门速度、灰度级　（B）照明条件、图像尺寸

（C）灵敏度、信噪比　（D）读取速度、存储容量

［提示］要考虑的是图像采集装置自身的性能指标。

2.2　图像亮度成像模型

2.2-1　以下哪些说法是正确的？

（A）一个光源沿某个方向的亮度仅与光源表面积有关

（B）一个不发光物体获得的照度不仅与物体表面积有关

（C）对于一个光源，其辐射的光强度可用光通量表示

（D）对于一个不发光物体，其获得的光强度可用光通量表示

［提示］对比亮度和照度的定义。

2.2-2　以下哪些说法是不正确的?

（A）单个光源将导致物体表面相邻位置产生均匀的照度区域

（B）单个光源将导致物体表面相邻位置产生非均匀的照度区域

（C）单个光源可能使物体表面的多个位置获得相同照度

（D）单个光源不可能使物体表面的多个位置获得相同照度

［提示］考虑照度在空间中的分布情况。

2.2-3　以下哪些说法是不正确的?

（A）图像亮度（灰度）与光源辐射强度成正比

（B）图像亮度（灰度）与物体表面光反射比率成正比

（C）对场景进行亮度成像时，其照度分量可以是 0

（D）对场景进行亮度成像时，其反射分量可以是 0

［提示］分析亮度成像模型中照度分量和反射分量的含义。

2.3 图像空间成像模型

2.3-1 根据投影成像变换，可以（　　）。

（A）确定场景中一点的成像在像平面上的位置

（B）确定场景中一点的成像在像平面上的灰度

（C）确定像平面上一点在场景中的位置

（D）确定光轴上一点与像平面的距离

[提示] 成像变换是一种空间中的投影变换。

2.3-2 比较笛卡尔坐标和齐次坐标，有（　　）。

（A）表示一个空间点的笛卡尔坐标和齐次坐标的矢量维数相同

（B）表示一个像平面点的笛卡尔坐标和齐次坐标的矢量维数相同

（C）可以将一个点的笛卡尔坐标转换成齐次坐标

（D）可以将一个点的齐次坐标转换成笛卡尔坐标

[提示] 注意齐次坐标的表达形式。

2.3-3 人眼在观察 3m 以外的物体时，相当于一个焦距为 17mm 的镜头，如果观察一个相距 50m、高为 5m 的柱状物体，其在视网膜上的像尺寸为（　　）。

（A）1.1mm　（B）1.7mm　（C）3.0mm　（D）5.0mm

[提示] 根据空间成像的公式计算。

2.3-4 空间点（–1, –2, 3）经 $\lambda = 0.5$ 的镜头透视后的摄像机坐标为（　　）。

（A）（0.1, 0.2, –0.3）　（B）（0.1, 0.3, –0.5）

（C）（0.2, 0.3, –0.4）　（D）（0.2, 0.4, –0.6）

[提示] 根据空间成像的公式计算。

2.4 采样和量化

2.4-1 对于一幅 512×512 的图像，若其灰度级数为 64 级，则存储该图像所需的比特数是（　　）。

（A）0.5M　（B）1M　（C）1.5M　（D）2M

[提示] 表达图像所需的比特数是图像的长×宽×灰度级数对应的比特数。

2.4-2 就其本质而言，图像中虚假轮廓的出现原因是（　　）。

（A）图像的灰度级数过多　（B）图像的空间分辨率过高

（C）图像的灰度级数不够多　（D）图像的空间分辨率不够高

[提示] 图像中的虚假轮廓最易在平滑区域中产生。

2.4-3 当改变图像的空间分辨率时，受影响最大的是图像中的（　　）。

（A）灰度平滑区域　　　　　（B）灰度渐变区域

（C）目标边界区域　　　　　（D）纹理区域（有许多重复单元的区域）

［提示］空间分辨率的降低会使原来在空间中相邻的像素合并起来。

2.4-4　数字图像木刻画效果的出现原因有（　　）。

（A）图像空间分辨率过小　　（B）图像幅度分辨率过小

（C）图像空间分辨率过大　　（D）图像幅度分辨率过大

［提示］图像中的木刻画效果指图像中灰度级数很少。

2.4-5　当改变图像的幅度分辨率时，受影响最大的是图像中的（　　）。

（A）灰度平滑区域　　　　　（B）灰度渐变区域

（C）目标边界区域　　　　　（D）纹理区域（有许多重复单元的区域）

［提示］幅度分辨率的降低会使原来灰度接近且在空间中相邻的像素合并起来。

2.5　像素之间的关系

2.5-1　在有关像素各种邻域的说法中，下面哪些是正确的？

（A）4-邻域是 8-邻域的一个特例

（B）一个 8-邻域可分解为两个 4-邻域

（C）只需旋转 4-邻域就可得到对角邻域

（D）对角邻域是 8-邻域的一个特例

［提示］考虑三种邻域中近邻像素的分布情况。

2.5-2　已知如图题 2.5-1 所示的两个像素 p 和 q，下面哪些说法是正确的？

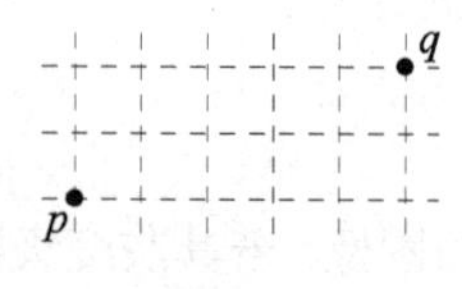

图题 2.5-1

（A）p 和 q 之间的 D_4 距离为 5

（B）p 和 q 之间的 D_8 距离为 5

（C）p 和 q 之间的 D_E 距离为 5

（D）p 和 q 之间的 D_E 距离比它们之间的 D_4 距离和 D_8 距离都短

［提示］可根据三种距离的定义分别计算。

2.5-3　因为 8-邻域中近邻像素的个数是 4-邻域中近邻像素个数的两倍，所以（　　）。

（A）与某个像素的 D_8 距离小于或等于 1 的像素个数等于与该像素的 D_4 距离小于或等于 2 的像素个数

（B）与某个像素的 D_8 距离小于或等于 1 的像素个数少于与该像素的 D_4 距离小于或等于 2 的像素个数

（C）与某个像素的 D_8 距离小于或等于 1 的像素个数多于与该像素的 D_4 距离小于或等于 2 的像素个数

（D）与某个像素的 D_8 距离小于或等于 2 的像素个数等于与该像素的 D_4 距离小于或等于 3 的像素个数

[提示] 可根据涉及的邻域和距离的定义具体计算。

第 3 章　空域增强

3.1　图像间运算

3.1-1　设在工业检测中，工件图像受零均值不相关噪声的影响。如果采集装置每秒可采集 25 幅图像，采用图像平均方法将噪声方差减少为单幅图像的 1/10，那么工件需要在采集装置前固定多长时间？

（A）1s　　（B）2s　　（C）4s　　（D）5s

[提示] 考虑在采用图像平均方法后，新图像和噪声图像均方差的关系。

3.1-2　考虑图像间的算术运算，有（　　）。

（A）加法运算和减法运算互为逆运算，所以用加法运算实现的功能也可用减法运算实现

（B）算术运算之所以可“原地完成”，是因为每次运算只涉及一个空间位置

（C）与逻辑运算类似，算术运算也可用于二值图像

（D）与逻辑运算类似，算术运算既可用于一幅图像，也可用于两幅图像

[提示] 对比考虑算术运算和逻辑运算的操作对象和运算特点。

3.1-3　设有两幅二值图像，图像中间都有一个以图像中心为圆心的圆，但半径不同。现要获得一幅有一个圆环目标的二值图像，可以使用（　　）。

（A）与运算　　（B）补运算　　（C）或运算　　（D）异或运算

[提示] 根据运算定义考虑其效果。

3.2 图像灰度映射

3.2-1 利用如图题 3.2-1 所示的变换曲线 $g = T(f)$可以（　　）。

（A）降低图像低灰度区的亮度

（B）提升图像低灰度区的对比度

（C）降低图像高灰度区的亮度

（D）提升图像高灰度区的对比度

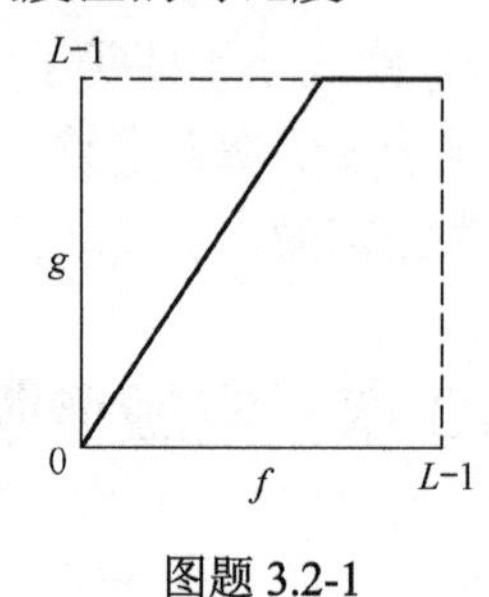

图题 3.2-1

［提示］变换曲线中斜率大于 1 的部分对应图像的低灰度区。

3.2-2 借助对数形式的变换曲线可实现压缩图像灰度动态范围的目的，这是因为（　　）。

（A）变换前后灰度值的范围不同

（B）变换前的灰度值范围比变换后的灰度值范围大

（C）变换后仅取了一部分灰度值范围

（D）对数形式的变换曲线是单增的曲线

［提示］对照对数形式的变换曲线进行分析。

3.2-3 使用下列哪些灰度变换函数可以获得增强图像对比度的效果？

（A）一次函数：$g = f$　　（B）二次函数：$g = f^2$

（C）对数函数：$g = \log(1 + f)$　（D）指数函数：$g = \exp(f)$

［提示］分析各变换曲线，并与线性变换 $t = s$ 比较。

3.3 直方图均衡化

3.3-1 设一幅灰度图像的直方图如图题 3.3-1(a)所示，现以图题 3.3-1(b)中的包络为灰度变换曲线进行灰度映射，则达到的效果是（　　）。

（A）提升高灰度区的对比度

（B）提升低灰度区的对比度

（C）提升整体对比度

（D）提升高灰度区的对比度，降低低灰度区的对比度

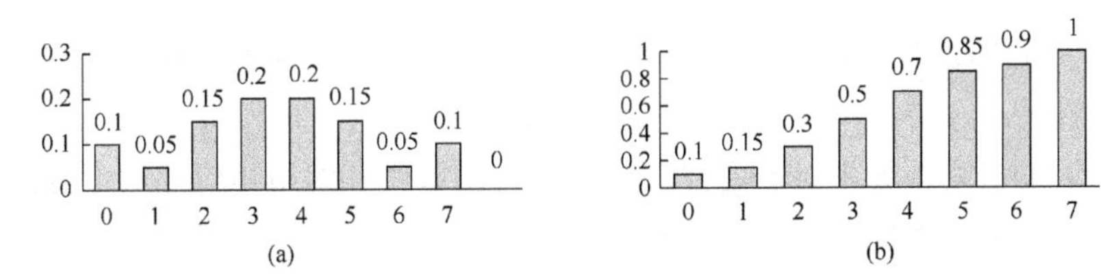

图题 3.3-1

［提示］分析图题 3.3-1(b)，注意它为图题 3.3-1(a)对应图像的累积直方图。

3.3-2　图题 3.3-2-1 所示为一幅灰度图像的统计直方图。

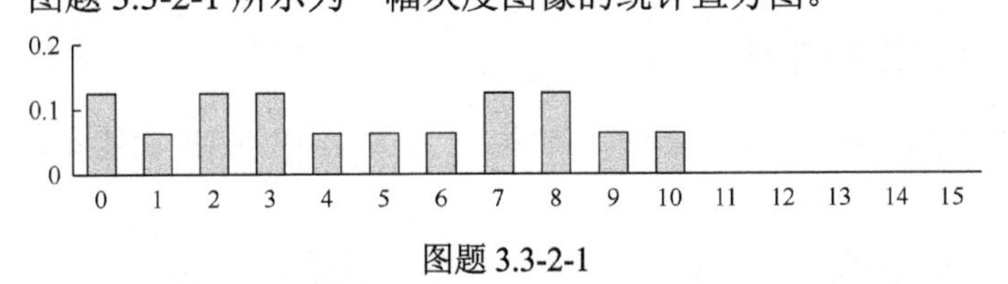

图题 3.3-2-1

在经过直方图均衡化后，新的直方图是下面哪种形式？若对新的直方图进行第二次均衡化，最后得到的直方图又是下面哪种形式？

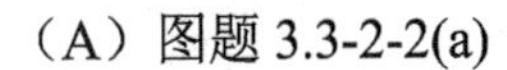
（A）图题 3.3-2-2(a)

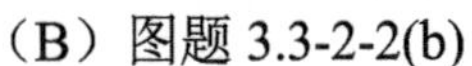
（B）图题 3.3-2-2(b)

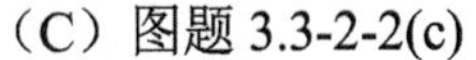
（C）图题 3.3-2-2(c)

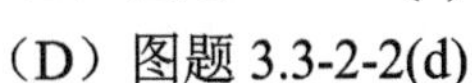
（D）图题 3.3-2-2(d)

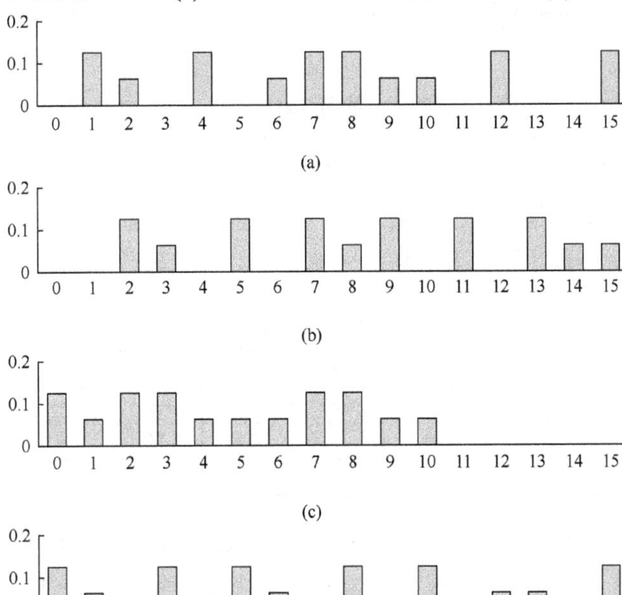

图题 3.3-2-2

［提示］直方图均衡化能增加像素灰度值的动态范围，从而实现增强图像整体对比度的效果。

3.3-3 如果将图像中对应直方图中偶数项的像素灰度用相应的对应直方图中奇数项的像素灰度代替，得到的图像将（ ）。

（A）对比度提升　（B）对比度降低

（C）亮度提升　（D）亮度降低

［提示］直方图中各偶数项比对应的奇数项小 1，而大灰度值对应高亮度。

3.4 直方图规定化

3.4-1 在如图题 3.4-1 所示的 4 种规定化直方图中，哪种能使图像的明暗对比更明显？

（A）图题 3.4-1(a)　（B）图题 3.4-1(b)

（C）图题 3.4-1(c)　（D）图题 3.4-1(d)

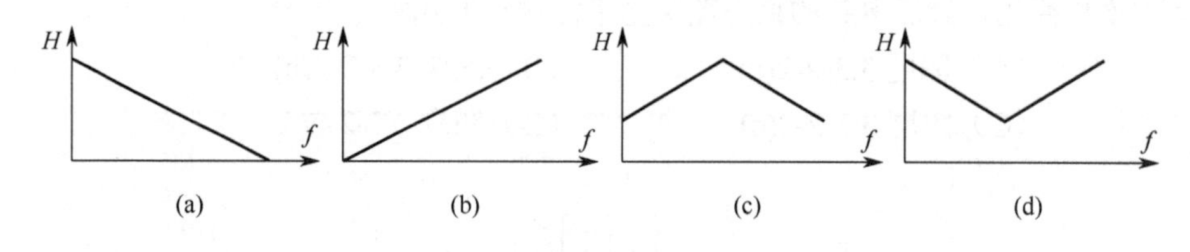

图题 3.4-1

［提示］注意低灰度值与高灰度值经直方图规定化后的变化。

3.4-2 根据如表题 3.4-2 所示的直方图规定化计算列表（GML），指出哪个选项所用的组映射整数函数 $I(r)$，其中 $r = 0, 1, 2$。

表题 3.4-2

原始灰度级	0	1	2	3	4	5	6	7
原始累积直方图	0.19	0.44	0.65	0.81	0.89	0.95	0.98	1.00
规定化累积直方图	0	0	0	0.2	0.2	0.8	0.8	1.0
GML	3	5	5	5	7	7	7	7

（A）$I(0) = 0$，$I(1) = 3$，$I(2) = 5$　（B）$I(0) = 0$，$I(1) = 3$，$I(2) = 7$

（C）$I(0) = 1$，$I(1) = 4$，$I(2) = 7$　（D）$I(0) = 0$，$I(1) = 5$，$I(2) = 7$

［提示］考虑式（3-14）中对 GML 的计算。

3.4-3 在以下对直方图规定化两种映射方式（SML 与 GML）的叙述中，正确的有（ ）。

（A）SML 的误差一定大于 GML
（B）SML 与 GML 均是统计无偏的
（C）当 $N<M$ 时，SML 的误差一定大于 GML
（D）当原始直方图与规定化直方图的灰度级数相等（$M=N$）时，SML 的误差一定等于 GML

[提示] 分别考虑 SML 与 GML 的定义。

3.5 空域卷积增强

3.5-1 在图像中进行邻域运算，有（　　）。
（A）其中所用的模板尺寸为 3×3 的模板
（B）其中的运算效果仅由所用模板的尺寸决定
（C）其中的运算既可以是算术运算，也可以是逻辑运算
（D）其中的运算既可以是线性运算，也可以是非线性运算

[提示] 考虑邻域运算的原理和特点。

3.5-2 利用平滑滤波器可对图像进行低通滤波，可消除噪声，但同时模糊了细节。以下哪项措施不会降低图像的模糊程度？
（A）采用中值滤波的方法
（B）采用邻域平均处理
（C）增加对平滑滤波器输出的阈值处理（仅保留大于阈值的输出）
（D）适当减小平滑滤波器的邻域操作模板

[提示] 平滑滤波器分为线性滤波器和非线性滤波器，处理效果与模板大小及对像素的处理方式有关。

3.5-3 在运用中值滤波器时，要（　　）。
（A）将模板平均值赋予对应中心位置的像素
（B）将模板几何中心值赋予对应中心位置的像素
（C）将模板各值排序后处在序列中间的值赋予对应中心位置的像素
（D）将模板灰度值范围的中间值赋予对应中心位置的像素

[提示] 仔细理解滤波器中值的定义。

3.5-4 中值滤波器可以（　　）。
（A）检测出边缘　　（B）消除孤立噪声
（C）模糊图像细节　　（D）平滑孤立噪声

[提示] 考虑中值滤波器的定义和特点。

3.5-5 图题 3.5-5 给出 4 种模板（*代表不为 0 的值），用哪种模板进行中值滤

波对目标的影响较小（该模板在消除噪声的同时造成相对较小的误差）？

（A）图题 3.5-5(a)　　（B）图题 3.5-5(b)

（C）图题 3.5-5(c)　　（D）图题 3.5-5(d)

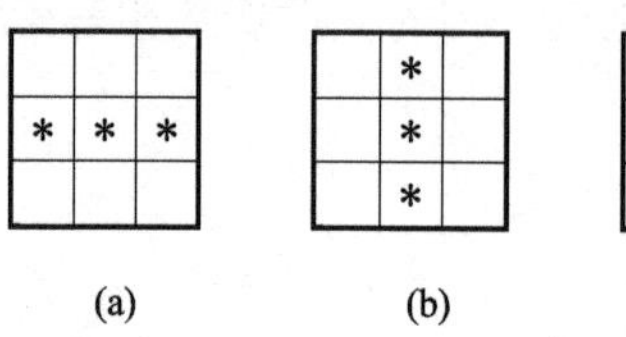

图题 3.5-5

［提示］可根据各模板的方向和尺寸的误差特性来判断。

3.5-6　运用（　　）对图像进行处理的效果与对图像进行直方图均衡化的效果类似？

（A）线性平滑滤波器　　（B）非线性平滑滤波器

（C）线性锐化滤波器　　（D）非线性锐化滤波器

［提示］直方图均衡化所用的灰度变换函数是累积直方图，它可以增强图像整体对比度。

3.5-7　要消除图像中的孤立噪声点，不能使用（　　）。

（A）高频提升滤波器　　（B）线性锐化滤波器

（C）中值滤波器　　（D）邻域平均滤波器

［提示］注意分析哪些滤波器有平滑作用。

3.5-8　设 $f(x, y)$ 为一幅灰度图像，给定以下 4 种变换：

（1）$g(x, y) = |f(x, y) - f(x+1, y)| + |f(x+1, y+1) - f(x, y+1)|$；

（2）$g(x, y) = |f(x, y) - f(x+1, y+1)| + |f(x+1, y) - f(x, y+1)|$；

（3）$g(x, y) = \left|\frac{\partial f}{\partial x}\right| + \left|\frac{\partial f}{\partial y}\right|$；

（4）$g(x, y) = \max\left\{\left|\frac{\partial f}{\partial x}\right|, \left|\frac{\partial f}{\partial y}\right|\right\}$。

在上述变换中，属于锐化滤波的有（　　）。

（A）（1）（2）　　（B）（3）（4）

（C）（1）（3）（4）　　（D）（1）（2）（3）（4）

［提示］注意微分算子的多种近似形式。

3.5-9　设 $f(x, y)$ 为一幅灰度图像，用 $G[f(x, y)] = |f(x, y) - f(x+1, y+1)| + |f(x+1, y) - f(x, y+1)|$ 进行处理，可获得物体边缘以进一步进行图像增强。若只关心物体

轮廓的位置而不关心其他内容，最好采用以下哪种方式（$L_{\max}$ 为最大灰度，$L_{\min}$ 为最小灰度）？

（A）$g(x,y)=\begin{cases}L_{\max}, & G[f(x,y)]\geqslant T\\ f(x,y), & \text{其他}\end{cases}$

（B）$g(x,y)=\begin{cases}L_{\max}, & G[f(x,y)]\geqslant T\\ L_{\min}, & \text{其他}\end{cases}$

（C）$g(x,y)=\begin{cases}G[f(x,y)], & G[f(x,y)]\geqslant T\\ L_{\min}, & \text{其他}\end{cases}$

（D）$g(x,y)=\begin{cases}G[f(x,y)], & G[f(x,y)]\geqslant T\\ f(x,y), & \text{其他}\end{cases}$

［提示］增加阈值判断，可对物体和背景分别进行处理。

第 4 章　频域增强

4.1　傅里叶变换和频域增强

4.1-1　一个点源函数的傅里叶频谱是网格状的，当点源的尺寸减小时，有（　　）。

（A）其傅里叶频谱的网格变稀　　（B）其傅里叶频谱的网格变密

（C）其傅里叶频谱的网格变暗　　（D）其傅里叶频谱的网格变亮

［提示］考虑傅里叶变换的尺度缩放性质。

4.1-2　在将一个 2D 傅里叶变换用连续 2 次 1D 傅里叶变换实现时，如果将 $f(x, y)$ 沿每一列求变换后不乘以 N，得到的 $F(x, v)$ 的幅度将（　　）。

（A）为 0　（B）减为 $1/N$　（C）不变　（D）增为 N 倍

［提示］试将 2D 傅里叶变换的公式分解开来。

4.1-3　在进行频域增强时，需要（　　）。

（A）对原始图像进行傅里叶变换

（B）对转移函数进行傅里叶变换

（C）将原始图像与转移函数进行卷积

（D）分别进行傅里叶变换和傅里叶反变换

［提示］具体分析频域增强的三个步骤。

4.1-4　基于频域的图像增强方法（　　）。

（A）是对图像灰度的线性变换

（B）是一种基于像素邻域的图像增强方法

（C）可以获得和基于空域的图像增强方法相同的图像增强效果

（D）由于常用到傅里叶变换和傅里叶反变换，所以总比基于空域的方法计算复杂度高

[提示] 考虑各种增强方法的定义和具体实现。

4.2 频域低通滤波器

4.2-1 对于 1 阶巴特沃斯低通滤波器，选取使 $H(u,v)$ 降到最大值的 1/2 时的频率为截断频率 D_0，选取使 $H(u,v)$ 降到最大值的 $1/\sqrt{2}$ 时的频率为截断频率 D_1；对于 2 阶巴特沃斯低通滤波器，选取使 $H(u,v)$ 降到最大值的 $1/\sqrt{2}$ 时的频率为截断频率 D_2，则（　　）。

（A）$D_0 < D_1$　　（B）$D_0 > D_1$　　（C）$D_1 < D_2$　　（D）$D_1 > D_2$

[提示] 巴特沃斯低通滤波器的转移函数是一条单减曲线。

4.2-2 在频域低通处理中，通常使用如图题 4.2-2 所示的 3 种滤波器：图题 4.2-2(a)为巴特沃斯滤波器，图题 4.2-2(b)为指数型滤波器，图题 4.2-2(c)为梯形滤波器。

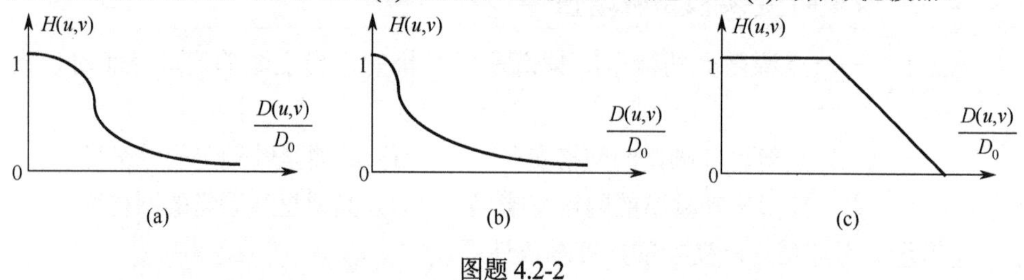

图题 4.2-2

以下哪些说法是正确的？

（A）指数滤波器对噪声的衰减大于巴特沃斯滤波器

（B）这 3 种滤波器的处理效果优于理想低通滤波器

（C）这 3 种滤波器产生的振铃效应比理想低通滤波器明显

（D）这 3 种滤波器能够改善理想低通滤波器的模糊现象

[提示] 考虑低通滤波器曲线的形状，注意尾部延伸对其作用的影响。

4.2-3 图题 4.2-3(a)为有噪声的图像，在经过 3 种低通滤波器处理后，所得图像分别如图 4.2-3(b)～图 4.2-3(d)所示，现已知 3 种低通滤波器的频域曲线如图 4.2-3(e)～图 4.2-3(g)所示，请指出图像和滤波器的对应关系。

（A）图 4.2-3(b)和图 4.2-3(e)，图 4.2-3(c)和图 4.2-3(f)，图 4.2-3(d)和图 4.2-3(g)

（B）图 4.2-3(b)和图 4.2-3(g)，图 4.2-3(c)和图 4.2-3(e)，图 4.2-3(d)和图 4.2-3(f)

（C）图 4.2-3(b)和图 4.2-3(f)，图 4.2-3(c)和图 4.2-3(g)，图 4.2-3(d)和图 4.2-3(e)

（D）图 4.2-3(b)和图 4.2-3(f)，图 4.2-3(c)和图 4.2-3(e)，图 4.2-3(d)和图 4.2-3(f)

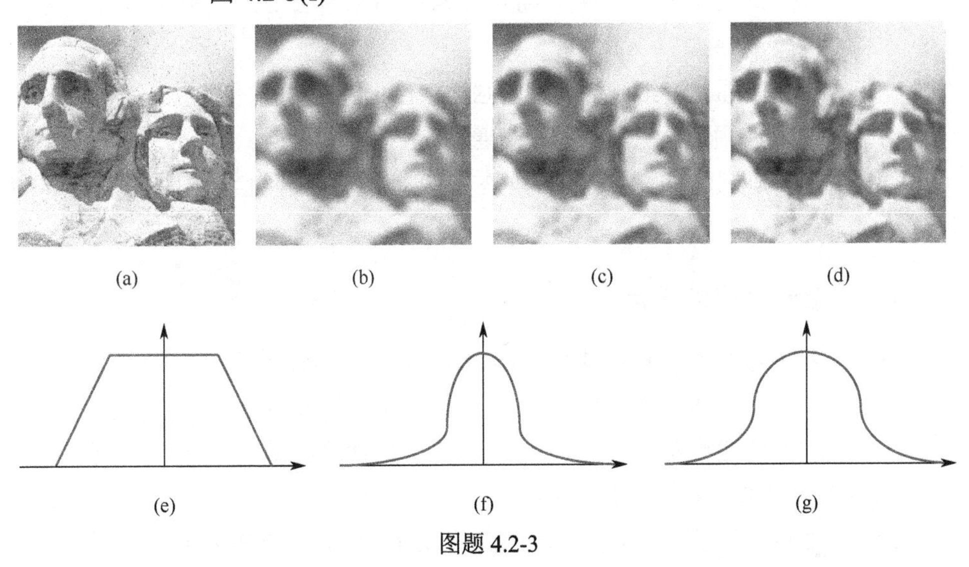

图题 4.2-3

[提示]低通滤波器的频域曲线越窄，滤去的高频分量就越多，图像就越模糊。

4.3 频域高通滤波器

4.3-1 对于低通和高通巴特沃斯滤波器，不正确的描述有（　　）。

（A）相比于理想低通和高通滤波器，它们能减弱振铃效应

（B）它们有相同的截止频率

（C）它们都可用于消除虚假轮廓

（D）用它们处理的图像的前景与背景的过渡均比用理想低通和高通滤波器处理的要好一些

[提示]既要明确低通和高通滤波器的异同，也要考虑巴特沃斯滤波器的特点。

4.3-2 由于高频增强滤波器相对削弱了低频成分，因而滤波所得图像往往偏暗且对比度差，所以常需要在滤波后进行（　　）。

（A）中值滤波　　　　（B）低频加强

（C）直方图均衡化　　　　　　（D）图像均匀加亮

[提示] 注意需要恢复原动态范围。

4.3-3　在频域中，高通滤波结果与高频增强滤波结果相比，有（　　）。

（A）高通滤波结果中的低频分量比高频增强滤波结果中的低频分量要多

（B）高通滤波结果中的高频分量比高频增强滤波结果中的高频分量要多

（C）高通滤波结果比高频增强滤波结果要明亮

（D）高频增强滤波结果比高通滤波结果要明亮

[提示] 高频增强滤波的转移函数是在高通滤波的转移函数中增加一个常数得到的。

4.4　带通带阻滤波器

4.4-1　要保留图像中某个频率范围内的成分，可以使用（　　）。

（A）带阻滤波器　　　　　　（B）带通滤波器

（C）低通滤波器　　　　　　（D）高通滤波器

[提示] 某个频率范围应有上下限。

4.4-2　要保留图像中某个频率范围内的成分，可以结合使用（　　）。

（A）线性平滑滤波器和非线性平滑滤波器

（B）线性锐化滤波器和非线性锐化滤波器

（C）非线性平滑滤波器和线性锐化滤波器

（D）非线性锐化滤波器和线性平滑滤波器

[提示] 考虑平滑/锐化滤波器针对不同频率分量的滤波特点，平滑对应低通，锐化对应高通。

4.4-3　要得到带通滤波的效果，可以结合使用（　　）。

（A）一个低通滤波器和一个高通滤波器

（B）两个截止频率不同的低通滤波器

（C）两个截止频率相同的低通滤波器

（D）两个截止频率不同的高通滤波器

[提示] 考虑低通滤波器和高通滤波器都可滤除一定的频率成分。

4.4-4　观察图题 4.4-4 中 4 个滤波器的频域示意（白色代表通，灰色代表阻），哪些属于带阻滤波器？

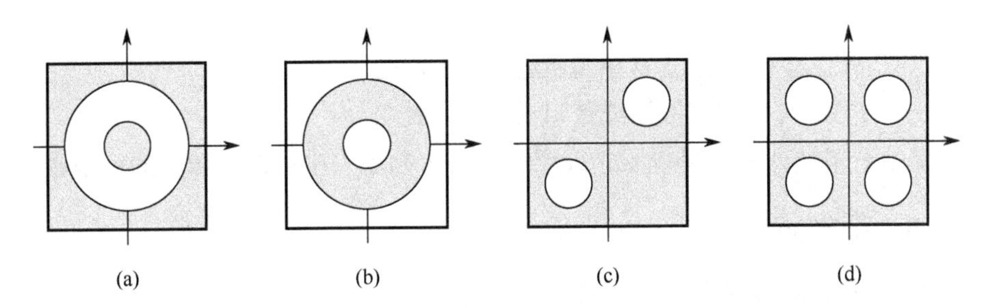

图题 4.4-4

（A）图题 4.4-4(a)　（B）图题 4.4-4(b)

（C）图题 4.4-4(c)　（D）图题 4.4-4(d)

［提示］分析带阻滤波器的频域结构。

4.4-5　观察图题 4.4-5 中 4 个滤波器的频域示意（白色代表通，灰色代表阻），如果要滤除正弦干扰 $n = A\sin(ax+by)$，应使用哪个类型的滤波器？

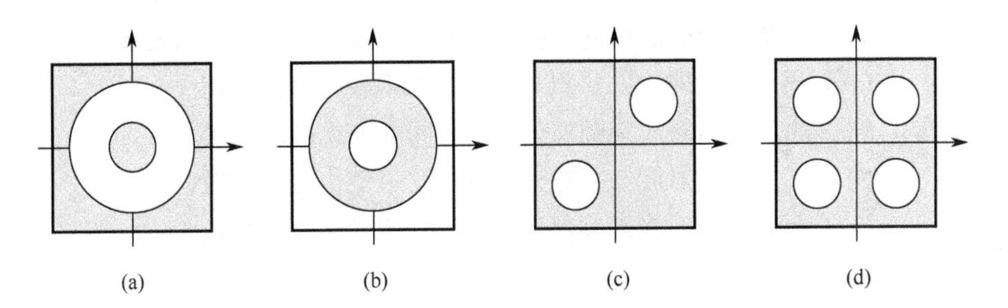

图题 4.4-5

（A）图题 4.4-5(a)　（B）图题 4.4-5(b)

（C）图题 4.4-5(c)　（D）图题 4.4-5(d)

［提示］借助傅里叶变换，分析正弦干扰的频域结构。

4.4-6　要把图像中某个频率范围内的成分去除，除可以使用带阻滤波器外，还可以使用（　　）。

（A）低通滤波器　（B）高通滤波器

（C）带通滤波器　（D）低通滤波器和高通滤波器

［提示］带阻是指将中频（最低频率和最高频率之间的某个频段）去除。

4.4-7　陷波滤波器有哪些性质？

（A）在物理上不可实现

（B）总是阻止某个频率分量通过

（C）是低通滤波器和高通滤波器的结合

（D）与带通滤波器或带阻滤波器功能类似

[提示] 陷波滤波器可以阻止或通过以某个频率为中心的邻域里的频率。

4.5 同态滤波器

4.5-1 在同态滤波过程中，有（ ）。

（A）对图像 $f(x, y)$取对数是为了缩小图像灰度的动态范围

（B）对图像 $f(x, y)$取对数是为了分别对照度分量和反射分量进行滤波

（C）将增强结果反变换到空域中并取指数是为了扩大照度分量和反射分量的动态范围

（D）将增强结果反变换到空域中并取指数是为了将照度分量和反射分量结合起来

[提示] 分析在滤波过程中照度分量和反射分量相互关系的变化。

4.5-2 同态滤波函数对照度分量和反射分量采用不同对策，因为（ ）。

（A）照度分量对应低频部分且在空间中变化比较快速

（B）照度分量对应高频部分且在空间中变化比较缓慢

（C）照度分量对应低频部分且在空间中变化比较缓慢

（D）照度分量对应高频部分且在空间中变化比较快速

[提示] 分析照度分量在空间中变化的原因。

4.5-3 同态滤波函数对照度分量和反射分量采用不同对策，因为（ ）。

（A）反射分量对应低频部分且在空间中变化比较快速

（B）反射分量对应高频部分且在空间中变化比较缓慢

（C）反射分量对应低频部分且在空间中变化比较缓慢

（D）反射分量对应高频部分且在空间中变化比较快速

[提示] 分析反射分量在空间中变化的原因。

4.5-4 对于同态滤波，有（ ）。

（A）可以消除乘性噪声 （B）不能消除乘性噪声

（C）可以消除加性噪声 （D）不能消除加性噪声

[提示] 分析同态滤波的特点和消噪原理。

第 5 章　图像恢复

5.1　图像退化

5.1-1　以下哪些可能是图像退化的原因？

（A）俯仰拍摄　　　　（B）摄像机噪声

（C）环境光照变化　　（D）场景中目标的快速运动

[提示] 图像退化指基于场景得到的图像没能完全地反映场景的真实内容，产生了失真。

5.1-2　对于模糊造成的退化，有（　　）。

（A）会导致目标图案尺寸变大

（B）会导致目标图案产生叠影

（C）会将形状规则的图案变得不太规则

（D）会使图像叠加许多随机的亮点和暗点

[提示] 模糊会导致图像的空间分辨率下降。

5.1-3　对于图像中的噪声，有（　　）。

（A）仅包含高频分量

（B）总有一定的随机性

（C）在频率上总能覆盖整个频谱

（D）在等宽的频率间隔内总有相同的能量

[提示] 噪声种类很多，需要考虑不同噪声的特性及相同之处。

5.1-4　下面哪些说法是正确的？

（A）线性退化系统一定具有相加性

（B）具有相加性的退化系统也具有一致性

（C）具有位置（空间）不变性的退化系统是线性的

（D）具有一致性的退化系统也具有位置（空间）不变性

[提示] 注意四种性质相互成立的充分性和必要性。

5.2　逆滤波

5.2-1　如果图 5-1 中的退化系统是线性的，则 $g(x, y)$的功率谱为（　　）。

（A）$|G(u, v)|^2 = |H(u, v)|^2|F(u, v)|^2+|N(u, v)|^2$

（B）$|G(u, v)|^2 = (|H(u, v)||F(u, v)|+|N(u, v)|)^2$

（C）$|G(u, v)|^2 = (|H(u, v)||F(u, v)|)^2+|N(u, v)|^2$

（D）$|G(u, v)|^2 = |H(u, v)|^2|F(u, v)|^2+2|H(u, v)||F(u, v)||N(u, v)|+|N(u, v)|^2$

［提示］实际上，（A）和（C）同，（B）和（D）同。

5.2-2　对于逆滤波方法，有（　　）。

（A）使用的滤波器是频率 u 和 v 的函数

（B）没有考虑图像应受到的物理约束

（C）不能完全恢复受噪声影响的图像

（D）效果随与频谱原点距离的增加而迅速变差

［提示］在 $H(u, v)$值较大时恢复效果好。

5.2-3　给一个线性位移不变的图像退化系统（其脉冲响应可以写成 $h(x-s, y-t)= \exp\{-[(x-s)^2+(y-t)^2]\}$）输入一个位于 $x = a$ 处的无穷长细直线信号（可用 $f(x, y) = \delta(x-a)$ 模型化），系统的输出正比于（　　）。

（A）$\exp\{-[(x-s)^2]\}$　　　　（B）$\exp\{-[(x-a)^2]\}$

（C）$\exp\{-[\delta(x-a)^2]\}$　　　　（D）$\exp\{-[(x-a)^2+(y-a)^2]\}$

［提示］将输入信号与退化系统的脉冲响应进行卷积。

5.3　维纳滤波

5.3-1　对于维纳滤波器，有（　　）。

（A）一个特例是理想逆滤波器

（B）需要用到图像和噪声各自的相关矩阵

（C）针对每一幅图像都可获得最优恢复效果

（D）考虑了恢复后的图像应受到的物理约束

［提示］维纳滤波器是基于统计的最小均方误差滤波器，得到的结果只在平均意义上最优。

5.3-2　如果一个模糊退化系统的转移函数可用 $H(u, v) = \exp[-(u^2+v^2)/2\sigma^2]$表示，当噪声可忽略时，恢复这类模糊的维纳滤波器的方程应为（　　）。

（A）$\exp[(u^2+v^2)/2\sigma^2]$　　　　（B）$\exp[-(u^2+v^2)/2\sigma^2]$

（C）$\dfrac{1}{\exp[(u^2+v^2)/2\sigma^2]}$　　　　（D）$\dfrac{1}{\exp[-(u^2+v^2)/2\sigma^2]}$

［提示］当噪声可忽略时，维纳滤波器退化成理想逆滤波器。

5.3-3　设恢复滤波器 $R(u, v)$满足$|F_e(u, v)|^2 = |R(u, v)|^2|G(u, v)|^2 = |F(u, v)|^2$，以类似于式（5-19）的形式写出的 $F_e(u, v)$为（　　）。

（A）$F_e(u,v) = \dfrac{1}{|H(u,v)|+|N(u,v)||F(u,v)|}G(u,v)$

（B）$F_{\mathrm{e}}(u,v)=\sqrt{\dfrac{1}{|H(u,v)|^2+|N(u,v)|^2|F(u,v)|^2}}G(u,v)$

（C）$F_{\mathrm{e}}(u,v)=\sqrt{\dfrac{1}{|H(u,v)|^2+|N(u,v)|^2/|F(u,v)|^2}}G(u,v)$

（D）$F_{\mathrm{e}}(u,v)=\dfrac{1}{|H(u,v)|^2+|N(u,v)|^2/|F(u,v)|^2}G(u,v)$

[提示] 先根据$|F(u, v)|^2$、$|H(u, v)|^2$和$|N(u, v)|^2$求出$R(u, v)$。

5.4 几何失真校正

5.4-1 在图 5-6 中，如果设图像左下角为坐标原点，失真图像和校正图像中的四边形通过线性失真联系(两个四边形之间存在线性失真的联系)，根据式(5-23)和式（5-24)，有（　　）。

（A）$k_1 = 1/6$，$k_2 = 5/6$，$k_3 = 0$，$k_4 = -5/6$，$k_5 = 1/6$，$k_6 = 8/6$

（B）$k_1 = 5/6$，$k_2 = 1/6$，$k_3 = 0$，$k_4 = -1/6$，$k_5 = 5/6$，$k_6 = 8/6$

（C）$k_1 = -1/6$，$k_2 = 1/6$，$k_3 = 0$，$k_4 = 1/6$，$k_5 = 1/6$，$k_6 = 8/6$

（D）$k_1 = 5/6$，$k_2 = -1/6$，$k_3 = 0$，$k_4 = 1/6$，$k_5 = 5/6$，$k_6 = 2/6$

[提示] 可选一点具体算一下。

5.4-2 在图 5-6 中，如果设图像左下角为坐标原点，已知$f(1, 1) = 1$，$f(7, 1) = 7$，$f(1, 7) = 7$，$f(7, 7) = 13$，那么（　　）。

（A）$f(2, 4) = 3$　（B）$f(2, 4) = 4$　（C）$f(2, 4) = 5$　（D）$f(2, 4) = 6$

[提示] 可根据插值公式计算。

5.4-3 对于双线性插值，有（　　）。

（A）计算量比最近邻插值大

（B）需要利用 4 个最近邻像素来计算

（C）插值结果在由所用的 4 个最近邻像素灰度值决定的平面上

（D）在水平方向和垂直方向上的插值均是线性的

[提示] 参考图 5-9。

5.5 图像修补

5.5-1 将图像修补分为图像修复和图像补全的原因有哪些？

（A）两者的功能不同

（B）两者修补的尺度不同

（C）两者利用的图像信息不同

（D）两者采用的图像修补模型不同

[提示] 两者间的区别主要是定性的区别。

5.5-2 对于一幅图像的修补，有（　　）。

（A）如果待修补部分面积较小，需要使用图像修复

（B）如果待修补部分尺度较小，需要使用图像修复

（C）如果待修补部分面积较大，需要使用图像补全

（D）如果待修补部分尺度较大，需要使用图像补全

[提示] 一个区域的面积和尺度有可能不成正比。

5.5-3 可利用图像修补技术修补缺损区域，当将其用于噪声消除时，有（　　）。

（A）其适合用于消除高斯噪声　　（B）其适合用于消除均匀噪声

（C）其适合用于消除椒噪声　　（D）其适合用于消除盐噪声

[提示] 分析噪声对图像的影响。

第 6 章　彩色增强

6.1　彩色视觉

6.1-1 利用光的三基色可叠加产生光的三补色，其中包括（　　）。

（A）黄色　　（B）紫色　　（C）橙色　　（D）品红色

[提示] 光的三基色是红、绿、蓝，光的三补色是它们的两两组合。

6.1-2 颜料的三基色可由下面哪种方法得到？

（A）蓝+红，绿+黄，红+绿

（B）红+蓝，绿+蓝，品红+绿

（C）蓝+红，绿+蓝，红+绿

（D）红+蓝，绿+红，蓝+绿

[提示] 颜料的三基色对应光的三补色。

6.1-3 下面哪些关于色度图的说法是正确的？

（A）色度图中任何可见的颜色都占据确定的位置

（B）色度图边界点的亮度比中心点的亮度低

（C）色度图中纯度为 0 的点对应饱和度最小的点

（D）色度图表明，任何可见的颜色都可由三基色组合而成

[提示] 根据色度图中各点的含义进行分析。

6.1-4　考虑图题 6.1-4 里有标号的点。下列说法正确的有（　　）。

（A）点 1 和点 2 在可见色区域中，点 3 在不可见色区域中

（B）点 1 在可见色区域中，点 2 在可由三基色组成的色区域中，点 3 在不可见色区域中

（C）点 1 和点 2 在可由三基色组成的色区域中，点 3 不在这个色区域中

（D）点 2 在可见色区域中，点 1 和点 3 在不可见色区域中

［提示］色度图中的舌形部分是可见色区域，三角形以三基色坐标点为顶点。

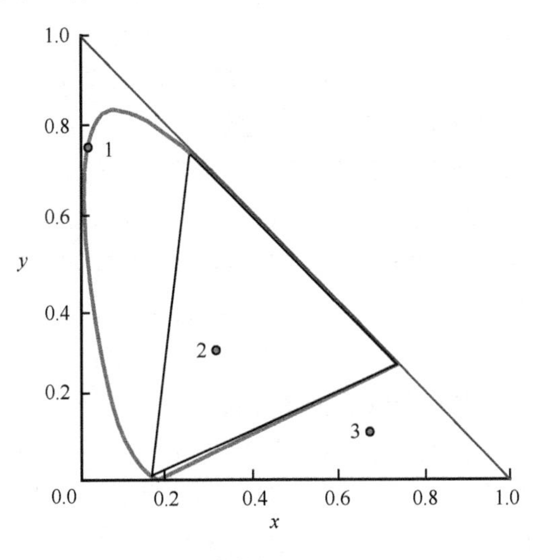

图题 6.1-4

6.2　彩色模型

6.2-1　可对一幅彩色图像建立一个“3D 直方图”，这是因为（　　）。

（A）图像本身就是 3D 的

（B）所用彩色空间是 3D 的

（C）图像可用 3D 数组表示

（D）直方图可用 3D 数组表示

［提示］可将一幅彩色图像分解为 3 个分量图，其中每个图都要用 3 个变量表示。

6.2-2　当 $R=0$，$G=0$，$B=1$ 时，有（　　）。

（A）$H=120°$，$S=0$　　（B）$H=120°$，$S=1$

（C）$H=240°$，$S=0$　　（D）$H=240°$，$S=1$

［提示］可画出 HSI 模型的横截面图以帮助判断。

6.2-3　饱和度为 1 的颜色点都在图 6-3 中 RGB 彩色立方体的（　　）上？

（A）RG 平面　　（B）RB 平面

（C）BG 平面　　（D）RG 平面、RB 平面和 BG 平面。

［提示］饱和度为 1，则 R、G、B 必有一个为 0。

6.2-4　给定 RGB 彩色立方体上的两个点 a 和 b，将它们的对应坐标加起来得到一个新点，设为点 c。如果这三个点在 HSI 坐标系中的 H、S、I 值分别以点的标号为下标来表示，则（　　）。

（A）$I_c = I_a + I_b$　　（B）$S_c = S_a + S_b$

（C）$S_c = S_a = S_b$　　（D）$H_c = H_a + H_b$

［提示］两个空间之间的变换是非线性的。

6.2-5　在图 6-3 中，RGB 彩色立方体的 r 点和 y 点的 H、S、I 值分别为（　　）。

（A）r：$H = 0°$，$S = 1$，$I = 1/3$；y：$H = 60°$，$S = 1$，$I = 1/3$

（B）r：$H = 0°$，$S = 1$，$I = 1/3$；y：$H = 45°$，$S = 1$，$I = 1/3$

（C）r：$H = 0°$，$S = 1$，$I = 1/3$；y：$H = 60°$，$S = 1$，$I = 2/3$

（D）r：$H = 0°$，$S = 1$，$I = 1/3$；y：$H = 45°$，$S = 1$，$I = 2/3$

［提示］y 点的 H 角是在 HSI 空间中定义的。

6.2-6　下面哪个彩色模型最符合人类视觉系统的特点？

（A）RGB 模型　　（B）CMY 模型

（C）HSI 模型　　（D）CMYK 模型

［提示］CMY 模型和 CMYK 模型的各分量是 RGB 模型各分量的线性组合。

6.3　伪彩色增强

6.3-1　从灰度到彩色的变换可通过用三个独立的变换处理原始图像中每个像素的灰度值来实现，现已知红、绿、蓝三种变换函数及原始图像的统计直方图依次如图题 6.3-1 中各图所示，则在变换所得的彩色图像中，哪种彩色成分较多？

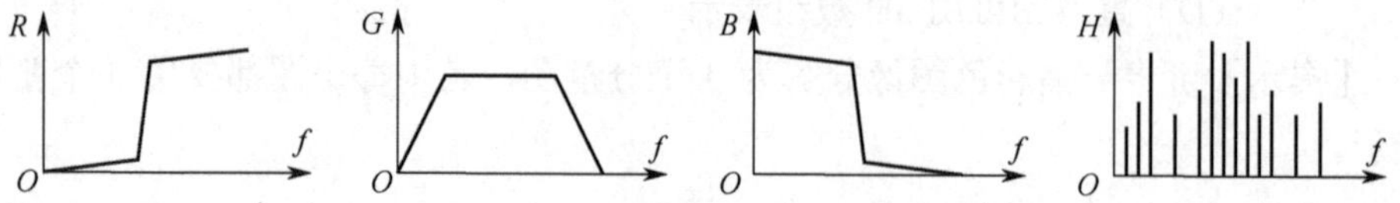

图题 6.3-1

（A）无法判断　　（B）红色　　（C）绿色　　（D）蓝色

[提示] 考虑直方图在分别经过三种彩色变换后的输出的大小。

6.3-2 HSI 模型适用于图像增强的原因有哪些?

(A) 用该模型可保持原始图像的色调不变

(B) 用该模型可以增加图像的可视细节亮度

(C) 用该模型可将亮度分量与色度分量分开进行增强

(D) 用该模型可将色调分量与饱和度分量分开进行增强

[提示] 考虑 HSI 模型中三个分量的含义。

6.3-3 伪彩色处理和假彩色处理是两种不同的彩色增强处理方法,( ) 属于伪彩色增强处理的表述。

(A) 用自然色复制多光谱的景象

(B) 将景象中的蓝天变为红色,绿草变为蓝色

(C) 将红绿蓝彩色信号分别送入蓝红绿颜色显示控制通道

(D) 将灰度图经频域高通/低通后的信号分别送入红/蓝颜色显示控制通道

[提示] 假彩色考虑将单幅原始彩色图像或一套描绘同样物体的多光谱图像映射到另一彩色空间中;伪彩色处理的原始图像并不是彩色图像,由人工赋色以区分灰度。

6.4 真彩色增强

6.4-1 真彩色图像增强的输出可看作( )。

(A) 矢量图像 (B) 灰度图像

(C) 伪彩色图像 (D) 真彩色图像

[提示] 伪彩色图像也是彩色图像。

6.4-2 对于一幅彩色图像,下列哪些操作既可对其属性矢量直接进行,也可对各属性分量分别进行(之后再组合起来)?

(A) 中值滤波 (B) 加权邻域平均

(C) 线性锐化滤波 (D) 非线性锐化滤波

[提示] 只有线性操作满足条件。

6.4-3 在单分量变换增强中,最容易让人感到图像内容发生变化的是( )。

(A) 亮度增强 (B) 色调增强

(C) 饱和度增强 (D) 不一定

[提示] 色调改变对视觉感受的影响相对较大。

6.4-4　将灰度噪声分别叠加到一幅 RGB 彩色图像的各分量上，之后再转换为 H、S、I 分量图，此时（　　）。

（A）H 分量图中的噪声相比原始 RGB 彩色图像减弱了

（B）S 分量图中的噪声相比原始 RGB 彩色图像减弱了

（C）I 分量图中的噪声相比原始 RGB 彩色图像减弱了

（D）不一定哪个分量图中的噪声相比原始 RGB 彩色图像减弱了

［提示］考虑从 RGB 到 HSI 转换的公式。

6.4-5　为表达图像中一个目标的彩色特征，可以使用（　　）。

（A）I 分量的直方图

（B）该目标的轮廓长度

（C）亮度切割的结果

（D）R 分量直方图和 G 分量直方图的差值

［提示］I 分量与色度分量是相互独立的。

第 7 章　图像分割

7.1　定义和算法分类

7.1-1　令集合 R 代表整个图像区域，则子集 $R_1, R_2,\cdots, R_n$ 是 R 分割结果的必要条件不包括（　　）。

（A）$R_1 \subset R_2 \subset \cdots \subset R_n$

（B）$P(R_i) = \text{TRUE}$，$i = 1, 2,\cdots, n$

（C）$R_i \cap R_j = \varnothing$（$i \neq j$）

（D）各 R_i 是连通的，$i = 1, 2,\cdots, n$

［提示］图像分割把图像分成互不重叠的子区域。

7.1-2　在以下分割方法中，基于区域算法的有（　　）。

（A）边缘检测　　（B）主动轮廓

（C）阈值分割　　（D）区域生长

［提示］区域算法利用像素的相似性。

7.1-3　图像分割中的并行边界技术和串行区域技术分别利用的是图像的（　　）。

（A）连续性和变化性　　（B）不连续性和相似性

（C）连续性和相似性　　（D）不连续性和变化性

［提示］这些性质与并行或串行无关。

7.2 微分边缘检测

7.2-1 在使用梯度算子时，有（　　）。

（A）总需要两个模板　　（B）可以消除随机噪声

（C）可以检测阶梯状边缘　　（D）总产生双像素宽边缘

［提示］考虑梯度算子的功能和组成特点。

7.2-2 使用索贝尔梯度算子对图题 7.2-2 中的图像进行边缘检测（设范数为 1），得到的结果为（　　）。

1	1	1
2	3	1
2	1	3

图题 7.2-2

（A）3　　（B）4　　（C）5　　（D）6

［提示］将两个模板分别覆盖在图像上计算一下。

7.2-3 对于拉普拉斯算子，有（　　）。

（A）包括一个模板　　（B）包括两个模板

（C）是一阶微分算子　　（D）是二阶微分算子

［提示］考虑拉普拉斯算子的构成特点。

7.2-4 拉普拉斯算子主要用于（　　）。

（A）直接检测图像边缘

（B）与罗伯特算子结合后检测图像边缘

（C）检测图像中梯度的方向

（D）在已知边缘像素后，确定该像素位于图像的明区还是暗区

［提示］考虑拉普拉斯算子的功能。

7.2-5 在进行边缘检测时，拉普拉斯算子对下列各种情况的响应从大到小的排列为（　　）。

（A）水平垂直边缘＞孤立线条＞斜向边缘＞孤立噪声点

（B）孤立噪声点＞斜向边缘＞孤立线条＞水平垂直边缘

（C）斜向边缘＞孤立噪声点＞水平垂直边缘＞孤立线条

（D）孤立线条＞斜向边缘＞水平垂直边缘＞孤立噪声点

[提示] 拉普拉斯算子的响应与其中心系数和周围系数分别对应的图像像素的灰度差成正比。

7.3　主动轮廓模型

7.3-1　主动轮廓（　　）。

(A) 是一种变形轮廓

(B) 在变形时所包围的区域总小于目标

(C) 是一系列点的集合

(D) 中的点可互相独立地移动

[提示] 考虑主动轮廓模型的定义和工作方式。

7.3-2　为设计内部能量函数，除 7.3 节介绍的内容外，还可以考虑如下哪些因素?

(A) 目标区域的尺寸

(B) 目标区域的形状

(C) 目标轮廓的光滑程度

(D) 目标轮廓点的灰度方差

[提示] 应考虑在分割前对目标特性没有限制的一般情况。

7.3-3　为设计外部能量函数，除 7.3 节介绍的内容外，还可以考虑如下哪些因素?

(A) 图像中目标内的像素个数

(B) 图像中目标与背景之间的灰度差

(C) 当前轮廓点与图像中目标边界点间的距离

(D) 当前轮廓点与相邻轮廓点之间的连线相对于 x 轴的朝向

[提示] 外部能量主要取决于图像的性质值。

7.4　阈值化分割

7.4-1　在利用直方图取单阈值方法进行图像分割时，有（　　）。

(A) 图像中应仅有一个目标

(B) 图像直方图应有两个峰

(C) 图像中目标和背景的尺寸应一样大

(D) 图像中目标的灰度应比背景的灰度大

[提示] 考虑此时应符合的图像模型。

7.4-2　噪声对利用直方图取阈值的分割算法的影响源于（　　）。

（A）噪声会使直方图不平滑，出现许多局部极值

（B）噪声会减小直方图的峰间距离

（C）噪声会消除直方图的峰

（D）噪声会填充直方图的谷，增加对谷的检测难度

［提示］噪声会使某些像素的灰度增大或减小。

7.4-3　设一幅图像具有如图题7.4-3所示的灰度分布，其中$p_1(z)$对应目标，$p_2(z)$对应背景，如果有$P_1 = P_2$，则误差最小的分割阈值应为3（对应交点）。现在如果$P_1 > P_2$，则误差最小的分割阈值将（　　）。

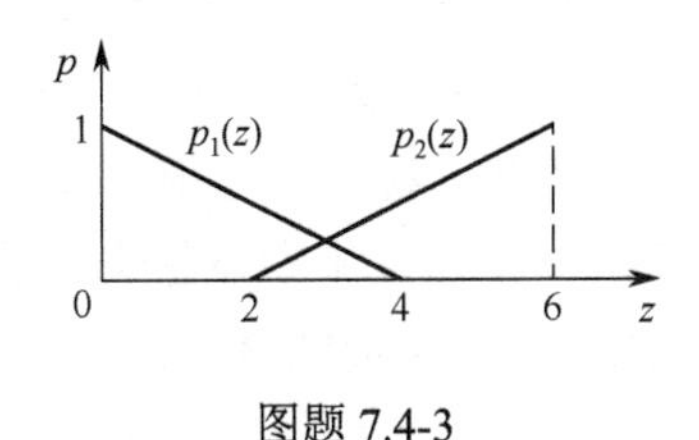

图题 7.4-3

（A）减小　　（B）不变　　（C）增大　　（D）不存在

［提示］参考对应最佳阈值的图示和计算最佳阈值的公式。

7.4-4　在进行直方图变换时，有（　　）。

（A）必须借助像素的梯度值

（B）其输入是一个直方图，输出是另一个直方图

（C）得到的直方图一定会有较深的谷和较高的峰

（D）其前提条件是图像里的一些像素具有较高的梯度值

［提示］直方图变换有多种方法，利用梯度只是其中一种。

7.4-5　为了更方便和准确地检测阈值，可以（　　）。

（A）对直方图进行中值滤波，使峰谷差距加大

（B）利用直方图均衡化，使图像的动态范围增大

（C）利用像素梯度值进行直方图变换，使峰谷差距加大

（D）对直方图进行中值滤波，去掉由噪声引起的虚假峰值

［提示］在直方图变换中，既可借助像素自身性质，也可借助像素邻域的局部特征。

7.4-6　考虑灰度-梯度值散射图，有（　　）。

（A）聚类的个数与图像中目标的个数相同

（B）聚类的形状与构成聚类的像素相关程度无关

（C）利用了像素邻域的局部性质来变换直方图

（D）聚类的个数与灰度–平均灰度值散射图中聚类的个数相同

［提示］在灰度–平均灰度值散射图中，一个轴是灰度值轴，另一个轴是平均灰度值轴。

7.5 基于过渡区选取阈值

7.5-1 在式（7-25）中，有（　　）。

（A）TG 是原始图像梯度图里像素值的总和

（B）TP 是原始图像梯度图里像素个数的总和

（C）EAG 等于梯度图像素值总和除以非零梯度像素总数

（D）EAG 等于梯度图非零梯度像素值总和除以非零梯度像素的总数

［提示］在计算总梯度值时，零梯度像素不影响结果。

7.5-2 在剪切变换后的图像中，下面哪些情况不会发生？

（A）$f_{\text{high}}(i,j) < L$　　（B）$f_{\text{high}}(i,j) > L$

（C）$f_{\text{low}}(i,j) < L$　　（D）$f_{\text{low}}(i,j) > L$

［提示］在进行低端剪切后，最小灰度被提升到 L；在进行高端剪切后，最大灰度被限制为 L。

7.5-3 典型的 $\text{EAG}_{\text{low}}(L)$曲线是单峰曲线的原因有（　　）。

（A）$\text{TG}_{\text{low}}(L)$和 $\text{TP}_{\text{low}}(L)$都随 L 的增加而增加

（B）$\text{TG}_{\text{low}}(L)$比 $\text{TP}_{\text{low}}(L)$随 L 的增加而减小得快

（C）$\text{TG}_{\text{low}}(L)$比 $\text{TP}_{\text{low}}(L)$随 L 的增加而减小得慢

（D）$\text{TG}_{\text{low}}(L)$和 $\text{TP}_{\text{low}}(L)$都随 L 的增加而减小

［提示］$\text{TG}_{\text{low}}(L)$相对于 $\text{TP}_{\text{low}}(L)$，先下降得比较慢，在过了 $\text{EAG}_{\text{low}}(L)$极值后，下降得比较快。

7.6 区域生长

7.6-1 为用区域生长法进行图像分割，需要确定（　　）。

（A）图像的直方图

（B）每个区域的均值

（C）每个区域的种子像素

（D）在生长过程中能将相邻像素包括进来的准则

［提示］考虑区域生长法的三个步骤。

7.6-2　用区域生长法分割图题 7.6-2-1 中的图像。

1	0	2	7	4
5	5	2	7	7
0	1	**5**	5	5
2	0	5	6	5
2	2	5	6	5

图题 7.6-2-1

如果取中心像素为种子像素（标为灰色方块），阈值 $T = 3$，得到的 4-连通生长区域为（　　）。

（A）图题 7.6-2-2(a)　　（B）图题 7.6-2-2(b)

（C）图题 7.6-2-2(c)　　（D）图题 7.6-2-2(d)

1	0	2	7	4
5	5	2	7	7
0	1	**5**	5	5
2	0	5	6	5
2	2	5	6	5

(a)

1	0	2	7	4
5	5	2	7	7
0	1	**5**	5	5
2	0	5	6	5
2	2	5	6	5

(b)

1	0	2	7	4
5	5	2	7	7
0	1	**5**	5	5
2	0	5	6	5
2	2	5	6	5

(c)

1	0	2	7	4
5	5	2	7	7
0	1	**5**	5	5
2	0	5	6	5
2	2	5	6	5

(d)

图题 7.6-2-2

［提示］考虑与种子像素灰度差小于正负阈值且 4-连通的像素。

7.6-3　用区域生长法分割图题 7.6-3-1 中的图像。

3	1	1	0	0	1	5
0	5	6	6	5	6	1
1	5	6	0	0	3	0
0	5	6	6	5	6	0
1	5	6	0	2	2	0
1	4	5	4	5	6	1
6	1	0	1	1	0	6

图题 7.6-3-1

设标为灰色方块的像素为种子像素，阈值 T 应取多少才能使得到的 4-连通生长区域为字母 E？

（A）$T=1$　　（B）$T=2$　　（C）$T=3$　　（D）$T=4$

［提示］字母 E 在图像中的位置如图题 7.6-3-2 所示。

3	1	1	0	1	1	5
0	5	6	6	5	6	1
1	5	6	0	0	3	0
0	5	6	6	5	6	0
1	5	6	0	2	2	0
1	4	5	4	5	6	1
6	1	0	1	1	0	6

图题 7.6-3-2

第 8 章　基元检测

8.1　兴趣点检测

8.1-1　拉普拉斯值和海森值的计算均基于二阶偏导数，有（　　）。

（A）拉普拉斯值和海森值均在边缘处有较强响应

（B）拉普拉斯值和海森值均在角点处有较强响应

（C）拉普拉斯值在边缘处有较强响应，海森值在角点处有较强响应

（D）拉普拉斯值在角点处有较强响应，海森值在边缘处有较强响应

[提示] 拉普拉斯值对直线也有较强响应。

8.1-2　哈里斯兴趣点算子可以检测（　　）。

（A）孤立点　（B）角点　（C）交叉点　（D）T 型点

[提示] 交叉点和 T 型点都可看作共点的角点。

8.1-3　如果所用模板包含 37 个像素，则 SUSAN 算子在检测到边缘和角点时，USAN 面积分别为（　　）。

（A）18 个像素和 9 个像素　（B）27 个像素和 9 个像素

（C）18 个像素和 27 个像素　（D）27 个像素和 18 个像素

[提示] 角点两边之间的夹角约为 90°。

8.1-4　对于 SUSAN 算子，有（　　）。

（A）是一个线性算子

（B）其性能随目标尺寸增大而提升

（C）相比于微分算子，对受噪声影响的图像的检测效果更好

（D）相比于微分算子，在比较平滑的图像中对边缘的响应更强

[提示] SUSAN 算子在使用时包括两个步骤：取阈值、求和。

8.1-5　在使用 SUSAN 算子检测边缘或角点时，有（　　）。

（A）没有需要预先确定的参数

（B）有一个需要预先确定的参数

（C）有两个需要预先确定的参数

（D）参数可自适应地确定

［提示］SUSAN 算子根据 USAN 面积判断检测结果。

8.2 椭圆目标检测

8.2-1 用直径二分法检测椭圆，可以确定（　　）。

（A）椭圆的长轴　　（B）椭圆的短轴

（C）椭圆的中心　　（D）椭圆的朝向

［提示］椭圆的直径总平分椭圆。

8.2-2 在利用弦–切线法检测椭圆时，为减少计算量，应（　　）。

（A）消减参与计算的边缘点数

（B）避免计算边缘点的切线

（C）减少椭圆中心点的候选数量

（D）让两个边缘点间的连线尽可能通过椭圆中心点

［提示］分析减少计算量的 3 个方面。

8.2-3 为完全确定椭圆，在获得椭圆中心后，还需要确定椭圆朝向、尺寸和形状，则有（　　）。

（A）这些参数可以一起确定

（B）朝向参数要先于尺寸参数确定

（C）朝向参数要先于形状参数确定

（D）尺寸参数要先于形状参数确定

［提示］注意尺寸参数和形状参数的联系。

8.3 哈夫变换

8.3-1 根据点–线对偶性，有（　　）。

（A）图像空间中的一个的点对应参数空间中的一条线

（B）参数空间中的一个的点对应图像空间中的一条线

（C）图像空间中共线的三个点对应参数空间中两条线的交点

（D）图像空间中共线的三个点对应参数空间中三条线的交点

［提示］对于在图像空间中共线的三个点，每个点对应参数空间中的一条线。

8.3-2 累加数组 $A(p, q)$中的最大值对应（　　）。

（A）图像中的点数　　　　　　（B）图像中共线的点数

（C）图像中直线斜率的最大值　　（D）图像中直线截距的最大值

［提示］图像中的点如果不共线，则在累加数组中处于不同位置。

8.3-3　假设图像中有 n 个点，如要直接计算共点的线，则（　　）。

（A）需要进行 n^2 次运算　　　　（B）需要进行 n^3 次运算

（C）需要进行 n^2+n^3 次运算　　（D）需要进行 $n^2\times n^3$ 次运算

［提示］两个运算是串联的。

8.3-4　假设图像中有 9 个点均匀分布在一个十字架上，累加数组中的最大值为（　　）。

（A）4　　（B）5　　（C）8　　（D）9

［提示］图像中的点在两条直线上。

8.4　广义哈夫变换

8.4-1　在进行广义哈夫变换时，（　　）。

（A）需要知道轮廓点的绝对坐标

（B）可以检测未知形状的目标轮廓

（C）需要对目标每个点进行“编码”

（D）可以检测没有解析表达式的目标轮廓

［提示］分析 R-表的构成和作用。

8.4-2　在广义哈夫变换中，R-表建立了（　　）。

（A）梯度角与矢径的联系　　（B）梯度角与矢角的联系

（C）梯度角与轮廓点的联系　（D）梯度角与可能参考点的联系

［提示］R-表是在检测开始前建立的。

8.4-3　在使用广义哈夫变换检测目标时，需要知道（　　）。

（A）目标轮廓的形状、朝向、尺度

（B）目标轮廓的形状、朝向

（C）目标轮廓的形状

（D）目标轮廓的位置

［提示］完整广义哈夫变换的累加数组有 4 个参数。

第9章 目标表达

9.1 轮廓的链码表达

9.1-1 若采用4-方向链码，则链码010303322211表示图题9.1-1中的哪个图形？

（A）图题9.1-1(a)　　（B）图题9.1-1(b)

（C）图题9.1-1(c)　　（D）图题9.1-1(d)

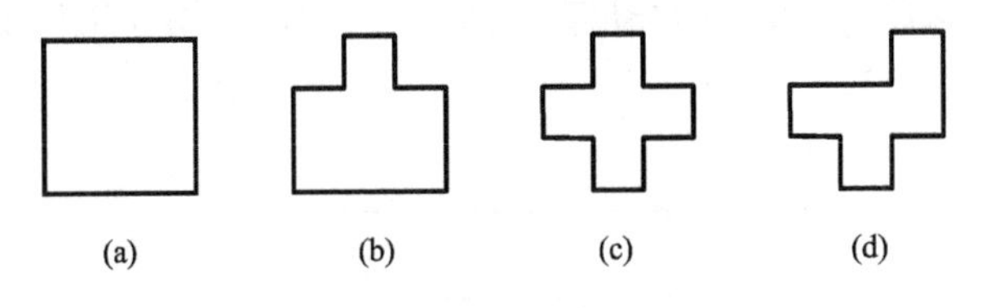

图题9.1-1

[提示] 可根据链码的定义画出图形。

9.1-2 下列哪一个链码正确地表示了闭合的轮廓？

（A）030322122100　　（B）123323300103

（C）212232300001　　（D）323230010101

[提示] 对于闭合的轮廓，其头尾链码（和相邻链码）的值不会正好差2。

9.1-3 如果采用8-方向链码对图题9.1-3中的图形编码，得到的链码为（　　）。

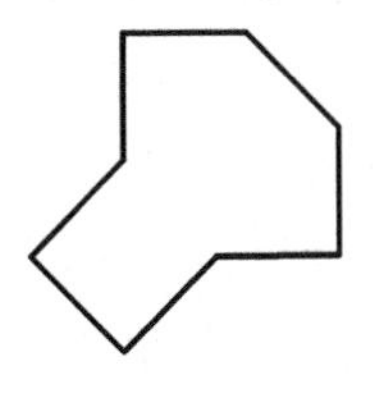

图题9.1-3

（A）12345670　（B）31276450　（C）64531207　（D）76543210

[提示] 图形中有两处链码的改变值为2。

9.1-4 链码010103030332323222212111的一阶归一化差分码（形状数）是（　　）。

（A）3 1 3 1 3 3 1 3 1 3 0 3 1 3 1 3 0 3 1 3 0 0
（B）3 1 3 0 3 1 3 1 3 0 3 1 3 0 0 3 1 3 1 3 3 1
（C）3 1 3 0 3 1 3 0 0 3 1 3 1 3 3 1 3 1 3 0 3 1
（D）0 0 3 1 3 1 3 3 1 3 1 3 0 3 1 3 1 3 0 3 1 3

[提示] 根据差分码的定义进行计算。

9.1-5　在 4-方向链码的一阶差分码中，以下哪个码不会出现？

（A）0　　（B）1　　（C）2　　（D）3

[提示] 注意方向链码 0 和 2 及方向链码 1 和 3 不会相连。

9.1-6　针对图题 9.1-6 中的图形的轮廓（已分段），用 4-方向链码编码，则图形的形状数是（　　）。

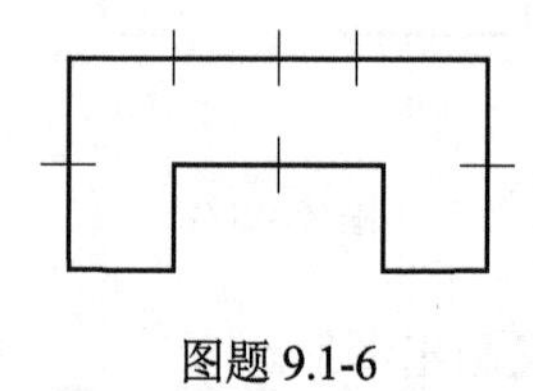

图题 9.1-6

（A）0 0 0 3 0 3 3 1 0 1 3 3 0 3　　（B）3 0 0 3 0 3 3 1 1 1 1 3 3 0
（C）0 0 0 3 3 2 1 2 2 2 3 2 1 1　　（D）0 2 1 2 3 2 1 1 1 0 0 0 3 3

[提示] 求链码的差分，形状数是值最小的差分码。

9.2　轮廓标志

9.2-1　在图 9-5(b)中，如果将 r 的最大值线性归一化到 1，则 r 的最小值为（　　）。

（A）0　　（B）1/2　　（C）1　　（D）$1/\sqrt{2}$

[提示] $r = A\sec\theta$，在 $\theta = 0$ 时最小，在 $\theta = \pi/4$ 时最大。

9.2-2　正八边形可看作介于圆和正方形的几何形状，在 9.2 节介绍的 4 种标志中，它的哪种标志最不介于圆的标志和正方形的标志？

（A）距离-角度标志　　（B）切线角-弧长标志
（C）斜率密度标志　　（D）距离-弧长标志

[提示] 可将圆的标志和正方形的标志叠加在一起以作为参考。

9.2-3　在图题 9.2-3-1 中，如果取 X 轴为参考线，沿逆时针方向跟踪轮廓，则得到的标志为（　　）。

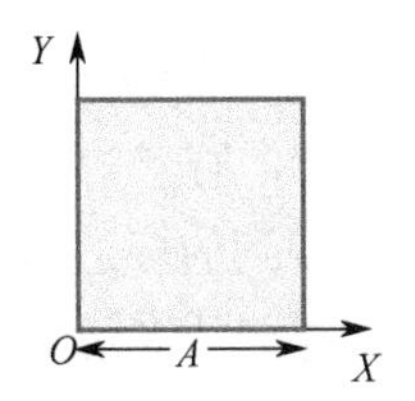

图题 9.2-3-1

（A）图题 9.2-3-2(a)　　　　（B）图题 9.2-3-2(b)

（C）图题 9.2-3-2(c)　　　　（D）图题 9.2-3-2(d)

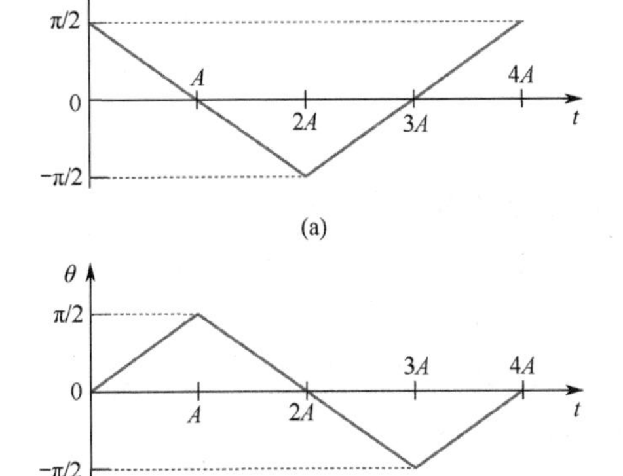

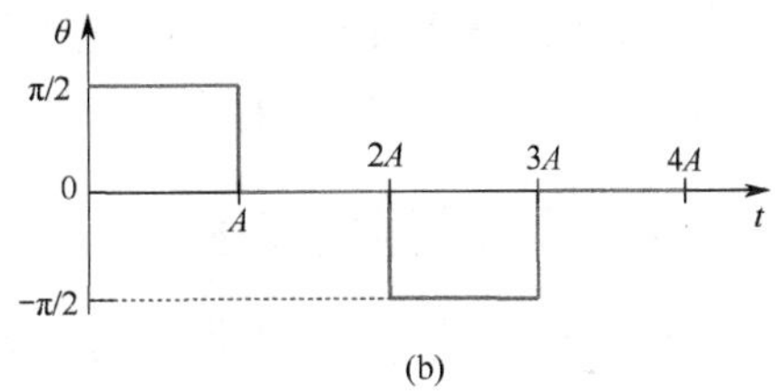

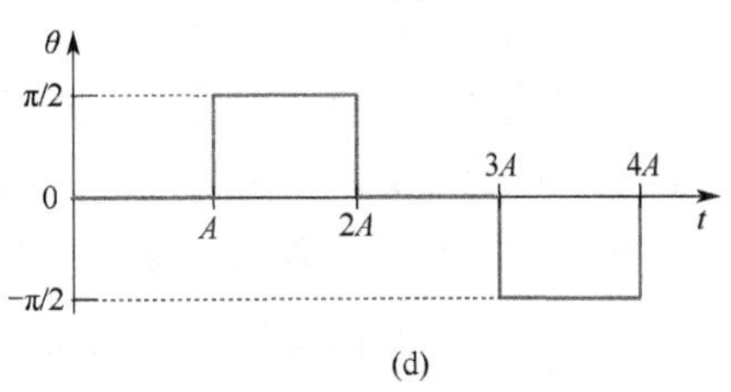

图题 9.2-3-2

[提示] 注意从原点开始。

9.3 轮廓的多边形近似

9.3-1 设相邻像素间的距离为 1，用基于收缩的方法计算多边形在每个像素内产生的最大误差，结果为（　　）。

（A）$\sqrt{2}/3$　　（B）$\sqrt{2}/2$　　（C）$\sqrt{2}$　　（D）$1/\sqrt{2}$

[提示] 相邻像素间的距离为 1，即像素的边长为 1。

9.3-2 在用多边形近似逼近轮廓的 3 种方法中，有（　　）。

（A）沿顺时针方向和沿逆时针方向聚合线段得到的多边形不同

（B）基于聚合的线段逼近法得到的多边形周长总大于原轮廓长

（C）基于分裂的线段逼近法得到的多边形周长总小于原轮廓长

（D）基于收缩的方法得到的多边形与基于分裂的线段逼近法得到的多边形相同

［提示］分别考虑 3 种方法的具体步骤和特点。

9.3-3 对于一个圆形目标的轮廓，有（ ）。

（A）用基于聚合的方法得到的多边形总是对称的

（B）用基于分裂的方法得到的多边形总是对称的

（C）用基于聚合的方法得到的多边形的边数随拟合误差限度的减小而成倍增加

（D）用基于分裂的方法得到的多边形的边数随拟合误差限度的减小而成倍增加

［提示］圆形目标是对称的，但在用聚合方法构成多边形时，可任意从某个点沿某个方向开始，所以结果并不一定对称。

9.4 目标的层次表达

9.4-1 一个共有 4 级的四叉树，节点总数最多为（ ）。

（A）75 （B）85 （C）95 （D）105

［提示］根据四叉树节点计算公式计算。

9.4-2 一幅 4 × 4 图像的四叉树如图题 9.4-2-1 所示，其中目标节点用白色表示，背景节点用深灰色表示，混合节点用浅灰色表示。

试据此判断原来的图像是图题 9.4-2-2 中的哪一幅？

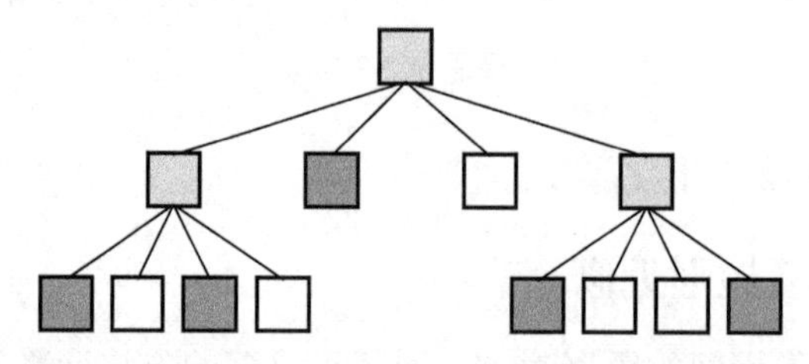

图题 9.4-2-1

（A）图题 9.4-2-2(a) （B）图题 9.4-2-2(b)

（C）图题 9.4-2-2(c) （D）图题 9.4-2-2(d)

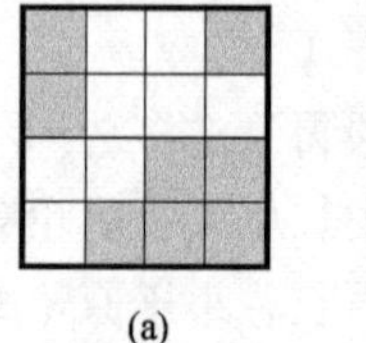

(a)

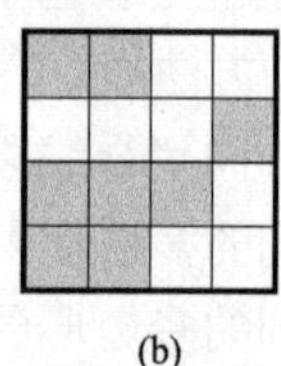

(b)

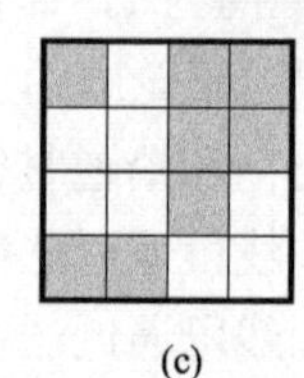

(c)

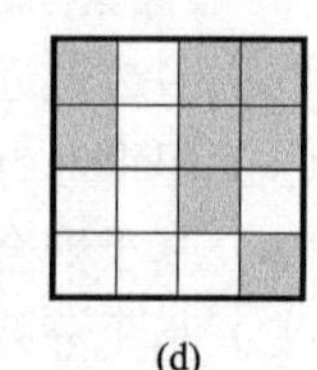

(d)

图题 9.4-2-2

［提示］根据四叉树从上到下逐层作图。

9.4-3　对于二叉树，有（　　）。

（A）是四叉树的一种特例

（B）其表达中的节点分为两类

（C）每个节点总对应由具有相同特性的像素组成的长方阵

（D）其表达图像所需的节点数总比四叉树所需的节点数少

［提示］考虑二叉树的定义。

9.5　目标的围绕区域

9.5-1　对于一个目标，如果求得的外接盒与最小包围长方形完全相同，则（　　）。

（A）这个目标是个圆形的

（B）这个目标是个椭圆形的

（C）这个目标是个正方形的

（D）这个目标是个正方形的且有一条边与 X 轴平行

［提示］如果对目标没有限制，则目标可有任意朝向。

9.5-2　对下面哪个目标求得的最小包围长方形与凸包的面积相差最多？

（A）正方形的目标　　（B）正三角形的目标

（C）正六边形的目标　　（D）正八边形的目标

［提示］这里凸包的面积就是目标的面积。

9.5-3　假设有一个长度为直径 10 倍的棒状物体，初始时平放在地面上，然后将其一端抬起并逐渐竖直。在这个过程中对它侧影成像（摄像机光轴与其旋转平面垂直），则其图像的外接盒尺寸将如何变化？

（A）尺寸逐渐增加

（B）尺寸逐渐减小

（C）尺寸先逐渐增加再逐渐减小

（D）尺寸先逐渐减小再逐渐增加

［提示］注意在这个过程中外接盒长短边的变化情况。

9.6　目标的骨架表达

9.6-1　对于图题 9.6-1 中的三角形区域，哪一个骨架是正确的？

（A）图题 9.6-1(a)　　（B）图题 9.6-1(b)

（C）图题 9.6-1(c)　　　　（D）图题 9.6-1(d)

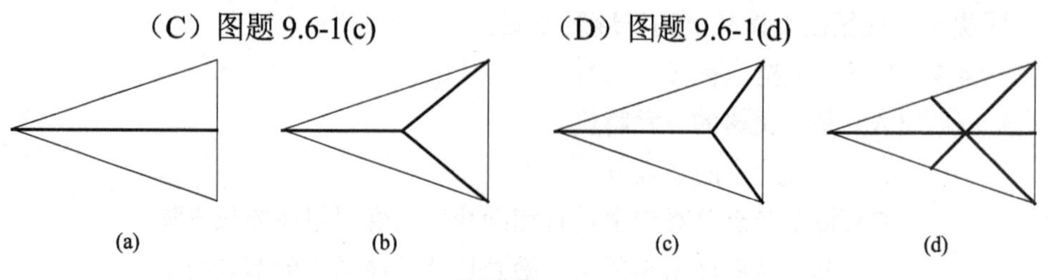

图题 9.6-1

［提示］根据骨架定义和特点分析，图题 9.6-1(b)中的三条线段是一样长的。

9.6-2　对于图题 9.6-2 中的四边形区域，哪一个骨架是正确的？

（A）图题 9.6-2(a)　　　　（B）图题 9.6-2(b)

（C）图题 9.6-2(c)　　　　（D）图题 9.6-2(d)

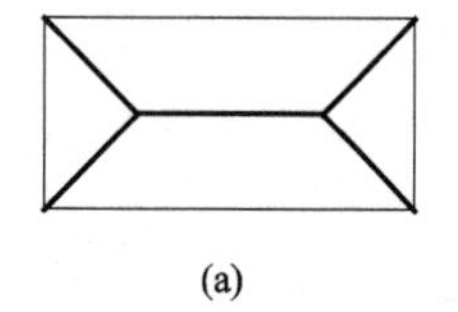
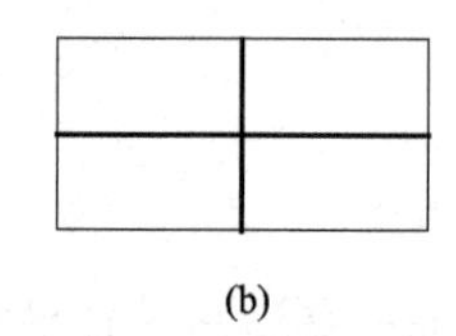
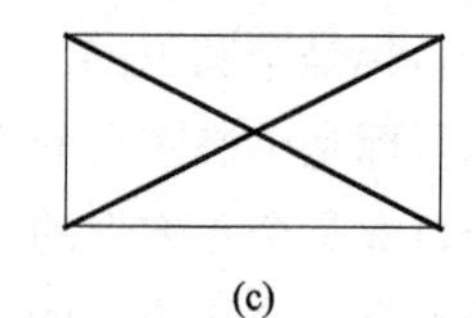
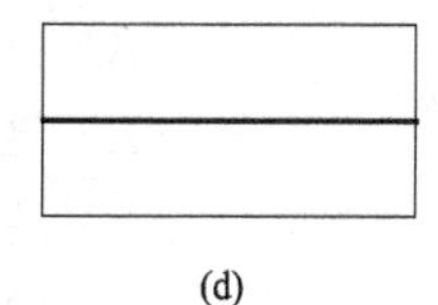

图题 9.6-2

［提示］根据骨架定义和特点分析。

9.6-3　对于一幅受噪声影响的正方形图像，图题 9.6-3 中的哪一个骨架是正确的？

（A）图题 9.6-3(a)　　　　（B）图题 9.6-3(b)

（C）图题 9.6-3(c)　　　　（D）图题 9.6-3(d)

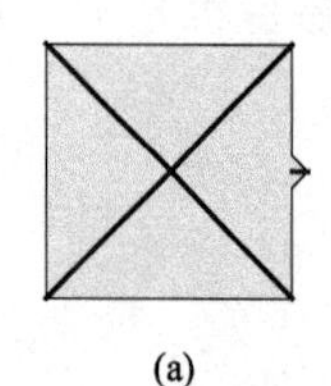
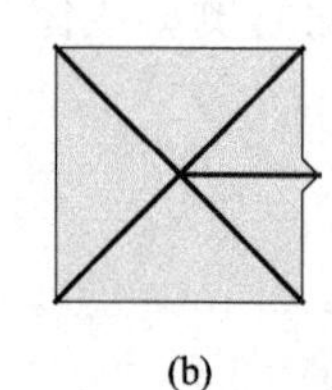
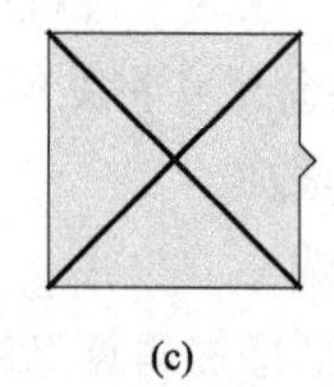
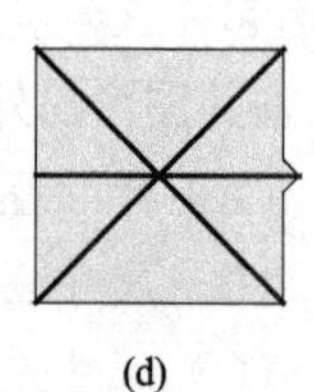

图题 9.6-3

［提示］注意噪声给骨架带来的影响。

9.6-4　考虑求骨架算法在图题 9.6-4 中点 p 处的操作，下列说法中正确的是（　　）。

（A）$N(p) = 2$　　　　（B）$S(p) = 0$

（C）$p_2 p_4 p_6 = 0$　　　　（D）p 是根据骨架算法应该被除去的点。

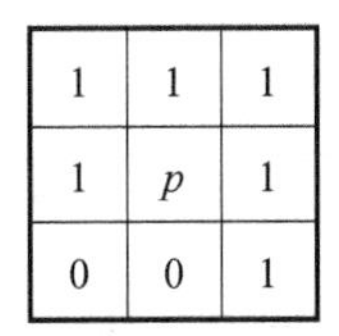

1	1	1
1	p	1
0	0	1

图题 9.6-4

［提示］根据二值目标区域骨架的算法进行分析。

第 10 章　目标描述

10.1　轮廓基本描述参数

10.1-1　设点 P 是 8-方向连通区域 R 的一个轮廓点，则（　　）。

（A）点 P 属于区域 R 的补

（B）在点 P 的 4-邻域中，有像素属于区域 R 的补

（C）在点 P 的 8-邻域中，有像素属于区域 R 的补

（D）在点 P 的 4-邻域和 8-邻域中，都有像素属于区域 R 的补

［提示］判断一个轮廓点有两个要素。

10.1-2　对于图题 10.1-2-1 中的区域（灰色），如果用 4-连通判定其内部点，那么边界点序列如（　　）所示。

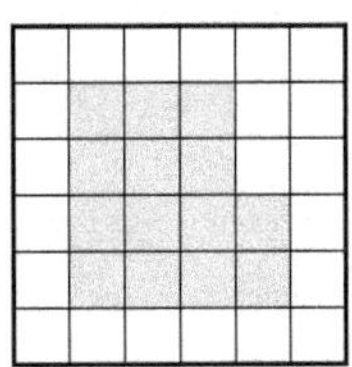

图题 10.1-2-1

（A）图题 10.1-2-2(a)　　（B）图题 10.1-2-2(b)

（C）图题 10.1-2-2(c)　　（D）图题 10.1-2-2(d)

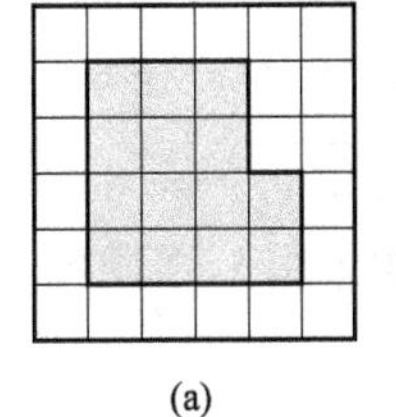

(a)

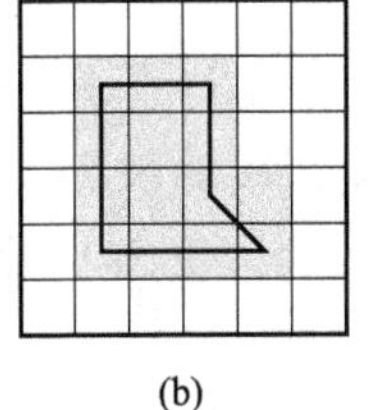

(b)

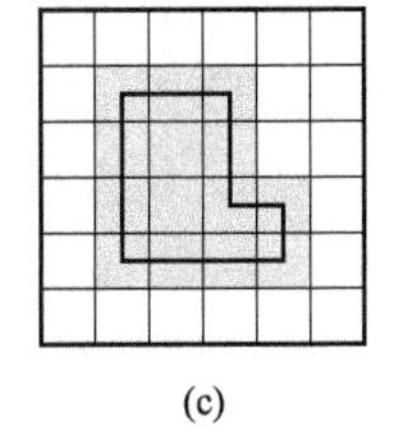

(c)

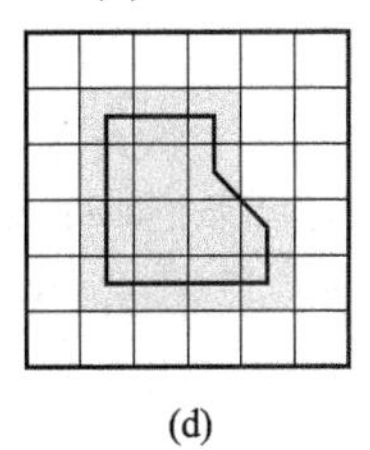

(d)

图题 10.1-2-2

［提示］此时边界应是 8-连通的。

10.1-3　对于图题 10.1-3-1 中的区域（灰色），如果用 8-连通判定其内部点，那么边界点序列如（　　）所示。

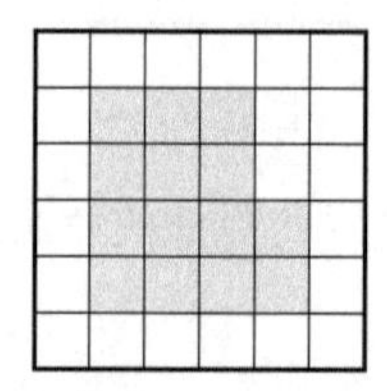

图题 10.1-3-1

（A）图题 10.1-3-2(a)　　（B）图题 10.1-3-2(b)

（C）图题 10.1-3-2(c)　　（D）图题 10.1-3-2(d)

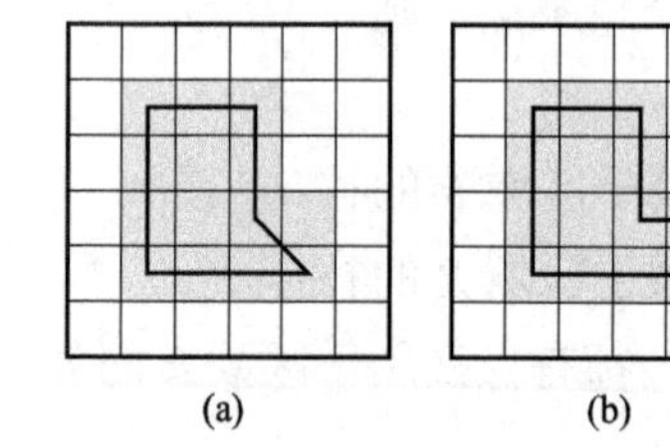

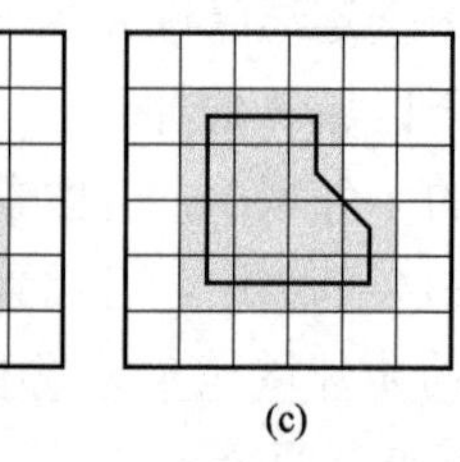

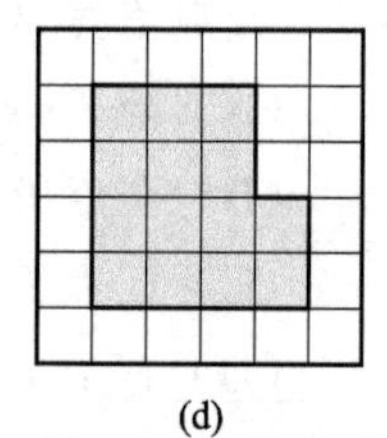

(a)　(b)　(c)　(d)

图题 10.1-3-2

［提示］此时边界应是 4-连通的。

10.1-4　设图题 10.1-4 中每个小正方形的边长为 1，如果用 4-连通判定所示区域（灰色）内部点，那么轮廓的长度为（　　）。

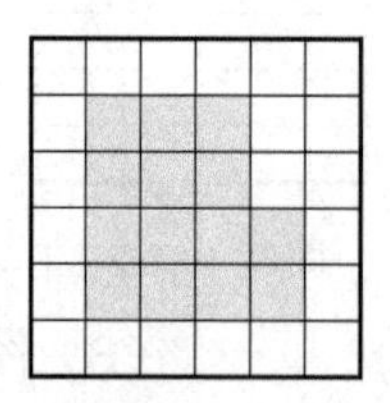

图题 10.1-4

（A）$12+2\sqrt{2}$　（B）$12+4\sqrt{2}$　（C）$10+4\sqrt{2}$　（D）$10+2\sqrt{2}$

［提示］画出 8-连通的轮廓，每条对角线段的长度为$\sqrt{2}$。

10.1-5　设图题 10.1-5 中每个小正方形的边长为 1，如果用 8-连通判定所示区域（灰色）内部点，那么轮廓的长度为（　　）。

（A）12　（B）14　（C）16　（D）18

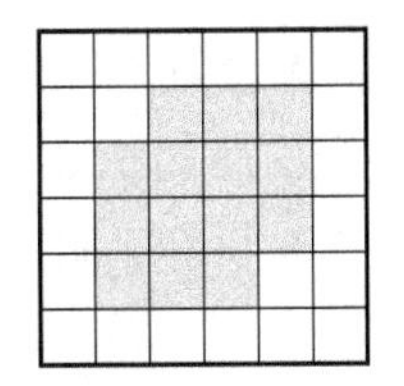

图题 10.1-5

[提示] 画出 4-连通的轮廓，每条线段的长度为 1。

10.2 区域基本描述参数

10.2-1 设图题 10.2-1 中每个小正方形的边长为 1，那么图中阴影部分的面积约为（　　）。

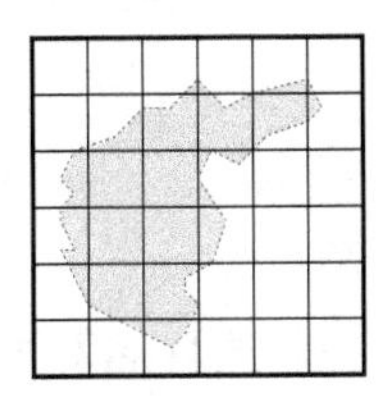

图题 10.2-1

（A）7　　（B）8　　（C）9　　（D）10

[提示] 先根据每个像素中阴影部分是否占 50%以上来确定是否在计算图像阴影面积时考虑该像素，然后对需要考虑的像素计数。

10.2-2 图题 10.2-2 中阴影区域的重心坐标约为（　　）。

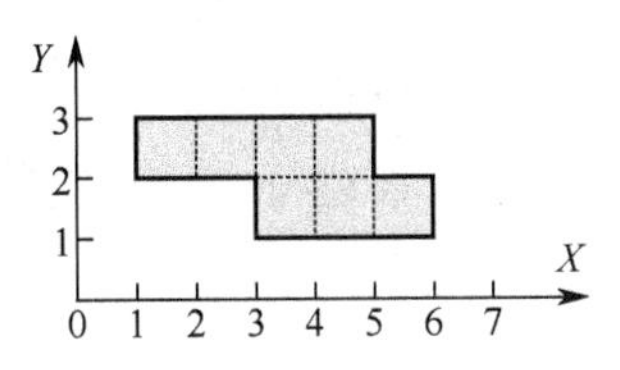

图题 10.2-2

（A）(3.6, 2.0)　　（B）(3.6, 2.1)

（C）(3.7, 2.0)　　（D）(3.7, 2.1)

[提示] 取每个像素的中心为该像素的重心位置，再计算它们的共同重心。

10.2-3 在区域灰度特性中，有（　　）。

（A）透射率是光密度的倒数，所以透射率的数值范围为从无穷（100%

透射）到 0（完全无透射）

（B）积分光密度是对光密度的积分

（C）积分光密度可看作对目标“质量”的一种测量，这里质量对应像素灰度

（D）根据式（10-11），积分光密度是直方图中各灰度的加权和，这里权重为 k

[提示] 根据灰度特性的定义式进行分析。

10.3 轮廓的傅里叶描述

10.3-1 已知用复数 $u + \mathrm{j}v$ 的形式表示一个目标轮廓上各点(x, y)得到的复数序列为 $s(0) = 0$，$s(1) = 1$，$s(2) = 2$，$s(3) = 2+\mathrm{j}$，$s(4) = 2+2\mathrm{j}$，$s(5) = 1+2\mathrm{j}$，$s(6) = 2\mathrm{j}$，$s(7) = \mathrm{j}$。则该目标为（ ）。

（A）三角形 （B）六边形 （C）长方形 （D）正方形

[提示] 可根据各点的坐标作图。

10.3-2 对复数序列 $s(0) = 0$，$s(1) = 1$，$s(2) = 2$，$s(3) = 2+\mathrm{j}$，$s(4) = 2+2\mathrm{j}$，$s(5) = 1+2\mathrm{j}$，$s(6) = 2\mathrm{j}$，$s(7) = \mathrm{j}$ 进行离散傅里叶变换，如果仅取前 6 个系数，则近似误差为（ ）。

（A）0 （B）1 （C）2 （D）3

[提示] 算出傅里叶变换系数并排序。

10.3-3 在以下各描述参量中，哪一个会受到目标轮廓平移和旋转的影响？

（A）轮廓的长度 （B）轮廓的朝向

（C）轮廓上的点数 （D）轮廓的傅里叶描述符

[提示] 平移与坐标有关，旋转与起点有关。

10.3-4 如果一个轮廓的傅里叶描述符中只有实数项，那么表达这个轮廓的数据序列（ ）。

（A）是奇序列 （B）是偶序列

（C）关于原点对称 （D）全是正数

[提示] 将傅里叶轮廓描述符的表达式展开，把虚数项取为 0，然后进行分析。

10.4 轮廓的小波描述

10.4-1 在 $u_{j,k}(x) = 2^{j/2}u(2^j x - k)$中，有（ ）。

（A）j 确定其幅度，k 确定其沿 X 轴的位置，$2^{j/2}$ 确定其沿 X 轴的宽度

（B）j 确定其幅度，k 确定其沿 X 轴的宽度，$2^{j/2}$ 确定其沿 X 轴的位置

（C）j 确定其沿 X 轴的宽度，k 确定其沿 X 轴的位置，$2^{j/2}$ 确定其幅度

（D）j 确定其沿 X 轴的位置，k 确定其沿 X 轴的宽度，$2^{j/2}$ 确定其幅度

［提示］注意平移和二进制缩放系数在函数中的位置。

10.4-2　缩放函数对应缩放空间，而小波函数对应小波空间。考虑两个空间的嵌套性，有（　　）。

（A）缩放空间和小波空间都是相互嵌套的

（B）缩放空间和小波空间都是重合嵌套的

（C）同级的缩放空间和小波空间均嵌套在上一级小波空间中

（D）同级的缩放空间和小波空间均嵌套在上一级缩放空间中

［提示］考虑缩放空间和小波空间之间的联系（见图 10-6）。

10.4-3　小波轮廓描述符（　　）。

（A）不受轮廓平移的影响　　（B）不受轮廓旋转的影响

（C）不受轮廓缩放的影响　　（D）不受轮廓变形的影响

［提示］根据小波变换公式进行分析。

10.4-4　小波轮廓描述符与傅里叶轮廓描述符相比，（　　）。

（A）更侧重对轮廓局部的描述

（B）在轮廓局部变化时，受影响的系数少

（C）在相同系数长度下，有较高的轮廓描述精度

（D）其局部的波动对原始轮廓的影响比较不规则

［提示］分别考虑两种变换的特点。

10.4-5　在讨论小波轮廓描述符对轮廓的描述精度时，是（　　）。

（A）以描述符包含的信息量来定义精度的

（B）以描述符所用的系数个数来定义精度的

（C）以用描述符恢复出来的轮廓点数来定义精度的

（D）以用描述符恢复出来的轮廓离散性来定义精度的

［提示］参考 10.4 节中的讨论。

10.5　区域不变矩描述

10.5-1　目标的中心矩具有如下哪些特点？

（A）与形状有直接的联系　　（B）在镜面对称变换中不发生改变

（C）就是目标的区域矩　　（D）与目标在空间中的位置无关

［提示］根据中心矩的计算公式进行分析。

10.5-2　在区域不变矩中，T_3、T_5、T_7分别为（　）。

（A）6 阶矩、8 阶矩、10 阶矩　（B）6 阶矩、8 阶矩、12 阶矩

（C）6 阶矩、10 阶矩、12 阶矩　（D）6 阶矩、12 阶矩、12 阶矩

［提示］在平方时，矩相加。

10.5-3　在区域仿射不变矩中，I_2、I_3、I_4分别最高为（　　）。

（A）12 阶矩、10 阶矩、12 阶矩　（B）12 阶矩、8 阶矩、12 阶矩

（C）12 阶矩、10 阶矩、12 阶矩　（D）12 阶矩、8 阶矩、10 阶矩

［提示］同一矩中各项的阶次可能不同。

10.6　目标关系描述

10.6-1　根据结构表达式$\{[(\overline{a}+b)*\overline{c}\,]+d\}*(d+\overline{c}\,)$，利用图 10-16(a)给出的四个基本有向线段获得的结构为（　　）。

（A）图题 10.6-1(a)　（B）图题 10.6-1(b)

（C）图题 10.6-1(c)　（D）图题 10.6-1(d)

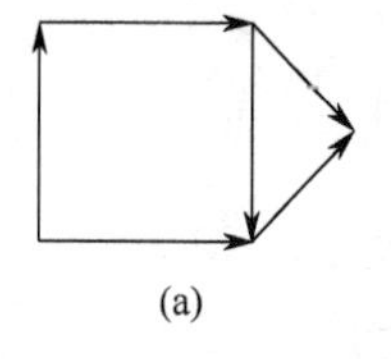
(a)

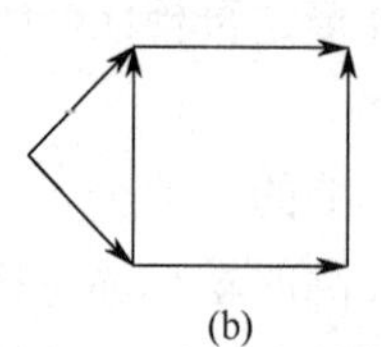
(b)

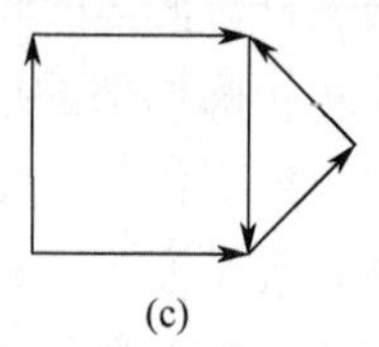
(c)

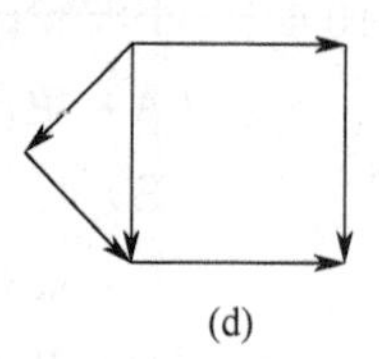
(d)

图题 10.6-1

［提示］参考图 10-15 中的组合操作规则。

10.6-2　采用图 10-16(a)给出的四个基本有向线段，图题 10.6-2 对应的结构表达式为（　　）。

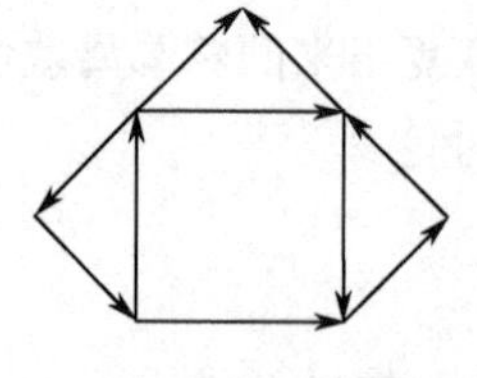

图题 10.6-2

（A）$\{[(\overline{a}+b)*c]+d\}*\{[(a+b)*d]+[\overline{c}*(\overline{b}+\overline{a})]\}$

（B）$\{[(\overline{a}+b)*c]+d\}*\{[(a+\overline{b})*d]+[\overline{c}*(a+\overline{b})]\}$

（C）$\{[(\overline{a}+b)*c]+d\}*\{[(a+\overline{b})*d]+[\overline{c}*(\overline{b}+a)]\}$

（D）$\{[(\overline{a}+b)*c]+d\}*\{[(a+\overline{b})*d]+[\overline{c}*(\overline{b}+\overline{a})]\}$

［提示］先考虑上方和左右两侧的 3 个三角形。

10.6-3　在场景中，有一个桌子 T，桌上放着一个计算机 n、一个杯子 c 和一本书 b，书上还有一支笔 p 和一把尺子 r。如果借助"在……之上"的关系进行描述，得到的树为（　　）。

（A）图题 10.6-3(a)　　（B）图题 10.6-3(b)

（C）图题 10.6-3(c)　　（D）图题 10.6-3(d)

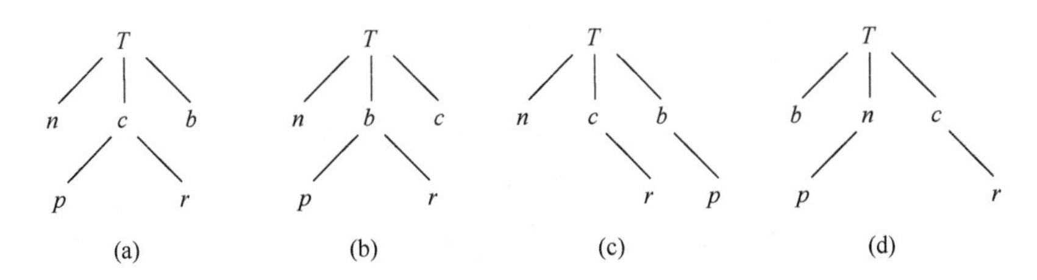

图题 10.6-3

［提示］仅考虑物理联系就可判断。

第 11 章　纹理描述

11.1　纹理的统计描述

11.1-1　设一幅 5 × 5 的棋盘图像的左上角像素值为 0，其相邻像素值为 1，定义位置操作算子 W 为向右 1 个像素，此时图像的共生矩阵是（　　）。

（A）$\begin{bmatrix} 10 & 0 \\ 0 & 0 \end{bmatrix}$　　（B）$\begin{bmatrix} 10 & 0 \\ 0 & 10 \end{bmatrix}$

（C）$\begin{bmatrix} 0 & 10 \\ 10 & 0 \end{bmatrix}$　　（D）$\begin{bmatrix} 10 & 10 \\ 10 & 10 \end{bmatrix}$

［提示］先画出题中描述的 5 × 5 棋盘图像，再分析规律。

11.1-2　设一幅 6 × 6 图像如图题 11.1-2 所示，定义位置操作算子 W 为向右 1 个像素，此时图像的共生矩阵是（　　）。

0	1	2	0	1	2
1	2	0	1	2	0
2	0	1	2	0	1
0	1	2	0	1	2
0	1	2	0	1	2
1	2	0	1	2	0

图题 11.1-2

（A）$\begin{bmatrix} 0 & 10 & 0 \\ 0 & 0 & 11 \\ 9 & 0 & 0 \end{bmatrix}$　　（B）$\begin{bmatrix} 10 & 0 & 0 \\ 0 & 0 & 10 \\ 0 & 10 & 0 \end{bmatrix}$

（C）$\begin{bmatrix} 0 & 0 & 0 \\ 0 & 0 & 10 \\ 0 & 10 & 10 \end{bmatrix}$　　（D）$\begin{bmatrix} 10 & 0 & 0 \\ 0 & 10 & 0 \\ 0 & 0 & 10 \end{bmatrix}$

[提示] 注意分析 3 个数的排列顺序。

11.1-3　由灰度共生矩阵可得到 14 个纹理描述符，它们（　　）。

（A）的数值均与共生矩阵的值成正比

（B）均与图像的灰度和梯度有关

（C）均有量纲

（D）均是相关的

[提示] 仔细分析各纹理描述符的计算公式。

11.1-4　纹理能量图 $\boldsymbol{S}_5^{\mathrm{T}}\boldsymbol{S}_5$ 和 $\boldsymbol{R}_5^{\mathrm{T}}\boldsymbol{R}_5$ 分别检测（　　）。

（A）边缘和波纹　　（B）点和波纹

（C）波纹和点　　（D）波纹和边缘

[提示] 一个 2D 模板的效果可利用两个 1D 模板（行模板和列模板）的卷积得到。

11.1-5　纹理能量图和 $\boldsymbol{R}_5^{\mathrm{T}}\boldsymbol{E}_5$ 可以检测（　　）。

（A）边缘和波纹　　（B）波纹和边缘

（C）垂直的波纹　　（D）倾斜的波纹

[提示] 一个 2D 模板的效果结合了两个 1D 模板（行模板和列模板）的效果。

11.2 纹理的结构描述

11.2-1 参见图 11-3，如果要生成如图题 11.2-1 中的图案，需要依次使用规则（ ）。

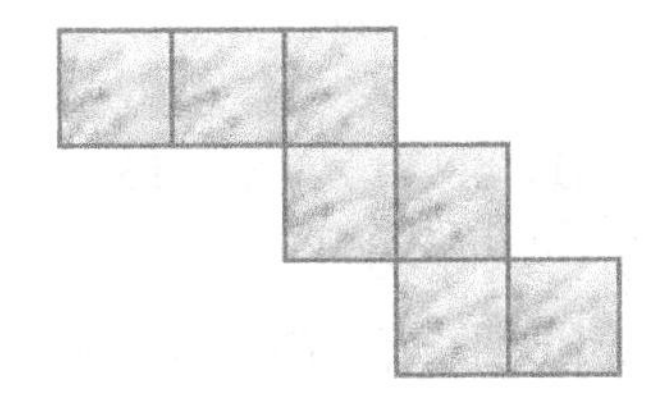

图题 11.2-1

（A）（3）（1）（3）（1）（1）（3）（2）（1）（3）（2）（3）（1）（4）
（B）（3）（1）（3）（1）（3）（2）（3）（1）（1）（3）（3）（1）（4）
（C）（3）（1）（3）（1）（3）（2）（3）（1）（3）（2）（3）（1）（4）
（D）（3）（1）（3）（1）（3）（2）（3）（1）（3）（2）（1）（3）（4）

[提示] 可根据图案生成一次。

11.2-2 考虑如图题 11.2-2 所示的图案，它是（ ）。

（A）半规则镶嵌模式：（3, 3, 6, 6）
（B）非半规则镶嵌模式
（C）半规则镶嵌模式：（3, 6, 3, 6）
（D）正多边形镶嵌

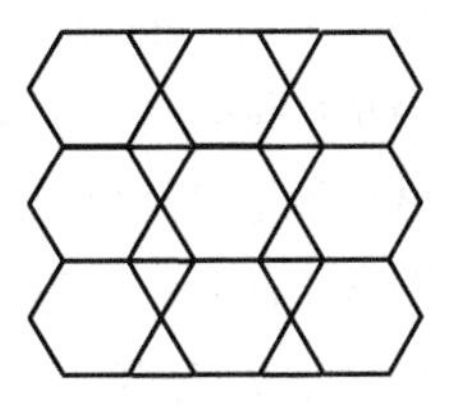

图题 11.2-2

[提示] 考虑半规则镶嵌模式的定义。

11.2-3 给定如图题 11.2-3 所示的邻域，如果用 50 进行阈值化，则其 LBP 的十进制标号是（ ）。

10	40	70
20	50	80
30	60	90

图题 11.2-3

（A）15　　（B）43　　（C）135　　（D）195

［提示］注意像素编号的起点和顺序。

11.2-4　考虑如图题 11.2-4 所示的(P, R)邻域，其中（　　）。

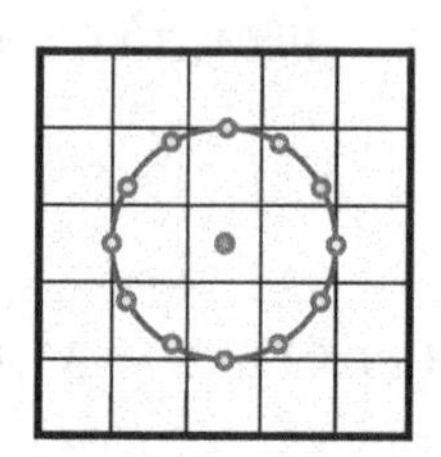

图题 11.2-4

（A）$P = 10$，$R = 1$　　（B）$P = 12$，$R = 1$

（C）$P = 12$，$R = 1.5$　　（D）$P = 14$，$R = 1.5$

［提示］这里半径界定为“从一个像素的中心到相邻像素的边”。

11.3　纹理的频谱描述

11.3-1　如果夹角型的特征在一个给定的方向θ上取得最大值，则表明（　　）。

（A）图像中有很多沿θ方向的高频分量

（B）图像中有很多沿θ方向的直线或边缘

（C）图像中有很多垂直于θ方向的高频分量

（D）图像中有很多垂直于θ方向的直线或边缘

［提示］能量与灰度变化成比例。

11.3-2　如果图像I的放射型特征随半径增加而增多，图像J的放射型特征随半径增加而减少，这表明（　　）。

（A）图像I的纹理比较光滑，图像J的纹理比较粗糙

（B）图像I的纹理比较粗糙，图像J的纹理比较光滑

（C）图像I中的高频分量比较多，图像J中的低频分量比较多

（D）图像 I 中的低频分量比较多，图像 J 中的高频分量比较多

［提示］光滑纹理有较多低频分量，粗糙纹理有较多高频分量。

11.3-3　规则性、粗糙度、不平整度分别与部分旋转对称系数和部分平移对称系数为（　　）。

（A）正向关系、正向关系、正向关系

（B）正向关系、正向关系、反向关系

（C）正向关系、反向关系、正向关系

（D）正向关系、反向关系、反向关系

［提示］根据定义式判断。

第 12 章　形状描述

12.1　形状紧凑性描述符

12.1-1　设图题 12.1-1 中每个小正方形的边长为 1，那么图中阴影部分的形状因子（周长沿外轮廓计算）约为（　　）。

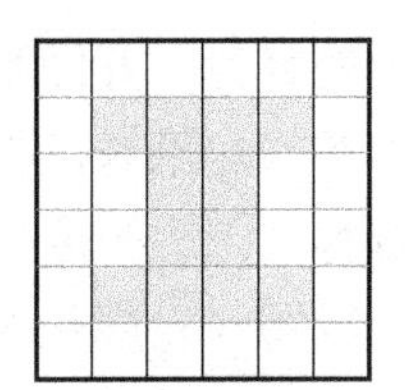

图题 12.1-1

（A）2.6　　（B）2.7　　（C）2.8　　（D）2.9

［提示］先分别计算阴影部分的周长和面积。

12.1-2　下列说法不正确的有（　　）。

（A）形状因子是一个有量纲的量

（B）形状因子在一定程度上反映了所描述区域的紧凑性

（C）如果两个目标的形状因子相同，那么它们的形状相同

（D）如果一个目标的形状因子为 1，那么这个目标是圆形的

［提示］分析形状因子的计算公式。

12.1-3　在图题 12.1-3 的图形中，哪一个图形的偏心率最大？

（A）图题 12.1-3(a)　　（B）图题 12.1-3(b)

（C）图题 12.1-3(c)　　（D）图题 12.1-3(d)

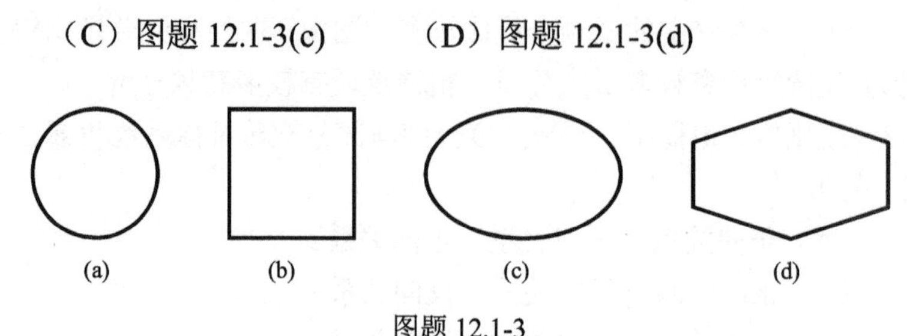

图题 12.1-3

［提示］先画出各图形的长轴和短轴。

12.1-4　一个边长为 2 的正方形的球状性参数 S 为（　　）。

（A）$\sqrt{2}/2$　　（B）$\sqrt{2}$　　（C）2　　（D）$2\sqrt{2}$

［提示］正方形的内切圆和外接圆均与正方形有四个交点。

12.1-5　一个边长为 3 的正方形的圆形性参数 C 为（　　）。

（A）3　　（B）6　　（C）9　　（D）12

［提示］圆形性与物体形状有关，而与尺度无关。

12.2　形状复杂性描述符

12.2-1　对于一幅数字图像中的目标，其细度比例的最大值（　　）。

（A）对正菱形区域取得（轮廓长度按 4-连通计算）

（B）对正菱形区域取得（轮廓长度按 8-连通计算）

（C）对正八边形区域取得（轮廓长度按 4-连通计算）

（D）对正八边形区域取得（轮廓长度按 8-连通计算）

［提示］细度比例是形状因子的倒数。

12.2-2　在利用模糊图的直方图分析描述目标形状复杂性时，有（　　）。

（A）模糊图的直方图中黑色像素和白色像素越多，目标形状越复杂

（B）模糊图的直方图中黑色像素和白色像素越少，目标形状越复杂

（C）模糊图的直方图中黑色像素和白色像素越多，目标形状越不复杂

（D）模糊图的直方图中黑色像素和白色像素越少，目标形状越不复杂

［提示］模糊前的图像中只有黑色像素和白色像素。

12.2-3　利用饱和度判断图题 12.2-3 中 5 个目标的形状复杂度（各子区域 R 都相同），有（　　）。

（A）图题 12.2-3(a)的复杂度最高

（B）图题 12.2-3(b)比图题 12.2-3(c)的复杂度高

（C）图题 12.2-3(d)的复杂度最低

（D）图题 12.2-3(e)与其他 4 个目标有相同的复杂度

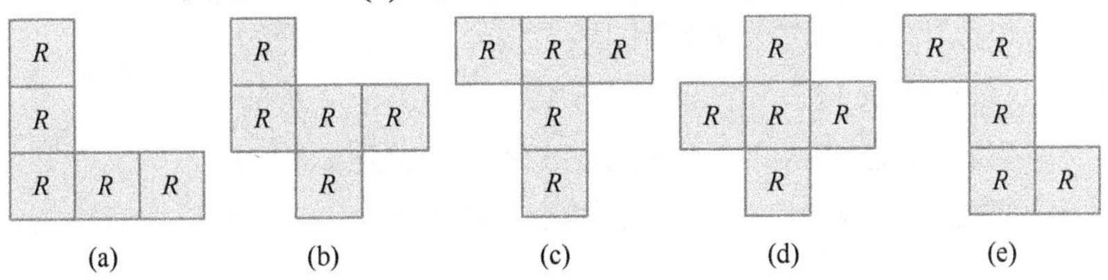

图题 12.2-3

[提示] 根据饱和度的定义判断。

12.3 基于离散曲率的描述符

12.3-1 对同一条曲线计算不同阶的离散曲率，有（　　）

（A）比较高阶的离散曲率能较好地反映曲线的局部变化

（B）比较低阶的离散曲率能较好地反映曲线的局部变化

（C）比较高阶的离散曲率能较好地反映曲线的整体曲率

（D）比较低阶的离散曲率能较好地反映曲线的整体曲率

[提示] 分析阶数的定义。

12.3-2 一条直线在数字化后如图题 12.3-2-1 所示（部分片段），对其进行不同阶离散曲率的计算，则正确的有（　　）。

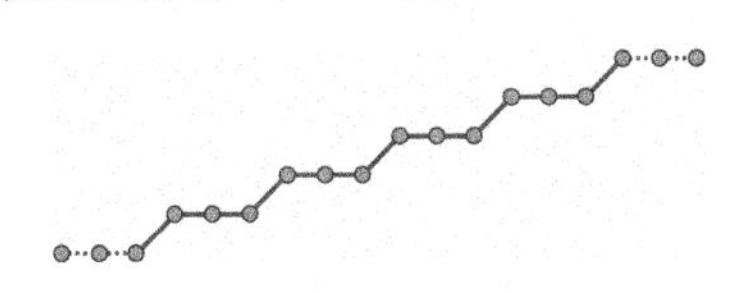

图题 12.3-2-1

（A）图题 12.3-2-2(a)　　（B）图题 12.3-2-2(b)

（C）图题 12.3-2-2(c)　　（D）图题 12.3-2-2(d)

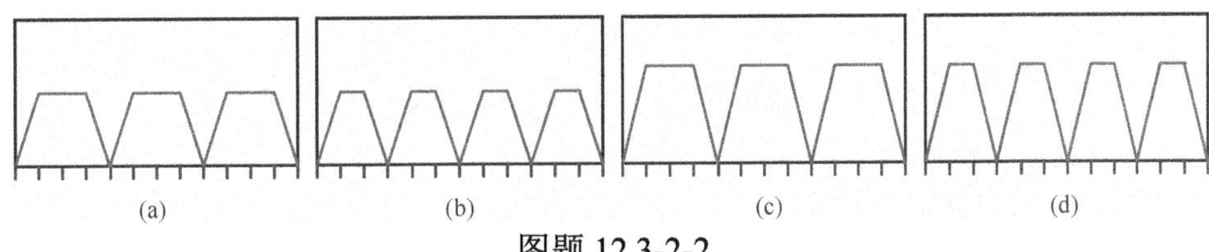

图题 12.3-2-2

[提示] 离散直线的周期是 3。

12.3-3 在图题 12.3-2-2 中的离散曲率曲线中，有两条是 2 阶的，另外两条是 3 阶的，具体为（　　）。

（A）图题 12.3-2-2(a)和图题 12.3-2-2(b)是 2 阶的
（B）图题 12.3-2-2(b)和图题 12.3-2-2(c)是 2 阶的
（C）图题 12.3-2-2(c)和图题 12.3-2-2(d)是 2 阶的
（D）图题 12.3-2-2(d)和图题 12.3-2-2(a)是 2 阶的

［提示］随着阶的增加，曲率逐步减小并趋向 0。

12.4 拓扑结构描述符

12.4-1 组成单词 Birthday 的 8 个字母区域的欧拉数依次为（ ）。
（A）–1、2、1、1、1、0、1、1
（B）–1、2、1、1、0、1、0、1
（C）–1、2、1、1，0、1、1、1
（D）–1、2、1、1、1、0、0、1

［提示］根据欧拉数计算公式计算。

12.4-2 对于同一个目标区域，计算出来的（ ）。
（A）4-连通欧拉数总小于或等于 8-连通欧拉数
（B）4-连通欧拉数总大于或等于 8-连通欧拉数
（C）4-连通欧拉数总等于 8-连通欧拉数
（D）4-连通欧拉数总不等于 8-连通欧拉数

［提示］根据两种连通的定义分析。

12.4-3 一个像素的交叉数最大为 4，而（ ）。
（A）一个像素的连接数最大为 8
（B）一个像素的连接数最大为 6
（C）一个像素的连接数最大为 4
（D）一个像素的连接数最大为 2

［提示］一个像素的 8-邻域是由 4 个 4-邻域近邻像素加上 4 个对角近邻像素构成的。

第 13 章 目标分类

13.1 不变量交叉比

13.1-1 已知 $R=\dfrac{(x_3-x_1)/(x_2-x_4)}{(x_2-x_1)/(x_3-x_4)}$，则（ ）。

（A）$R=\dfrac{(x_3-x_1)/(x_2-x_4)}{(x_1-x_2)/(x_3-x_4)}$ （B）$R=\dfrac{(x_3-x_1)/(x_4-x_2)}{(x_2-x_1)/(x_3-x_4)}$

（C） $R=\dfrac{(x_3-x_1)/(x_2-x_4)}{(x_2-x_1)/(x_3-x_4)}$　　（D） $R=\dfrac{(x_3-x_1)/(x_2-x_4)}{(x_2-x_1)/(x_4-x_3)}$

［提示］对比 R 的定义式。

13.1-2　以下面哪些交叉比成立？

（A） $\dfrac{(x_2-x_1)/(x_4-x_3)}{(x_4-x_1)/(x_2-x_3)}$　　（B） $\dfrac{(x_2-x_3)/(x_1-x_4)}{(x_1-x_3)/(x_2-x_4)}$

（C） $\dfrac{(x_4-x_1)/(x_3-x_2)}{(x_3-x_1)/(x_4-x_2)}$　　（D） $\dfrac{(x_2-x_1)/(x_3-x_4)}{(x_3-x_1)/(x_4-x_2)}$

［提示］交叉比有 6 种方式。

13.1-3　考虑交叉比计算中的点排序，有（　　）。

（A） $C(P_1, P_3, P_2, P_4) = C(P_3, P_1, P_2, P_4)$

（B） $C(P_1, P_3, P_2, P_4) = C(P_4, P_2, P_3, P_1)$

（C） $C(P_1, P_4, P_3, P_2) = C(P_3, P_2, P_1, P_4)$

（D） $C(P_2, P_1, P_3, P_4) = C(P_1, P_2, P_4, P_3)$

［提示］同一个交叉比可能有不同形式。

13.1-4　为计算不共线点的具有不变性的交叉比，（　　）。

（A）需要计算两个交叉比

（B）必须使用 5 个共面的点

（C）仅计算一个交叉比是不够的

（D）5 个点中必须有 2 个点共线

［提示］同一个交叉比可能有不同形式。

13.1-5　对称的交叉比函数包括（　　）。

（A） $R+1/R$　　（B） $R(1-R)$

（C） $[R+1/R]\,[R(1-R)]$　　（D） $[R+1/R]+[R(1-R)]$

［提示］单个条件之间是不兼容的。

13.2　统计模式分类

13.2-1　设有三组点：{(0, 5)，(0, 6)，(1, 5)，(1, 6)，(1, 7)}、{(5, 1)，(5, 2)，(6, 1)，(6, 2)，(7, 1)}和{(8, 6)，(9, 5)，(9, 7)，(10, 6)，(10, 7)}，为将它们划分开，可使用直线（　　）。

（A） $x=3$ 和 $y=x$　　（B） $y=3$ 和 $y=x$

（C） $y=x$ 和 $x=10-y$　　（D） $y=x$ 和 $y=10-x$

［提示］将给定的点画在坐标系中，再考虑各直线的方程。

13.2-2　已知两个模式类分别为 s_1 和 s_2，它们的均值矢量分别为 $\boldsymbol{m}_1 = [4\ 2]^{\mathrm{T}}$ 和 $\boldsymbol{m}_2 = [2\ 5]^{\mathrm{T}}$。对于 $\boldsymbol{x}_1 = [3\ 2]^{\mathrm{T}}$ 和 $\boldsymbol{x}_2 = [-3\ 1]^{\mathrm{T}}$，根据最小距离分类器，两个模式分别属于（　　）。

（A）s_1 和 s_1　　（B）s_1 和 s_2

（C）s_2 和 s_1　　（D）s_2 和 s_2

［提示］试给出决策边界。

13.2-3　对于贝叶斯分类器，有（　　）。

（A）其损失函数总是 0-1 函数

（B）其判决函数仅与 $P(s_k)$和 $p(\boldsymbol{x}|s_k)$有关

（C）能够最小化由分类导致的总平均损失

（D）各模式类自身出现的可能性总是相同的

［提示］有些结论在满足假设时成立。

13.3　支持向量机

13.3-1　支持向量机（　　）。

（A）是一种最近邻分类器

（B）是一种最优分类器设计方法

（C）的分类效果不可能与其他分类器相同

（D）是唯一一种能给出与两个类的距离相同的分类超平面的分类器

［提示］比较支持向量机与其他分类器的特点。

13.3-2　在用特征向量训练线性可分类的支持向量机时，有（　　）。

（A）支持向量就是特征向量

（B）支持向量个数≥特征向量个数

（C）支持向量是特征向量的组合

（D）支持向量个数≤特征向量个数

［提示］支持向量是基于训练集的特征向量获得的。

13.3-3　在用特征向量训练非线性可分类的支持向量机时，有（　　）。

（A）所有样本总能被正确分类

（B）落在分类带中的样本总能被正确分类

（C）会出现所有样本都不能被正确分类的情况

（D）会出现一些样本被正确分类而其他样本被错误分类的情况

［提示］考虑在训练特征向量时可能出现的 3 类情况。

自我检测题答案

第1章　计算机视觉基础

1.1　视觉基础

1.1-1　（A）；（C）。

1.1-2　（B）。其他几个选择与图像中的不同空间位置没有直接联系。

1.1-3　（C）。

1.2　视觉和图像

1.2-1　（D）。

1.2-2　（A）；（B）；（D）。

1.2-3　（A）；（B）；（D）。

1.2-4　（B）。

1.2-5　（A）；（C）；（D）。

1.2-6　（A），没有压缩。

1.2-7　（B）；（C）。

1.2-8　（B）。

1.2.9　（C）。

1.2-10　（C）。

1.3　视觉系统和图像技术

1.3-1　（A）；（C）。图像分割的输出是目标，图像匹配的输出是关系。

1.3-2　（B）；（D）。图像合成的输入是数据，图像增强的输出仍是图像。

1.3-3　（B）。

1.4　本书架构和内容概况

1.4-1　（C）；（D）。

1.4-2　（B）。

1.4-3　（A）；（C）。

第 2 章　2D 图像采集

2.1　采集装置和性能指标

2.1-1　（B）；（C）。

2.1-2　（B）。

2.1-3　（A）；（C）。

2.2　图像亮度成像模型

2.2-1　（B）；（C）。

2.2-2　（A）；（D）。

2.2-3　（C）。

2.3　图像空间成像模型

2.3-1　（A）。

2.3-2　（C）；（D）。

2.3-3　（B）。

2.3-4　（D）。

2.4　采样和量化

2.4-1　（C）。

2.4-2　（C），平滑区域内灰度应缓慢变化，但当图像的灰度级数不够多时会产生阶跃。

2.4-3　（D）。

2.4-4　（B）。

2.4-5　（A）；（B）。

2.5　像素之间的关系

2.5-1　（A）；（D）。

2.5-2　（B）。

2.5-3　（B）；（D）。

第 3 章 空域增强

3.1 图像间运算

3.1-1 （C）。设参与图像平均的图像有 M 幅，在采用图像平均后，新图像的均方差为噪声图像均方差的 $\sqrt{1/M}$ 倍，这里 $\sqrt{1/M} = 1/10$，即 $M = 100$，所以时间= 100/25 = 4s。

3.1-2 （B）；（C）。

3.1-3 （D）。

3.2 图像灰度映射

3.2-1 （B），低灰度会被映射为较高灰度。

3.2-2 （C），变换前后灰度值的范围相同，但大部分的变换前灰度值在变换后被映射到一个较小的灰度范围中，如仅取这个较小的变换后的灰度范围进行显示，则可在较小的动态范围中显示原来较大范围的灰度。

3.2-3 （B）；（D）。

3.3 直方图均衡化

3.3-1 （C），以累积直方图包络曲线作灰度变换（作直方图均衡化），将增强图像整体的对比度。

3.3-2 （B）；（B），对已经经过直方图均衡化的图像用相同方法再次均衡化，图像不会发生变化。

3.3-3 （B）；（C）。

3.4 直方图规定化

3.4-1 （D），它可同时增加低灰度值与高灰度值像素的数量，使图像显得更加黑白分明。

3.4-2 （B）。由于 $I(0) = 0$，0 对应 3；$I(1) = 3$，1 ~ 3 对应 5；$I(2) = 7$，4 ~ 7 对应 7。

3.4-3 （C），由对 SML 与 GML 的讨论可得。

3.5 空域卷积增强

3.5-1 （C）；（D）。注意模板系数值对邻域运算及结果有很大影响。

3.5-2 （B）。采用邻域平均会在消噪的同时模糊细节，模板越大，模糊越明显。采用中值滤波或增加阈值处理可消除孤立噪声点，而且减少模糊。

3.5-3　（C）。

3.5-4　（B）；（D）。

3.5-5　（C），十字型模板兼顾了两个方向且尺寸较小，所以误差小。（A）和（B）在消除噪声时均有方向性。

3.5-6　（C）；（D），根据作用原理分析，直方图均衡化的效果是锐化图像，并且更接近非线性滤波。

3.5-7　（A）；（B）。

3.5-8　（D）。

3.5-9　（B）。由于只关心图像中物体轮廓的位置，所以只需将物体和背景分开即可。

第 4 章　频域增强

4.1　傅里叶变换和频域增强

4.1-1　（A）；（C）。

4.1-2　（B）。

4.1-3　（A）；（D）。

4.1-4　（C）。

4.2　频域低通滤波器

4.2-1　（B）；（C）。

4.2-2　（A）；（B）；（D）。这三种滤波器在高低频间过渡较缓慢，尾部延伸较长，振铃现象较弱。

4.2-3　（C）。

4.3　频域高通滤波器

4.3-1　（B），截止频率对不同滤波器可不同；（C），高通滤波不能消除虚假轮廓。

4.3-2　（C）。直方图均衡化可起到恢复动态范围的作用。

4.3-3　（B）；（D）。

4.4　带通带阻滤波器

4.4-1　（A）；（B），带通滤波器和带阻滤波器是互补的。

4.4-2 （C）；（D）。

4.4-3 （A）；（B）；（D）。选用不同截止频率的滤波器进行组合。

4.4-4 （B）。

4.4-5 （C），$N(u, v) = (-\mathrm{j}A/2)[\delta(u-a, v-b) - \delta(u+a, v+b)]$，所以应在第一和第三象限内滤去这两个脉冲。

4.4-6 （C），因为带通和带阻是互补的；（D），同时使用低通和高通可将中频除去。

4.4-7 （D）。

4.5 同态滤波器

4.5-1 （B）；（D）。

4.5-2 （C）。

4.5-3 （D）。

4.5-4 （A）；（C）。

第5章 图像恢复

5.1 图像退化

5.1-1 （A）；（B）；（D）。

5.1-2 （A）。

5.1-3 （B）。

5.1-4 （C）。

5.2 逆滤波

5.2-1 （A）；（C）。

5.2-2 （A）；（B）；（C）。

5.2-3 （B）。

5.3 维纳滤波

5.3-1 （A）；（B）；（D）。

5.3-2 （A）。

5.3-3 （C）。

5.4 几何失真校正

5.4-1 （B）。

5.4-2 （C）。

5.4-3 （A）；（B）；（D）。

5.5 图像修补

5.5-1 （A）；（B）；（C）。

5.5-2 （B）；（D）。一般来说，面积小尺度也小，但面积大尺度不一定也大，如许多面积小的区域都需要修补，此时面积大（许多小面积之和），但尺度并不大。

5.5-3 （C）；（D）。

第 6 章 彩色增强

6.1 彩色视觉

6.1-1 （A）；（D）。

6.1-2 （C）；（D）。

6.1-3 （A）；（C）。

6.1-4 （A）；（B）。

6.2 彩色模型

6.2-1 （B）；（D）。

6.2-2 （B）。

6.2-3 （D）。

6.2-4 （A）。

6.2-5 （C）。

6.2-6 （C）。

6.3 伪彩色增强

6.3-1 （C），由三个变换函数的形状及灰度主要集中在中部的直方图可知，原始图像中的大部分像素会通过绿色滤波器，所以彩色图像中将出现较多的绿色成分。

6.3-2　(C)；(D)。

6.3-3　(D)，只有在此情况下的输入为灰度图像。

6.4　真彩色增强

6.4-1　(A)；(C)；(D)。

6.4-2　(B)；(C)。

6.4-3　(B)。

6.4-4　(C)，I 分量图是 R 分量图、G 分量图和 B 分量图的平均图。

6.4-5　(D)。

第 7 章　图像分割

7.1　定义和算法分类

7.1-1　(D)。

7.1-2　(C)；(D)。

7.1-3　(B)，边界技术利用不连续性，区域技术利用相似性。

7.2　微分边缘检测

7.2-1　(A)；(C)。

7.2-2　(B)。

7.2-3　(A)；(D)。

7.2-4　(D)。

7.2-5　(B)，斜向边缘两侧像素间的距离比水平或垂直边缘两侧像素间的距离要大 $\sqrt{2}$ 倍，边缘两侧像素灰度差随距离增加而增大，所以对前者的响应比对后者的响应大。

7.3　主动轮廓模型

7.3-1　(A)；(C)。

7.3-2　(D)，当前轮廓灰度变换大表明与最终轮廓还有差距。

7.3-3　(B)。

7.4　阈值化分割

7.4-1　(B)。

7.4-2　（A）；（D）。

7.4-3　（C），若 $P_1 > P_2$，则 $p_1(z)$曲线上移或 $p_2(z)$曲线下移，两曲线交点右移。

7.4-4　（B）。变换后的直方图可以有多种形状，取决于如何变换。

7.4-5　（C）；（D）。注意中值滤波可消除噪声，但不能加大峰谷差距。

7.4-6　（C）。除了目标，背景也可形成聚类，聚类个数还与选取的特征轴有关。另外，聚类也没有利用像素的空间信息，但像素相关程度与空间信息有关。

7.5　基于过渡区选取阈值

7.5-1　（A）；（C）；（D）。

7.5-2　（B）；（C）。

7.5-3　（D）。

7.6　区域生长

7.6-1　（C）；（D）。

7.6-2　（A）。

7.6-3　（C），在 $T = 1$ 时所得区域为种子像素本身，在 $T = 2$ 时所得区域为字母 L，在 $T = 4$ 时所得区域为全图。

第 8 章　基元检测

8.1　兴趣点检测

8.1-1　（C）。

8.1-2　（B）；（C）；（D）。

8.1-3　（A）；（C），前景和背景是互补的。

8.1-4　（C）；（D）。

8.1-5　（B）。

8.2　椭圆目标检测

8.2-1　（C）。

8.2-2　（A）；（C）；（D）。

8.2-3　（B）；（C）。

8.3 哈夫变换

8.3-1 （A）；（B）；（D）。

8.3-2 （B）。

8.3-3 （C）。

8.3-4 （B）。

8.4 广义哈夫变换

8.4-1 （D）。

8.4-2 （A）；（C）。

8.4-3 （C）。

第9章 目标表达

9.1 轮廓的链码表达

9.1-1 （B）。

9.1-2 （A）；（C）。

9.1-3 （C）。

9.1-4 （D）。

9.1-5 （C）。

9.1-6 （A）。

9.2 轮廓标志

9.2-1 （D）。

9.2-2 （C）。

9.2-3 （B）。

9.3 轮廓的多边形近似

9.3-1 （C），最大误差是像素对角点间的距离。

9.3-2 （A），聚合是串行进行的；（C），分裂逼近得到的多边形是内接轮廓的。

9.3-3 （B）；（D）。对于圆形目标轮廓，分裂法每次对半分裂。

9.4 目标的层次表达

9.4-1 （B）。

9.4-2 （D）。

9.4-3 （A）。

9.5 目标的围绕区域

9.5-1 （A）；（D）。

9.5-2 （B）。

9.5-3 （C）。

9.6 目标的骨架表达

9.6-1 （C），骨架线条是角分线。

9.6-2 （A）。

9.6-3 （B）。

9.6-4 （C）；（D）。

第 10 章 目标描述

10.1 轮廓基本描述参数

10.1-1 （C），轮廓点 4-方向连通。

10.1-2 （D）。

10.1-3 （B）。

10.1-4 （A），轮廓上有两个对角线段。

10.1-5 （C）。

10.2 区域基本描述参数

10.2-1 （C）。

10.2-2 （B）。

10.2-3 （C）。

10.3 轮廓的傅里叶描述

10.3-1 （D）。

10.3-2 （A）。

10.3-3 （B）；（D）。

10.3-4　（C），也称为圆周共轭对称。

10.4　轮廓的小波描述

10.4-1　（C）。

10.4-2　（B）；（D）。

10.4-3　（A）；（C）。

10.4-4　（B）；（C）。

10.4-5　（A）；（C）。注意系数个数与精度有关，但精度不是完全由系数个数决定的。

10.5　区域不变矩描述

10.5-1　（B）；（D）。

10.5-2　（D）。

10.5-3　（B）。

10.6　目标关系描述

10.6-1　（D）。

10.6-2　（C）。

10.6-3　（B）。

第 11 章　纹理描述

11.1　纹理的统计描述

11.1-1　（B）。

11.1-2　（A）。

11.1-3　（D），均是共生矩阵值的某种组合。

11.1-4　（B）。

11.1-5　（D）。

11.2　纹理的结构描述

11.2-1　（C）。

11.2-2　（A）；（C）。图案中有两类顶点，需要有两种表达。

11.2-3　（D）。

11.2-4　（C）。

11.3 纹理的频谱描述

11.3-1 （C）；（D）。

11.3-2 （B）；（D）。

11.3-3 （D）。

第 12 章 形状描述

12.1 形状紧凑性描述符

12.1-1 （B）。

12.1-2 （A）；（C）。

12.1-3 （D）。

12.1-4 （B），正方形对角线与边长的比值。

12.1-5 （C）。

12.2 形状复杂性描述符

12.2-1 （C）。

12.2-2 （A）；（D）。

12.2-3 （B）。

12.3 基于离散曲率的描述符

12.3-1 （B）。

12.3-2 （B）；（D）。

12.3-3 （C）。

12.4 拓扑结构描述符

12.4-1 （D）。

12.4-2 （B）。

12.4-3 （B）。

第 13 章 目标分类

13.1 不变量交叉比

13.1-1 （C）。

13.1-2 （A）；（B）；（D）。

13.1-3 （B）；（C）；（D）。

13.1-4 （A）；（C）。

13.1-5 （A）；（B）。

13.2 统计模式分类

13.2-1 （B）；（D）。

13.2-2 （B）。

13.2-3 （C）。

13.3 支持向量机

13.3-1 （B）。

13.3-2 （C）；（D）。

13.3-3 （D）。

参考文献

第 1 章　计算机视觉基础

[1] 郝葆源, 张厚粲, 陈舒永. 实验心理学[M]. 北京: 北京大学出版社, 1983.

[2] 郭秀艳, 杨治良. 基础实验心理学[M]. 北京: 高等教育出版社, 2005.

[3] 孔斌. 人类视觉与计算机视觉的比较[J]. 自然杂志, 2002, 24(1): 51-55.

[4] SHAPIRO L, STOCKMAN G. Computer Vision [M]. London: Prentice Hall, 2001.

[5] FORSYTH D, PONCE J. Computer Vision: A Modern Approach [M]. London: Prentice Hall, 2003.

[6] SONKA M, HLAVAC V, BOYLE R. Image Processing, Analysis, and Machine Vision [M]. 4th ed. Stamford: Cengage Learning, 2014.

[7] RUSS J C, NEAL F B. The Image Processing Handbook [M]. 7th ed. New York: CRC Press, 2016.

[8] GONZALEZ R C, WOODS R E. Digital Image Processing [M]. 4th ed. London: Prentice Hall, 2018.

[9] 章毓晋. 图像工程(上册) —— 图像处理: 第 4 版[M]. 北京: 清华大学出版社, 2018.

[10] SALOMON D. Data Compression: The Complete Reference [M]. 2nd ed. New York: Springer, 2000.

[11] DAVIES E R. Computer and Machine Vision: Theory, Algorithms, Practicalities [M]. 4th ed. Amsterdam: Elsevier, 2012.

[12] FORSYTH D, PONCE J. Computer Vision: A Modern Approach [M]. 2nd ed. London: Prentice Hall, 2012.

[13] 章毓晋. 图像工程(合订本): 第 4 版[M]. 北京: 清华大学出版社, 2018.

[14] 章毓晋. 中国图象工程: 1995[J]. 中国图象图形学报, 1996, 1(1): 78-83.

[15] 章毓晋. 中国图象工程: 1995(续)[J]. 中国图象图形学报, 1996, 1(2): 170-174.

[16] 章毓晋. 中国图象工程: 1996[J]. 中国图象图形学报, 1997, 2(5): 336-344.

[17] 章毓晋. 中国图象工程: 1997[J]. 中国图象图形学报, 1998, 3(5): 404-414.

[18] 章毓晋. 中国图象工程: 1998[J]. 中国图象图形学报, 1999, 4(5): 427-438.

[19] 章毓晋. 中国图象工程: 1999[J]. 中国图象图形学报, 2000, 5A(5): 359-373.

[20] 章毓晋. 中国图象工程: 2000[J]. 中国图象图形学报, 2001, 6A(5): 409-424.
[21] 章毓晋. 中国图象工程: 2001[J]. 中国图象图形学报, 2002, 7A(5): 417-433.
[22] 章毓晋. 中国图象工程: 2002[J]. 中国图象图形学报, 2003, 8A(5): 481-498.
[23] 章毓晋. 中国图像工程: 2003[J]. 中国图象图形学报, 2004, 9A(5): 513-531.
[24] 章毓晋. 中国图像工程: 2004[J]. 中国图象图形学报, 2005, 10A(5): 537-560.
[25] 章毓晋. 中国图像工程: 2005[J]. 中国图象图形学报, 2006, 11(5): 601-623.
[26] 章毓晋. 中国图像工程: 2006[J]. 中国图象图形学报, 2007, 12(5): 753-775.
[27] 章毓晋. 中国图像工程: 2007[J]. 中国图象图形学报, 2008, 13(5): 825-852.
[28] 章毓晋. 中国图像工程: 2008[J]. 中国图象图形学报, 2009, 14(5): 809-837.
[29] 章毓晋. 中国图像工程: 2009[J]. 中国图象图形学报, 2010, 15(5): 689-722.
[30] 章毓晋. 中国图像工程: 2010[J]. 中国图象图形学报, 2011, 16(5): 693-702.
[31] 章毓晋. 中国图像工程: 2011[J]. 中国图象图形学报, 2012, 17(5): 603-612.
[32] 章毓晋. 中国图像工程: 2012[J]. 中国图象图形学报, 2013, 18(5): 483-492.
[33] 章毓晋. 中国图像工程: 2013[J]. 中国图象图形学报, 2014, 19(5): 649-658.
[34] 章毓晋. 中国图像工程: 2014[J]. 中国图象图形学报, 2015, 20(5): 585-598.
[35] 章毓晋. 中国图像工程: 2015[J]. 中国图象图形学报, 2016, 21(5): 533-543.
[36] 章毓晋. 中国图像工程: 2016[J]. 中国图象图形学报, 2017, 22(5): 563-574.
[37] 章毓晋. 中国图像工程: 2017[J]. 中国图象图形学报, 2018, 23(5): 617-629.
[38] 章毓晋. 中国图像工程: 2018[J]. 中国图象图形学报, 2019, 24(5): 665-676.
[39] 章毓晋. 中国图像工程: 2019[J]. 中国图象图形学报, 2020, 25(5): 864-878.
[40] 章毓晋. 中国图像工程: 2020[J]. 中国图象图形学报, 2021, 26(5): 978-990.
[41] 章毓晋. 中国图像工程: 2021[J]. 中国图象图形学报, 2022, 27(4): 1009-1022.
[42] 马奎斯. 实用 MATLAB 图像和视频处理[M]. 章毓晋, 译. 北京: 清华大学出版社, 2013.
[43] 彼得斯. 计算机视觉基础[M]. 章毓晋, 译. 北京: 清华大学出版社, 2019.
[44] 章毓晋. 图像工程问题解析[M]. 北京: 清华大学出版社, 2018.

第 2 章　2D 图像采集

[1] 章毓晋. 图像工程(上册) —— 图像处理: 第 4 版[M]. 北京: 清华大学出版社, 2018.
[2] YOUNG I T, ERRANDS J, VIET L J. Fundamental of Image Processing [M]. Delft: Delft University of Technology, 1995.
[3] AUMONT J. The Image [M]. London: British Film Institute, 1994.
[4] 章毓晋. 图像工程(下册) —— 图像理解: 第 4 版[M]. 北京: 清华大学出版社, 2018.

第 3 章　空域增强

[1] 章毓晋. 图像工程(上册) —— 图像处理: 第 4 版[M]. 北京: 清华大学出版社, 2018.
[2] SONKA M, HLAVAC V, BOYLE R. Image Processing, Analysis, and Machine Vision [M]. 4th ed. Stamford: Cengage Learning, 2014.
[3] PRATT W K. Digital Image Processing: PIKS Scientific Inside[M]. 4th ed. Hoboken: Wiley Interscience, 2007.
[4] RUSS J C, NEAL F B. The Image Processing Handbook [M]. 7th ed. New York: CRC Press, 2016.
[5] GONZALEZ R C, WOODS R E. Digital Image Processing [M]. 4th ed. London: Prentice Hall, 2018.
[6] 章毓晋. 数字图像直方图处理中的映射规则——评“用于数字图像直方图处理的一种二值映射规则”一文[J]. 中国图象图形学报, 2004, 9A(10): 1265-1268.
[7] ZHANG Y J. Improving the accuracy of direct histogram specification [J]. IEE Electronics Letters, 1992, 28(3): 213-214.
[8] LI R, ZHANG Y J. A hybrid filter for the cancellation of mixed Gaussian noise and impulse noise [C]. Proc. 4th IEEE PCM, 2003, 1: 508-512.
[9] ZHANG Y J. Quantitative study of 3D gradient operators [J]. IVC, 1993, 11: 611-622.

第 4 章　频域增强

[1] 章毓晋. 图像工程(上册) —— 图像处理: 第 4 版[M]. 北京: 清华大学出版社, 2018.
[2] PRATT W K. Digital Image Processing: PIKS Scientific inside [M]. 4th ed. Hoboken: Wiley Interscience, 2007.
[3] SONKA M, HLAVAC V, BOYLE R. Image Processing, Analysis, and Machine Vision [M]. 4th ed. Stamford: Cengage Learning, 2014.
[4] RUSS J C, NEAL F B. The Image Processing Handbook [M]. 7th ed. New York: CRC Press, 2016.
[5] GONZALEZ R C, WOODS R E. Digital Image Processing [M]. 4th ed. London: Prentice Hall, 2018.
[6] DOUGHERTY E R, ASTOLA J. An Introduction to Nonlinear Image Processing [M]. Bellingham: SPIE Optical Engineering Press, 1994.

第5章　图像恢复

[1] GONZALEZ R C, WOODS R E. Digital Image Processing [M]. 4th ed. London: Prentice Hall, 2018.

[2] 章毓晋. 图像工程(上册)—— 图像处理: 第4版[M]. 北京: 清华大学出版社, 2018.

[3] JÄHNE B. Digital Image Processing: Concepts, Algorithms and Scientific Applications [M]. New York: Springer, 1997.

[4] BERTERO M, BOCCACCI P. Introduction to Inverse Problems in Imaging [M]. Bristol: IOP Publishing Ltd., 1998.

[5] ZHANG Y J. Image inpainting as an evolving topic in image engineering: Encyclopedia of Information Science and Technology [M]. 3rd ed. Hershey PA: IGI Global, 2015: 1283-1293.

[6] BERTALMIO M, BERTOZZI A L, SAPIRO G. Navier–strokes, fluid dynamics, and image and video inpainting [C]. Proc. CVPR, 2001: 417-424.

[7] CHAN T F, SHEN J. Image Processing and Analysis: Variational, PDE, Wavelet, and Stochastic Methods [M]. Philadelphia: Siam, 2005.

第6章　彩色增强

[1] PLATANIOTIS K N, VENETSANOPOULOS A N. Color Image Processing and Applications [M]. New York: Springer, 2000.

[2] 章毓晋. 图象工程(附册)—— 教学参考及习题解答[M]. 北京: 清华大学出版社, 2002.

[3] 章毓晋. 图像工程(上册)—— 图像处理: 第4版[M]. 北京: 清华大学出版社, 2018.

[4] 俞斯乐. 电视原理: 第6版[M]. 北京: 国防工业出版社, 2012.

[5] 科斯汗, 阿比狄. 彩色数字图像处理[M]. 章毓晋, 译. 北京: 清华大学出版社, 2010.

[6] PRATT W K. Digital Image Processing: PIKS Scientific inside [M]. 4th ed. Hoboken: Wiley Interscience, 2007.

[7] GONZALEZ R C, WOODS R E. Digital Image Processing [M]. 3rd ed. Cambridge: Pearson, 2008.

第7章　图像分割

[1] PRATT W K. Digital Image Processing: PIKS Scientific inside [M]. 4th ed. Hoboken: Wiley Interscience, 2007.

[2] SONKA M, HLAVAC V, BOYLE R. Image Processing, Analysis, and Machine Vision [M]. 4th

ed. Stamford: Cengage Learning, 2014.
[3] RUSS J C, NEAL F B. The Image Processing Handbook [M]. 7th ed. New York: CRC Press, 2016.
[4] GONZALEZ R C, WOODS R E. Digital Image Processing [M]. 4th ed. London: Prentice Hall, 2018.
[5] 章毓晋. 图像工程(中册) —— 图像分析: 第 4 版[M]. 北京: 清华大学出版社, 2018.
[6] 章毓晋. 图象分割[M]. 北京: 科学出版社, 2001.
[7] ZHANG Y J. Advances in Image and Video Segmentation [M]. Hershey PA: Idea Group, 2006.
[8] ZHANG Y J. Half century for image segmentation [J]. Encyclopedia of Information Science and Technology, 2015, 3(584): 5906-5915.
[9] 章毓晋. 中国图像工程: 2019[J]. 中国图象图形学报, 2020, 25(5): 864-878.
[10] ZHANG Y J. Quantitative study of 3-D gradient operators [J]. IVC, 1993, 11: 611-622.
[11] KASS M, WITKIN A, TERZOPOULOS D. Snakes: Active contour models [J]. IJCV, 1988, 1(4): 321-331.
[12] 章毓晋. 图像工程(中册)—— 图像分析: 第 2 版[M]. 北京: 清华大学出版社, 2005.
[13] ZHANG Y J, GERBRANDS J J. Transition region determination based thresholding [J]. PRL, 1991, 12: 13-23.
[14] 章毓晋. 过渡区和图象分割[J]. 电子学报, 1996, 24(1): 12-17.

第 8 章　基元检测

[1] SONKA M, HLAVAC V, BOYLE R. Image Processing, Analysis, and Machine Vision [M]. 3rd ed. Thomson, 2008.
[2] SMITH S M, BRADY J M. SUSAN: A new approach to low level image processing [J]. IJCV, 1997, 23(1): 45-78.
[3] 章毓晋. 图像工程(中册) —— 图像分析: 第 4 版[M]. 北京: 清华大学出版社, 2018.
[4] DAVIES E R. Computer and Machine Vision: Theory, Algorithms, Practicalities [M]. 4th ed. Amsterdam: Elsevier, 2012.
[5] SONKA M, HLAVAC V, BOYLE R. Image Processing, Analysis, and Machine Vision [M]. 4th ed. Stamford: Cengage Learning, 2014.
[6] RUSS J C, NEAL F B. The Image Processing Handbook [M]. 7th ed. New York: CRC Press, 2016.
[7] GONZALEZ R C, WOODS R E. Digital Image Processing [M]. 4th ed. London: Prentice Hall,

2018.
[8] DAVIES E R. Machine Vision: Theory, Algorithms, Practicalities [M]. 3rd ed. Amsterdam: Elsevier, 2005.
[9] 章毓晋. 计算机视觉教程[M]. 北京: 人民邮电出版社, 2011.
[10] 章毓晋. 图像工程(中册)—— 图像分析: 第 2 版[M]. 北京: 清华大学出版社, 2005.
[11] LI R, ZHANG Y J. Automated image registration using multi-resolution based Hough transform [C]. SPIE, 2005: 1363-1370.

第 9 章　目标表达

[1] GONZALEZ R C, WOODS R E. Digital Image Processing [M]. 4th ed. London: Prentice Hall, 2018.
[2] 章毓晋. 图像工程(中册) —— 图像分析: 第 4 版[M]. 北京: 清华大学出版社, 2018.
[3] 章毓晋. 图像工程(下册) —— 图像理解: 第 4 版[M]. 北京: 清华大学出版社, 2018.
[4] RUSS J C, NEAL F B. The Image Processing Handbook [M]. 7th ed. New York: CRC Press, 2016.
[5] BALLARD D H, BROWN C M. Computer Vision [M]. London: Prentice Hall. 1982.
[6] HARALICK R M, SHAPIRO L G. Computer and Robot Vision [M]. Massachusetts: Addison Wesley, 1992.
[7] COSTA L F, CESAR R M. Shape Analysis and Classification: Theory and Practice [M]. New York: CRC Press, 2001.
[8] 章毓晋. 图像工程(中册)—— 图像分析: 第 2 版[M]. 北京: 清华大学出版社, 2005.
[9] SONKA M, HLAVAC V, BOYLE R. Image Processing, Analysis, and Machine Vision [M]. 4th ed. Stamford: Cengage Learning, 2014.

第 10 章　目标描述

[1] SONKA M, HLAVAC V, BOYLE R. Image Processing, Analysis, and Machine Vision [M]. 4th ed. Stamford: Cengage Learning, 2014.
[2] 章毓晋. 图像工程(中册) —— 图像分析: 第 4 版[M]. 北京: 清华大学出版社, 2018.
[3] YOUNG I T. Three-dimensional image analysis [C]. Proc. VIP, 1993: 35-38.
[4] BALLARD D H, BROWN C M. Computer Vision [M]. London: Prentice Hall, 1982.
[5] CHUI C K. An introduction to WAVELETS [M]. Maryland: Academic Press, 1992.

[6] GOSWAMI J C, CHAN A K. Fundamentals of Wavelets: Theory, Algorithms, and Applications [M]. New York: John Wiley & Sons, 1999.

[7] 杨翔英，章毓晋．小波轮廓描述符及在图像查询中的应用[J]．计算机学报，1999，22(7): 752-757.

[8] 孙惠泉．图论及其应用[M]．北京：科学出版社, 2004.

第 11 章　纹理描述

[1] HARALICK R M, SHAPIRO L G. Computer and Robot Vision [M]. Massachusetts: Addison Wesley, 1992.

[2] 章毓晋．图象工程(附册)—— 教学参考及习题解答[M]．北京：清华大学出版社, 2002.

[3] RUSS J C, NEAL F B. The Image Processing Handbook [M]. 7th ed. New York: CRC Press, 2016.

[4] SHAPIRO L, STOCKMAN G. Computer Vision [M]. London: Prentice Hall, 2001.

[5] 章毓晋．图像工程(中册) —— 图像分析：第 4 版[M]．北京：清华大学出版社, 2018.

[6] TAN X Y, BILL T. Enhanced local texture feature sets for face recognition under difficult lighting conditions [C]. Proc. AMFG, 2007: 168-182.

[7] 吴高洪，章毓晋，林行刚．基于分形的自然纹理自相关描述和分类[J]．清华大学学报，2000，40(3): 90-93.

[8] FORSYTH D, PONCE J. Computer Vision: A Modern Approach [M]. London: Prentice Hall, 2003.

[9] 章毓晋．基于内容的视觉信息检索[M]．北京：科学出版社, 2003.

[10] XU F, ZHANG Y J. Comparison and evaluation of texture descriptors proposed in MPEG-7 [J]. International Journal of Visual Communication and Image Representation, 2006, 17: 701-716.

[11] HUANG X Y, ZHANG Y J, HU D. Image retrieval based on weighted texture features using DCT coefficients of JPEG images [C]. Proc. 4th IEEE PCM, 2003, 3: 1571-1575.

第 12 章　形状描述

[1] MARCHAND M S, SHARAIHA Y M. Binary Digital Image Processing: A Discrete Approach [M]. Maryland: Academic Press, 2000.

[2] 章毓晋．图象工程(附册)—— 教学参考及习题解答[M]．北京：清华大学出版社, 2002.

[3] 章毓晋．图像工程(中册) —— 图像分析：第 4 版[M]．北京：清华大学出版社, 2018.

[4] 章毓晋．基于内容的视觉信息检索[M]．北京：科学出版社, 2003.

[5] COSTA L F, CESAR R M. Shape Analysis and Classification: Theory and Practice [M]. New York: CRC Press, 2001.

[6] RITTER G X, WILSON J N. Handbook of Computer Vision Algorithms in Image Algebra [M]. New York: CRC Press, 2001.

第 13 章 目标分类

[1] DAVIES E R. Computer and Machine Vision: Theory, Algorithms, Practicalities [M]. 4th ed. Amsterdam: Elsevier, 2012.

[2] AOKI T, KAMINISHI K. A local descriptor for high-speed and high-performance pictogram matching [C]. Proc. ICIP, 2017, 1062-1066.

[3] BISHOP C M. Pattern Recognition and Machine Learning [M]. New York: Springer, 2006.

[4] DUDA R O, HART P E, STORK D G. Pattern Classification [M]. 2nd ed. New York: John Wiley & Sons, 2001.

[5] THEODORIDIS S, KOUTROUMBAS K. Pattern Recognition [M]. 3rd ed. Amsterdam: Elsevier Science, 2009.

[6] YOU Q H Z, ZHANG Y J. A new training principle for stacked denoising autoencoders [C]. Proc. 7th ICIG, 2013: 384-389.

[7] LIU B D, WANG Y X, ZHANG Y J, et al. Learning dictionary on manifolds for image classification [J]. PR, 2013, 46(7): 1879-1890.

[8] LIU B D, WANG Y X, SHEN B, et al. Self-explanatory convex sparse representation for image classification [C]. Proc. International Conference on Systems, Man, and Cybernetics, 2013: 2120-2125.

[9] LIU B D, WANG Y X, SHEN B, et al. Self-explanatory sparse representation for image classification [C]. ECCV, Part Ⅱ, LNCS 2014, 8690: 600–616.

[10] LIU B D, WANG Y X, SHEN B, et al. Blockwise coordinate descent schemes for efficient and effective dictionary learning [J]. Neurocomputing, 2016, 178: 25-35.

[11] 章毓晋等. 基于子空间的人脸识别[M]. 北京: 清华大学出版社, 2009.

[12] 贾慧星, 章毓晋. 基于动态权重裁剪的快速 Adaboost 训练算法[J]. 计算机学报, 2009, 32(2): 336-341.

[13] 郑胤, 陈权崎, 章毓晋. 深度学习及其在目标和行为识别中的新进展[J]. 中国图象图形学报, 2014, 19(2): 175-184.

[14] SNYDER W E, QI H. Machine Vision [M]. Cambridge: Cambridge University Press, 2004.

[15] SCHÖLKOPF B, SMOLA A J. Learning with Kernels: Support Vector Machines, Regularization,

Optimization, and Beyond [M]. Boston: MIT Press, 2002.

附录 A　二值数学形态学

[1] SERRA J. Image Analysis and Mathematical Morphology [M]. Maryland: Academic Press, 1982.
[2] 数学百科全书编译委员会. 数学百科全书[M]. 北京：科学出版社, 2000.
[3] RUSS J C, NEAL F B. The Image Processing Handbook [M]. 7th ed. New York: CRC Press, 2016.
[4] GONZALEZ R C, WOODS R E. Digital Image Processing [M]. 4th ed. London: Prentice Hall, 2018.
[5] 章毓晋. 图像工程(中册)—— 图像分析：第 2 版[M]. 北京：清华大学出版社, 2005.
[6] MAHDAVIEH Y, GONZALEZ R C. Advances in Image Analysis [M]. DPIE Optical Engineering Press, 1992.
[7] 章毓晋. 图像工程(上册) —— 图像处理：第 2 版[M]. 北京：清华大学出版社, 2006.
[8] NIKOLAIDIS N, PITAS I. 3D Image Processing Algorithms [M]. New York: John Wiley & Sons, 2001.
[9] SHIH F Y. Image Processing and Pattern Recognition-Fundamentals and Techniques [M]. Piscataway: IEEE Press, 2010.
[10] RITTER G X, WILSON J N. Handbook of Computer Vision Algorithms in Image Algebra [M]. New York: CRC Press, 2001.
[11] 姜帆，章毓晋. 一种基于形态学操作的新闻标题条检测算法[J]. 电子与信息学报，2003, 25(12): 1647-1652.

附录 B　视觉恒常性

[1] 郝葆源, 张厚粲, 陈舒永. 实验心理学[M]. 北京：北京大学出版社. 1983.
[2] AGARWAL V, ABIDI B R, KOSCHAN A, et al. An overview of color constancy algorithms [J]. Journal of Pattern Recognition Research, 2006, 1(1): 42-54
[3] LAND E H. The Retinex [J]. American Scientist, 1964, 52 (2): 247-264.
[4] LAND E H, MCCANN J J. Lightness and the Retinex theory [J]. J. Opt. Soc. Am., 1971, 61(3): 1-11.
[5] 章毓晋. 图像工程(上册) —— 图像处理：第 4 版[M]. 北京：清华大学出版社, 2018.

术语索引

B

C

D

E

F

G

H

J

K

L

M

N

O

P

Q

R

S

T

W

X

Y

Z

举报电话：（010）88254396；（010）88258888

传　　真：（010）88254397

E-mail：　dbqq@phei.com.cn

通信地址：北京市万寿路173信箱

　　　　　电子工业出版社总编办公室

邮　　编：100036